ISO 45001:2018
职业健康安全管理体系
培训教程

中国船级社质量认证公司 编著

中国质量标准出版传媒有限公司
中 国 标 准 出 版 社

北 京

图书在版编目（CIP）数据

ISO 45001:2018 职业健康安全管理体系培训教程 / 中国船级社质量认证公司编著 . —北京：中国标准出版社，2020.4（2024.5 重印）

ISBN 978 - 7 - 5066 - 9490 - 2

Ⅰ . ① I… Ⅱ . ①中… Ⅲ . ①劳动保护—安全管理体系—国际标准—技术培训—教材②劳动卫生—安全管理体系—国际标准—技术培训—教材 Ⅳ . ① X92–65 ② R13–65

中国版本图书馆 CIP 数据核字（2019）第 228324 号

中国质量标准出版传媒有限公司
中　国　标　准　出　版　社　出版发行

北京市朝阳区和平里西街甲 2 号（100029）
北京市西城区三里河北街 16 号（100045）
网址：www.spc.net.cn
总编室：（010）68533533　发行中心：（010）51780238
读者服务部：（010）68523946
中国标准出版社秦皇岛印刷厂印刷
各地新华书店经销
*
开本 787 × 1092　1/16　印张 25.5　字数 555 千字
2020 年 4 月第 1 版　　2024 年 5 月第五次印刷
*
定价：80.00 元

《ISO 45001: 2018职业健康安全管理体系培训教程》

编审委员会

主　任：黄世元

审　定：（按姓氏笔画排序）

王新亭　闫立新　李菁敏

杨　敏　张　杰　周桂华

敖　波　原文娟　褚敏杰

主　编：周桂华

编　著：（按姓氏笔画排序）

闫立新　李菁敏　杨　敏

张志辉　张　杰　周桂华

敖　波　原文娟　褚敏杰

前言

根据国际劳工组织（ILO）最近公布的数据，全世界每年约有 278 万人因工作而死亡，每年发生 374 万例非致命的工伤和疾病，而且这些数值还在上升。由于工作所造成的疾病、伤害和死亡的总成本是全球所有国家国内生产总值（GDP）的 3.94%，约为 2.99 万亿美元，几乎相当于全球 130 个最贫困国家的 GDP 的总和。

职业健康安全关系到劳动者的基本人权和根本利益，威胁着劳动者的生命和健康，是影响社会稳定和发展的重要问题之一，已成为制约经济社会可持续发展的重要因素，因此，各国政府都非常重视。

职业健康安全管理体系是 20 世纪 80 年代后期国际上兴起的现代安全生产管理模式，是目前世界范围内公认的、最流行的安全管理体系，它是继 ISO 9000 和 ISO 14000 之后的又一套能为世界各国普遍接受的管理模式。其核心是要求企业采用现代化的管理模式，使包括安全生产管理在内的所有生产经营活动科学、标准和有效，建立、健全安全生产的自我约束机制，不断改善安全生产管理状况，降低职业健康安全风险，从而预防事故发生、控制职业危害。

ISO 45001:2018《职业健康安全管理体系　要求及使用指南》是国际标准化组织（ISO）于 2018 年 3 月 12 日正式发布的首个职业健康安全管理体系国际标准，将取代 OHSAS 18001:2007《职业健康安全管理体系　要求》。

ISO 45001:2018 与 OHSAS 18001:2007 相比，主要变化体现在以下方面：首先是结构形式上的变化，ISO 45001 采用 ISO 管理体系标准的统一的高层结构、相同的核心正文，以及具有核心定义的通用术语，目的是方便使用者实施多个 ISO 管理体系标准；其次是内容上的变化，新标准体现了“以人为本”、对生命的尊重、对健康的重视；新标准对职业健康安全管理体系所期望达到的目的变为“通过预防伤害和健康损害以及主动改进绩效来提供健康安全的工作场所”；强调领导作用重要性的同时，尤其强调非管理层员工的协商和参与；要求将职业健康安全控制措施，包括实现目标的措施融入其他业务活动中；强调通过“风险和机遇的评价”，将被动的绩效改进变成主动的绩效改进；强化了对采购控制、承包方控制、外包控制的要求，增加了对变更的管理要求，更加关注职业健康安全绩效、绩效的监视和测量等。

2018 年 7 月，国际标准化组织对 ISO 19011《管理体系审核指南》进行了修订，发布了 ISO 19011:2018《管理体系审核指南》。ISO 19011:2018《管理体系审核指南》与 ISO 19011:2011《管理体系审核指南》相比，主要变化如下：增加了以风险为基础的审核原则，细化了对审核实施的指导，特别是审核策划部分，增加了对审核人员的一般能力要求，删除了附录 A《审核员专业知识和技能的指南和说明示例》等。

此外，我国与职业健康安全有关的法律法规和标准也在不断修订，近年出台了很多新的法律法规和标准。

为了帮助认证审核人员、企业内审员、相关从业人员和组织正确理解以上标准，更好地将标准的要求和理念应用到组织的职业健康安全管理体系和审核中，帮助组织提升职业健康安全绩效，中国船级社质量认证公司（CCSC）组织安全管理专家和管理体系专家编写了本教程。

本教程以 ISO 45001:2018《职业健康安全管理体系 要求及使用指南》、ISO 19011:2018《管理体系审核指南》、ISO/IEC 17021:2015《合格评定 管理体系审核与认证机构要求》等为主要编写依据，融入了 CCSC 的专家们对相关国际标准的深刻理解和深入研究的成果，以及长期从事职业健康安全管理、认证审核工作的专家们丰富的实践经验。由于本教材编写时与 ISO 45001:2018《职业健康安全管理体系 要求及使用指南》、ISO 19011:2018《管理体系审核指南》对应的正式的国家标准尚未发布，本教材主要参照与 ISO 45001:2018《职业健康安全管理体系 要求及使用指南》对应的国家标准送审稿草案编写，本教材中与 ISO 19011:2018《管理体系审核指南》相关的内容由本教材编写人员参照 GB/T 19011—2013 标准翻译，与将来正式发布的与 ISO 45001:2018《职业健康安全管理体系 要求及使用指南》、ISO 19011:2018《管理体系审核指南》对应的国家标准在文字表述上可能会略有差异，但标准含义不会有差异。

本教程简述了国内外职业健康安全形势、职业健康安全管理体系标准的产生与发展、作用和意义，详细解读了 ISO 45001:2018《职业健康安全管理体系 要求及使用指南》及其在组织中的应用，阐述了职业健康安全管理体系第三方认证审核、内部审核的程序、方法和重点，介绍了职业健康安全管理相关的基础知识，最新的职业健康安全相关法律、法规、标准，并给出了审核实战案例以及事故案例分析。

本教程内容涵盖了第三方认证审核员、企业职业健康安全管理体系内审员和相关管理人员应了解和掌握的知识以及应关注和感兴趣的内容，涉及知识面广、内容丰富。特别对 2018 版职业健康安全管理体系标准中的新理念、新要求，如关于组织所处环境分析、工作人员的协商和参与、基于风险的思维、对变更的管理、对采购、承包方和分包的控制要求等，用朴实易懂的语言和示例进行了深入浅出的阐述。本教程在审核知识部分阐述了审核的流程、方法和应满足的要求，并给出了编制审核计划、审核检查表和不符合报告的案例，特别是以建筑施工行业为例详细阐述了如何结合行业特点开展审核，对认证审核员、企业内审员等理解和应用标准具有非常实用的指导价值。

本教程可作为职业健康安全管理体系认证审核员、企业职业健康安全管理体系内审员的培训教材，也可作为职业健康安全管理体系咨询人员、其他相关职业健康安全管理从业人员学习、工作的专业参考工具书，还可以作为各级管理人员在本组织贯彻职业健康安全管理体系标准，建立、实施和改进本组织的职业健康安全管理体系的系统的学习材料。

在本教程的编写过程中，黄世元对教程的编写和出版给予了大量指导和支持，周桂华策划、组织、主持了编写工作。本教程第一章由周桂华编写，第二章由褚敏杰编写，第三章、第四章由原文娟、张杰编写，第五章由敖波编写，第六章由杨敏、张志辉编写，第七章由李菁敏、闫立新编写。在本教程的编写过程中，张瑜、苏慎之提供了宝贵意见，张杰做了很多组织工作，葛杰提供了很多支持和服务，CCSC 技术部、编写人员所在单位和部门也给予了大力支持。

本教程参考了 CCSC 原职业健康安全管理体系内审员培训教材和审核员培训教材，CCSC 原职业健康安全管理体系内审员培训教材由黄世元、杨敏、周桂华、刘维、曹凤勤、付殿东、陈立波、裴光红、许静等参与编审和校对，CCSC 原职业健康安全管理体系审核员培训教材由王忠杰、周桂华等修改、编写和审定，在此一并表示感谢！

由于 2018 版职业健康安全管理体系标准发布时间不长，对标准的理解和应用还需要在实践中不断探索、总结，加之由于编著者水平和时间所限，本教程难免有疏漏和错误之处，敬请读者提出宝贵意见和建议。

中国船级社质量认证公司

2019 年 8 月

目 录

第一章　职业健康安全管理体系标准概述

第一节　职业健康安全管理体系标准的产生与发展

一、国内外职业健康安全形势

根据国际劳工组织（ILO）最近公布的数据，全世界每年有278万人因工作而死亡（2014年时这个数字估计只有230万人），即每天有近7 700人死于与工作相关的疾病或伤害，每小时有320名工人死于与工作相关的事故或疾病；每年有374万例非致命的工伤和疾病，即每天约有10 246例非致命的工伤和疾病，每小时约发生426例非致命的工伤和疾病。而且数据显示，工作场所的事故数量还在上升。

职业健康和安全问题对经济和社会发展产生了惊人的影响。联合国机构公布的统计数字显示，在全世界范围内，疾病、伤害和死亡的总成本是全球所有国家国内生产总值（GDP）的3.94%，约为2.99万亿美元（包括直接和间接的伤害和疾病费用），几乎相当于全球130个最贫困国家的GDP的总和。

据英国《金融时报》报道，欧盟每年约有4万人因意外事故死亡，约有1.6万人因工作相关疾病而死亡，与工作相关的健康和伤害造成的经济损失估计相当于欧盟GDP的3%~5%。

在多数国家，因工作相关的健康问题所造成的经济损失高达国内生产总值的4%~6%。大约70%的工人没有任何保险，在患职业病和受伤后得不到任何补偿。

在工伤事故和职业危害中，发展中国家所占比例甚高，事故死亡率比发达国家高出1倍以上，其中少数国家或地区比发达国家高出4倍以上。

新技术、新材料的使用，正在带来一些新的健康问题。信息技术的崛起所带来的工作类型和工作场所的变化，正在成为新的挑战。与以往不同的工作类型和工作组织方式，正在导致以前很少关注的新的健康问题的急剧上升。与压力有关的抱怨每年给经济造成数百万美元的损失，腰椎颈椎病、重复性劳损（RSI）、眼疲劳等慢性疾病也是普遍存在的问题。

新中国成立以来，我国的安全生产管理和监察工作取得了长足的进步，逐步建立了一套行之有效的国家安全生产保障机制，为保障我国经济建设、维护社会治安、政治的稳定起到了重要作用。

特别是2012年以来，党中央提出了实现“中国梦”的远大目标，同时在国家经济建设科学发展方面作出了一系列指示，2013年提出“发展绝不能以牺牲人的生命为代价，这必须作为一条不可逾越的红线”“要始终把人民生命安全放在首位”，要求各级组织要以对党和人民高度负责的精神完善制度、强化责任、加强管理、严格监管，把安全生产责任制落到实处，切实防范重特大安全生产事故的发生。这些指示和要求加快了安全健康类法规和标准的更新和升级力度，2014 年 8 月 31 日全国人民代表大会（简称“全国人大”）发布了新的《中华人民共和国安全生产法》(简称《安全生产法》)，有力推动了我国职业健康安全事业的进步。

2014 年，国务院安全生产委员会发布《关于加强企业安全生产诚信体系建设的指导意见》(安委〔2014〕8 号)，要求 2020 年底前所有行业领域要建立健全安全生产诚信体系，并提出以下意见：①建立企业安全生产承诺制度、安全生产不良信用记录和“黑名单”制度、安全生产诚信评价和管理制度、安全生产诚信报告和执法信息公示制度；②对安全生产诚实守信企业，开辟“绿色通道”，在相关安全生产行政审批等工作中优先办理，在项目立项和改扩建、土地使用、贷款、融资和评优表彰及企业负责人年薪确定等方面将安全生产诚信结果作为重要参考；③严格惩戒安全生产失信企业，包括实施重点监管监察；取消评优评先资格，将其不良行为记录及时公开曝光；在审批企业发行股票、债券、再融资等事项时，予以严格审查；在其参与土地出让、采矿权出让的公开竞争中，依法予以限制或禁入；相关金融机构将其作为评级、信贷准入、管理和退出的重要依据等。该意见的发布，旨在进一步推动全社会重视安全，营造了一个人人重视安全的良好的安全文化氛围。

近年我国安全生产形势持续稳定向好，事故起数和死亡人数连续 15 年“双下降”，重大事故起数和死亡人数连续 7 年“双下降”。2010~2017 年生产安全事故起数和死亡人数见表 1–1。

表 1–1　2010~2017 年生产安全事故起数和死亡人数

年份	2010	2011	2012	2013	2014	2015	2016	2017
生产安全事故 / 万起	36.3	34.7	33.6	30.9	30.5	28.1	6	5.3
死亡人数 / 万人	7.9	7.5	7.1	6.9	6.8	6.6	4.1	3.8

但是也应该看到，我国目前的安全生产状况与人民对美好生活的向往和身心健康发展的需要还有差距。

此外，由于前些年地方政府重经济发展、轻健康安全，职业卫生投入不足，相关部门监管不力，职业病技术支持能力薄弱等原因，导致我国职业病高发，职业病患者人数、累计病例死亡人数和新发病例数均位居世界首位。

截至 2018 年年底，我国累计报告职业病 97.5 万例，其中，职业性尘肺病 87.3 万例，约占报告职业病病例总数的 90%。根据中国国家卫生健康委员会历年《全国职业病报告情况》中所公布的数据，全国每年报告职业病新增病例近年来有所下降，2016 年为 31 789 例，2017 年为 26 756 例，2018 年为 23 497 例。职业病所造成的直接经济损失和间接经济损失巨大，其中间接经济损失是直接经济损失的 6 倍，给社会、劳动者及其家庭造成了沉重的经济负担。

在我国，农民工职业病发病人数占总发病人数的80%以上，成为最主要的职业危害接触人群。职业病发病的行业特征明显，有从传统的煤炭化工等产业向计算机、生物医药等新兴产业及第三产业蔓延的趋势。此外，职业病正在向农村和贫困地区转移。据了解，随着中国产业的转移，职业危害因素高的劳动密集型产业、落后产能逐步由城市向农村转移，由经济发达地区向欠发达地区转移，由大中型企业向中小型企业转移，由东部沿海地区向中西部地区转移。由于中西部地区（特别是边远地区）职业卫生服务条件落后，潜在的职业病危害非常严重。

职业健康安全关系到劳动者的基本人权和根本利益，工伤事故和职业病威胁着人民的生命和健康，职业健康问题已经成为影响中国社会稳定和发展的重要公共卫生问题。成为制约社会经济可持续发展的重要因素。改善我国职业健康安全状况，防治职业病成为迫切需要解决的问题。

二、职业健康安全管理体系标准在国际上的产生与发展

职业健康安全管理体系是20世纪80年代后期国际上兴起的现代安全生产管理模式，是目前世界范围内公认的系统化、程序化的安全管理体系，它也是继ISO 9000和ISO 14000之后又一套为世界各国普遍接受的管理模式。职业健康安全管理体系的核心是要求企业建立具有高度自我约束、自我完善的管理机制，使包括安全生产管理在内的所有生产经营活动都能科学、有效并规范地开展，建立健全安全生产管理的长效约束机制，不断改善安全生产管理状况，降低职业健康安全风险，从而控制职业危害并预防事故发生。

英国于1996年发布了BS 8800《职业健康安全管理体系指南》国家标准，同年美国工业卫生协会制定了关于《职业健康安全管理体系》的指导性文件。1997年，澳大利亚/新西兰提出了《职业健康安全管理体系原则、体系和支持技术通用指南》草案，日本工业安全卫生协会（JISHA）提出了《职业健康安全管理体系导则》，挪威船级社（DNV）制定了《职业健康安全管理体系认证标准》。1999年，英国标准协会（BSI）、挪威船级社（DNV）等13个组织联合提出了职业健康安全评价体系（OHSAS）系列标准，即OHSAS 18001:1999《职业健康安全管理体系 规范》。2000年，19个组织提出了OHSAS 18002:2000《职业健康安全管理体系 OHSAS 18001实施指南》。2007年，43个组织共同参与修订并发布了第二版OHSAS标准，即OHSAS 18001:2007《职业健康安全管理体系 要求》。2008年，31个组织参与修订并发布了OHSAS 18002:2008《职业安全健康管理体系 指南》。

国际劳工组织（ILO）从1998年开始推动制定国际化的职业健康安全管理体系标准工作，专门召开了两次会议并形成了一个ILO的OSHMS指南，2000年2月又发表了推动OSHMS工作的报告书，使OSHMS成为一个国际行动。2001年6月，在第281次理事会会议上，ILO发布了职业健康安全管理体系导则（ILO—OSH2001）。

国际标准化组织（ISO）于2013年成立项目委员会（PC 283），着手起草职业健康安

全管理体系国际标准的工作，并于 2018 年 3 月 12 日正式发布了 ISO 45001:2018《职业健康安全管理体系　要求及使用指南》国际标准。ISO 45001:2018《职业健康安全管理体系　要求及使用指南》将取代 OHSAS 18001:2007《职业健康安全管理体系　要求》。

三、标准的主要变化

ISO 45001:2018《职业健康安全管理体系　要求及使用指南》与 OHSAS 18001:2007《职业健康安全管理体系　要求》相比变化较大。首先是结构形式上的变化，ISO 45001:2018 符合 ISO 对管理体系标准的要求，这些要求包括一个统一的高层结构、相同的核心正文以及具有核心定义的通用术语，目的是方便使用者实施多个 ISO 管理体系标准。其次是内容上的变化：新标准体现了"以人为本"、对生命的尊重、对健康的重视；新标准对职业健康安全管理体系所期望达到的目的由 2007 版的"能够控制风险，并改进绩效"变成"通过预防伤害和健康损害以及主动改进绩效来提供健康安全的工作场所"；新标准强调领导作用的重要性，用一个专门章节阐述领导作用；新标准特别强调非管理层员工的参与和协商；新标准明确强调需将职业健康安全控制措施（包括实现目标的措施）融入其他业务活动中；新标准强调通过"风险和机遇的评价"，将被动的绩效改进变成主动的绩效改进。此外是标准术语的变化，新标准删除了 OHSAS 18001:2007 中的可接受风险、职业健康安全 2 个术语，修改了 21 个术语的定义，新增了部分 ISO 管理体系标准的通用术语和核心定义。

总结起来，ISO 45001:2018 与 OHSAS 18001:2007 相比主要变化如下：

——采用《ISO/IEC 导则　第 1 部分　ISO 补充规定》的附件 SL 中给出的高层结构；

——采用基于风险的思维；

——增强对领导作用的要求；

——强调了工作人员协商和参与；

——细化了危险源辨识和风险评价的要求；

——细化了运行控制要求；

——增加了采购控制、承包方控制、外包控制要求；

——增加变更管理要求；

——更加关注职业健康安全绩效、绩效监视和测量。

四、职业健康安全管理体系标准在中国的发展

我国在国际上提出职业健康安全标准化问题之初就十分重视。1995 年 4 月，劳动部派代表参加了 ISO/OHS 特别工作组，并分别派员参加了 1995 年 6 月 15 日和 1996 年 1 月 19 日 ISO 组织召开的两次 OHS 特别工作小组会。1996 年 3 月 8 日，我国成立了"职业健康安全管理标准化协调小组"。1998 年，中国劳动保护科学技术学会提出了《职业健康安全管理体系标准及使用指南》（CSSTLP 1001:1998）。

我国石油石化和天然气行业、涉及国际航运业务的航运公司较早就开展贯彻、实施

职业健康安全管理体系并取得了认证。

1999 年 10 月，国家经贸委颁布《职业安全卫生管理体系试行标准》并下发了在国内开展 OHSMS 试点工作的通知。2000 年 7 月，国家经贸委发文成立了全国职业安全卫生管理体系认证指导委员会、全国职业安全卫生管理体系认证机构认可委员会及全国职业安全卫生管理体系审核员注册委员会，为推动我国 OHSMS 工作的进展提供了组织和机制上的保证。

2001 年 12 月，国家经贸委依据我国职业健康安全法律法规，结合国家经贸委颁布并实施《职业安全卫生管理体系试行标准》所取得的经验，参考国际劳工组织《职业健康安全管理体系导则》，制定并发布了《职业健康安全管理体系指导意见》和《职业健康安全管理体系审核规范》，进一步推动了我国职业健康安全管理工作向科学化、标准化方向发展。

2001 年 11 月 12 日，国家质量监督检验检疫总局发布了 GB/T 28001—2001《职业健康安全管理体系　规范》，2002 年 12 月 24 日发布了 GB/T 28002—2002《职业健康安全管理体系　指南》，其目的是为 GB/T 28001 的具体要求提供相应的实施指南。

2007 年，OHSAS 18001:2007《职业健康安全管理体系　要求》发布，国家质量监督检验检疫总局和国家标准化管理委员会据此对 GB/T 28001 进行了修订，于 2011 年 12 月 30 日发布了 GB/T 28001—2011《职业健康安全管理体系　要求》，同时发布了 GB/T 28002—2011《职业健康安全管理体系　实施指南》。GB/T 28001—2011《职业健康安全管理体系　要求》标准等同采用 OHSAS 18001:2007《职业健康安全管理体系　要求》。

ISO 45001:2018《职业健康安全管理体系　要求及使用指南》发布后，我国等同采用 ISO 45001:2018《职业健康安全管理体系　要求及使用指南》，将其转化为我国的国家标准，代替原来的 GB/T 28001—2011 和 GB/T 28002—2011。

第二节　职业健康安全管理体系标准的作用和意义

一、职业健康安全管理体系标准的作用

ISO 45001 是世界上第一个职业健康安全国际标准，规定了职业健康安全管理体系要求，给出了使用指南，反映了职业健康安全管理的最新思想和最佳实践。该标准侧重于对管理体系的要求，而非对特定类型的危险源和风险的管理。该标准为建立职业健康安全管理方针、目标、过程和治理，并促进组织实现其战略目标提供了一个框架，其目的是使组织能够管理其职业健康安全风险并提高其职业健康安全绩效。该标准利用结构化的、有效的、高效的过程来推动组织职业健康安全绩效的持续改进。实施职业健康安全管理体系将是一个组织的战略决策，改善职业健康安全条件将是实现可持续发展目标的

重要内容，可以用来支持其可持续发展计划，确保人们更安全和更健康，同时提高盈利能力。

依据 ISO 45001，可通过以下方式帮助组织改善其职业健康安全绩效：

——制定和实施职业健康安全方针和目标；

——建立考虑了其所处环境，并考虑了其风险和机会以及其法律要求和其他要求的系统过程；

——确定与其活动有关的危险源和职业健康安全风险，并努力消除和控制它们，使其潜在影响降到最小；

——建立运行控制，管理其职业健康安全风险及其法律要求和其他要求；

——提高职业健康安全风险意识；

——采取适当措施，评估职业健康安全绩效并寻求改进；

——确保员工在职业健康和安全事务中发挥积极作用。

满足 ISO 45001 的要求，可以支持那些致力于建立积极、持续改进的企业安全文化的组织，推动组织在实现最高水平的职业健康安全绩效方面更有效和更高效。

建立和实施一套基于 ISO 45001 的职业健康安全管理框架，可以向内外部相关方（例如工作人员、监管人员、客户、投资者、保险公司）表明组织以非常有效及高效的方式管理其风险和职业健康安全绩效。

ISO 45001 与其他 ISO 管理体系标准（例如 ISO 9001、ISO 14001 和 ISO 31000）保持一致，有助于组织在其运作的所有方面建立一套整合管理系统。

ISO 45001 为政府机构、行业和其他受影响的利益相关方提供了有效、高效的指导，以改善世界各国劳动者的安全。

二、实施职业健康安全管理体系标准的必要性和意义

（一）顺应全球经济一体化的国际趋势，促进国际贸易

由于各国所处的经济发展阶段不同，发达国家和发展中国家的劳工标准差别很大。发达国家认为：各国职业健康安全的差异使发达国家在成本价格和贸易竞争中处于不利地位；由于发展中国家在改善劳动条件方面投入不够，其产品生产成本低于发达国家，这种在职业健康安全上的低成本投入构成一种不平等竞争。

发达国家纷纷把劳工标准与国际贸易结合起来，要求发展中国家接受国际劳工标准（即与安全生产有关的工作条件）；而发展中国家由于相关的法规体系不健全、职业健康安全应用技术落后、必要的安全投入不到位、职业健康安全管理体系不完善等，使得国内的安全问题频发，影响了在国际上的交往和经济活动。

因此，无论从保护劳动者的健康、完善经济运行机制、促进经济健康发展，还是顺应全球经济一体化的国际趋势来讲，都应推行职业健康安全管理体系。

（二）企业自身安全管理的需要

随着企业规模的扩大和生产集约化程度的提高，对企业的质量管理和经营模式都提

出了更高的要求，这迫使企业考虑采用现代化的管理模式，使包括安全生产管理在内的所有生产经营活动能够科学化、标准化，符合法律法规要求。只有安全生产才能保证日益高速发展的经济需要。

我国一些大、中型企业已经认识到生产安全与员工健康的重要性，看到了实现安全与健康的价值，逐渐转向并接受“以人为本、本质安全”的观念。长期的传统安全管理经验使人们认识到，要解决复杂的生产活动中的安全问题，需要以系统的安全理论和技术为基础，只有采用规范的、科学的安全管理技术和方法，才能有效地减少生产事故的发生。为此，迫切需要有一套科学、规范、系统、先进的职业健康安全管理模式，从企业的整体管理要求出发，全员参与、全方位全过程管理，以达到预防为主、自我完善的管理要求。

（三）有助于提高组织的国际和国内竞争力

（1）有助于消除非关税贸易壁垒，促进组织进入国际市场

实施职业健康安全管理体系将有助于消除发达国家报有的所谓“发展中国家由于其在安全生产上投入少，其产品的价格较低，而造成世界贸易的不平等”等误解，从而有效地避免了发达国家对发展中国家的产品施加压力甚至限制的可能。

（2）将有助于组织在国内市场上提高竞争力、扩大市场范围

职业健康安全管理体系的实施，将使组织在投标竞争及其他社会活动中处于优势，同时为组织吸引投资者和合作伙伴创造良好的条件。并且，通过认证证明组织已达到国际标准的要求，可能为相关方及顾客选择组织（供方）提供有利的条件。

（3）有助于组织提高自身的职业健康安全管理水平

实施职业健康安全管理体系可帮助组织建立安全管理体系，加强组织的安全教育与培训，提高重视程度，引进新的安全与健康策划、监测、评价技术，加强审核和评审，不断地通过制度化的手段来改善自己的行为，在满足职业健康安全法律法规、健全管理机制、改善管理质量、提高经营效益等方面建立全新的经营战略和一体化管理体系，从而提高组织的安全健康管理水平。

（4）有助于组织树立良好的形象，改善组织和其他相关方的关系

组织通过建立职业健康安全管理体系，提供安全的工作场所，可使声誉得到提升，有助于提高组织在公众中的形象。它表明了组织持续改进职业健康安全管理体系的决心，同时也表明了组织向社会表明愿意承担本组织的安全生产与健康责任。

（5）能使企业的经济效益和社会效益相结合

实施职业健康安全管理体系，可对组织的生产运行实行全面的整体控制，在组织内建立一整套管理体系，明确职责，敦促职工遵章守纪，提高安全意识和事故预防意识，大大减少伤亡事故和职业病的发生，从而减少事故损失，降低发生事故的成本；减少停机时间和操作中断的成本；降低保费成本；提高士气，减少旷工和员工流失率；提高组织的经济效益，满足实现国民经济可持续发展的需要，使组织的经济效益和社会效益有机结合。

（6）可使组织提高其应对合规性方面问题的能力，规避违法风险

实施职业健康安全管理体系标准，有助于组织强化其满足相关的法律法规要求的措施，减少或降低了有关责任人、特别是领导干部的风险，而这种风险在我国的《安全生产法》颁布以后将越来越显现出来。

（四）强化供应链管理，满足更广泛的社会期望

供应链的分散性增加了跨国企业的风险。在供应链中，如果没有有效的职业健康安全管理体系，管理层可能会在企业管理结构中有一个明显的盲点，由此可能产生大量的法律、财务和声誉风险。因此，一个组织必须超越其当前的健康和安全问题，考虑更广泛的社会期望，将风险管理延伸到供应链中，对承包、采购和外包进行更负责的管理，对其承包商和供应商进行控制或施加影响，减少或消除供应链中的劳动者的安全和健康风险。

第二章　ISO 45001:2018 标准理解

第一节　引言

【标准条款】

0.1　背景

组织应对工作人员和可能受其活动影响的其他人员的职业健康安全负责，包括促进和保护他们的生理和心理健康。

采用职业健康安全管理体系旨在使组织能够提供健康安全的工作场所，防止与工作相关的伤害和健康损害，并持续改进其职业健康安全绩效。

在职业健康安全领域，国家专门制定了一系列职业健康安全相关法律法规（如安全生产、职业病防治、消防安全、交通运输安全、矿山安全等法律法规）。这些法律法规所确立的职业健康安全制度和要求是组织建立和保持职业健康安全管理体系所必须考虑的制度、政策和技术背景。

0.2　职业健康安全管理体系的目的

职业健康安全管理体系的作用是为管理职业健康安全风险和机遇提供一个框架。职业健康安全管理体系的目的和预期结果是防止对工作人员造成与工作相关的伤害和健康损害，并提供健康安全的工作场所；因此，对组织而言，采取有效的预防和保护措施以消除危险源和最大限度地降低职业健康安全风险至关重要。

组织通过其职业健康安全管理体系应用这些措施时，能够提高其职业健康安全绩效。如果及早采取措施以抓住改进职业健康安全绩效的机遇，职业健康安全管理体系将会更加有效和高效。

实施符合本标准的职业健康安全管理体系，能使组织管理其职业健康安全风险并提升其职业健康安全绩效。职业健康安全管理体系可有助于组织满足法律法规要求和其他要求。

0.3　成功因素

对组织而言，实施职业健康安全管理体系是一项战略和经营决策。职业健康安全管理体系的成功取决于领导作用、承诺以及组织各层次和职能的参与。

职业健康安全管理体系的实施和保持，其有效性和实现预期结果的能力，均取决于许多关键因素。这些关键因素可包括：

a）最高管理者的领导作用、承诺、职责和担当；

b）最高管理者在组织内建立、引导和促进支持实现职业健康安全管理体系预期结果的文化；

c）沟通；

d）工作人员及其代表（若有）的协商和参与；

e）为保持职业健康安全管理体系而所需的资源配置；

f）符合组织总体战略目标和方向的职业健康安全方针；

g）辨识危险源、控制职业健康安全风险和利用职业健康安全机遇的有效过程；

h）为提升职业健康安全绩效而对职业健康安全管理体系绩效的持续监视和评价；

i）将职业健康安全管理体系融入组织的业务过程；

j）符合职业健康安全方针并必须考虑组织的危险源、职业健康安全风险和职业健康安全机遇的职业健康安全目标；

k）符合法律法规要求和其他要求。

成功实施本标准可使工作人员和其他相关方确信组织已建立了有效的职业健康安全管理体系。然而，采用本标准并不能够完全保证防止工作人员受到与工作相关的伤害和健康损害，提供健康安全的工作场所和改进职业健康安全绩效。

组织职业健康安全管理体系的详细水平、复杂程度和文件化信息的范围，以及为确保组织职业健康安全管理体系成功所需的资源取决于多方面因素，例如：

—— 组织所处的环境（如工作人员数量、规模、地理位置、文化、法律法规要求和其他要求）；

—— 组织职业健康安全管理体系的范围；

—— 组织活动的性质和相关的职业健康安全风险。

0.4“策划—实施—检查—改进”循环

本标准中所采用的职业健康安全管理体系的方法是基于“策划—实施—检查—改进（PDCA）”的概念。

PDCA 概念是一个迭代过程，可被组织用于实现持续改进。它可应用于管理体系及其每个单独的要素，具体如下：

—— 策划（P：Plan）：确定和评价职业健康安全风险、职业健康安全机遇以及其他风险和其他机遇，制定职业健康安全目标并建立所需的过程，以实现与组织职业健康安全方针相一致的结果。

—— 实施（D：Do）：实施所策划的过程。

—— 检查（C：Check）：依据职业健康安全方针和目标，对活动和过程进行监视和测量，并报告结果。

—— 改进（A：Act）：采取措施持续改进职业健康安全绩效，以实现预期结果。

本标准将 PDCA 概念融入一个新框架中，如图 1 所示。

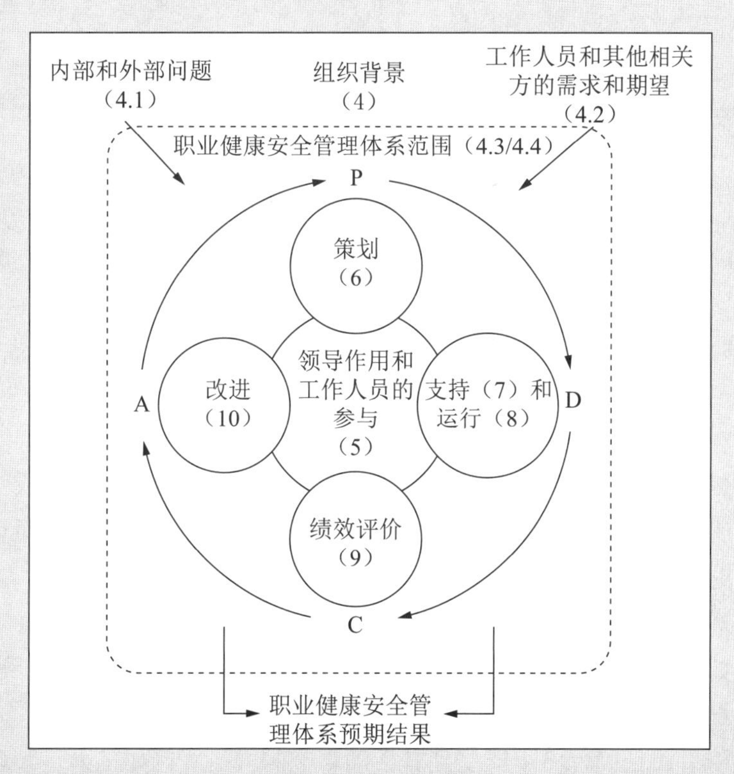

注:括号内的数字是指本标准的相应章条号。

图 1 PDCA 与本标准框架之间的关系

0.5 本标准内容

本标准符合国际标准化组织(ISO)对管理体系标准的要求。这些要求包括一个统一的高层结构、相同的核心正文以及具有核心定义的通用术语,旨在方便本标准的使用者实施多个 ISO 管理体系标准。

尽管本标准的要素可与其他管理体系兼容或整合,但本标准并不包含针对其他主题(如质量、社会责任、环境、治安保卫或财务管理等)的要求。

本标准包含了组织可用于实施职业健康安全管理体系和开展符合性评价的要求。希望证实符合本标准的组织可通过以下方式来证实:

——开展自我评价和声明;

——寻求组织的相关方(如顾客)对其符合性进行确认;

——寻求组织的外部机构对其自我声明的确认;

——寻求外部组织对其职业健康安全管理体系进行认证或注册。

本标准的第 1 章至第 3 章阐述了适用于本标准的范围、规范性引用文件以及术语和定义,第 4 章至第 10 章包含了可用于评价与本标准符合性的要求。附录 A 提供了这些要求的解释性信息。第 3 章中的术语和定义按照概念的顺序进行编排。

本标准使用以下助动词：
——“应”（shall）表示要求；
——“宜”（should）表示建议；
——“可以”（may）表示允许；
——“可、可能、能够”（can）表示可能性或能力。
标记“注”的信息是理解或澄清相关要求的指南。第3章中的“注”提供了增补术语资料的补充信息，可能包括使用术语的相关规定。

【理解要点】

1. 背景

（1）根据联合国、世界卫生组织（WHO）和劳工组织的原则，世界上的每一个公民都有权从事健康和安全的工作，并享有一种能够在社会和经济上富有成效地生活的工作环境。世界卫生组织对“健康”的定义是“健康不仅仅是没有疾病，而且是身体、心理和社会适应的完好状态”。

不良的职业健康安全管理除了会对工作人员造成不良影响外，还会对组织产生许多负面影响，如关键工作人员流失、业务中断、索赔、保险费用增加、受到更严格的监管、声誉受损，最终导致企业亏损。

一个组织有责任确保将可能受到其活动影响的人员（例如工人、管理人员、承包商或来访人员）受到伤害的风险降至最低。组织不仅仅要防止人员的伤害，同时也还应关注人员的身体和精神健康损害。例如女性工作人员的“四期保护”。

（2）除了家庭环境，成年人的大部分时间是在工作场所度过的。WHO对健康工作场所的定义是“由工人和管理者共同采取的为保护和促进所有工人的健康、安全和福利的持续改进过程以及可持续的工作场所”。工作场所也包括了出差的路途和出差的目的地、在家工作的居所、或从一个地点到另一个地点的流动工作场所。大家在工作场所一起工作，一个健康的工作场所为所有工作人员提供保护和促进健康与安全的身体、心理、社会和组织条件。它使管理人员和工人能够加强对自己健康的控制并加以改善，使自己变得更有活力、更积极和更满足。不健康的工作场所会造成旷工、受伤和疾病、直接和间接的卫生支出以及家庭和社会的重大成本等经济损失。工作场所会影响组织的工作人员和可能被组织工作活动影响的其他人员的身体健康、安全以及心理健康。虽然工作场所的健康和安全是大多数组织最关心的问题，但仍会发生伤亡事故，组织可以通过采取适当的预防措施来消除或减少职业健康安全风险。

2. 标准的目的和意义

（1）ISO 45001《职业健康与安全管理体系　要求及使用指南》是第一个关于职业健康与安全的国际标准。它提供了一个旨在使组织能够管理其职业健康安全风险，并提高其职业健康安全绩效的框架，目的是使组织通过建立、实施和保持职业健康安全管理体系，防止对工作人员造成与工作相关的伤害和健康损害，提供安全健康的工作场所，并持续改进其职业健康安全绩效。

（2）职业健康安全管理体系可以有助于组织满足法律法规要求和其他要求。应用本体系的企业有助于提高职业健康安全绩效，因为使用本体系可以使组织采取预防措施从源头上消除危险源、降低职业健康安全风险。但是，这并不意味着，组织只要建立了职业健康安全管理体系，就可以提供安全健康的工作场所和改进职业健康安全绩效，以及预防所有的与工作人员和工作相关的伤害和健康损害。

3. 体系的成功因素

实施职业健康安全管理体系将是一个组织的战略决策，可以用来支持组织的可持续发展计划，确保工作人员更安全、更健康，同时提高盈利能力。

体系的成功实施取决很多因素，特别是一些关键的成功因素：

（1）全员参与是ISO 45001的关键成功要素之一。为了让人们从事的职业能够更健康、安全，组织中从高管到工作人员的每个人都必须意识到，他们有责任维护一个健康安全环境。ISO 45001认识到工作人员协商和参与在制定更好的职业健康安全管理实践中的价值，并更加强调工作人员积极参与职业健康安全管理体系的开发、规划、实施和持续改进。

（2）领导作用也是ISO 45001的关键成功要素。最高管理者必须发挥可见的、直接的作用，积极参与职业健康安全管理体系的实施，并确保将职业健康安全管理体系融入整个业务流程中。

（3）关键成功要素还包括高层管理人员促进积极的安全健康文化，并进行内外部沟通。现代工业生产是技术复杂、大能量、集约化、高速度的过程，现代工业设备复杂，生产、运输及贮存都具有很强的技术性，需要多部门、多工种的紧密配合。组织的安全文化利用领导、教育、宣传、奖惩、创建群体氛围等手段，建立现代安全价值观和行为准则，提升现代生产安全文化素质，改进其安全意识和行为，从而使人们从被动地服从安全管理制度，转变成自觉主动地按安全要求采取行动，即从“要我遵章守法”转变成“我要遵章守法”。

（4）依据ISO 45001建立、实施和保持职业健康安全管理体系并有效运行，可向工作人员和其他相关方展示组织的职业健康安全管理能力。

（5）成功的职业健康安全管理体系应确保考虑到组织所处的环境以及影响组织的内、外部问题。同时职业健康安全管理体系需要与组织的风险状况和复杂性相适应。例如，在规模较小的组织中，工作人员可以直接参与而不需要专门的职业健康安全管理机构。

（6）组织职业健康安全管理体系的成功实施所需要的资源、文件化信息，以及体系详细水平、复杂程度取决于如下一些因素：

1）组织状况（例如工作人员数量、规模、地域、文化、法律法规要求和其他要求），其中文化方面可能包括语言、宗教、社会习惯、民俗、政治、哲学、社会结构、教育等因素；

2）组织职业健康安全管理体系的范围；

3）和组织活动的性质以及与性质相关的危险源和职业健康安全风险等。

4. 基于风险的思维和 PDCA 循环

识别工作中的危险源是消除或尽量减少那些构成重大风险的先决条件。持续的风险和机遇评估也是 ISO 9001（质量管理）和 ISO 14001（环境管理）的共同要素，它们使用了类似的基于风险的思维框架和 PDCA 循环模型。

（1）ISO 45001“基于风险的思维”的职业健康安全管理方法，提倡从“预防为主”的角度来看待职业健康安全管理，对业务流程的职业健康安全进行分析，以确定哪些活动和过程会伤害工作人员和相关方（如游客、公众等），并采取措施实施控制，以满足任何合规性的要求（本标准要求、法律法规要求和组织确定需满足的其他要求等）。

所有类型和规模的组织都面临内部和外部问题的影响，使得它不能确定是否能实现其目标以及何时能实现其目标，“风险”就是指这种组织实现预期结果的不确定性。风险在职业健康安全管理体系的各个方面都是固有的，所有系统、过程和活动都存在风险。

基于风险的思维使预防措施成为策划、实施、检查和改进活动的固有内容。基于风险的思维要求组织将风险管理纳入组织的整个业务过程，确保在策划和运行职业健康安全管理体系时，能够识别、考虑和控制这些风险。它的基本过程是通过识别、分析、评价以及处理风险，满足组织可接受风险的控制准则：

1）基于组织的环境和相关方，确定组织的风险是什么；理解组织的风险，什么是可以接受的，什么是不可接受的；策划应对风险的措施。

2）实施措施，采取行动。

3）检查行动的有效性。

4）从经验中学习以获得提高。分析这些过程的有效性，在环境发生变化时对它们进行修改；不断地思考创新的机会。

在这个过程中，组织与利益相关方沟通、协商，监测和评审风险控制的有效性，并不断修正控制风险的措施，以确保风险得到控制。

（2）PDCA 循环是指不断重复策划（Plan）、实施（Do）、检查（Check）、改进（Action）四个步骤，使过程周而复始地进行良性循环，实现过程的螺旋式上升。

1）策划（P）：识别需求，建立目标，策划实现目标的过程；这包括了从识别危险源开始，然后评价危险源的职业健康安全风险与机遇，并根据识别与评价的结果，在满足法律法规要求和其他要求的前提下，考虑组织可接受风险的程度，从源头上策划降低风险的措施，制定目标和方案或行动计划；

2）实施（D）：实施所策划的过程，包括实施解决方案或控制、消除危险源和降低职业健康安全风险；

3）检查（C）：针对目标，监测过程，评价管理行动的绩效，报告结果；

4）改进（A）：采取措施持续改进绩效，实现预期结果，包括评估新的策划和行动，进而改进职业健康安全绩效。

标准文本中的图 1 表述了 ISO 45001 基于 PDCA 的管理过程原理所形成的结构。

5. 标准的内容

（1）ISO 45001 只包含了组织用于实施职业健康安全管理体系和评价其符合性的要求，不包括其他诸如质量、社会责任、环境、财务管理等特定的要求，但是其内容可以与其他管理体系的内容相结合。

ISO 45001 采用《ISO/IEC 导则 第 1 部分 ISO 补充规定》附件 SL 中规定的高级结构（HLS）、相同的核心文本、通用术语和核心定义，与 ISO 管理体系标准（如 ISO 9001:2015 和 ISO 14001:2015）保持一致，目的在于促进组织将新的管理体系融入已经建立的管理体系中。另外 ISO 45001 被设计成与 ISO 14001 接近，因为许多组织在内部整合了他们的职业健康安全和环境管理职能，这将简化 ISO 45001 在组织管理体系中的融入。

（2）ISO 45001 的第 1 章至第 3 章阐述了该标准的适用范围、规范性引用文件（当前版本没有规范性引用文件，但为了保持标准结构的一致性而保留了本章）以及术语和定义，第 4 章至第 10 章包含了可用于评价与该标准符合性的要求。附录 A 提供了这些要求的解释性信息。第 3 章中的术语和定义按照概念的顺序进行编排。

（3）ISO 45001 使用了以下动词：

——“应”（shall）表示要求；

——“宜”（should）表示建议；

——“可以”（may）表示允许；

——“可、可能、能够”（can）表示可能性或能力。

标记“注”的信息是理解或澄清相关要求的指南。第 3 章中的“注”提供了增补术语资料的补充信息，并可能包含了使用术语的相关规定。

（4）为避免误解，ISO 45001 对所选取的概念进行了说明：

1）“持续（continual）”指发生在一段时期内的持续，但可能有间断；而“连续（continuous）”指不间断的持续。因此，应当使用“持续（continual）”来描述改进。

2）“考虑（consider）”意指有必要考虑，但可拒绝考虑；“必须考虑（take into account）”意指有必要考虑这一话题，而且不能拒绝考虑。

3）“适当的（appropriate）”与“适用的（applicable）”不得互换。“适当的”意指适合于或“适于……的”，并意味着某种程度的自由（即可以做、也可以不做）；而“适用的”意指与应用有关或有可能应用，且意味着如果能够做到，就应该要做。

4）本标准使用了术语“相关方（interested party）”“利益相关方（stakeholder）”，两者是同义词，代表了相同的概念。

5）“确保（ensure）”一词意指：可将职责委派给他人，但仍承担确保措施得到实施的职责。即是说，为了保证措施能够得到实施，可以委派职责，但仍然需要承担责任。

6）“文件化信息（documented information）”被用于包含“文件（documents）”和“记录（records）”。本标准使用短语“保留（retain）文件化信息作为……的证据”来表示记录，使用“应作为文件化信息予以保持（maintain）”来表示文件，包括程序。短语

“以保留文件化信息作为……的证据（to retain documented information as evidentiary of …）”并非要求所保留的信息须满足法律法规的证据要求，而是旨在规定所需保留的记录的类型；

7）“在组织共同控制下（under the shared control of the organization）”的活动是指，按照法律法规要求和其他要求，组织对方式或方法进行共同控制，或者在职业健康安全绩效方面共同指导所开展的活动。

（5）依据职业健康安全管理体系的相关要求，组织可颁布特定的术语及其含义，以供其使用。如果使用这些术语，仍然需要符合本标准。这意味着组织必须在满足标准要求的前提下使用特定的术语及含义（例如行业通用术语或者习惯用语、组织特有的术语）。

第二节 范围

【标准条款】

1 范围

本标准规定了职业健康安全（OH&S）管理体系的要求，并给出了其使用指南，以使组织能够通过防止与工作相关的伤害和健康损害来提供安全和健康的工作场所，并主动改进其职业健康安全绩效。

本标准适用于任何具有以下期望的组织：通过建立、实施和保持职业健康安全管理体系，以改进健康安全、消除危险源并尽可能降低职业健康安全风险（包括体系缺陷）、利用职业健康安全机遇，以及应对与其活动相关的职业健康安全管理体系不符合。

本标准有助于组织实现其职业健康安全管理体系的预期结果。依照组织的职业健康安全方针，其职业健康安全管理体系的预期结果包括：

a）持续改进职业健康安全绩效；

b）满足法律法规要求和其他要求；

c）实现职业健康安全目标。

本标准适用于任何规模、类型和活动的组织。它适用于组织控制下的职业健康安全风险，这些风险必须考虑到诸如组织运行所处环境、组织工作人员和其他相关方的需求和期望等因素。

本标准既不规定具体的职业健康安全绩效准则，也不提供职业健康安全管理体系的设计规范。

本标准使组织能够借助其职业健康安全管理体系将诸如工作人员的福利和（或）幸福等健康和安全方面的内容进行整合。

本标准不涉及对工作人员和其他有关相关方的风险以外的问题，如产品安全、财产损失或环境影响等。

本标准能够全部或部分地用于系统改进职业健康安全管理。然而，只有当本标准的所有要求均被包含在了组织的职业健康安全管理体系中并全部得到满足，有关符合本标准的声明才能被认可。

2　规范性引用文件

本标准无规范性引用文件。

【理解要点】

1. 范围

ISO 45001 是一项国际标准，规定了职业健康安全管理体系的要求，并提供了使用指南，以使组织能够积极预防与组织的工作场所有关的伤害和健康损害，提供健康和安全的工作场所，改进组织的职业健康安全绩效。

符合组织职业健康安全方针的职业健康安全管理体系的预期结果是：持续改进职业健康安全绩效、满足法律法规要求和其他要求、实现职业健康安全目标。

ISO 45001 是保护全球工作人员的最低标准，适用于所有规模、行业或业务性质的组织。

ISO 45001 不提供职业健康安全的具体绩效准则，如目标（责任事故率）、不可接受风险准则等，也不提供职业健康安全管理体系的设计规范。组织应依据 ISO 45001 的要求，根据组织所处的内外部环境、业务流程、职业健康安全管理现状、活动性质、运行的风险与复杂性等因素，系统识别危险源并评价职业健康安全风险与机遇，依据适用的法律法规和其他要求，策划相应的控制方法并予以实施和评价，形成具体的职业健康安全理风险管理过程和管理体系，确定组织的方针并改进组织的职业健康安全绩效。

ISO 45001 管理的风险对象不包括产品安全、财产损失和环境影响等。ISO 45001 针对的只是组织工作场所的人员的健康和安全。但组织可通过职业健康安全管理体系，将其融入组织的现有业务流程中，并遵循与其他 ISO 管理体系标准（如 ISO 9001 和 ISO 14001）相同的高层结构，与其他管理体系相结合。

组织可应用 ISO 45001 的内容要求，整体或部分地系统改进职业健康安全管理体系。但是，组织只有将 ISO 45001 的全部要求融入组织的职业健康安全管理体系并予以满足后，才能声明符合该标准并被相关方采信。

2. 规范性引用文件

该标准无规范性引用文件。

为了与其他 ISO 管理体系标准保持章节的一致性，保留了该章节条目。

第三节 术语和定义

【标准条款】

3 术语和定义

下列术语和定义适用于本标准。

3.1 组织 organization

为实现**目标**（3.16），由职责、权限和相互关系构成自身功能的一个人或一组人。

注 1：组织包括但不限于个体经营者、公司、集团、商行、企事业单位、行政管理机构、合伙制企业、慈善机构或社会机构，或者上述组织的某部分或其组合，无论是否为法人组织、公有或私有。

注 2：该术语和定义是《ISO/IEC 导则 第 1 部分 ISO 补充规定》附件 SL 所给出的 ISO 管理体系标准的通用术语和核心定义之一。

【理解要点】

组织是在一定的社会环境中，为实现某种共同的目标，按照一定的结构形式、活动规律结合起来的，具有自身职能的系统。组织的核心目标是组织存在的价值，通常表现为组织的使命——组织是干什么的；其次，组织为实现其目标，要通过明确其职责、权限和相互之间的关系而形成自身的功能。

组织的形式是多种多样的，可以是个体经营者、公司、集团公司、商行、企事业单位、政府机构、合股经营的公司、公益机构、社团或上述单位中的一部分（例如分公司、下属单位或分支机构），或其结合体。无论是否具有法人资格、国有或民营，只要具有自身的职能与管理能力，便可被视为独立的组织，而不必考虑其性质或者是否具有独立法人资格等。例如一个集团公司，可能下设有几个具有独立法人资格的子公司和不具备独立法人资格的分公司，它的分公司只要有独立职能和管理能力，这些分公司也同样可以被认为是一个组织。

【标准条款】

3.2

相关方 interested party（首选术语）

利益相关方 stakeholder（许用术语）

可影响决策或活动、受决策或活动所影响，或者自认为受决策或活动影响的个人或**组织**（3.1）

注：该术语和定义是《ISO/IEC 导则 第 1 部分 ISO 补充规定》附件 SL 所给出的 ISO 管理体系标准的通用术语和核心定义之一。

【理解要点】

组织的存在不是孤立的，它的职业健康安全管理也与许多其他利益相关的组织或个人互相影响。组织与相关方之间的影响包括实际受到的影响，也包括自我感受到的影响。

这些受到或自我感觉受到影响的利益相关的组织或个人被定义为相关方。例如：客户、所有者、组织工作人员、供应商、银行、协会、合伙人或包括竞争者、反对者、社会团体。相关方可以是团体，也可以是个人。

ISO 45001 使用词语“相关方（interested party）”，它与“利益相关方（stakeholder）”为同义字，是相同概念。

【标准条款】

3.3

工作人员 worker

在**组织**（3.1）控制下开展工作或与工作相关的活动的人员。

注 1：在不同安排下，人员有偿或无偿地开展工作或与工作相关的活动，如定期的或临时的、间歇性的或季节性的、偶然的或兼职的等。

注 2：工作人员包括**最高管理者**（3.12）、管理类人员和非管理类人员。

注 3：根据组织所处的环境，在组织控制下所开展的工作或与工作相关的活动可由组织雇佣的工作人员、外部供方的工作人员、承包方、个人、外部派遣工作人员，以及其工作或与工作相关的活动在一定程度上受组织共同控制的其他人员来完成。

【理解要点】

工作人员包括两个要素：

（1）在组织控制下。所谓“在组织控制下”是指组织的管理权限所能涉及的，包括合同关系约定的管理权限。

（2）人员，包括：

1）开展工作的人员，如组织内的生产人员或受组织委托的组织外的技术专家。

2）开展与工作相关活动的人员。相关活动例如组织销售人员的出差活动。

开展工作或与工作相关活动的人员，包括不同安排的人员，如定期或临时、间歇或季节、偶然或兼职、有偿或义务。

工作人员包括不同职能的人员，例如最高管理者、管理人员和非管理人员。非管理人员可能面临更多的职业健康安全风险。

工作人员包括组织自身的人员，或虽不是组织的人员但根据约定能被组织控制或者自愿接受组织控制的人员。

工作人员涉及不同身份的人员，例如组织工作人员、外部相关方人员、承包方、个人、劳务派遣人员等。

在一个组织的工作场所内共同工作的两个或多个不同组织的人员也包括在内。

【标准条款】

3.4

参与 participation

参加决策过程。

注：参与包括吸引健康安全委员会和工作人员代表（若有）参与。

【理解要点】

“参加决策过程”强调的是“决策”。

ISO 45001 认识到工作人员参与职业健康安全管理实践的价值，并更加强调工作人员积极参与职业健康管理体系的开发、规划、实施和持续改进。

非管理人员可能面临更多的职业健康安全风险，他们的参与可以提高职业健康安全管理体系有效性和实现预期结果——例如参与辨识危险源并评价风险和机遇（见 6.1.1 和 6.1.2）、确定沟通的内容和方式（见 7.4）、调查事件和不符合并确定纠正措施（见 10.2），可以更好地提高工作人员的职业健康安全意识，更好地预防与工作相关的伤害和健康损害。

工作人员参与有多种形式和不同程度。例如，在我国可以是成为安全生产委员会（安全生产领导小组）的成员或工会成员，也可以是就组织的健康安全事项进行投票等。参与的程度越深，所能发挥的作用也越大。

《中华人民共和国安全生产法》《中华人民共和国职业病防治法》《中华人民共和国工会法》《中华人民共和国劳动法》等对工作人员参与提出了具体要求。

【标准条款】

3.5

协商 consultation

决策前征询意见。

注：协商包括吸引健康安全委员会和工作人员代表（若有）加入协商活动。

【理解要点】

协商是指征求意见，为决策收集信息。它强调在决策之前进行。

工作人员了解和熟悉组织的活动和过程以及其中的危险源，并受到活动和过程中的职业健康安全风险的影响。在决策前就职业健康安全管理事务征询工作人员的意见，可以为决策提供更丰富的信息，使决策更加正确、高效。就策划的措施与工作人员协商，特别是和非管理人员协商，可以使策划的措施得到更好的实施。

【标准条款】

3.6

工作场所 workplace

在**组织**（3.1）控制下，人员因工作需要而处于或前往的场所。

注：在职业健康安全管理体系（3.11）中，组织对工作场所的责任取决于其对工作场所的控制程度。

【理解要点】

工作场所是指在组织控制下，人们因为工作需要而停留或前往的场所，是与工作或与工作有关活动相联系的物理场所。工作场所可以是固定的（车间、办公室）、流动的（流动销售车）、临时的（野外作业驻点），包括在交通工具上或户外环境。

工作或与工作有关活动的界定条件是指经过策划并被组织认可。例如计划的出行或运输路线、在家工作人员的居所。

工作场所的建筑结构、空气、机器设备、家具、产品、化学品、原材料和生产流程等因素会影响组织工作人员的身体健康和安全，以及心理健康。

世界卫生组织对“健康工作场所”的定义是：“由工人和管理者共同采取的为保护和促进所有工人的健康、安全和福利的持续改进过程以及可持续的工作场所”。

组织对工作场所控制的程度应与所应当承担的后果相适应。组织对自有的工作场所和外部供方提供的工作场所控制的程度是不同的，其所能承担的责任也是不同的。诸如因工出差或实施运输活动的人员（如驾驶、乘机、乘船或乘火车等）、在客户或顾客处工作的人员、在家工作的人员等，这些人员实施组织的工作活动时所处的工作场所通常不能完全受组织控制，但组织还是应采取适宜的措施（如告知、购买保险等）来保障这些人员在实施组织控制下的工作活动时的职业健康安全，预防和减少对这些人员可能造成的职业健康安全危害。同样，组织也不能因为将自有的场所提供给外部相关方使用而免除其职业健康安全的责任。

当组织为满足法定、规定或约定的要求需要承担责任时，组织对工作场所采取的控制措施也必须与所应承担的责任相适应。

《中华人民共和国安全生产法》《中华人民共和国职业病防治法》《中华人民共和国劳动法》等法律法规对工作场所的界定和责任划分有专门的要求。

【标准条款】

3.7

承包方 contractor

按照约定的规范、条款和条件向**组织**（3.1）提供服务的外部组织。

注：服务可包括建筑活动等。

【理解要点】

承包方是具有某种能力的外部组织，它按照合同或协议等约定的规范、条款和条件向组织提供服务。其提供的服务可以包括建筑施工、供变电系统的维护、职业危害因素检测等。

承包方可能给组织带来职业健康安全风险。组织可通过识别危险源，减少或消除供应链中工人的安全和健康风险，签订合同、协议或者补充条款等，建立更严格的准则，向承包方施加更多的影响，这对组织和承包方的职业健康安全绩效都是有益的。

【标准条款】

3.8

要求 requirement

明示的、通常隐含的或必须满足的需求或期望。

注 1：“通常隐含的”是指，对**组织**（3.1）和**相关方**（3.2）而言，按惯例或常见做法，对这些需求或期望加以考虑是不言而喻的。

注 2：规定的要求是指经明示的要求，如文件化信息（3.24）中所阐明的要求。

注 3：该术语和定义是《ISO/IEC 导则 第 1 部分 ISO 补充规定》附件 SL 所给出的 ISO 管理体系标准的通用术语和核心定义之一。

【理解要点】

要求是需求或期望。要求可包括：

（1）明示的，即明确表达的，如在文件中明确提出的。

（2）通常隐含的，是指虽然没有明确提出，但组织或利益相关方都知道的习惯或约定俗成的惯例。

（3）必须满足的，这通常包括适用的法律法规要求，或者强制性标准、规范的要求，也可以包括组织确定的、承诺满足的其他相关方的要求。

要求可由不同的利益相关方提出，组织应确定自身应满足或需要满足的要求。

【标准条款】

3.9

法律法规要求和其他要求 legal requirements and other requirements

组织（3.1）必须遵守的法律法规要求，以及组织必须遵守或选择遵守的其他**要求**（3.8）。

注 1：对本标准而言，法律法规要求和其他要求是与**职业健康安全管理体系**（3.11）相关的要求。

注 2：“法律法规要求和其他要求”包括集体协议的规定。

注 3：法律法规要求和其他要求包括依法律、法规、集体协议和惯例而确定的工作人员（3.3）代表的要求。

【理解要点】

法律法规指中华人民共和国现行有效的法律、行政法规、司法解释、地方法规、地方规章、部门规章及其他规范性文件，以及对于此类法律法规的修改和补充。适用的法律法规要求是组织必须满足的要求。

其他要求可以是法律法规之外组织必须遵守或依据组织意愿选择遵守的要求。它主要来源于相关方的需求和期望，包括：非官方的产业协会、民间机构制定的各种标准或实施指南，上级组织的方针与规定，组织签署的关于职业健康安全内容的自愿承诺和其他要求等。

组织的集体协议和行业惯例也属于法律法规要求和其他要求的范畴。

【标准条款】

3.10

管理体系 management system

组织（3.1）用于建立**方针**（3.14）和**目标**（3.16）以及实现这些目标的**过程**（3.25）的一组相互关联或相互作用的要素。

注 1：一个管理体系可针对单个或多个领域。

注 2：体系要素包括组织的结构、角色和职责、策划、运行、绩效评价和改进。

注 3：管理体系的范围可包括：整个组织，组织中具体且可识别的职能或部门，或者跨组织的一个或多个职能。

注 4：该术语和定义是《ISO/IEC 导则 第 1 部分 ISO 补充规定》附件 SL 所给出的 ISO 管理体系标准的通用术语和核心定义之一。为了澄清某些更广泛的管理体系要素，注 2 做了改写。

【理解要点】

管理体系是由一系列相互联系、相互作用的管理要素和相关过程组成的，建立和实现组织方针和目标的系统。管理体系要素包括组织的机构、角色和职责、策划、运行、绩效评价和改进等。

组织的管理体系可以是针对单一领域的，例如职业健康安全管理体系只针对组织的职业健康安全领域；也可以是针对多个领域的，例如针对组织的质量管理领域、环境保护领域、职业健康安全领域等。

组织可针对整个组织（或特定的局部、或跨组织）的一个或多个职能建立管理体系。

【标准条款】

3.11

职业健康安全管理体系 occupational health and safety management system/ OH&S management system

用于实现**职业健康安全方针**（3.15）的**管理体系**（3.10）或管理体系的一部分。

注 1：职业健康安全管理体系的目的是防止对**工作人员**（3.3）的**伤害和健康损害**（3.18），以及提供健康安全的**工作场所**（3.6）。

注 2：职业健康安全（OH&S）与职业安全健康（OSH）同义。

【理解要点】

组织建立、实施职业健康安全管理体系用于建立和实施职业健康安全方针，目的是防止对工作人员造成与工作相关的伤害和健康损害，并提供安全健康的工作场所。组织的职业健康安全管理体系以职业健康安全风险与机遇和职业健康安全体系风险与机遇为管理对象，通过体系中相互联系的各要素的系统作用，实现组织的职业健康安全管理预期结果。

职业健康安全管理体系是组织管理体系的一个组成部分，组织应将其融入组织现有的管理流程中。

在 ISO 45001 中，职业健康安全和职业安全健康的含义是相同的。

【标准条款】

3.12

最高管理者 top management

在最高层指挥和控制**组织**（3.1）的一个人或一组人。

注 1：在保留对**职业健康安全管理体系**（3.11）承担最终责任的前提下，最高管理者有权在组织内授权和提供资源。

注 2：若**管理体系**（3.10）的范围仅覆盖组织的一部分，则最高管理者是指那些指挥和控制该部分的人员。

注 3：该术语和定义是《ISO/IEC 导则 第 1 部分 ISO 补充规定》附件 SL 所给出的 ISO 管理体系标准的通用术语和核心定义之一。为了澄清与职业健康安全管理体系有关的最高管理者的职责，注 1 做了改写。

【理解要点】

最高管理者是在组织最高职能层次指挥和控制组织的一个人或一组人，例如董事会、董事长、执行董事、总经理等决策层。

组织职业健康安全管理体系的最高管理者，是指在组织的职业健康安全管理体系覆盖范围内，指挥并控制组织、能够进行授权和提供资源，并对组织的职业健康安全承担最终责任的人员，包括职业健康安全管理体系只覆盖了组织某一部分的情况。

【标准条款】

3.13

有效性 effectiveness

完成策划的活动并得到策划结果的程度。

注：该术语和定义是《ISO/IEC 导则 第 1 部分 ISO 补充规定》附件 SL 所给出的 ISO 管理体系标准的通用术语和核心定义之一。

【理解要点】

有效性是对组织是否正在实现预期结果、实现预期目标的水平的描述，可以用定性的词语（例如“很”、“比较”）来形容。

组织评估职业健康安全管理体系实现预期结果的程度，得到的评价结果就是职业健康安全管理体系的有效性。

有效性受评价方法的影响，不同的评价方法可能对有效性会有不同的评价结果。

【标准条款】

3.14

方针 policy

由组织**最高管理者**（3.12）正式表述的**组织**（3.1）意图和方向。

注：该术语和定义是《ISO/IEC 导则 第 1 部分 ISO 补充规定》附件 SL 所给出的 ISO 管理体系标准的通用术语和核心定义之一。

【理解要点】

组织意图是基于组织存在的根本目的而确定的，而组织方向是组织关于发展愿景的一种描述。方针为组织制定目标提供了框架。

最高管理者是在最高层指挥并控制组织的一个人或一组人，因此，组织的意图和方向由组织最高管理者通过方针正式表述。

【标准条款】

3.15

职业健康安全方针 occupational health and safety policy/OH&S policy

防止**工作人员**（3.3）受到与工作相关的**伤害和健康损害**（3.18）并提供健康安全的**工作场所**（3.6）的**方针**（3.14）。

【理解要点】

该方针由组织最高管理者正式表述，包括组织防止工作人员受到与工作相关的伤害和健康损害，以及提供安全健康工作场所等内容，体现了组织职业健康安全管理的意图和方向。

组织的职业健康安全方针应包含在组织的总体方针之内。

【标准条款】

3.16

目标 objective

要实现的结果。

注 1：目标可以是战略性的、战术性的或运行层面的。

注 2：目标可涉及不同领域（如财务的、健康安全的和环境的目标），并可应用于不同层面［如战略层面、组织整体层面、项目层面、产品和**过程**（3.25）层面］。

注 3：目标可按其他方式来表述，例如：按预期结果、意图、运行准则来表述目标；按某**职业健康安全目标**（3.17）来表述目标；使用其他近义词（如靶向、追求或目的等）来表述目标。

注 4：该术语和定义是《ISO/IEC 导则　第 1 部分　ISO 补充规定》附件 SL 所给出的 ISO 管理体系标准的通用术语和核心定义之一。由于术语"职业健康安全目标"作为单独的术语在 3.17 中给出定义，原注 4 被删除。

【理解要点】

目标是指组织在方针的框架下制定的、在一定时期内要实现的预期结果，是对活动预期结果的主观设想，为活动指明方向。

目标可以是多维度的（即不同领域），例如平衡记分卡就将目标划分为财务维度、市场维度、内部运营维度和学习成长维度。

目标可以是多层次的。例如：组织的愿景通常是组织长期追求的目标；根据组织的愿景，则可以制定 5 年 ~10 年的战略规划；再根据组织的战略规划、结合组织所处的环境，则可以指定年度目标；通过策划实现年度目标的方案，则可将年度目标分成不同领域的目标。

【标准条款】

3.17

职业健康安全目标 occupational health and safety objective/OH&S objective

组织（3.1）为实现与**职业健康安全方针**（3.15）相一致的特定结果而制定的**目标**（3.16）。

【理解要点】

为实现组织职业健康安全方针所表述的方向和意图，组织应通过建立具体的职业健康安全目标，明确在一定时期内所要实现的职业健康安全的预期结果。

职业健康安全目标的示例有事故率、防护用品使用率、缺勤工时、安全费用投入等。

【标准条款】

3.18

伤害和健康损害 injury and ill health

对人的生理、心理或认知状况的不利影响。

注1：这些不利影响包括职业疾病、不健康和死亡。

注2：术语“伤害和健康损害”意味着存在伤害和（或）健康损害。

【理解要点】

伤害和健康损害是对人的身体、心理或认知状况的有害影响，包括职业病、健康损害和死亡。传统的职业病造成的物理、化学和生物因素等方面的问题越来越多地适用于较小的高风险群体。现代工作环境的问题（如心理压力、新的工作组织模式、运用电脑办公、办公建筑室内空气质量、失业、适应老龄人的能力与需要的工作方式和工作要求等）也日益受到更多的关注。

伤害和健康损害可能各自独自发生，也可能会同时发生。例如，交通事故可能仅对驾驶员造成身体伤害，也可能同时造成身体伤害和心理障碍。

【标准条款】

3.19

危险源 hazard

可能导致**伤害和健康损害**（3.18）的根源。

注1：危险源可包括可能导致伤害或危险状态的根源，或可能因暴露而导致伤害和健康损害的环境。

注2：在中国安全生产领域中，“危险源”有时也可称为“危险因素”“危害因素”或“危险来源”等。

【理解要点】

危险源是可能造成伤害和健康损害的源，也是可能因暴露而导致事故或职业健康安全风险的源或某种情形。

1. 危险源

包括：

（1）根源：是指可能导致人员伤害（如人员死亡或肢体残废等）或危险状态的各种根源（如运转着的机械、辐射或能量源等）。例如，工作人员使用电器，接触到带电的裸露电线导致触电，电能就是导致触电的根源。

（2）环境（circumstances）：是指可能因为人员暴露在其环境中而导致伤害和健康损

害（如患职业病）的情形或景象，例如由于相邻组织的有毒气体储罐可能发生泄露而导致本组织的工作人员受到伤害和（或）健康损害。这种环境是本组织的一种危险源。人们在人车混行的道路上行走可能受到交通伤害，这种道路上人车混行的情形也是一种危险源。

组织可能存在的危险源，可参见本标准的“6.1.2.1 危险源辨识”条款。

2. 其他与危险源相关的术语和定义

（1）危险 hazard

潜在伤害的来源。

注：危险可以是一类风险源。

（引自：GB/T 23694—2013《风险管理 术语》，4.5.1.4）

（2）危险和有害因素 hazardous and harmful factors

可对人造成伤亡、影响人的身体健康甚至导致疾病的因素（危险和有害因素示例：微波辐射、细菌、抛射物、作业场所杂乱等）。

（引自：GB/T 13861—2009《生产过程危险和有害因素分类代码》，3.2）

（3）危险化学品重大危险源 major hazard installations for dangerous chemicals

（危险化学品的重大危险装置）长期地或临时地生产、加工、使用或储存危险化学品，且危险化学品的数量等于或超过临界量的单元。

（引自：GB 18218—2019《危险化学品重大危险源辨识》，3.4）

【标准条款】

3.20

风险 risk

不确定性的影响。

注 1：影响是指对预期的偏离——正面的或负面的。

注 2：不确定性是指对事件及其后果或可能性缺乏甚至部分缺乏相关信息、理解或知识的状态。

注 3：通常，风险以潜在“事件”（见 GB/T 23694—2013，3.5.1.3）和“后果”（见 GB/T 23694—2013，3.6.1.3），或两者的组合来描述其特性。

注 4：通常，风险以某事件（包括情况的变化）的后果及其发生的“可能性”（见 GB/T 23694—2013，3.6.1.1）的组合来表述。

注 5：在本标准中，使用术语“风险和机遇”之处，意指**职业健康安全风险**（3.21）、**职业健康安全机遇**（3.22）以及管理体系的其他风险和其他机遇。

注 6：该术语和定义是《ISO/IEC 导则 第 1 部分 ISO 补充规定》附件 SL 所给出的 ISO 管理体系标准的通用术语和核心定义之一。为了澄清本标准内所使用的术语“风险和机遇”，在此增加了注 5。

3.21

职业健康安全风险 occupational health and safety risk/OH&S risk

与工作相关的危险事件或暴露发生的可能性与由危险事件或暴露而导致的**伤害和健康损害**（3.18）的严重性的组合。

3.22

职业健康安全机遇 occupational health and safety opportunity/OH&S opportunity

一种或多种可能导致**职业健康安全绩效**（3.28）改进的情形。

【理解要点】

1. 不确定性是指所有类型和规模的组织都面临内部和外部问题的影响，使得它不能确定是否能实现其目标以及何时能实现其目标。这种偏离组织预期结果的状态被定义为“风险”。

本术语中，风险包含了正面的偏离或负面的偏离，是一个中性词。

2. ISO 45001 标准使用的“风险和机遇”这一术语，包括职业健康安全风险（3.21）和职业健康安全机遇（3.22），以及管理体系的其他风险和机遇。

（1）管理体系的其他风险和机遇包括职业健康安全管理体系本身可能无效的风险，以及改进管理体系的机遇等。

（2）职业健康安全风险和职业健康安全机遇可以看作组织开展风险管理的两个方面：

1）职业健康安全风险表示与组织职业健康安全领域有关的负面影响、不利的环境和条件，与发生危险事件或有害暴露的可能性和人身伤害或健康损害的后果有关。可能性指危险事件或有害暴露发生的概率，后果是指危险事件或有害暴露一旦发生所造成的结果或危害程度。通过控制、降低二者中的任一方面，都会使风险降低；如果其中一个特性不存在，那么风险也就不存在。例如人员不进入有辐射的场所，则遭受（该场所）辐射的风险就为零。

2）职业健康安全机遇表示的是一种或多种情形或条件，它可能导致职业健康安全绩效的改进。即在 ISO 45001 中，机遇表现为改进职业健康安全绩效的机会。

【标准条款】

3.23

能力 competence

运用知识和技能实现预期结果的本领。

注：该术语和定义是《ISO/IEC 导则　第 1 部分　ISO 补充规定》附件 SL 所给出的 ISO 管理体系标准的通用术语和核心定义之一。

【理解要点】

工作人员能理解、运用其所具有的技能、培训、教育和经验并发挥其作用、承担责任时，能使管理体系获得良好的绩效。

【标准条款】

3.24

文件化信息 documented information

组织（3.1）需要控制并保持的信息及其载体。

注 1：文件化信息可以任何形式和载体存在，并可来自任何来源。

注 2：文件化信息可涉及：

a）**管理体系**（3.10），包括相关过程（3.25）；

b）为组织运行而创建的信息（文件）；

c）结果实现的证据（记录）。

注 3：该术语和定义是《ISO/IEC 导则　第 1 部分　ISO 补充规定》附件 SL 所给出的 ISO 管理体系标准的通用术语和核心定义之一。

【理解要点】

文件化信息是指组织需要控制并保持的信息和承载信息的载体。

信息的形式和载体可以是任意的，如纸、电子、照片等，但要能被控制和保持。

职业健康安全管理体系文件化信息可涉及：

（1）管理体系（包括相关过程）。例如 ISO 45001 要求“保持有关法律法规要求和其他要求的文件化信息”。

（2）为组织运行而创建的信息（文件）。例如组织为设备正常、安全的运转而编制的设备操作规程等。

（3）结果实现的证据（记录）。例如 ISO 45001 要求“保留适当的文件化信息作为能力证据”，以及运行记录、检查记录、合规性评价记录等。

为确保职业健康安全管理体系相关过程的有效实施而形成的相关信息，即为组织运行而创建的信息，通常被称为“文件”，用“保持”来描述。

为追溯职业健康安全管理体系相关过程的实施状况而需要保留的信息，即实现结果的证据信息，通常被称为“记录”，用“保留”来描述。

【标准条款】

3.25

过程 process

将输入转化为输出的一系列相互关联或相互作用的活动。

注：该术语和定义是《ISO/IEC 导则　第 1 部分　ISO 补充规定》附件 SL 所给出的 ISO 管理体系标准的通用术语和核心定义之一。

【理解要点】

过程是指将输入转化为输出的一系列相互关联或相互作用的活动。为了将输入转化为输出，或者为了实现过程，组织需要投入资源、规定程序和确定过程准则等。

两个或两个以上相互关联和相互作用的连续过程也可作为一个过程。一个过程的输入是其他过程的输出，一个过程的输出又通常是其他过程的输入。例如，危险源辨识的输出是职业健康安全风险和职业健康安全管理体系的其他风险的评价的输入。

输入是以材料、资源或要求等形式存在的物质、能量、信息；输出是以产品、服务或决策等形式存在的物质、能量、信息。

【标准条款】

3.26

程序 procedure

为执行某活动或**过程**（3.25）所规定的途径。

注：程序可以成文或不成文。

【GB/T 19000—2016，3.4.5，“注”被改写】

【理解要点】

程序作为进行某项活动或过程所规定的途径，是对如何开展活动或过程的方法和参数做出规定，通常包含目的、职责、过程顺序等。

根据组织的实际，程序可以保持文件化信息，也可以不保持文件化信息。一个文件化信息可包括几个程序，一个程序也可在几个文件化信息中予以规定。

【标准条款】

3.27

绩效 performance

可测量的结果。

注 1：绩效可能涉及定量或定性的发现。结果可由定量或定性的方法来确定或评价。

注 2：绩效可能涉及活动、**过程**（3.25）、产品（包括服务）、体系或**组织**（3.1）的管理。

注 3：该术语和定义是《ISO/IEC 导则 第 1 部分 ISO 补充规定》附件 SL 所给出的 ISO 管理体系标准的通用术语和核心定义之一。为了澄清结果的确定和评价所采用的方法的类型，注 1 被改写。

【理解要点】

绩效是组织为实现其目标而展现在不同层面上的有效输出。绩效是能够度量的，可以通过定量或定性的方法来确定或评价。

可以用绩效度量活动、过程、产品（包括服务）、体系或组织的管理结果，例如目标完成情况、体系运行的有效性等。

【标准条款】

3.28

职业健康安全绩效 occupational health and safety performance/OH&S performance

与防止对**工作人员**（3.3）的**伤害和健康损害**（3.18）以及提供健康安全的**工作场所**（3.6）的**有效性**（3.13）相关的**绩效**（3.13）。

【理解要点】

组织建立职业健康安全管理体系的目的是防止对工作人员的伤害和健康损害，以及提供安全和健康工作场所。因此，职业健康安全绩效是与防止工作人员受伤害和健康损害，以及提供安全和健康工作场所有关的能够测量的结果。

职业健康安全绩效是职业健康安全风险管理的可测量结果。组织对职业健康安全绩效的测量既可以包括对职业健康安全管理活动的测量（例如：检查与某一风险有关的运行活动是否按照有关程序和运行准则实施），也可以包括对职业健康安全管理结果的测量（例如：将某一风险控制的效果与预定目标进行比较），还可以包括对风险控制措施的有效性的测量（例如：某项风险控制措施实施后所达到的成果），以及管理体系运行有效性的测量（例如审核和管理评审）。

ISO 45001 从识别危险源、评价风险和机遇、确定应对风险和机遇的措施开始，建立职业健康目标及策划实现措施，实施和运行过程和措施，评价职业健康安全绩效，检查发现问题，持续改进组织的职业健康安全绩效。

【标准条款】

3.29

外包（动词）outsource（verb）

对外部**组织**（3.1）执行组织的部分职能或**过程**（3.25）做出安排。

注 1：虽然被外包的职能或过程处于组织的**管理体系**（3.10）范围之内，但外部组织则处于范围之外。

注 2：该术语和定义是《ISO/IEC 导则 第 1 部分 ISO 补充规定》附件 SL 所给出的 ISO 管理体系标准的通用术语和核心定义之一。

【理解要点】

外包是安排外部组织承担组织的部分职能或过程的一种活动，是一个动词。

组织出于自身需要，可以将组织职业健康安全管理体系中的部分职能或过程安排给外部组织来执行。例如，组织将特种设备的运行维护外包给专业的团队去执行。

执行外包工作的组织不在组织的职业健康安全管理体系范围内，但组织外包的部分职能或过程在组织的职业健康安全管理体系范围内，组织应根据外包的部分职能或过程的性质和风险程度，自行决定实施控制的类型与程度。

【标准条款】

3.30

监视 monitoring

确定体系、**过程**（3.25）或活动的状态。

注 1：为了确定状态，可能需要实施检查、监督或密切观察。

注 2：该术语和定义是《ISO/IEC 导则 第 1 部分 ISO 补充规定》附件 SL 所给出的 ISO 管理体系标准的通用术语和核心定义之一。

【理解要点】

在 ISO 45001 中，监视是组织对职业健康安全管理体系绩效进行评价的一个过程，目的是确定体系、过程或活动的状态。监视通常在不同的状态和时间对监视对象作出判定，其方式可以包括检查、监督、密切观察，以确定状态是否符合组织的要求或期望的基准。例如，进行工艺纪律检查或观察作业人员是否违反操作规程等。

【标准条款】

3.31

测量 measurement

确定值的**过程**（3.25）。

注：该术语和定义是《ISO/IEC 导则 第 1 部分 ISO 补充规定》附件 SL 所给出的 ISO 管理体系标准的通用术语和核心定义之一。

【理解要点】

在 ISO 45001 中，测量也是组织对职业健康安全管理体系绩效进行评价的一个过程，但测量的目的是获得“量化值”。例如使用噪声检测仪获取工作场所噪声的量化值，以判定对工作人员听力健康的影响。

测量通常涉及赋值，因此需要使用测量装置。需要注意的是，调查表可能也是一种测量工具。

【标准条款】

3.32

审核 audit

为获得审核证据并对其进行客观评价，以确定满足审核准则的程度所进行的系统的、独立的和文件化的**过程**（3.25）。

注 1：审核可以是内部（第一方）审核或外部（第二方或第三方）审核，也可以是一种结合（结合两个或多个学科领域）的审核。

注 2：内部审核由**组织**（3.1）自行实施或由外部方代表其实施。

注 3："审核证据"和"审核准则"的定义见 GB/T 19011。

注 4：该术语和定义是《ISO/IEC 导则 第 1 部分 ISO 补充规定》附件 SL 所给出的 ISO 管理体系标准的通用术语和核心定义之一。

【理解要点】

审核是组织对职业健康安全管理体系进行评价的过程。审核过程的输出是对组织职业健康安全管理体系符合性、有效性的评价。

GB/T 19011 给出了更详细的说明，更多有关内容见本书第六章。

【标准条款】

3.33

符合 conformity

满足**要求**（3.8）。

注：该术语和定义是《ISO/IEC 导则 第 1 部分 ISO 补充规定》附件 SL 所给出的 ISO 管理体系标准的通用术语和核心定义之一。

【理解要点】

符合是对评价活动结果的一种表述。"要求"是判断符合与否的准则，通过评价认为满足要求即为"符合"。

组织的职业健康安全管理体系包含了一系列相互关联或相互作用的活动或过程，职业健康安全工作标准、惯例、程序、法律法规要求等是组织实施职业健康安全管理活动应遵循的基本内容和要求，组织应评价这些活动或过程是否满足要求。

【标准条款】

3.34

不符合 nonconformity

未满足**要求**（3.8）。

注 1：不符合与本标准的要求和**组织**（3.1）自己确定的**职业健康安全管理体系**（3.11）附加的要求有关。

注 2：该术语和定义是《ISO/IEC 导则 第 1 部分 ISO 补充规定》附件 SL 所给出的 ISO 管理体系标准的通用术语和核心定义之一。为了澄清不符合与本标准的要求和组织自身的职业健康安全管理体系要求之间的关系，增加了注 1。

【理解要点】

不符合是对评价活动结果的一种表述，是与“符合”相对的概念。通过评价认为不满足要求即为“不符合”。

这里的要求包括 ISO 45001 的要求以及组织认为需要满足的自身要求和其他相关方的要求，如组织的目标、适用的法律法规、安全操作规程、惯例、管理体系绩效等。在职业健康安全管理体系的实施和保持过程中，可能会出现不满足这些要求的偏离，这些偏离就是“不符合”。例如最高管理者未提供足够的资源、职业健康安全目标未实现等。

不符合需要组织采取措施来进行应对，它也常常会给组织带来改进的机遇。

【标准条款】

3.35

事件 incident

由工作引起的或在工作过程中发生的可能导致或已经导致**伤害和健康损害**（3.18）的情况。

注 1：发生伤害和健康损害的事件有时被称为“事故”。

注 2：未发生但有可能发生伤害和健康损害的事件在英文中称为“near-miss”“near-hit”或“close call”，在中文中也可称为“未遂事件”“未遂事故”或“事故隐患”等。

注 3：尽管事件可能涉及一个或多个不符合，但在没有**不符合**（3.34）时也可能会发生。

【理解要点】

对于术语“事件”，应重点从以下几个方面理解：

（1）事件是由工作引起的或在工作过程中发生的。

（2）事件有两种可能结果，一是已经发生人员的伤害和健康损害；二是由于其他因素干扰，没有造成伤害和健康损害。如建筑工地高空坠落物件，结果可能伤人，也可能没伤人。

事件中的第一种情况称为事故，即造成了人员的伤害和健康损害，产生了不良结果，如建筑工地高空坠落物件，结果伤人。事故是事件的一种情况，事件包含事故。

事件中的第二种情况称为未遂事件，即虽然发生，但没有造成人员的伤害和健康损害，如建筑工地高空坠落物件，结果未伤人。组织应对这类事件予以重视，并采取措施加以控制。

（3）事件可能涉及一个或多个不符合。事故因果连锁理论认为在导致了伤害和健康损害事件或事故之前，会有可能导致事故的若干不期待事件或其他事件的出现。

在没有不符合时事件也可能会发生。因为人的认识能力有限，有时不能完全认识危险源及其风险，即使认识了现有的危险源，随着生产技术的发展，新技术、新工艺、新材料和新能源的出现，又会产生新的危险源。

（4）GB/T 23694—2013《风险管理　术语》将“事件”定义为：

4.5.1.3 事件 event

某一类情形的发生或变化。

注 1：事件可以是一个或多个情形，并且可以由多个原因导致；

注 2：事件可以包括没有发生的情形；

注 3：事件有时可以称为“事故”；

注 4：没有造成后果的事件还可以称为“未遂事件 –near miss”“事故症候 –incident”“临近伤害 –near hit”“幸免 –close call”。

【标准条款】

3.36

纠正措施 corrective action

为消除**不符合**（3.34）或**事件**（3.35）的原因并防止再次发生而采取的措施。

注：该术语和定义是《ISO/IEC 导则　第 1 部分　ISO 补充规定》附件 SL 所给出 ISO 管理体系标准的通用术语和核心定义之一。由于“事件”是职业健康安全的关键因素，通过纠正措施来应对事件所需的活动与应对不符合所需的活动相同，因此，该术语定义被改写为包括对“事件”的引用。

【理解要点】

事件或不符合发生后，组织调查、分析事件或不符合发生的原因，并针对发现的原因采取的措施，就是纠正措施。其目的是防止事件或不符合再次发生或在其他场合发生。

【标准条款】

3.37

持续改进 continual improvement

提高**绩效**（3.27）的循环活动。

注 1：提高绩效涉及使用**职业健康安全管理体系**（3.11），以实现与**职业健康安全方针**（3.15）和**职业健康安全目标**（3.17）相一致的整体**职业健康安全绩效**（3.27）的改进。

注 2：持续并不意味着不间断，因此活动不必同时在所有领域发生。

注 3：该术语和定义是《ISO/IEC 导则　第 1 部分　ISO 补充规定》附件 SL 所给出的 ISO 管理体系标准的通用术语和核心定义之一。为了澄清在职业健康安全管理体系背景下“绩效”的含义，增加了注 1。为了澄清“持续”的含义，增加了注 2。

【理解要点】

改进对组织保持现有的绩效水平是必需的，也是对内外部条件发生变化做出的反应，并可以创造出新的机遇。

组织的职业健康安全方针包括持续改进职业健康安全管理体系的承诺，职业健康安全目标也包括在适当时予以更新的要求，为了满足这些要求，组织应该不断提升职业健康安全绩效。

组织的职业健康安全管理体系包括许多过程和要素。持续改进过程既可以针对整个体系，也可以针对其中一个或一部分过程和要素；既可以是重大的技术改造项目，也可以是日常渐进的改善活动。

持续改进不意味着必须连续改进，因此持续改进活动不必同时发生于所有领域。组织的资源是有限的，职业健康安全绩效也是多方面的，组织职业健康安全管理体系的持续改进表现在对各种活动的风险控制效果和方针、目标的实现上。

第四节 组织所处的环境

【标准条款】

4.1 理解组织及其所处的环境

组织应确定与其宗旨相关并影响其实现职业健康安全管理体系预期结果的能力的内部和外部问题。

【理解要点】

1. 条款要求解读

（1）组织应确定内、外部问题，这些内、外部问题应是：

1）与组织的宗旨有关；

2）会影响组织实现职业健康安全管理体系预期结果的能力。

（2）职业健康安全管理体系的预期结果是：

1）持续改进职业健康安全绩效；

2）满足法律法规要求和其他要求；

3）实现职业健康安全目标。

（3）组织的宗旨包括对组织的使命、愿景、方针和目标的描述。使命通常指组织存在的目的，愿景通常指组织对未来发展的展望。

（4）本条款是4.3“确定职业健康安全管理体系的范围”、5.2“职业健康安全方针”、6.1“应对风险和机遇的措施”、8.1“运行策划和控制”的输入。

（5）本条款应关注：

1）组织是否对其内部或外部环境相关问题进行了持续关注、再次评审和确定；

2）结合4.3“确定职业健康安全管理体系的范围”、5.2“职业健康安全方针”、6.1“应对风险和机遇的措施”、8.1“运行策划和控制”条款共同审核，能够更好地评价组织对该条款的理解和运用是否满足要求；

3）本条款没有明确要求组织保持文件和保留记录，组织应自行策划保持和保留文件化信息的要求。

2. 实施与运用

组织环境是指对组织建立和实现目标的能力有影响的内部和外部问题的集合。

（1）随着工业自动化水平的不断提升，高危险、低收入的工作不断减少，就业本身的性质也在不断变化，企业将需要适应更复杂的内、外部问题。例如人工智能的迅速发展，可能会给传统行业的制造业工作人员带来失业的心理压力，也会给工作人员能力带来新的要求；网络销售迅猛发展，导致的快递人员出行增加，带来了更多的交通出行风险。这些改变都会给组织带来更多的职业健康安全风险。

理解组织的环境被用于建立、实施、保持和持续改进其职业健康全管理体系，是组织确定组织风险和机遇的输入，也是组织策划运行和控制的输入。只有确定组织面临的、与宗旨相关的，并影响组织实现职业健康安全管理体系预期结果的能力的内部和外部问题，才能建立有效的职业健康安全管理体系。

（2）对组织环境的内、外部问题，可以通过“状态评审”来确定。评审的目的是评价组织的优势和不足。评审应尽可能考虑与建立职业健康安全管理体系相关的因素。进行评审的工具和方法可以包括检查表、面谈、调查、直接检查和测量，以及以前评审或其他评估和审查的结果。

组织可以参照《安全现状评价导则》来开展对组织的安全现状评价。安全现状评价是在系统生命周期内的生产运行期，通过对生产经营单位的生产设施、设备、装置实际运行状况及管理状况的调查、分析，运用安全系统工程的方法，进行危险、有害因素的识别及其危险度的评价，查找该系统生产运行中存在的事故隐患并判定其危险程度，提出合理可行的安全对策措施及建议，使系统在生产运行期内的安全风险控制在安全、合理的程度内。

（3）内部和外部问题可能是正面的、也可能是负面的，包括能够影响职业健康安全管理体系的条件、特征或变化的社会环境。组织内部、外部问题的示例如下：

1）外部问题，如：

①文化、社会、政治、法律、金融、技术、经济和自然环境以及市场竞争，无论是国际的、国内的、区域的或地方的；

②新的竞争对手、承包方、分包方、供方、合作伙伴和提供商，以及新技术、新法规和新职业的出现；

③有关产品的新知识及其对健康和安全的影响；

④与行业或部门相关的、对组织有影响的关键驱动因素和趋势；

⑤与外部相关方的关系以及外部相关方的观念和价值观；

⑥与上述各项有关的变化。

2）内部问题，如：

①组织治理、组织结构、岗位和责任；
②方针、目标及其实现的策略；
③能力，包括资源、知识和技能（如资金、时间、人力资源、过程、体系和技术）；
④信息系统、信息流和决策过程（包括正式和非正式的）；
⑤新的产品、材料、服务、工具、软件、场所和设备的引入；
⑥与工作人员的关系以及他们的观念和价值观；
⑦组织的文化；
⑧组织所采用的标准、指南和模式；
⑨合同关系的形式和程度，如外包活动；
⑩ 工作时间安排；
⑪ 工作条件；
⑫ 与上述各项有关的变化。

【标准条款】

4.2　理解工作人员和其他相关方的需求和期望

组织应确定：

a）除工作人员之外的、与职业健康安全管理体系有关的其他相关方；

b）工作人员及其他相关方的有关需求和期望（即要求）；

c）这些需求和期望中哪些是或将可能成为法律法规要求和其他要求。

【理解要点】

1. 条款要求解读

（1）组织应确定相关方，这些相关方与组织的职业健康安全管理体系有关，包括组织的工作人员。

（2）确定相关方的目的是为了进一步了解相关方的需求和期望。相关方的需求和期望是组织建立职业健康安全管理体系的输入之一。

（3）确定了相关方的需求和期望后，组织应进一步确定其中会成为、或可能成为法律法规要求和其他要求的需求和期望（详见 6.1.3“法律法规要求和其他要求的确定”）。

（4）本条款是 4.3“确定职业健康安全管理体系的范围”、6.1.2“危险源辨识及风险和机遇的评价”、6.1.3“法律法规要求和其他要求的确定”、7.4“沟通”、8.1“运行策划和控制”的输入。

（5）本条款应关注：

1）对工作人员和其他相关方的需求和期望进行持续关注和再次评审，以确保组织确定的相关方是适宜的，对相关方不断变化的需求和期望的识别是充分的；

2）结合 4.3“确定职业健康安全管理体系的范围”、6.1.2“危险源辨识及风险和机遇的评价”、6.1.3“法律法规要求和其他要求的确定”、7.4“沟通”、8.1“运行策划和控制”

条款共同审核，能够更好地评价组织对该条款的理解和运用是否满足要求；

3）本条款没有明确要求组织保持文件和保留记录，组织应自行策划保持和保留文件化信息的要求。

2. 实施与运用

ISO 45001 希望组织对那些已经确定、与组织有关的相关方的需求和期望有一个总体的（即高层次而非细节性的）理解。

（1）组织职业健康安全管理体系最主要的利益相关方是工作人员，同时还有其他相关方。组织职业健康安全管理体系的相关方包括但不限于：

1）影响组织职业健康安全绩效的相关方可能包括：政府主管部门、法律法规监管机构、上级组织、业主、股东等；

2）关注组织职业健康安全绩效的相关方可能包括：银行、安全服务中介组织等，这些相关方可能间接地受到组织职业健康安全绩效的影响；

3）影响或者受（可能受）组织职业健康安全状态影响的相关方，与组织职业健康安全绩效的改善有较为密切的关系，可能造成其人身、经济或福利的损失，这类相关方主要为：组织的工作人员、临时工、访问者、相邻组织或居民。另外也包括与组织经营生产活动相关的各方，如供货方、分包方、工作人员家属、顾客等。

（2）由于工作人员和其他相关方是组织职业健康安全管理体系的影响者和利益相关者，因此，组织的职业健康安全管理体系要考虑工作人员和其他相关方的需求和期望，而且这种考虑应该是动态的。

当相关方认为其受到组织职业健康安全管理的决策或活动的影响时，组织应考虑该相关方向组织告知或披露的需求和期望，以及组织的接受情况。

（3）相关方的要求可能有很多，组织并不需要满足其全部的要求，对于哪些要求需要被满足，组织应予以确定。组织工作人员及其他相关方的需求和期望的确定应充分、适宜，这意味着组织应建立有关的准则。

（4）有些需求和期望具有强制性，例如已被纳入法律法规的要求。条款 6.1.3“法律法规要求和其他要求的确定”对如何确定法律法规要求和其他要求提出了更详细的说明。对其他需求和期望，组织可自愿决定是否采用（如自我声明或承诺）；一旦采用，在策划和建立职业健康安全管理体系时就要予以考虑。

【标准条款】

4.3 确定职业健康安全管理体系的范围

组织应界定职业健康安全管理体系的边界和适用性，以确定其范围。

在确定范围时，组织应：

a）考虑 4.1 中所提及的内外部问题；

b）必须考虑 4.2 中所提及的要求；

c）必须考虑所计划的或实施的与工作相关的活动。

职业健康安全管理体系应包括在组织控制下或在其影响范围内可能影响组织职业健康安全绩效的活动、产品和服务。

范围应作为文件化信息可被获取。

【理解要点】

1. 条款要求解读

（1）组织应明确职业健康安全管理体系的范围。确定范围时，要考虑职业健康安全管理体系的边界和适用性。

边界包括组织的物理边界和组织边界：

1）物理边界主要是指组织的工作场所涉及的物理环境之间的界限；

2）组织边界主要是指组织的单元、职能、法律责任范围的管理权限。

（2）确定职业健康安全管理体系范围时，组织：

1）对于4.1“理解组织及其所处的环境”中所提及的内、外部问题，可以予以考虑，也可以根据组织自身的具体情况而不加以考虑。

2）无论如何都必须考虑4.2“理解工作人员和其他相关方的需求和期望”中所提及的要求，如上级组织的要求或者组织决定满足的社区需求等。范围不应超出组织所取得的资质或许可范围，包括组织控制或影响以及受相关方影响的业务活动范围和工作场所。

3）无论如何都必须考虑与工作相关的活动，包括组织计划将要开展的以及已经开展的，如造船厂现有的船舶制造业务，或造船厂即将计划开展的钢结构加工的新业务。

（3）职业健康安全管理体系的范围应覆盖可能影响组织职业健康安全绩效的活动、产品和服务。这包括在组织控制下的活动、产品和服务，也包括组织能够施加影响的活动、产品和服务。

（4）职业健康安全管理体系的范围应形成文件予以保持，并应该能够被获取。

（5）本条款是4.1“理解组织及其所处的环境”、4.2“理解工作人员和其他相关方的需求和期望”的输出之一，6.1“应对风险和机遇的措施”的输入之一。

（6）本条款应关注：

1）职业健康安全管理体系范围的适宜性和合理性；

2）结合4.1“理解组织及其所处的环境”、4.2“理解工作人员和其他相关方的需求和期望”、6.1“应对风险和机遇的措施”条款共同审核，能够更好地评价组织对该条款的理解和运用是否满足要求；

3）本条款明确要求组织保持范围的文件化信息，可结合7.4“沟通”、7.5“文件化信息”条款共同审核。

2. 实施与运用

（1）组织的职业健康安全管理体系范围涉及组织的工作活动或工作场所。例如，运输企业的工作场所包括运输的线路，当组织确定职业健康安全管理体系范围时，就应包括经过策划并被组织认可的运输线路。

（2）组织的职业健康安全管理体系边界和适用性是自主确定的，可以包含整个组织，也可以只包括组织的特定部分，只要这个特定部分的最高管理者有建立职业健康安全管理体系的职能、职责和权限。

（3）组织职业健康安全管理体系的范围不应排除对组织职业健康安全绩效有影响或可能有影响的活动、产品和服务，或者逃避法律法规或其他要求。这个范围是对包含在组织职业健康安全管理体系边界内的运行的真实性和代表性的陈述，不应该误导相关方。组织提供的活动、产品和服务应能证实范围的可信度。

（4）组织职业健康安全管理体系的范围应保持文件化信息并能够沟通，以利于执行、操作、追溯和满足法律法规和其他要求。

【标准条款】

4.4 职业健康安全管理体系

组织应按照本标准的要求建立、实施、保持和持续改进职业健康安全管理体系，包括所需的过程及其相互作用。

【理解要点】

1. 条款要求解读

（1）组织的职业健康安全管理体系要满足本标准的要求。

（2）除了建立体系，还要实施、保持和持续改进体系。

（3）组织的职业健康安全管理体系应包括职业健康安全管理所需的过程及其相互作用。

2. 实施与运用

在满足 4.1“理解组织及其所处的环境”、4.2“理解工作人员和其他相关方的需求和期望”、4.3“确定职业健康安全管理体系的范围”条款要求的前提下，组织有权力、责任和自主性来决定如何满足本标准的全部要求，包括下列事项的详略程度：

（1）建立一个或多个过程，以确信它们按照策划得到了控制和实施，并实现了职业健康安全管理体系的预期结果；

（2）将职业健康安全管理体系要求融入其各项业务过程（如：设计和开发、采购、人力资源、营销和市场等）中。例如，个人防护用品的采购就应该融入组织的其他物资采购过程中。

如果在组织的一个或多个特定部分实施本标准，组织其他部分所建立的方针和过程适用于该特定部分且符合本标准的要求，则同样可被采用。例如，公司制定的包含了职业健康安全内容的总体方针、目标管理过程、设施设备维修过程等。

第五节　领导作用和工作人员参与

【标准条款】

5　领导作用和工作人员参与

5.1　领导作用与承诺

最高管理者应通过以下方式证实其在职业健康安全管理体系方面的领导作用和承诺：

a）对于防止与工作相关的伤害和健康损害以及提供健康安全的工作场所和活动全面负责并承担责任；

b）确保职业健康安全方针和相关职业健康安全目标得以建立，并与组织战略方向相一致；

c）确保将职业健康安全管理体系要求融入组织业务过程之中；

d）确保可获得建立、实施、保持和改进职业健康安全管理体系所需的资源；

e）就有效的职业健康安全管理和符合职业健康安全管理体系要求的重要性进行沟通；

f）确保职业健康安全管理体系实现其预期结果；

g）指导并支持人员为职业健康安全管理体系的有效性做出贡献；

h）确保并促进持续改进；

i）支持其他相关管理人员证实在其职责范围内的领导作用；

j）在组织内建立、引导和促进支持职业健康安全管理体系预期结果的文化；

k）保护工作人员不因报告事件、危险源、风险和机遇而遭受报复；

l）确保组织建立和实施工作人员的协商和参与的过程（见5.4）；

m）支持健康安全委员会的建立和运行［见5.4e）1）］。

注：本标准所提及的“业务”可从广义上理解为涉及组织存在目的的那些核心活动。

【理解要点】

1. 条款要求解读

（1）最高管理者是组织的最终责任者，对建立、实施、保持和持续改进职业健康安全管理体系，对实现职业健康安全预期结果承担全部责任。这要求最高管理者要开展多项活动，例如根据我国的安全生产法的要求，建立、明确组织的安全责任制（参见5.3“组织的角色、职责和权限”）。

（2）最高管理者应通过满足以下要求来证实最高管理者的领导作用和承诺，这可以通过标准的各条款的实施情况予以证实：

1）确定与组织的战略方向相一致的职业健康安全方针，并在方针的框架下建立职业健康安全目标，确保实现职业健康安全管理的预期结果（参见 5.2“职业健康安全方针”、6.2“职业健康安全目标及其实现的策划”）；

2）将职业健康安全管理融入组织的业务过程，业务指的是围绕组织存在目的而开展的核心活动（参见 6.1“应对风险和机遇的措施”、8.1“运行策划和控制”）；

3）最高管理者应根据组织的实际条件，为建立、实施、保持和改进职业健康安全管理体系提供所需要的资源，并应确保提供的资源是可用的（参见 7.1“资源”）；

4）在组织内外部进行沟通，阐明组织职业健康安全管理体系运行的有效性、充分性和适宜性对组织的重要意义（参见 7.4“沟通”、9.3“管理评审”）；

5）提升工作人员的意识，支持工作人员努力促进组织职业健康安全管理体系的有效运行（参见 7.3“意识”）；

6）最高管理者应进行充分的授权，使各职能和各岗位的管理者能够在各自的职责范围内发挥领导作用（参见 5.3“组织的角色、职责和权限”）；

7）最高管理者应使组织的文化能够支持和促进组织职业健康安全预期结果的实现；

8）ISO 45001 强调工作人员的协商和参与，最高管理者应建立过程、支持内部相关组织的活动，并创造更多的工作人员协商和参与的环境，包括保护工作人员不会因为协商和参与而受到报复（参见 5.4“工作人员的协商和参与”）。

（3）列项 g) 中的“人员”可以理解为“每个人”“工作人员”。

（4）5.1 条款是上述各条款的输入之一。

（5）本条款应关注：

1）最高管理者在职业健康安全管理方面的领导意识；

2）通过审核上述各条款的实施情况来证实组织的最高管理者发挥了领导作用和实现了承诺。

2. 实施与运用

（1）组织最高管理者的领导作用和承诺，包括意识、响应性、积极支持和反馈，是职业健康安全管理体系取得成功和实现预期结果的关键，最高管理者应亲自参与或承担领导的特定职责。最高管理者对防止与工作相关的伤害和健康损害，并提供健康安全的工作场所和活动，应履行全部职能并承担全部责任。

（2）最高管理者的领导作用和承诺对于职业健康安全管理的成功至关重要。这是因为通过相对较低水平的活动（如发布安全须知、要求安全培训），或只是对事件快速响应等简单的活动，无法系统地实现组织的职业健康安全管理方针。

（3）组织的职业健康安全文化在很大程度上取决于最高管理者，并且影响着个体和群体的价值观、态度、管理实践、观念、能力及活动模式。最高管理者必须发挥积极作用，促进一种积极的文化，以支持组织的职业健康安全管理体系实现预期结果。良好的职业健康安全文化具有（但不限于）下述特征：工作人员的积极参与、基于相互信任的合作与沟通、通过积极参与发现职业健康安全机会并树立对预防措施和防护措施有效性的信心、对职业健康安全管理体系的重要性达成共识。

（4）最高管理者发挥可见的、直接的作用，积极参与体系的实施，确保将职业健康安全管理体系要求融入组织的业务过程，对于职业健康安全管理体系在组织得到有效实施是非常重要的。最高管理者需要证明他们积极参与并采取了措施将职业健康管理体系融入整个业务流程中。例如，船舶制造企业的核心业务是造船，他们的职业健康安全管理应该融入造船的各个流程之中。

（5）最高管理者的领导作用可以通过以下方面展示：激励或授权人们为职业健康安全管理体系的有效性做出贡献；强调组织提升职业健康安全绩效的责任；创造并维护工作人员能充分参与实现组织职业健康安全目标的内部环境，并以身作则；建立和实施工作人员协商和参与的过程；支持内部组织的建立和运行等。

【标准条款】

5.2　职业健康安全方针

最高管理者应建立、实施并保持职业健康安全方针。职业健康安全方针应：

a）包括为防止与工作相关的伤害和健康损害而提供安全和健康的工作条件的承诺，并适合于组织的宗旨和规模、组织所处的环境，以及组织的职业健康安全风险和职业健康安全机遇的特性；

b）为制定职业健康安全目标提供框架；

c）包括满足法律法规要求和其他要求的承诺；

d）包括消除危险源和降低职业健康安全风险的承诺（见 8.1.2）；

e）包括持续改进职业健康安全管理体系的承诺；

f）包括工作人员及其代表（若有）的协商和参与的承诺。

职业健康安全方针应：

——作为文件化信息而可被获取；

——在组织内予以沟通；

——在适当时可为相关方所获取；

——保持相关和适宜。

【理解要点】

1. 条款要求解读

（1）组织要建立、实施、保持职业健康安全管理方针，方针应该与组织的战略方向保持一致。

（2）建立方针是最高管理者的责任（参见 5.1“领导作用与承诺”）。

（3）本条款包含了方针在内容上的要求和在管理上的要求：

1）组织的职业健康安全方针在内容上应满足：

① 1 个框架——制定目标的框架（参见 6.2“职业健康安全目标及其实现的策划”）。

②5个方面的承诺，包括：

a）提供安全和健康的工作条件，以防止与工作相关的伤害和健康损害，这也是职业健康安全管理体系的目的；

b）满足法律法规要求和其他要求，确保组织合规运行（参见6.1.3“法律法规要求和其他要求的确定”、9.1.2“合规性评价”）；

c）按照8.1.2条款要求，消除危险源和降低职业健康安全风险（参见8.1.2“消除危险源和降低职业健康安全风险”）；

d）持续改进职业健康安全管理体系（参见10.3“持续改进”）；

e）工作人员及其代表协商和参与的承诺（参见5.4“工作人员的协商和参与”）。

③与组织的业务过程相融合，适合于组织的宗旨和规模、组织所处的环境，以及组织的职业健康安全风险和职业健康安全机遇的具体性质（参见4.1“理解组织及其所处的环境”、6.1“应对风险和机遇的措施”）。

2）组织的职业健康安全方针在管理上应满足：

①对内外部沟通的要求（参见7.4“沟通”）；

②“适当时”意味着组织可根据自身的意愿决定是否让相关方获取组织的方针；

③“保持文件化信息”意味着方针应作为文件保持，并可以被获取；

④方针不是一成不变的，应随着组织的变化而进行调整，以确保与组织的相关性和适宜性，这也是9.3“管理评审”的输入之一。

（4）本条款应关注：

1）职业健康安全方针是最高管理者建立的，内容适合于组织现状和风险与机遇的性质，与组织目标的关系是清晰的。可结合4.1“理解组织及其所处的环境”、6.1“应对风险和机遇的措施”、6.2“职业健康安全目标及其实现的策划”审核；

2）结合6.1.3“法律法规要求和其他要求的确定”、9.1.2“合规性评价”、8.1.2“消除危险源和降低职业健康安全风险”、5.4“工作人员的协商和参与”、9.3“管理评审”、10.3“持续改进”条款共同审核，能够更好地评价组织方针对管理体系所发挥的指导作用，以及承诺得到满足的程度；

3）组织的职业健康安全方针应以文件化信息被保持，可结合7.4“沟通”、7.5“文件化信息”条款共同审核。

2. 实施与运用

（1）最高管理者以职业健康安全方针的形式表明了组织的原则，概述了组织支持和持续改进其职业健康安全绩效的方向和意图。职业健康安全方针提供了一个总体方向，同时也为组织建立目标和采取措施、实现职业健康安全管理体系预期结果提供了一个框架，目标的建立应该在这个框架内展开。组织通过将其要求在体系诸要素中具体化和落实，从而控制各类职业健康安全风险，抓住机遇并实现绩效的持续改进。

（2）在建立职业健康安全方针时，组织应当考虑与其他方针（如质量、环境保护等）的一致性和协调性，并应该和组织的宗旨、规模和状况、职业健康安全风险和机遇的具体性质相适应，体现组织的特点。

【标准条款】

5.3 组织的角色、职责和权限

最高管理者应确保将职业健康安全管理体系内相关角色的职责和权限分配到组织内各层次并予以沟通，且作为文件化信息予以保持。组织内每一层次的工作人员均应为其所控制部分承担职业健康安全管理体系方面的职责。

注1：尽管职责和权限可以被分配，但最高管理者仍应为职业健康安全管理体系的运行承担最终责任。

注2：对于原国际标准中的单词“roles”，本标准译为“角色”，与GB/T 24001—2016相同；但在GB/T 19001—2016中，则译为“岗位”，与本标准的“角色”具有相同的含义。

最高管理者应对下列事项分配职责和权限：

a）确保职业健康安全管理体系符合本标准的要求；

b）向最高管理者报告职业健康安全管理体系的绩效。

【理解要点】

1.条款要求解读

（1）分配与职业健康安全管理体系相关角色的职责和权限是最高管理者的责任，但不能免除最高管理者对职业健康安全管理体系承担最终责任；见5.1“领导作用与承诺”。

（2）各相关角色的职责和权限应在组织内的所有层次进行分配，每个层次的工作人员均应承担职业健康安全管理体系方面的职责，但所承担的职责应与他们所能控制的部分相适应（参见5.1“领导作用与承诺”）。

（3）分配的职责和权限应在组织内部予以沟通（参见7.4“沟通”）。

（4）保持职责和权限分配的文件（参见7.5“文件化信息”）。

（5）本条款强调最高管理者应分配以下事项的职责和权限：

1）确保职业健康安全管理体系符合本标准的要求；

2）向最高管理者报告职业健康安全管理体系的绩效。

（6）本条款应关注：

1）所有层次的安全健康职责都得到明确，确保“一岗双责”得到落实；

2）可以同7.2“能力”条款一起审核，以明确工作人员的能力能够满足履行职责的要求；

3）适用的时候，组织的角色、职责和权限的分配应与非管理人员协商（见5.4“工作人员的协商和参与”）；

4）本条款明确要求组织保持文件化信息，可结合7.4“沟通”、7.5“文件化信息”条款共同审核。

2. 实施与运用

（1）最高管理者对职业健康安全管理体系拥有总体职责和权限。为了实现职业健康安全管理体系预期结果，最高管理者应将职责和权限分配到组织的各个层级和角色，并沟通这种分配。

（2）最高管理者同时为决策和活动承担最终责任，包括与因某事未完成、未妥善处置、不起作用或未实现目标而被追究责任的人员一起承担连带责任。

（3）组织职业健康安全管理体系中的人员应当清晰理解自己的角色、职责和权限，以更好实现职业健康安全管理体系预期结果。同时，工作人员有责任确保不仅考虑自身的健康和安全，还须考虑他人的健康和安全，即“不伤害自己、不伤害他人，不被他人伤害、不让他人受到伤害”。

（4）不论其他职责和权限如何分配，最高管理者都需要将本条款中所列的两项职责和权限进行分配。ISO 45001 没有要求设立管理者代表，这意味着可以指派给一个或者多个人员，并且对被指派人员的角色没有要求。

（5）报告危险情况是所有工作人员的职责。组织应当允许（可能的情况下应当鼓励）工作人员报告危险情况，以便能够采取措施。工作人员在按照要求向有关主管部门报告其关心的问题时，应当不会遭受解雇、处罚或类似报复的威胁。

【标准条款】

5.4　工作人员的协商和参与

组织应建立、实施和保持过程，用于在职业健康安全管理体系的开发、策划、实施、绩效评价和改进措施中与所有适用层次和职能的工作人员及其代表（若有）的协商和参与。

组织应：

a）为协商和参与提供必要的机制、时间、培训和资源；

注 1：工作人员代表可视为一种协商和参与机制。

b）及时提供访问清晰的、易于理解的和相关的职业健康安全管理体系信息的途径；

c）确定和消除妨碍参与的障碍或壁垒，并尽可能减少那些难以消除的障碍或壁垒；

注 2：障碍和壁垒可包括未回应工作人员的意见和建议，语言或读写障碍，报复或威胁报复，以及不鼓励或惩罚工作人员参与的政策或惯例等。

d）强调与非管理类工作人员在如下方面的协商：

1）确定相关方的需求和期望（见 4.2）；

2）建立职业健康安全方针（见 5.2）；

3）适用时，分配组织的角色、职责和权限（见 5.3）；

4）确定如何满足法律法规要求和其他要求（见 6.1.3）；

5）制定职业健康安全目标并为其实现进行策划（见 6.2）；

6）确定对外包、采购和承包方的适用控制（见 8.1.4）；

7）确定所需监视、测量和评价的内容（见 9.1）；

8）策划、建立、实施和保持审核方案（见 9.2.2）；

9）确保持续改进（见 10.3）。

e）强调非管理类工作人员在如下方面的参与：

1）确定其协商和参与的机制；

2）辨识危险源并评价风险和机遇（见 6.1.1 和 6.1.2）；

3）确定消除危险源和降低职业健康安全风险的措施（见 6.1.4）；

4）确定能力要求、培训需求、培训和培训效果评价（见 7.2）；

5）确定沟通的内容和方式（见 7.4）；

6）确定控制措施及其有效的实施和应用（见 8.1、8.1.3 和 8.2）；

7）调查事件和不符合并确定纠正措施（见 10.2）。

注 3：强调非管理类工作人员的协商和参与，旨在适用于执行工作活动的人员，但无意排除其他人员，如受组织内工作活动或其他因素影响的管理者。

注 4：需认识到，若可行，向工作人员免费提供培训以及在工作时间内提供培训，可以消除工作人员参与的重大障碍。

【理解要点】

1. 条款要求解读

（1）组织要建立、实施和保持协商和参与的过程。

（2）协商和参与的对象是所有适用层次和职能的工作人员及其代表。

（3）协商和参与的内容是职业健康安全管理体系的开发、策划、实施、绩效评价和改进。

（4）本条款要求组织：

1）建立机制，提供必要的时间、培训和资源；

2）提供及时、清晰信息的渠道；

3）消除或减少壁垒与障碍。障碍和壁垒包括：没有对工作人员的意见和建议做出反馈、语言或读写障碍、报复或威胁报复，以及不鼓励或惩罚工作人员参与的政策或惯例等。应认识到，培训是消除障碍的一种重要措施。

（5）本条款强调了非管理人员协商（征求意见）的 9 个方面内容和参与（决策）的 7 个方面内容。协商与参与的内容所涉及的要求见各条款的内容。

协商与参与的侧重点不同（见术语 3.4“参与”、3.5“协商”），区分两者的差异性有助于理解协商和参与的不同点。强调非管理人员的协商和参与，并不意味着排除其他工作人员的协商和参与。

（6）本条款是 9.3“管理评审”的输入。

（7）本条款应关注：

1）组织的“协商和参与的过程和机制”的有效性和持续的适宜性，例如，用电子邮箱取代过去的意见箱；

2）通过交流获取工作人员在协商和参与过程中没有障碍或得到保护的信息；

3）在审核本条款所列明的相关条款时，收集非管理人员协商和参与的证据；

4）本条款没有明确要求组织保持文件和保留记录，组织应自行策划保持和保留文件化信息的需求。

2. 实施与运用

（1）全员参与是 ISO 45001 管理体系成功实施的关键因素之一。为了职业健康和安全，从普通工作人员一直到高管，每个工作人员都应意识到自己有责任维护一个健康安全的工作环境。

工作人员对组织工作场所健康安全的状况最为了解和熟悉，是与职业健康安全风险关系最密切的人，他们的协商和参与也是职业健康安全意识的一种体现。工作人员，特别是非管理人员的协商和参与，包括参与危险源辨识和风险评价、事件调查等职业健康安全管理工作，是职业健康安全管理体系取得成功的关键因素。强调非管理人员的协商与参与，是因为他们了解和熟悉组织的活动和过程以及其中的危险源，并受活动和过程中的职业健康安全风险影响，这并不排除其他工作人员的协商和参与。组织应该建立过程，使适合的工作人员能更好地就职业健康安全管理事务进行协商和参与。

（2）组织必须为职业健康安全事务的协商和参与提供条件，如时间、培训和资源，还应建立相应的机制，例如职工代表、安全生产委员会、工会或者开放式的网络论坛。

协商意味着一种涉及对话和交换意见的双向沟通。协商包括及时向工作人员提供必要信息，以使其给出知情的反馈意见，供组织在做出决策前加以考虑。

参与能使工作人员为与职业健康安全绩效测量和变更有关的决策过程做出贡献。

对职业健康安全管理体系的反馈依赖于工作人员的协商和参与。组织宜确保鼓励各层次工作人员报告危险情况，以便预防措施落实到位和采取纠正措施。

（3）协商与参与应该是无障碍和无壁垒的。例如，对所有涉及职业健康安全的建议或投诉或举报及时予以反馈、使用协商与参与人员能够运用的语言和文字、向工作人员免费提供培训以及在工作时间内提供培训等。如果障碍无法消除，则应该尽可能减少。如果工作人员在提建议时不用担心遭受解雇、纪律处分或其他类似报复的威胁，那么所收到的建议将会更为有效。

（4）工作人员的协商和参与，是最高管理者的领导作用和承诺的内容之一，也是组织职业健康安全管理方针的 5 项承诺之一；本条款涉及组织的多个过程和标准的多个条款，应在相关条款要求符合性方面予以满足。

第六节 策划

【标准条款】

6.1 应对风险和机遇的措施

6.1.1 总则

在策划职业健康安全管理体系时，组织应考虑4.1（所处的环境）所提及的问题、4.2（相关方）所提及的要求和4.3（职业健康安全管理体系范围），并确定所需应对的风险和机遇，以：

a）确保职业健康安全管理体系实现预期结果；

b）防止或减少不期望的影响；

c）实现持续改进。

在确定所需应对的与职业健康安全管理体系及其预期结果有关的风险和机遇时，组织必须考虑：

——危险源（见6.1.2.1）；

——职业健康安全风险和其他风险（见6.1.2.2）；

——职业健康安全机遇和其他机遇（见6.1.2.3）；

——法律法规要求和其他要求（见6.1.3）。

在策划过程中，组织应结合组织及其过程或职业健康安全管理体系的变更来确定和评价与职业健康安全管理体系预期结果有关的风险和机遇。对于所策划的变更，无论是永久性的还是临时性的，这种评价均应在变更实施前进行（见8.1.3）。

组织应保持以下方面的文件化信息：

——风险和机遇；

——确定和应对其风险和机遇（见6.1.2至6.1.4）所需的过程和措施。其文件化程度应足以让人确信这些过程和措施可按策划执行。

【理解要点】

1. 条款要求解读

（1）本条款对“应对风险和机遇的措施”提出了原则性的要求。

（2）4.1“理解组织及其所处的环境”、4.2“理解工作人员和其他相关方的需求和期望”、4.3“确定职业健康安全管理体系的范围”的要求是6.1“应对风险和机遇的措施”的输入。基于风险的思维要求组织在策划职业健康安全管理体系时，要在考虑上述条款要求的基础上确定所需应对的风险和机遇。这样做的目的有三个，包括：

1）确保实现职业健康安全管理体系的预期结果；

2）防止或减少非预期的影响；

3）实现持续改进。

（3）在确定与职业健康安全管理体系及其预期结果有关的风险和机遇时，组织无论如何都要考虑以下 4 个方面的问题：6.1.2.1“危险源辨识”、6.1.2.2“职业健康安全风险和职业健康安全管理体系的其他风险的评价”、6.1.2.3“职业健康安全机遇和职业健康安全管理体系的其他机遇的评价”、6.1.3“法律法规要求和其他要求的确定”。

（4）在策划过程中，在确定和评价与职业健康安全管理体系预期结果有关的风险和机遇时，组织应：

1）结合组织及其过程，即应该从组织的业务过程出发来进行确定和评价；

2）考虑职业健康安全管理体系以及过程的变更，即要考虑所有的变更。对于预期的临时变更或永久变更带来的风险和机遇，评价应在变更实施前进行，以满足 8.1.3“变更管理”的要求。此外，还要考虑非预期的变更，例如事件（事故）发生所带来的变更。

（5）本条款对保持文件化信息（形成文件）有三个要求：

1）风险和机遇的文件化信息，以及确定“风险和机遇的过程和措施”的文件（包括 6.1.2~6.1.4 条款要求）。例如，组织确定的“风险和机遇”清单、确定风险清单的过程记录；

2）“应对风险和机遇所需要的过程和措施”要形成文件（包括 6.1.2~6.1.4 条款要求）；

3）保持的文件化信息应该能证实应对过程和措施是可行的、有效的。

2. 实施与运用

（1）大多数工伤事故的事实是，你花了大量的时间和精力来提升自己的专业技能和能力，结果一起事故，让你所有的努力都像雪崩一样崩塌了。

在当前的全球环境中建立职业健康和安全管理是一个机会，而不是负担。实施 ISO 45001 标准可以让组织能够更好地控制与职业健康和安全问题有关的风险，提高其整体安全性能，并向顾客和消费者提供可靠证据，证明其对工作人员健康和安全的承诺。

（2）国际标准化组织发布了 ISO 31000:2018《风险管理　指南》，它提供了管理组织所面临的风险的准则，为企业如何将基于风险的决策集成到组织的治理、规划、管理、报告、政策、价值观和文化中提供了指导。它是一个开放的、基于原则的体系，可以适用于任何组织及其环境。ISO 31000:2018 提供了一个支持所有活动的风险管理框架，规定了风险管理的原则、框架和流程，是一种管理任何类型风险的通用方法，而不是行业或行业特定的。该标准可以贯穿组织的整个生命周期，可以应用于任何活动，包括各级决策。它可以与包括战略和规划、公司治理、人力资源、合规、质量、健康和安全、业务连续性、危机管理和安全等在内的管理体系融合。

ISO 45001 采取一种基于风险的方法，来辨识、评价和解决职业健康安全风险和其他风险，具体要求在 6.1.2~6.1.4 条款中提出，旨在使组织广泛地考虑任何可能对工作人员和附近的人员造成有害影响的情形。

（3）为了取得预期结果，职业健康安全管理体系通过建立一种系统的方法来考虑风险，而不是把“预防”作为管理体系的一个单独组成部分。风险在管理体系的各个方面都是固有的，所有体系、过程和活动都存在风险。

基于风险的思维确保在策划和使用管理体系时，通过早期的识别和行动来预防或减少非预期的结果。非预期的结果可能包括与工作相关的伤害和健康损害、不符合法律法规要求和其他要求，或声誉损害。

关于“风险和机遇”的要求在ISO 45001中进行了调整，以适应职业健康安全的危害以及职业健康安全管理体系（详见本章第三节“术语和定义”3.20~3.22）。

当特指对危害的控制时，应使用“职业健康安全风险”和“职业健康安全机遇”。例如：危险源辨识不充分、没有覆盖采购过程，可能会导致组织没有评价采购的风险和机遇，采购的个人防护用品不能满足法律法规要求，最终影响组织职业健康安全管理的绩效。

当特指职业健康安全管理体系时，应使用“风险”和“机遇”。本标准要求组织要考虑职业健康安全管理体系本身可能失效的风险，并寻找改进的机遇。例如：新《劳动法》和《职业病防治法》颁布后，面临变化的外部环境，组织没有及时采取措施予以应对；非管理人员没有参与到组织的危险源辨识和风险与机遇的评价过程，使组织的危险源辨识和风险与机遇的评价流于形式；组织机构的变更后，没有及时变更管理体系的策划，导致体系的某个要素运行失效等。

（4）策划是一个持续的过程，应为工作人员和职业健康安全管理体系预测变化的环境和持续确定风险和机遇。策划职业健康安全管理体系时，要整体考虑管理体系所需的活动与要求之间的相互关系和作用。

（5）组织要考虑变更所带来的风险和机遇，不论是组织策划的变更还是非预期的变更，也不论是长期的变更还是临时的变更。对控制过程的变更的要求详见8.1.3。

【标准条款】

6.1.2　危险源辨识及风险和机遇的评价

6.1.2.1　危险源辨识

组织应建立、实施和保持用于持续和主动的危险源辨识的过程。该过程必须考虑（但不限于）：

a）工作如何组织，社会因素（包括工作负荷、工作时间、欺骗、骚扰和欺压），领导作用和组织的文化；

b）常规和非常规的活动和状况，包括由以下方面所产生的危险源：

1）基础设施、设备、原料、材料和工作场所的物理环境；

2）产品和服务的设计、研究、开发、测试、生产、装配、施工、交付、维护或处置；

3）人的因素；

4）工作如何执行。

c）组织内部或外部以往发生的相关事件（包括紧急情况）及其原因；

d）潜在的紧急情况；

e）人员，包括考虑：

1）那些有机会进入工作场所的人员及其活动，包括工作人员、承包方、访问者和其他人员；

2）那些处于工作场所附近可能受组织活动影响的人员；

3）处于不受组织直接控制的场所的工作人员；

f）其他问题，包括考虑：

1）工作区域、过程、装置、机器和（或）设备、操作程序和工作组织的设计，包括它们对所涉及工作人员的需求和能力的适应性；

2）由组织控制下的工作相关活动所导致的、发生在工作场所附近的状况；

3）发生在工作场所附近、不受组织控制、可能对工作场所内的人员造成伤害和健康损害的状况；

g）组织、运行、过程、活动和职业健康安全管理体系中的实际或拟定的变更（见 8.1.3）；

h）危险源的知识和相关信息的变更。

【理解要点】

1. 条款要求解读

（1）组织应建立、实施和保持危险源辨识过程，这个过程可以使组织持续和主动地辨识危险源；

（2）过程必须考虑（但不限于）a）~h）项的要求，要关注诸如工作压力、社会因素、组织领导力和组织安全文化等影响心理健康方面的危险源辨识：

1）工作是如何组织的，例如：

①模糊或冲突的角色；

②工作控制或自主；

③工作要求；

④组织变革管理；

⑤远程和孤立的工作；

⑥工作量，时间问题和时间表。

2）社会因素的作用，比如：

①人际关系；

②领导和工作场所 / 工作组织文化；

③认可和奖励；

④组织不公正；

⑤支持；

⑥监督；

⑦暴力、骚扰和欺凌；

⑧极端温度、空气质量和噪音等环境条件；

⑨危险工作的手册。

（3）危险源辨识过程所必须考虑的相关因素的参考信息包括：

1）三种时态

① 现在——常规、非常规活动和状态，以及紧急情况；

② 过去——过去发生的相关事件（包括紧急情况）及其原因，包括组织内部和组织外部的；

③ 将来——潜在紧急情况。

2）三种状态

① 常规活动和状态——正常状态，通过日常运行和正常的工作活动产生危险源。例如设备的正常运转就是常规的状态。

② 非常规活动和状态——临时的或者非计划的。例如设备的维修就是非常规状态，开启或停止设备也是非常规状态。短期的活动或长期的活动可能产生不同的危险源，设备改造就是短期的活动。

③ 紧急状态——需立即做出响应的、意外的或非计划的状况。例如：工作场所的机器着火；工作场所附近发生自然灾害；在工作人员正从事与工作相关活动的地点发生了社会动乱而需工作人员紧急疏散的情况。

每种状态都应考虑以下因素：

a）“人”——此处考虑的是“人因工程”，包括：

——与人的能力、局限性或其他特征有关的因素；

——使人能安全、舒适地使用工具、机器、系统的相关信息（见 8.1“运行策划和控制”）；

——三个因素（活动、工作人员和组织）以及他们之间的相互作用和对职业健康安全的影响。

b）“机”——设施设备；

c）“料”——材料，此处考虑的是原料、材料及辅料等；

d）“法”——工作开展的方法、规程；

e）“环”——场所，即工作场所的物理环境；

其中，设施设备、材料、场所都应考虑从设计到处置的全生命周期。

3）可能发生的紧急情况

识别潜在的紧急情况时，可考虑在正常运行和异常状况下可能发生的紧急情况，如运转启动或关闭、建造和拆除活动。

4）新的或变化的危险源

① 可在因过于熟悉环境或环境变化而导致工作过程恶化、被更改、被适应或被演变时产生；

② 对工作实际开展情况的了解（如与工作人员一起观察和讨论危险源）能识别职业健康安全风险是否增加或降低；

③ 运行的变化可能引入新的潜在紧急情况或需要改变应急响应程序，例如设施布局的变化可能影响疏散路线。

5）人员

按照人员的分类，可分为：

① 组织可识别和评价可能受影响的、工作场所内的和紧邻工作场所的、在组织控制下的全部人员，这可能包括工作人员、临时工、承包方人员、访问者。组织需考虑有特殊需求的人（如移动、视力和听力障碍的人），以及对应急服务机构人员（如消防员）的潜在影响；

② 工作场所附近、可能受组织活动影响的人员，如路人、邻居或其他公众；

③ 处于不在组织直接控制下的地点的工作人员，包括从事流动工作的人员或前往其他地点从事与工作有关活动的人员，如快递工作人员、公共汽车司机、前往客户现场工作的服务人员；

④ 居家工作或独自工作的工作人员。

6）其他方面

包括：

① 发生在工作场所附近、不受组织控制、可能对工作场所内的人员造成伤害和健康损害的状况，如组织厂区边界存在的没有安全距离的大型汽油储罐；

② 由组织控制下的工作相关活动所导致的、发生在工作场所附近的状况，如组织产生的粉尘越过厂界对相邻组织的人员造成的伤害；

③ 设计、规划、布局等阶段的危险源，包括人因工程；

④ 变更既包括实际的变更，也包括计划中的变更以及非预期的变更。变更也可以分为永久变更和临时变更（见 6.1.1）。变更可能涉及组织、运行、过程、活动和职业健康安全管理体系。与运行、过程、活动有关的变更见 8.1.3“变更管理”；

⑤ 与危险源有关的知识和相关信息会随着人们认知的发展而变化，在辨识危险源时，要充分考虑到此类知识和信息对组织的影响。例如，随着电脑的普遍使用，鼠标的长期高频率使用作为一种新的危险源越来越受到关注。有关危险源的知识、信息和新的理解可能来自公开的文献、研究与开发、工作人员的反馈，以及组织自身运行经验的评审。这些来源能够提供关于危险源和职业健康安全风险的新信息；

⑥ 本条款是 6.1.2.2“职业健康安全风险和职业健康安全管理体系的其他风险的评价”、6.1.2.3“职业健康安全机遇和职业健康安全管理体系的其他机遇的评价”等条款的输入；

⑦ 4.1“理解组织及其所处的环境”、4.2“理解工作人员和其他相关方的需求和期

望”、4.3“确定职业健康安全管理体系的范围”、6.1.3“法律法规要求和其他要求的确定”都是本条款的输入；

⑧ 本条款应关注：

a）组织辨识危险源的过程应满足 5 个要求——建立、实施、保持、持续、主动；

b）组织辨识出来的危险源能够证明组织考虑了本条款中要求组织必须考虑的 8 个方面的因素；

c）审核时宜结合上述输入和输出的关联条款共同审核；

d）本条款没有明确要求组织保持文件和保留记录，组织应自行策划保持和保留文件化信息的需求。

2. 实施与运用

（1）特定的职业群体可能面临来自特定疾病的特殊风险，例如，办公室工作人员可能面临更大的压力和肌肉骨骼疾病风险。

工作场所中的有害因素最有可能导致工人致残甚至致死，因此最早的职业健康安全法律法规都关注到了这些有害因素。即便如此，目前无论在发达国家还是发展中国家，这些有害因素仍然每天都在威胁着工人的身体健康和生命安全。

这些危险源可能是物理的、化学的、生物的、心理的、机械的、电的或基于运动或能量的，主要可包括：

1）化学性有害因素（如溶剂、杀虫剂、石棉、二氧化硅、烟草烟雾）；

2）物理性有害因素（如噪声、辐射、振动、高温、纳米级颗粒）；

3）生物性有害因素（如乙肝、疟疾、艾滋病、肺炎、真菌；缺乏干净的水、厕所和卫生设施）；

4）人体工效学有害因素（如过度用力、不良姿势、重复动作以及搬动重物等）；

5）机械性有害因素（如与起重机、铲车相关的机械性因素）；

6）能量性有害因素（如电流危害、高空坠落）；

7）交通性有害因素（如需要在冰面或暴雨中开车、驾驶不熟悉或状况不好的交通工具）。

（2）传统上，职业健康和安全关注的重点是化学、生物和物理接触，而工作中的社会心理风险在很大程度上被忽视，其原因和后果未得到充分理解。目前的工作条件和（物理）工作环境之间的划分使得大多数职业健康安全专业人员更难以识别工作中所包含的社会心理风险。社会心理方面的危险因素，包括但不限于以下内容：

1）工作组织性差（工作任务或组织目标不明确、时限压力、领导给予的支持少、雇员参与决策有限、对自己的工作领域缺乏掌控、工作时间不灵活、工作分工、工作设计、交流沟通等方面存在问题）；

2）不良企业文化（缺乏尊重工人的政策和做法、骚扰和威逼恐吓、性别歧视、歧视肝炎病毒携带者、民族多样性和宗教多样性包容性差、缺乏对健康生活方式的支持）；

3）命令控制型管理方式（缺乏协商、谈判、双向沟通、建设性反馈以及公平的绩效管理）；

4）缺乏对工作 - 生活平衡的支持；

5）因企业并购、收购、重组以及劳动力市场或经济变化而导致工作人员担心失业。

（3）心理健康的许多风险因素可能存在于工作环境中。大多数风险涉及工作类型、组织和管理环境、雇员的技能和能力等因素之间的相互作用以及对雇员开展工作的支持。

欺凌和心理骚扰（也称“集体排挤”）是工作人员所承受的工作相关压力的常见原因，对工作人员的健康构成风险。它们与心理和身体问题都有关系。这些健康后果可能会降低生产力、提高人员更替频率，从而给雇主造成更多费用支出。此外，这些后果还可能对家庭和社会互动产生负面影响。

（4）虽然 ISO 45001 不涉及产品安全（即对产品终端用户的安全），但应当考虑产品的制造、建设、装配或测试期间出现的危及工作人员的危险源。

（5）危险源示例见表 2-1。

表 2-1 危险源示例

事故类型	能源类型	能量载体或危险物质
物体打击	产生物体落下、抛出、破裂、飞散的设备、场所、操作	落下、抛出、破裂、飞散的物体
车辆伤害	车辆，使车辆移动的牵引设备、坡道	运动的车辆
机械伤害	机械的驱动装置	机械运动部分、人体
起重伤害	起重、提升机械	被吊起的重物
触电	电源装置	带电体、高跨步电压区域
灼烫	热源设备、加热设备、炉、灶、发热体	高温体、高温物质
火灾	可燃物	火焰、烟气
高处坠落	高差大的场所、借以升降的设备、装置	人体
压力容器爆炸	压力容器	内容物
淹溺	江、河、湖、海、池塘、洪水、储水容器	水
中毒窒息	产生、储存、聚积、有毒有害物质的装置、容器、场所	有毒、有害物质

注：根据 GB 6441—1986《企业职工伤亡事故分类标准》整理。

【标准条款】

6.1.2.2 职业健康安全风险和职业健康安全管理体系的其他风险的评价

组织应建立、实施和保持过程，以：

a）评价来自已辨识的危险源的职业健康安全风险，同时必须考虑现有控制的有效性；

b）确定和评价与建立、实施、运行和保持职业健康安全管理体系相关的其他风险。

组织的职业健康安全风险评价方法和准则应在范围、性质和时机方面予以界定，以确保其是主动的而非被动的，并以系统的方式得到应用。有关方法和准则的文件化信息应予以保持和保留。

【理解要点】

1. 条款要求解读

（1）组织应该建立、实施和保持一个过程，以评价组织的职业健康安全风险和职业健康安全管理体系的其他风险。

1）职业健康安全风险（见术语 3.21）来源于已辨识的危险源，即 6.1.2.1“危险源辨识”是本条款的输入；而本条款又是 6.1.4“措施的策划”的输入。评价职业健康安全时必须要考虑现有控制的有效性。

2）职业健康安全管理体系的其他风险，包括建立、实施、运行和保持等各个阶段。其他风险是指职业健康安全管理体系各个过程在管理方面的不确定性影响。

（2）组织应该确定评价的方法和建立风险可接受性的准则。准则可以是组织的方针、目标、适用的法律法规或者组织确定的需要满足的其他要求。评价方法和准则应满足以下要求：

1）评价的对象是职业健康安全风险；

2）要界定范围、性质和时机；

3）评价应该是主动的，而不是被动的；

4）评价应该是系统的；

5）应保持评价方法和准则的文件化信息。

（3）本条款应关注：

1）组织应建立、实施、运行和保持关于风险评价的过程，包括评价方法和准则；

2）评价的风险包括职业健康安全风险，也包括职业健康安全管理体系自身的风险，例如体系运行失效给组织带来的风险；

3）本条款应结合 6.1.2.1“危险源辨识”、6.1.2.3“职业健康安全机遇和职业健康安全管理体系的其他机遇的评价”、6.1.4“措施的策划”、8.1“运行策划和控制”条款共同审核，以判断组织的职业健康安全风险评价的合理性，以及危险源辨识—风险的评价—

机遇的评价—应对措施的策划—运行策划和控制之间的顺序性、连贯性；

4）本条款是 9.3“管理评审”的输入；

5）本条款明确要求组织保持评价和准则的文件，保留评价的记录（例如风险清单），可结合 7.4“沟通”、7.5“文件化信息”条款共同审核。

2. 实施与运用

风险的影响可能是负面的，也可能是积极的，但通常被理解为负面后果。职业健康安全风险被定义为与组织职业健康安全领域有关的负面影响、不利的环境和条件。

（1）职业健康安全管理体系的风险包括职业健康安全风险和其他风险。

不同风险的程度是不一致的，组织应建立过程对 6.1.2.1 的输出进行评价，以评估职业健康安全风险和职业健康安全管理体系风险的程度，确定哪些是组织不可接受的风险，并为 6.1.4 提供输入，制定相应的措施，以实现有效控制。

ISO 45001 是建立在预防的基础之上的，因此，评价应体现主动性和系统性，在事故未发生之前进行，而不只是被动地进行事后评价。

（2）评价结果的可信度受评价方法、评价准则和评价人员能力的影响，组织建立的评价过程应在考虑到应用的范围、性质和时机的情况下，确定风险评价方法和可接受风险的准则；并保持评价过程的文件化信息（如程序文件）、保留评价的过程文件化信息（例如风险清单）。

国家安全生产监督管理总局发布的《危险化学品重大危险源监督管理暂行规定》给出了可接受风险的一般准则说明。

作为其应对不同危险源或活动的总体战略的一部分，组织可以采用不同的方法来评价风险。评价的方法和复杂程度应与组织的危险源相适应，而不是取决于组织的规模。可使用的风险评价技术参见 GB/T 27921—2011《风险管理　风险评估技术》。

（3）对职业健康安全管理体系的其他风险的评价过程应当考虑日常运行和决定（例如工作流程的峰值、重组）以及外部问题（例如经济变化）。方法可包括与受日常工作活动影响（如工作负荷的变化）的工作人员持续进行协商，监视和沟通新的法律法规和其他要求（如监管的改革、对有关职业健康安全的集体协议的修订），以及确保资源满足当前和变化的需求（如采购新改进的设备或物资并开展相应的培训）。

（4）相同的风险在采取了更有效的控制措施后，风险等级会下降，因此在评价风险可接受性时，必须要考虑现有控制措施的有效性。例如，驾驶员开车时接打手机存在分心驾驶的风险，组织采取杜绝驾驶员带手机上车的控制措施后，该风险的等级就会明显下降。

评估风险程度，应考虑事故发生可能性和后果严重度两方面。风险可接受性的评价要考虑风险可接受准则，这其中可能涉及法律法规和其他要求。

ISO 31000 等相关标准给出了职业健康安全管理体系风险的评价方法和原理，在实际评价过程中可予以参考。

【标准条款】

6.1.2.3　职业健康安全机遇和职业健康安全管理体系的其他机遇的评价

组织应建立、实施和保持过程，以评价：

a）提升职业健康安全绩效的职业健康安全机遇，同时必须考虑所策划的对组织及其方针、过程或活动的变更，以及：

1）使工作、工作组织和工作环境适合于工作人员的机遇；

2）消除危险源和降低职业健康安全风险的机遇；

b）改进职业健康安全管理体系的其他机遇。

注：职业健康安全风险和职业健康安全机遇可能会给组织带来其他风险和其他机遇。

【理解要点】

1. 条款要求解读

（1）组织应该建立、实施和保持一个过程，以评价组织的职业健康安全机遇和职业健康管理体系的其他机遇。

1）职业健康安全机遇（见术语 3.22）：

①能提升组织的职业健康安全绩效；

②评价时必须要考虑组织及其方针、过程或活动的计划变更；

③包括以工作人员为中心，使工作、工作组织、工作环境更适合工作人员的机遇；

④可以消除危险源，以及降低职业健康安全风险。

2）职业健康安全管理体系的其他机遇，是指职业健康安全管理体系各个过程在管理方面改进职业健康安全绩效的情形。

（2）评价过程宜考虑所确定的职业健康安全机遇和其他机遇，以及它们的益处和改进职业健康安全绩效的潜力。

（3）职业健康安全风险和机遇可能带来职业健康安全管理体系的其他风险和机遇。事件和不符合的发生，是组织的职业健康安全风险，同时，也给组织带来了改进的机遇；事件和不符合的任何应对措施所带来的变更，也可能给组织带来职业健康安全管理体系的风险和机遇。例如，组织未对新进工作人员进行培训，导致工作人员未按操作规程作业发生事故；工作人员未按作业规程作业是职业健康安全风险，组织未策划对新进工作人员进行培训则是职业健康安全管理体系的其他风险，这些风险所带来的机遇是改进培训的策划和组织作业规程的培训。

（4）本条款应关注：

1）组织是否建立、实施、运行和保持了关于机遇评价的过程；

2）评价的机遇包括职业健康安全机遇，也包括职业健康安全管理体系的其他机遇，例如通过管理评审获得的管理体系改进的机遇；

3）本条款应结合 6.1.2.1“危险源辨识”、6.1.2.2“职业健康安全风险和职业健康安全管理体系的其他风险的评价”和 6.1.4“措施的策划”、8.1“运行策划和控制”条款共同审核，以判断组织的职业健康安全风险评价的合理性，以及危险源辨识—风险的评价—机遇的评价—应对措施的策划—运行策划和控制之间的顺序性、连贯性；

4）本条款是 9.3“管理评审”的输入；

5）本条款没有明确要求组织保持文件和保留记录，组织应自行策划保持和保留文件化信息的要求。

2. 实施与运用

（1）机遇不是风险的积极方面，而是一种有利于实现预期结果的情形。本标准的术语 3.22“职业健康安全机遇”是指“一种或多种可能导致职业健康安全绩效改进的情形”。

（2）对机遇的考虑使组织既考虑了当前的情况，也考虑了变化的可能性。对风险的分析可能带来改进的机遇。风险和机遇总是不断变化和相互影响的。风险评价的结果给组织带来了改进职业健康安全绩效的职业健康安全机遇和职业健康安全管理体系的其他机遇。例如，通过危险源辨识和风险评价，认为火灾的发生是组织不可接受的风险，而组织为控制风险而制定的控制火灾发生的措施就是组织改进职业健康安全管理绩效的一种机遇。同样，组织职业健康安全管理体系风险的应对过程也是职业健康安全管理体系的改进机遇。例如，法律法规要求和其他要求确定后，没有在组织内得到沟通与实施，体系建立时没有考虑相关要求，导致了体系运行的风险；为了使体系运行充分、适宜、有效，组织通过管理评审，提出的应对措施，就表现为管理体系的其他机遇。

（3）职业健康安全机遇涉及危险源的识别、沟通危险源信息、已知危险源的分析和防范，其他机遇涉及管理体系的改进策略。

1）改进职业健康安全绩效的机遇的示例如下：

①检查和审核作用；

②工作危害分析（工作安全分析）和相关任务评价；

③通过减轻单调的工作，来改进职业健康安全绩效；

④工作许可及其他认可和控制方法；

⑤事件或不符合的调查和纠正措施；

⑥对人类工效学和其他伤害相关预防措施的评价。

2）改进职业健康安全体系绩效的机遇的示例如下：

①对于设施搬迁、过程再设计，或机械和厂房的更换，在设施、设备或过程策划的生命周期的最早阶段，融入职业健康安全要求；

②在策划设施搬迁、过程再设计，或机械和厂房的更换的最早阶段，融入职业健康安全要求；

③利用新技术提升职业健康安全绩效；

④提升职业健康安全文化，如通过扩展超越要求的职业健康安全相关的能力，或鼓励工作人员及时报告事件；

⑤提升最高管理者支持职业健康安全管理体系的力度；

⑥强化事件调查过程；

⑦改进工作人员协商和参与的过程；

⑧标杆管理，包括考虑组织自身过去的绩效和其他组织的绩效；

⑨在职业健康安全专题焦点论坛中开展合作。

（4）风险和机遇示例见表 2-2。

表 2-2　风险和机遇示例

与工作相关的危险事件或暴露发生的可能性	可能导致的后果	改进的机遇	备注
成品燃油装卸作业时，油品流速过快，油温过高	容器爆炸、火灾	运行控制油品加载和卸载的流速	职业健康安全风险和机遇
进入高于 2m 的区域作业时未规定使用安全用具	人员高处坠落受伤	建立高处作业许可制度	
高噪声场所作业人员未配置耳塞	听力损伤	增加个人防护用品的配置并要求使用	
使用中的切割设备防护罩损坏	机械伤害	制定并严格执行设备检维修制度，确保设施设备的安全性能	
起重设备塔吊未按照规定进行安装	塔吊倾倒砸伤人员	安装后进行检测	
危险源辨识不全，部分临时场所危险源可能尚未得到识别和控制	危险源辨识不全	基层工作人员参与识别、评价	其他风险和机遇
应急防护用品使用不当，演练流于形式	不能有效应对真正出现的紧急状况	对应急防护用品的使用进行训练	

【标准条款】

6.1.3　法律法规要求和其他要求的确定

组织应建立、实施和保持过程，以：

a）确定并获取最新的适用于组织的危险源、职业健康安全风险和职业健康安全管理体系的法律法规要求和其他要求；

b）确定如何将这些法律法规要求和其他要求应用于组织，以及所需沟通的内容；

c）在建立、实施、保持和持续改进其职业健康安全管理体系时，必须考虑这些法律法规要求和其他要求。

组织应保持和保留有关法律法规要求和其他要求的文件化信息，并确保及时更新以反映任何变化。

注：法律法规要求和其他要求可能会给组织带来风险和机遇。

【理解要点】

1. 条款要求解读

（1）组织要建立、实施和保持过程；

（2）该过程的作用是识别、获取、融入、沟通法律法规要求和其他要求：

1）确定和获取法律法规要求和其他要求，包括确定获取的渠道；

2）确定这些要求在组织内如何应用，以及沟通的要求；

3）确定的法律法规要求和其他要求作为建立职业健康安全管理体系的输入（见4.4“职业健康安全管理体系”）。

（3）获取的内容应适用于组织的危险源（见6.1.2.1）、职业健康安全风险（见6.1.2.2）和职业健康安全管理体系（见4.4）。

（4）本条款与4.2“理解工作人员和其他相关方的需求和期望”密切相关，是组织需要遵守和满足的、明确的法律法规要求和其他要求；本条款是9.1.2“合规性评价”的输入。

（5）法律法规要求和其他要求应该及时更新，确保组织能及时获取这些变化的要求，并沟通、使用最新的要求，同时还应考虑法律法规要求和其他要求可能带来的风险和机遇。

（6）本条款是6.1.2.1“危险源辨识”、6.1.2.2“职业健康安全风险和职业健康安全管理体系的其他风险的评价”和6.1.2.3“职业健康安全机遇和职业健康安全管理体系的其他机遇的评价”的输入之一。

（7）本条款应关注：

1）过程的建立、实施、运行和保持，以及获取渠道的适宜性和有效性；

2）确定的法律法规要求和其他要求对组织的适宜性、充分性，以及更新的及时性；

3）最新的要求在组织内转换、沟通以及使用的情况；

4）审核时应结合4.2“理解工作人员和其他相关方的需求和期望”、6.1.2.1“危险源辨识”、6.1.2.2“职业健康安全风险和职业健康安全管理体系的其他风险的评价”、6.1.2.3“职业健康安全机遇和职业健康安全管理体系的其他机遇的评价”和9.1.2“合规性评价”条款共同审核；

5）本条款是9.3“管理评审”的输入之一；

6）本条款明确要求组织保持程序文件和保留记录（例如合规义务清单），可结合7.4“沟通”、7.5“文件化信息”条款共同审核。

2. 实施与运用

（1）满足法律法规要求是组织职业健康安全管理的最低要求，也是职业健康安全管理体系方针的5项承诺之一。

法律法规要求和其他要求是组织进行危险源辨识、风险与机遇评价、合规性评价的重要输入之一。本条款的目的是使组织树立充分的法律法规意识，主动识别和获取法律法规和其他要求，并将其应用于（转化、融入）组织的职业健康安全管理体系中。

（2）法律、法规主要包括国家、地方政府或相关部门颁布的与职业健康安全相关的法律、法规、规章、标准等，以及经我国批准生效的国际劳工公约。

其他要求可包括：非官方的产业协会、民间机构制定的各种标准或实施指南；上级公司的方针与规定；组织签署的关于职业健康安全内容的自愿计划、集体协议和其他要求；相关方的要求等。

（3）组织应建立一个过程，以确定组织应遵守的法律法规要求和其他要求。确定适用于组织的法律法规要求和其他要求时，应充分考虑组织的活动、产品和服务实现过程、危险源辨识、风险和机遇评价的结果、组织内外部环境、相关方的要求和期望等诸多方面的因素。组织应考虑法律法规和其他要求的适用性，例如，应确定相关法律法规要求和其他要求的具体内容，而不仅仅是确定适用法律法规要求和其他要求的名称。组织还应考虑充分性，例如，组织不同区域工作场所适用的法律法规要求和其他要求的确定和获取。

对于建立的过程，应明确职责、获取的方法和途径、确定的准则以及应保留的文件化信息，确保能够识别和评价法律法规和其他要求的适用性，以及获取、传达和保持最新的法律法规要求。组织应保持相应的文件化信息，同时还应保留确定过程的文件化信息。

法律法规要求和其他要求总是随着时代的发展而不断变化的，因此，组织应密切关注这些要求的变化，确保实现遵守法律法规及其他要求的承诺，并及时更新相关的文件化信息。获取适用法律法规要求和其他要求的渠道和方法很多，例如：标准服务公司、互联网、图书馆、监管机构、设备生产商、材料供应商、承包方、顾客、政府部门、报纸杂志、行业信息简报等。

（4）在建立、实施、保持和持续改进其职业健康安全管理体系时，应考虑这些法律法规要求和其他要求，同时，这些要求也可能会给组织带来风险和机遇。当法律法规要求和其他要求发生变更时，组织应评审已建立的职业健康安全管理体系是否存在变更的必要性；同时，已辨识的危险源和已评价过的职业健康安全风险和职业健康安全管理体系其他风险是否有变更的必要，在进行合规性评价时也应予以考虑，特别是及时性和适宜性。

（5）组织应将须遵守的有关法律法规要求和其他要求，及时沟通给在组织控制下工作的人员和其他相关方，使其能在工作活动中实现。例如将相关要求转化为组织自身的管理文件并予以传达。

【标准条款】

6.1.4　措施的策划

组织应策划：

a）措施，以：

1）应对这些风险和机遇（见 6.1.2.2 和 6.1.2.3）；

2）满足法律法规要求和其他要求（见 6.1.3）；

3）对紧急情况做出准备和响应（见 8.2）；

b）如何：

1）在其职业健康安全管理体系过程中或其他业务过程中融入并实施这些措施；

2）评价这些措施的有效性。

在策划措施时，组织必须考虑控制的层级（见 8.1.2）和职业健康安全管理体系的输出。

在策划措施时，组织还应考虑最佳实践、可选技术方案以及财务、运行和经营等要求。

【理解要点】

1. 条款要求解读

（1）组织应策划措施。

（2）措施的内容要求和管理要求包括：

1）内容方面的要求：

①应对 6.1.2.2“职业健康安全风险和职业健康安全管理体系的其他风险的评价”所评价出的风险和 6.1.2.3“职业健康安全机遇和职业健康安全管理体系的其他机遇的评价”所评价出的机遇；

②满足法律法规要求和其他要求（见 6.1.3“法律法规要求和其他要求的确定”）；

③对紧急情况做出准备和响应；（见 8.2“应急准备和响应”）。

2）管理方面的要求：措施应融入过程中，包括体系的过程，也包括业务的过程。例如教育培训过程、设备管理过程、采购过程、生产过程等。

3）对措施的有效性进行评价，为此应首先策划评价的方法和准则。

（3）措施的策划必须考虑 8.1.2“消除危险源和降低职业健康安全风险”的要求和管理体系的输出。考虑管理体系的输出，要求组织从系统性的角度考虑策划的措施与其他输出的关系。例如，为应对老旧设备对工作人员造成伤害而策划应对措施时，要综合考虑组织的资源、人员能力、业务过程等管理体系的其他输出，以决定是以自动化的设备替代老旧设备，还是改造现有的老旧设备，同时还应加强工作人员的培训和教育的措施。管理体系的输出是管理体系运行的结果，可以通过内部审核和管理评审进行评价，确定策划的措施是否实现职业健康安全管理体系的预期结果。

（4）策划措施时，要考虑诸如最佳实践、可选技术方案以及财务、运行和经营要求等约束条件，确保措施可行。

（5）本条款应关注：

1）组织所策划的应对风险和机遇的措施、满足法律法规要求和其他要求的措施、对紧急情况做出准备和响应的措施，应符合 8.1.2“消除危险源和降低职业健康安全风险”的优先顺序；

2）措施在业务过程中的融入情况；

3）措施有效性的评价情况（见 9.1“监视、测量、分析和评价绩效”）；

4）审核时应结合 6.1.2.1“危险源辨识”、6.1.2.2“职业健康安全风险和职业健康安全管理体系的其他风险的评价”、6.1.2.3“职业健康安全机遇和职业健康安全管理体系的其他机遇的评价”、6.1.3“法律法规要求和其他要求的确定”、8.2“应急准备和响应”、9.1“监视、测量、分析和评价绩效”条款共同审核。

5）本条款没有明确要求组织保持程序文件和保留记录，组织应策划对符合性证据的文件化信息要求。

2. 实施与运用

（1）基于危险源识别、风险和机遇评价的过程，组织应针对风险和机遇、法律法规和其他要求策划措施。例如，组织基于危险源辨识、风险评价过程，评价出风险程度和风险可接受性，以及改进相关职业健康安全风险的机遇，并策划具体的控制措施。

6.1.2.2“职业健康安全风险和职业健康安全管理体系的其他风险的评价”、6.1.2.3“职业健康安全机遇和职业健康安全管理体系的其他机遇的评价”、6.1.3“法律法规要求和其他要求的确定”是本条款的输入，8.2“应急准备和响应”是本条款的输出之一。

（2）策划的措施应当通过职业健康安全管理体系进行管理，并应当与其他业务过程相融合。例如，为管理环境、质量、业务连续性、风险、财务或人力资源而建立的培训过程、文件化信息控制的过程、沟通的过程等，可以与职业健康安全管理共享。

当职业健康安全风险评价和其他风险评价已经确定了控制措施需求时，策划活动要确定这些控制措施如何融入运行（见本标准第 8 章）。例如，确定是否将这些控制措施融入作业指导书或与提升人员能力的措施相结合。其他的控制措施可采用测量或监视（见本标准第 9 章）的方式。这意味着第 9 章的监视或测量的方法也是职业安全健康风险和职业健康安全管理体系的其他风险以及它们的机遇的运行控制措施。同时，组织也应对策划的措施的有效性进行评价。

（3）在对变更进行管理（见 8.1.3）时，应当考虑应对风险和机遇的措施，以确保不会产生非预期的结果。

【标准条款】

6.2 职业健康安全目标及其实现的策划

6.2.1 职业健康安全目标

组织应在相关职能和层次上制定职业健康安全目标，以保持和持续改进职业健康安全管理体系和职业健康安全绩效（见 10.3）。

职业健康安全目标应：

a）与职业健康安全方针一致；

b）可测量（可行时）或能够进行绩效评价；

c）必须考虑：

1）适用的要求；

2）风险和机遇的评价结果（见 6.1.2.2 和 6.1.2.3）；

3）与工作人员及其代表（若有）协商（见 5.4）的结果；

d）得到监视；

e）予以沟通；

f）在适当时予以更新。

6.2.2 实现职业健康安全目标的策划

在策划如何实现职业健康安全目标时，组织应确定：

a）要做什么；

b）需要什么资源；

c）由谁负责；

d）何时完成；

e）如何评价结果，包括用于监视的参数。

f）如何将实现职业健康安全目标的措施融入其业务过程。

组织应保持和保留职业健康安全目标和实现职业健康安全目标的策划的文件化信息。

【理解要点】

1. 条款要求解读

（1）本条款要求在相关层次和职能上制定目标，且职业健康安全体系强调的是全员参与，这就意味着实际上组织应在全部的职能和层次上制定职业健康安全目标。

（2）制定目标的目的是保持和持续改进职业健康安全管理体系和职业健康安全绩效，这也是 10.3“持续改进”条款的要求。

（3）本条款对目标的内容要求包括 6.2.1a）~c）：

1）目标应在方针的框架下制定（见 5.2“职业健康安全方针”）。

2）职业健康安全目标应能够定性或定量测量（见 9.1“监视、测量、分析和评价绩效”）。定性测量可以是通过调查、访谈和观察获得的评估。可能的情况下，组织应为目标设定相对应的指标并予以量化，以便测量其实现的程度。目标的量化要考虑考核的成本和测量的可行性。

3）组织在建立和评审职业健康安全目标时应考虑以下方面的因素：

①法律法规和其他要求。组织在职业健康安全方针中作出了遵守适用的法律法规和其他要求的承诺，这个承诺应在目标中予以具体贯彻和落实。组织既可以依据适用的法规和其他要求中的规定和要求来建立目标，也可以将法规和其他要求直接作为组织的目标。组织建立的目标应符合有关法规和其他要求。组织建立的目标的适宜性可以依据适用的法规和其他要求进行评审。

②相关方的意见。相关方（如工作人员、地方政府、监管部门等）对组织的职业健康安全绩效也会提出相应的看法和意见，因此，组织在建立和评审目标时，应充分考虑相关方的意见，以使组织能更好地满足相关方在职业健康安全绩效方面的期望和要求。

③职业健康安全风险和职业健康安全管理体系风险。组织在建立目标时应充分考虑组织的危险源和风险的特点，根据危险源辨识和风险评价的结果以及评定的风险等级，来确定哪些风险需要通过制定目标来加以消除或控制。目标的内容可以根据识别的危险源以及评价的风险程度来确定，可以包括风险级别的降低、工伤事故和职业病事故的减少等。组织建立和评审目标时应考虑职业健康安全危险源和风险，但并不意味着组织需要针对每一种危险源和风险建立目标。

④协商的结果（见 5.4“工作人员的协商和参与”）。

（4）本标准对目标的管理要求包括 6.2.1 d）~f）。目标应予以监视和沟通，作为持续改进的工具之一，还应根据实际情况进行更新。

（5）为了实现目标，组织应进行策划，策划的要求包括 6.2.2 a）~f）；其中，f）项强调了策划的措施应融入组织的业务过程中。

（6）本条款应关注：

1）目标与方针的关系；

2）目标建立的职能和层次；

3）目标的适宜性、合理性、充分性，并满足本条款的内容要求与管理要求；

4）本条款是 9.3“管理评审”的输入；

5）结合 4.2“理解工作人员和其他相关方的需求和期望”、6.1.3“法律法规要求和其他要求的确定”、6.1.2.2“职业健康安全风险和职业健康安全管理体系的其他风险的评价”、6.1.2.3“职业健康安全机遇和职业健康安全管理体系的其他机遇的评价”、5.2“职业健康安全方针”、5.4“工作人员的协商和参与”、7.4“沟通”、7.5“文件化信息”、9.1“监视、测量、分析和评价绩效”、9.3“管理评审”、10.3“持续改进”等条款，审核目标的制定、实现的情况，以及目标用于持续改进的情况；

6）本条款对目标及目标实现的策划都提出了保持文件和保留记录的要求。

2. 实施与运用

（1）没有目标就没有方向，目标是组织管理的核心要素。本条款的要求借鉴了美国管理学家彼得·德鲁克的目标管理思想。

组织应建立目标以实现职业健康安全方针所作出的承诺，包括防止人身伤害和健康损害的承诺。建立和评审目标的过程以及实施为实现目标而所制定的方案的过程，为组织持续改进其职业健康安全管理体系和提高其职业健康安全绩效提供了一种机制。组织应在其内部各个有关职能和层次上建立形成文件的职业健康安全目标，并通过各职能和层次实施的职业健康安全管理活动来实现目标。

在职业健康安全管理体系的策划过程中，组织在辨识危险源、评价风险和机遇、确定法律法规和其他要求、策划措施的基础上，应依据职业健康安全方针，建立职业健康安全目标，策划取得预期结果的过程。

组织应建立目标以保持和改进职业健康安全绩效。目标应与风险和机遇，以及实现职业健康安全管理体系预期结果所必要的绩效准则相关联。例如，为实现降低安全生产事故率的总体目标，需要在人员、设备、工作环境以及安全管理等方面共同采取措施，因此组织应该为人员管理、设备管理、工作环境控制和安全管理等措施的实施建立相应的目标；而其中的设备管理又涉及设备本质安全、设备安装调试、设备维护保养、设备正确使用等侧重点，因此组织应在设备采购、设备交付、人员能力、设备点检和维保、防护用品使用等侧重点上建立各自相应的目标。

在建立职业健康安全目标时，组织需考虑已识别的法律法规和其他要求以及职业健康安全风险。组织应利用从策划过程中所获得的其他信息（如职业健康安全风险优先顺序等），确定是否需建立与组织的法律法规和其他要求或职业健康安全风险均相关的特定目标。组织并不需要针对每项法律法规和其他要求或每项职业健康安全风险都建立职业健康安全目标。

组织制定的目标应是合理且适宜的，应是通过职业健康安全管理体系的实施有能力实现的。目标设定一般宜遵守 SMART 原则——明确的（specific）、可测量的（measurable）、可实现的（achievable）、相关的（relevant）和及时的（timely）。

（2）在建立目标时，要特别关注最可能受目标影响的人员的信息或数据，这有助于确保目标合理和更广泛地被接受。考虑外部组织的信息或数据也是十分有用的，如承包方或其他相关方。

职业健康安全目标应针对组织内共性的职业健康安全问题和具体的每个职能层次的职业健康安全问题。

具体的职业健康安全目标在组织内可根据不同职能建立在不同层次上。适合于组织整体的某些目标需要由最高管理者来建立，其他职业健康安全目标可以由（或为）相关的部门或职能建立。职业健康安全目标可以与其他业务目标相融合，并在相关职能和层次上建立。不同层面的任务与职业健康安全目标之间应有清晰的衔接。为切实开展所策划的实现目标的相关活动，组织应考虑将实现职业健康安全目标的措施融入其业务过程。

（3）目标不同，其策划的输出形式可以繁简不同，但都应满足本条款的内容要求。目标可以是战略性的、战术性的或运行性的，但是目标之间应该要有内在逻辑性，例如：

1）可建立战略性目标以改进职业健康安全管理体系的整体绩效（如实现“零死亡”）；

2）战术性目标可建立在设施、项目或过程层面（如防止机械伤害导致的死亡事故）；

3）运行性目标可建立在活动层面（如采购本质安全的设备、使用智能机器人等）。

（4）目标也可以是不同领域的，如涉及组织的固体废弃物处理的环境目标、涉及职业病发病率的职业健康安全目标，又如组织整体“零事故”目标、车间的工作人员“零违章”目标。

目标可能以预期结果、目的、运行准则、职业健康目标等方式表示。如车间内噪声控制在75dB以下的运行准则，职业健康安全管理体系预期结果也是一种职业健康安全目标。

ISO 45001并不要求组织针对其确定的每个风险和机遇都建立职业健康安全目标。组织应确定需要增加控制措施的风险或需要改进的职业健康安全绩效。

（5）典型的目标类型的示例如下：

①具体指定某物增加或减少一个数量值（如减少操作事件20%等）；

②引入控制措施或消除危险源（如降低车间的噪声等）；

③在特定产品中引入危害较小的材料（如低苯含量的水性油漆的使用）；

④提高工作人员有关职业健康安全的满意度（如减低工作压力等）；

⑤减少在危险物质、设备或过程中的暴露（如准入控制或防护措施等）；

⑥提高安全完成工作任务的意识或能力；

⑦在法律法规即将颁布前作出妥当部署以满足其要求。

（6）组织要适当对目标予以记录，以便将来评审。目标是改进的方法之一，目标应随着组织的发展在适当时进行更新。当组织的职业健康安全方针、适用的法规和其他要求、危险源和风险、技术方案、财务、运行、经营要求以及相关方的意见发生变化时，都可能会对目标的合理性和适宜性产生影响。因此，组织应对目标的持续合理性和适宜性进行评审，并在必要时及时更新目标，以确保目标持续的合理性和适宜性。如果组织有新的开发或建设项目、新增加的活动、产品、服务时，可能需要根据危险源辨识和风险评价的结果，建立新的目标。

（7）目标管理的主要工具有：

1）目标管理（Management by Objective，MBO）：又称为方针目标展开，是美国管理学家彼得·德鲁克在《管理的实践》一书中首先提出的。目标管理是以目标为导向、以人为中心，使组织和个人取得最佳业绩的现代管理方法。目标管理强调组织首先要设定战略性的整体总目标，在组织工作人员的积极参与下，自上而下层层展开成各部门各单位和每个人的具体目标，并在工作中实行自我控制，自下而上地实现组织所期望的结果的。

目标管理要求必须制定出完成目标的周详严密的行动方案，行动方案是目标管理的基础，可以使各方面的行动集中于目标。为了实现目标，组织应策划相应的措施，如职业健康安全管理方案和行动计划，目的是规定实现目标的具体职责、方法和时间进程。可以为实现所有职业健康安全目标，也可以为实现单个职业健康安全目标而制定相应措施。必要时，对于复杂问题，可能还需要制定更为正式的项目计划以作为方案的一部分。

①策划方案和计划时应按照以下提纲进行：

a）实现目标所需开展的工作内容是什么；

b）实现目标需要哪些资源（如财务、人员、设备、基础设施）；

c）谁对目标的实现负责，即明确实现目标的职责、权限；

d）目标实现的时间期限，即实现目标的时间表；

e）评价结果的方法和准则是什么，包括监测的参数有哪些；

f）为实现职业健康安全目标而策划的措施如何融入其业务过程。

②为实现职业健康安全目标而策划的措施应包括以下内容：

a）实现目标的职责、权限

目标的实现可能会涉及组织内多个职能部门和不同层次的人员，为了确保这些职能部门和不同层次的人员都能明确其在实现目标时应发挥的作用和承担的职责与权限，措施应明确地规定每项具体措施和活动所涉及的职能部门和不同层次人员的职责，以确保每项措施和活动都能得到有效的贯彻落实。

b）实现目标的时间表

目标的实现不应是无限期的，而应有时间限定，有些目标可能在较短的时间内即可实现，有些则可能需要较长的时间。在管理方案中组织宜为所需实施的各个具体任务、措施和活动指定职责、权限和完成时间，以确保职业健康安全目标可在总体时间框架内得到实现。这也有助于对管理方案的实施进度和效果进行检查。

c）可选择的技术方案

目标的实现需要有适宜的技术方案作为支持，因此，组织在针对某一目标制定措施时，应考虑组织在实现目标过程中是否有可以实施的技术方案，以确保技术上的可行性。没有可行的技术，再好的目标也是枉然。

d）财务、运行和经营要求

组织为实现目标很可能需要投入资金，没有足够的财力资源作为支持是很难实现目标的。因此，组织在策划职业健康安全目标的措施时，应充分考虑到组织的财务资源的状况，以使实现目标的过程有充分的财务资源做支持。

组织现有的运行条件和既定的经营要求对实现职业健康安全目标的措施也会产生影响，因此，组织在策划实现职业健康安全目标的措施时也要充分考虑运行和经营要求。

2）关键绩效指标（Key Performance Indicator，KPI）：这是建立在意大利经济学家帕累托的“二八原理”基础上的一种目标管理方法。它是通过对组织内部流程工作绩效特征的分析，找出关键业务领域，并对当前关键业务领域的过程绩效设立目标、衡量流程绩效的一种目标管理方法。该方法旨在引导工作人员的注意力方向，使工作人员更加关注公司整体业绩指标、部门重要工作领域及个人关键工作任务。即抓住 20% 的关键行为，对之进行分析和衡量，从而抓住业绩评价的重心。KPI 是对关键业务领域过程的衡量，而不是对所有操作过程的反映。关键绩效指标法具有聚焦关键点、考核成本低以及紧随组织发展而灵活适宜的特点。“你不能度量它，就不能管理它”“想要什么，就考核什么”，因此应通过设定关键绩效指标，实现公司的价值导向。

第七节 支持

【标准条款】

7 支持

7.1 资源

组织应确定并提供建立、实施、保持和持续改进职业健康安全管理体系所需的资源。

【理解要点】

1. 条款要求解读

（1）组织应确定所需资源并及时提供这些资源。

（2）组织确定和提供的资源应是用于建立、实施、保持和持续改进职业健康安全管理体系的。

（3）本条款应关注：

1）资源的满足性和适用性；

2）本条款是 9.3“管理评审”的输入。审核时宜结合 6.1.3“法律法规要求和其他要求的确定”、8.1“运行策划和控制”、9.1“监视、测量、分析和评价绩效”、9.3“管理评审”条款共同审核；

3）本条款没有明确要求组织保持文件和保留记录，组织应自行策划保持和保留文件化信息的要求。

2. 实施与运用

（1）资源是一切可被人类开发和利用的物质、能量和信息的客观存在总称。

职业健康安全管理体系的有效实施需要有必要的资源作为保障，因此，组织的最高管理者应为职业健康安全管理体系的有效建立、实施、保持和改进，确定并及时、有效地提供预防工作场所伤害和健康不良所需的所有资源。资源包括人力资源、自然资源、基础设施、技术和财务资源等。

上述资源常见的示例如下：

a）人力资源：熟悉职业健康安全科学和风险控制技术的专门人才，熟悉职业健康安全管理体系要求和审核技能的人员等。

b）专项技能和技术：危险源辨识和风险评价方法、风险控制技术等方面的专门技术和技能等。

c）基础设施设备：组织的建筑物、厂房、设备、公用设施、信息技术与通信系统、安全防护装置、应急处置系统等。基础设施设备是组织职业健康安全风险和职业健康安全管理体系风险重要的考虑对象，也是提升职业健康安全管理绩效的重点管理对象。

d）财务资源：加装防护装置、隔音降噪设备所需的资金等。

组织积累的经验、教训和知识也是组织重要的资源，例如组织的管理制度、操作规程或者工作方法等。

（2）组织提供的资源应满足法律法规要求和其他要求，且是适宜的、充分的，否则就不符合本标准要求。例如，组织提供的资源是《产业结构调整指导目录》中明令淘汰的安全技术、工艺、设备、设施和材料，企业计提的安全生产经费不满足《企业安全生产费用提取和使用管理办法》的规定，都不符合本标准的要求。

【标准条款】

7.2 能力

组织应：

a）确定影响或可能影响其职业健康安全绩效的工作人员所必须具备的能力；

b）基于适当的教育、培训或经历，确保工作人员具备胜任工作的能力（包括具备辨识危险源的能力）；

c）在适用时，采取措施以获得和保持所必需的能力，并评价所采取措施的有效性；

d）保留适当的文件化信息作为能力证据。

注：适用措施可包括：向所雇现有人员提供培训、指导或重新分配工作；外聘或将工作承包给能胜任工作的人员等。

【理解要点】

1. 条款要求解读

（1）组织应确定工作人员的必备能力。工作人员既包括影响职业健康安全管理绩效的工作人员，也包括可能影响职业健康安全管理绩效的工作人员。

（2）确定工作人员的能力，可以从所必需的教育、培训、经历（资格和经验）等方面来考虑。

（3）组织应确保工作人员具备相应的能力（包括具备辨识危险源的能力），即工作人员的能力应满足组织确定的能力要求。

（4）组织所需要的工作人员必备的能力，可以通过向组织现有工作人员提供培训、指导或重新分配工作，对外招聘或将工作承包给能胜任工作的人员等措施来获得和保持。

（5）无论采取哪种措施获取和保持能力，在有条件时，组织应对措施的有效性进行评价。

（6）本条款应关注：

1）确定工作人员的能力，一般可结合 5.3“组织的角色、职责和权限”审核；

2）保持能力的措施并评价措施的有效性，可结合 9.1“监视、测量、分析和评价绩效”审核；

3）本条款要求保留相应的记录，并要求记录一方面应是适当的，另一方面可用于证明能力。

2. 实施与运用

（1）组织应根据工作人员接触的职业健康安全风险的性质和程度，确定工作人员的职业健康安全能力。ISO 45001 意识到，工作人员的能力应当包括适当识别危险源以及处理与其工作和工作场所相关的职业健康安全风险所需的知识和技能。

工作人员应协助组织确定岗位所需能力的。组织在确定每个岗位所需要的能力时，应当考虑如下方面的内容：

1）从事该岗位所必需的教育、培训、资历和经验，以及保持能力所必需的再培训；

2）工作环境；

3）风险评价过程输出的预防措施和控制措施；

4）适用于职业健康安全管理体系的要求；

5）法律法规要求和其他要求；

6）职业健康安全方针；

7）符合和不符合的潜在后果，包括对工作人员健康安全的影响；

8）工作人员基于其知识和技能参与职业健康安全管理体系的价值；

9）与其岗位相关的义务和职责；

10）个人能力，包括经验、语言技能、文化水平和多样性；

11）因背景或工作变化而必须做出的能力的相应更新；

12）工作人员可协助组织确定岗位所需的能力。

（2）组织可以采取多种方法使工作人员获得和保持职业健康安全管理所需要的能力，例如，当现有工作人员能力不足时，对其提供培训、指导，或重新调整工作岗位；也可以从组织外部聘用或雇佣有胜任能力的人员，或者将有关活动或职能外包给其他组织。不管采取何种措施，组织都应对所采取措施的有效性进行评价，以确定所采取的措施是否能够使人员达到其工作能力的要求。评价的方式可以多种多样，例如：笔试、口试、面试、生理 / 心理测试、对人员的实际工作状况进行考评、对人员的实际操作进行评估、随时间推移观察行为变化等证实能力和意识的方法。

（3）组织应为工作人员提供充分的、与其工作有关的危险源和风险方面的培训，从而使工作人员具备必要的、使自己脱离急迫而严重危险的状况的能力，这可以包括危险源辨识、风险评价和策划措施，以及实施职业健康安全风险控制措施的培训。这种培训对实现职业健康安全管理绩效是非常重要的。

适当时，工作人员应当接受能够使他们有效地完成职业健康安全典型职能所需的培训。

（4）组织可以适当地保留人员所接受的教育、参加的培训或工作经历等记录，以证实工作人员所具备的能力。

【标准条款】

7.3 意识

工作人员应意识到：

a）职业健康安全方针和职业健康安全目标；

b）其对职业健康安全管理体系有效性的贡献作用，包括提升职业健康安全绩效的益处；

c）不符合职业健康安全管理体系要求的影响和潜在后果；

d）与其相关的事件和调查结果；

e）与其相关的危险源、职业健康安全风险和所确定的措施；

f）从其所认为的存在急迫且严重危及其生命或健康的工作状况中逃离的能力，以及为保护其免遭由此而产生的不当后果所做出的安排。

【理解要点】

1. 条款要求解读

（1）组织应使开展工作和活动的工作人员有效地认识、知道和掌握：

1）职业健康安全方针和目标；

2）他们对职业健康安全管理体系有效性所能发挥的作用，以及组织的职业健康安全绩效提升后他们能获得的益处；

3）不符合职业健康安全管理体系要求可能导致的结果和潜在后果；

4）和他们相关的事件，以及调查结果；

5）和他们相关的危险源、职业健康安全风险和确定的措施；

6）应急能力，包括脱离严重危及自身生命和健康的紧急状况的能力、保护自己免遭伤害的紧急措施。例如，消防应具有检查消除火灾隐患能力、组织扑救初起火灾能力、组织人员疏散逃生能力、消防宣传教育培训能力。

（2）本条款应关注：

1）通过交流的方式了解工作人员对条款要求（诸如方针、目标、事件、处理后果等）的知晓情况和反应；

2）本条款没有要求保持文件和保留相应的记录。

2. 实施与运用

（1）工作人员应理解组织的职业健康安全方针、与本职工作有关的过程和职业健康安全管理体系要求，清楚地知晓和掌握本人在职业健康安全工作任务中的作用和职责（包括在发生紧急情况时的要求、作用和职责），充分认识到职业健康安全方针、过程和职业健康安全管理体系要求是其工作活动应遵照的准则和开展工作活动应执行的规范，使他们能够严格地履行其职责和权限，自觉地在工作活动中遵守相关的要求和规范，以规避和控制职业健康安全风险，从而在职业健康安全管理体系的实施运行中更好地发挥作用。

（2）工作人员应了解其本职工作活动和行为中存在的危险源和职业健康安全风险，以及这些危险源和风险会给本人及他人所带来的实际和潜在的职业健康安全后果，使他们意识到在其本人的工作活动和行为中采取改进个人表现的措施，可以有效地避免或降低职业健康安全风险并带来良好的职业健康安全绩效。

（3）工作人员应清楚地知道如果不按照规定的要求和方法开展工作可能造成的职业健康安全风险及其不良后果，以免他们因不了解偏离规定的过程可能造成的不良后果而放松操作质量或误操作而造成严重的职业健康安全后果。组织还应让工作人员了解并知晓和他们相关的职业健康安全事件以及事件的调查结果，使他们能从中学习到更多的知识。

（4）除工作人员（特别是临时工作人员）外，承包方、访问者和其他相关方也都应当意识到他们所面临的职业健康安全风险。组织应根据承包方、临时工和访问者所暴露的风险程度，提供可行的方案，以提高他们的安全意识。

【标准条款】

7.4　沟通

7.4.1　总则

组织应建立、实施并保持与职业健康安全管理体系有关的内外部沟通所需的过程，包括确定：

a）沟通什么；

b）何时沟通；

c）与谁沟通：

1）与组织内不同层次和职能；

2）与进入工作场所的承包方和访问者；

3）与其他相关方；

d）如何沟通。

在考虑沟通需求时，组织必须考虑到各种差异（如性别、语言、文化、读写能力、残疾）。

在建立沟通过程中，组织应确保外部相关方的观点被考虑。

在建立沟通过程时，组织：

——必须考虑其法律法规要求和其他要求；

——应确保所沟通的职业健康安全信息与职业健康安全管理体系内所形成的信息一致且可靠。

组织应对有关其职业健康安全管理体系的沟通做出响应。

适当时，组织应保留文件化信息作为其沟通的证据。

7.4.2 内部沟通

组织应：

a）就职业健康安全管理体系的相关信息在其不同层次和职能之间进行内部沟通，适当时还包括职业健康安全管理体系的变更；

b）确保其沟通过程能够使工作人员为持续改进做出贡献。

7.4.3 外部沟通

组织应按其所建立的沟通过程就职业健康安全管理体系的相关信息进行外部沟通，并必须考虑其法律法规要求和其他要求。

【理解要点】

1. 条款要求解读

（1）本条款要求组织建立、实施和保持沟通过程，用于组织的内部沟通和外部沟通。

（2）沟通过程应明确沟通内容、沟通时机、沟通对象和沟通方式。

（3）组织在考虑沟通需求时，应考虑性别、语言、文化、读写能力、残疾等沟通障碍和壁垒。

（4）4.2“理解工作人员和其他相关方的需求和期望”是本条款的输入，沟通过程中应确保考虑外部相关方的观点。

（5）沟通的内容应满足法律法规要求和其他要求，以及沟通信息的一致性、可靠性的要求。

（6）组织应对职业健康安全管理体系沟通的有关内容做出响应。

（7）对内部沟通的要求包括：

1）在不同层次和职能之间进行；

2）沟通的内容是职业健康安全管理体系的相关信息，适当时包括变更的内容；

3）内部沟通的目的是使工作人员为持续改进做出贡献。

（8）对外部沟通的要求包括内容的相关性和合规性。

（9）本条款应关注：

1）沟通的方式和过程；

2）宜结合 4.2“理解工作人员和其他相关方的需求和期望”、5.1“领导作用与承诺”、5.2“职业健康安全方针”、5.3“组织的角色、职责和权限”、5.4“工作人员的协商和参与”、6.1.3“法律法规要求和其他要求的确定”、6.2.1“职业健康安全目标”、8.2“应急准备和响应”、9.3“管理评审”、10.2“事件、不符合和纠正措施”、10.3“持续改进”等条款审核，并收集组织沟通的证据；

3）有条件时应保留内部沟通和外部沟通的文件化信息，以作为沟通的证据。

2. 实施与运用

（1）本条款规定了对组织职业健康安全管理体系沟通的一般要求。任何一个组织都不是孤立的存在，只有在与职业健康安全管理体系有关的内部与外部信息交流顺畅的情况下，组织才能有效开展职业健康安全管理工作。

（2）组织应建立、实施和保持一个与职业健康安全管理体系有关的内外部沟通的过程，包括对沟通内容、时间、对象和方法的要求。沟通过程还应当规定对信息的收集、更新和传播的要求，确保向所有相关的工作人员和相关方提供相关信息，以及他们能收到且能理解这些信息。

（3）组织在考虑沟通需求时，必须考虑沟通对象的性别、语言、文化、读写能力、残疾等方面的因素，确保沟通对象能理解沟通的内容。

（4）组织在建立沟通过程时，还应考虑外部相关方的观点、法律法规要求和其他要求；同时组织还应确保所沟通的信息的一致性和可靠性。

（5）沟通的对象可以是：

1）组织内各职能和层次

组织内不同层次和职能在职业健康安全管理体系的实施过程中承担着不同的职责，发挥着不同作用，但这些层次和职能应充分配合和协作，这就要求在不同层次和职能中就危险源和职业健康安全风险、职业健康安全管理体系的相关信息进行有效的内部传递，包括向所有相关人员提供职业健康安全信息，使其能接收到并能得到其理解，以确保在组织内统一要求、加强理解、取得共识、协调行动，便于对危险源及其风险的防控，从而提高职业健康安全管理体系运行的有效性。在组织内不同职能和层次进行内部沟通的信息可以包括：

①有关管理者对职业健康安全管理体系承诺的信息（如为改进职业健康安全绩效所采纳的方案和所承诺的资源等）；

②关于识别危险源和风险的信息（如关于运行成果的流程、材料使用、设备规范和工作实践状况的信息等）；

③关于职业健康安全目标和其他持续改进活动的信息；

④与事件调查相关的信息（如所发生事件的类型、导致事件发生的因素、事件调查的结果等）；

⑤关于消除危险源和职业健康安全风险进展情况的信息（如表明已完成或正在进行的项目进展的状况报告）；

⑥与可能对职业健康安全管理体系生产影响的变化有关的信息等。

2）进入工作场所的承包方和其他访问者

进入到组织工作场所的承包方和其他访问者在工作场所内实施的相关活动及其带入的有关设备、物品可能会影响工作场所内的职业健康安全。同时，他们也会受到组织工作场所内的职业健康安全状况的影响。因此，组织应以适宜的方式与这些承包方和其他访问者进行沟通，告知其进入工作场所可能面临的危险源及职业健康安全风险以及如何规避这些风险的相关要求、方法和措施，以使这些承包方和其他访问者能够严格遵守组织工作场所内的职业健康安全管理规章制度。沟通的程度应与承包方和其他访问者所面临的职业健康安全风险相适宜。

组织与承包方之间沟通的信息可以包括：

①与承包方所开展工作相关的职业健康安全危险源和风险；

②承包方应遵守和执行的职业健康安全要求和绩效要求；

③不符合职业健康安全要求的有关后果；

④与承包方所执行的特定任务或工作区域相关的运行控制措施。

这些信息宜在承包方进入组织控制下的工作现场前予以传达，如果需要，还可以在工作开始后适当的时候，对附加的或其他信息（如现场巡视等）予以增补。

组织与访问者（如参观者、送货员、顾客、公众、提供服务的人员等）之间沟通的信息可以包括：与访问者相关的职业健康安全要求、疏散程序和报警响应、交通控制措施、准入控制措施和陪同要求、任何所需穿戴的个体防护装备（如护目镜等）等。

（6）沟通一般是双向的（也可能是单向的），沟通的方式可包括安全警示标识、安全屏障、口头沟通、书面沟通等。

（7）组织应对有关其职业健康安全管理体系的相关沟通做出回应。对于组织内部工作人员和外部相关方（如当地政府和职业健康安全监督管理部门、组织工作场所周边的单位和居民、应急服务机构、投资方、银行、保险机构、顾客等）所反馈的与职业健康安全有关的信息，组织应有部门或人员进行接收、记录、调查处理，并将有关情况和（或）结果向有关的相关方回复；在调查处理过程中，征求有关的相关方意见和建议。通过与外部相关方有效的信息沟通，可获得外部相关方对组织职业健康安全管理活动的支持和配合，也便于外部相关方的监督和促进。

【标准条款】

7.5 文件化信息

7.5.1 总则

组织的职业健康安全管理体系应包括：

a）本标准要求的文件化信息；

b）组织确定的实现职业健康安全管理体系有效性所必需的文件化信息。

注：不同组织的职业健康安全管理体系文件化信息的复杂程度可能不同，取决于：

——组织的规模及其活动、过程、产品和服务的类型；

——证实满足法律法规要求和其他要求的需要；

——过程的复杂性及其相互作用；

——工作人员的能力。

7.5.2 创建和更新

创建和更新文件化信息时，组织应确保适当的：

a）标识和说明（如标题、日期、作者或文件编号）；

b）形式（如语言文字、软件版本、图表）与载体（如纸质载体、电子载体）；

c）评审和批准，以确保适宜性和充分性。

7.5.3　文件化信息的控制

职业健康安全管理体系和本标准所要求的文件化信息应予以控制，以确保：

a）在需要的场所和时间均可获得并适用；

b）得到充分的保护（如防止失密、不当使用或完整性受损）。

适用时，组织应针对下列活动来控制文件化信息：

——分发、访问、检索和使用；

——存储和保护，包括保持易读性；

——变更控制（如版本控制）；

——保留和处置。

组织应识别其所确定的、策划和运行职业健康安全管理体系所必需的、来自外部的文件化信息，适当时应对其予以控制。

注 1：“访问”可能指仅允许查阅文件化信息的决定，或可能指允许并授权查阅和更改文件化信息的决定。

注 2：“访问”相关文件化信息包括工作人员及其代表（若有）的“访问”。

【理解要点】

1. 条款要求解读

（1）组织职业健康安全管理体系需要保持和保留的文件化信息，包括标准要求的和组织自我确定的两个方面。

（2）文件化信息的复杂程度由组织具体情况决定，对具体情况的说明见条款 7.5.1 注。

（3）条款 7.5.2 对文件化信息的创建和更新提出了具体要求，包括文件化信息的识别性、表现形式以及内容的适宜性和充分性。

（4）条款 7.5.3 对文件化信息提出了控制的要求，包括：

1）在需要的时间和需要的地点能够得到；

2）得到的文件化信息是适用的，例如最新版本的文件化信息、标识清晰的作废文件化信息、外来文件不会被误用的信息。

（5）文件化信息得到充分的保护，例如确保保密性（加密）、适用性、完整性。

（6）适用时控制有 4 种类型活动的文件化信息。

（7）识别外来文件并在适当时予以控制。需要识别的外来文件包括组织确定的、策划和运行职业健康安全管理体系必需的外来文件。

（8）访问的权限可能是允许查阅，也可能是允许更改。

（9）本条款应关注：

1）宜结合 4.3“确定职业健康安全管理体系范围”、5.2“职业健康安全方针”、5.3“组织的角色、职责和权限”、6.1.1“应对风险和机遇的措施－总则”、6.1.2.2“职业健康安全风险和职业健康安全管理体系的其他风险的评价”、6.1.3“法律法规要求和其他要求的确定”、6.2“职业健康安全目标及其实现的策划”、7.2“能力”、7.4“沟通”、8.1.1“运行策划和控制－总则”、8.2“应急准备和响应”、9.1“监视、测量、分析和评价绩效”、9.2“内部审核”、9.3“管理评审”、10.2“事件、不符合和纠正措施”、10.3“持续改进”等条款共同审核，并收集组织文件化信息的证据；

2）对于组织策划管理体系时所确定的必需的文件化信息、验证创建和更新以及控制的符合性进行审核；

3）现场观察对外来文件、作废文件的控制。

2. 实施与运用

（1）文件化信息管理的关键在于：在确保文件化信息有效、高效和简洁的同时尽可能降低文件化信息的复杂程度。

文件化信息的作用是保证组织的职业健康安全管理体系相关活动实施的一致性，避免含混和偏离，以及为追溯相关结果提供证实。

（2）组织职业健康安全管理体系文件化信息可能涉及：

1）ISO 45001 要求保持和保留的文件化信息，包括策划的相关过程的文件化信息、针对法律法规和其他要求进行策划的文件化信息以及关于这些措施有效性评价的文件化信息；

2）组织确定的实现职业健康安全管理体系有效性所必需的文件化信息，包括为组织运行而创建的信息（文件）和证实结果的证据（记录）。

ISO 45001 不要求文件化信息必须具有特定的文件形式，不强求采取 ISO 45001 或其他标准的章条结构，也不要求替换组织现有管理安排的文件。如果组织已建立了形成文件的职业健康安全管理体系，且这一体系满足 ISO 45001 的要求，则组织应充分利用该体系已有的文件化信息。当职业健康安全管理体系的过程与其他管理体系的过程一致时，组织宜将职业健康安全文件与其他管理体系文件进行融合。

职业健康安全管理体系文件化信息应包括职业健康安全方针和目标。

组织应在文件中描述其职业健康安全管理体系范围的内容，包括实际位置（如工作场所和现场区域）、体系运行所涉及的活动和过程（如设计、采购、生产工艺流程、销售、服务、后勤等）、产品的类别（包括服务）、组织单元（如职业健康安全管理体系涉及的管理部门、车间、场所等）等。

（3）不同的组织因其在活动、过程、产品、设备、管理方法、人员素质等方面各有不同，因此其职业健康安全风险及其管理过程也各有不同，为达到有效策划、运行和控制职业健康安全风险管理过程的目的，除了标准要求的文件化信息之外，组织往往还会根据自身的特点和需要，制定、建立或引用更多的、必要的文件（如作业指导书、过程信息、操作规程、管理制度、标准规范、准则、表格、记录、适用的法律法规等）和记录（如目标实现情况的记录、运行控制的记录等）。这些文件化信息可以是组织根据自己的需要编制的文件，也可以是适用于其职业健康安全管理体系过程的外来文件。

（4）对于职业健康安全管理体系文件化信息的数量和详略程度本条款未做强制要求。

每个组织应充分考虑其特点和实际情况，如组织的规模、活动和过程及其相互关系的复杂程度、危险源及其风险的特点、人员能力、职业健康安全管理方法和程度等诸多方面因素，自行确定文件的数量和详略程度。

ISO 45001 虽然对建立过程提出了要求，但并不要求对所有的过程都保持或保留文件化信息。是否保持和保留文件化信息，除了应满足 ISO 45001 的要求以外，组织还应考虑下列方面：可能产生的后果，包括职业健康安全方面的后果；证实遵守法律法规和其他要求的需要；保证活动一致性的需要；保持和保留文件化信息的益处。

（5）创建和更新文件化信息时，应该注意如下问题：

1）能通过标题、日期、作者或文件编号等进行标识或说明；

2）由有足够权限和技术能力的人员进行评审、审批，确保文件化信息是充分的、适宜的、有效的。

文件化信息的载体和形式可以是多样的，如纸张、电子、照片、张贴物等，只要是实用的、清晰的、易于理解并可获得的。随着互联网的发展，电子文件提供了更多的便利，例如更低的成本、更快捷的传输和更新、易于控制其存取，以及可确保使用文件的有效版本。

组织对文件化信息的控制可包括在需要的时间和场所均可获得适用的文件化信息、对外来文件进行管理以及防止作废的文件化信息的非预期使用。在某些情况下，如出于法律和（或）保留知识的目的，失效的文件可以保留，但应有标识足以让使用者清晰地知道保留的文件是失效的。

表明结果的证据的文件化信息被称为“记录”，在本标准中用“保留文件化信息”加以表示，其载体上承载的信息是具有追溯性的客观事实。组织宜保留适当的记录为职业健康安全管理体系有效运行和有效控制风险提供证据。

记录应内容完整、字迹清楚、标识明确、易于辨识。

不同的组织在运行职业健康安全管理体系的过程中所需的记录数量是不同的。组织应根据其自身职业健康安全管理体系运行的特点和组织规定的适宜方式保存必要的记录。

记录控制措施应确保便于检索、查阅和使用。记录的保存条件应适宜，以防止记录的损坏、变质或丢失。组织应考虑电子记录的备份和病毒攻击，以及访问的权限。

不同记录的作用和重要性是不尽相同的，因此不同记录的保存期限也不尽相同，组织应根据实际情况和需要来规定各种记录的保存期限，并对记录的保存期限进行记录。

（6）能够证实符合要求的记录包括但不限于：

1）法律法规要求和其他要求的符合性评价记录；

2）危险源辨识、风险评价和风险控制记录；

3）职业健康安全绩效监测记录；

4）用于监测职业健康安全绩效的设备校准和维护记录；

5）纠正措施的记录；

6）职业健康安全监测报告；

7）培训 / 学习记录；

8）职业健康安全管理体系审核报告；

9）协商和参与报告；

10）事件报告；

11）事故调查、处理报告；

12）职业健康安全会议纪要；

13）健康监护报告；

14）个体防护设备维护记录；

15）应急响应演练报告；

16）管理评审记录。

第八节　运行

【标准条款】

8　运行

8.1　运行策划和控制

8.1.1　总则

为了满足职业健康安全管理体系要求和实施第 6 章所确定的措施，组织应策划、实施、控制和保持所需的过程，通过：

a）建立过程准则；

b）按照准则实施过程控制；

c）保持和保留必要的文件化信息，以确信过程已按策划得到实施；

d）使工作适合于工作人员。

在多雇主的工作场所，组织应与其他组织协调职业健康安全管理体系的相关部分。

【理解要点】

1. 条款要求解读

（1）组织应策划、实施、控制、保持过程，该过程用于满足职业健康安全管理体系要求和实施第 6 章确定的措施。

（2）策划、实施、控制、保持过程需要满足标准 8.1.1 a）~d）的要求。准则可以是组织的方针、目标、适用的法律法规或者组织确定的需要满足的其他要求。

（3）应运用人类工效学等方法，使工作适合于工作人员。

（4）保持和保留文件化信息的目的是证实过程的实施满足了策划的要求。保持的文件化信息可以为证实过程满足控制要求提供证据；保留文件化信息可以为证实运行过程满足控制要求提供证据。

（5）在多雇主场所，组织应与相关方进行协调。

（6）本条款应关注：

1）所策划的措施与职业健康安全管理体系过程以及其他业务过程融合的情况，宜结合 6“策划”共同审核；

2）过程准则策划的充分性和适宜性；

3）现场观察、验证控制过程满足准则的情况；

4）现场观察设施设备、工作环境、工作条件、工作节奏、工作强度等与人相适应的情况；

5）本条款要求保持文件和保留记录，可结合 7.5“文件化信息”共同审核。

2. 实施与运用

（1）组织职业健康安全管理体系的预期结果是防止对工作人员造成与工作相关的伤害和健康损害并提供安全健康的工作场所。

为了实现职业健康安全管理体系的预期结果，组织在进行危险源辨识、风险和机遇的评价后策划了措施（见 6.1.4）。为了实施这些措施，组织应该通过策划、实施、控制和保持必要的运行控制，用以消除危险源，满足职业健康安全管理体系的要求；或者，在无法消除危险源的情况下，尽可能将运行区域和活动的职业健康安全风险降低到组织可接受的程度，确保遵守适用的法律法规和其他要求（包括对变更的管理），以增强组织的职业健康安全管理绩效。

组织应策划、实施、控制和保持工作场所心理健康和安全所需的过程，其所采取的方法应考虑使工作任务、结构和过程适应工作人员。

（2）在策划、实施、控制和保持必要的运行控制时可考虑的信息包括：

1）职业健康安全方针和目标；

2）危险源辨识、风险和机遇的评价、现有控制措施和新措施的确定；

3）变更过程的管理；

4）内部规范；

5）现有运行程序的信息；

6）组织要遵守的法律法规和其他要求；

7）与采购货物、设备和服务相关的供应链；

8）协商和参与的反馈结果；

9）由承包方和其他外部人员完成的任务的性质和范围；

10）访问者、交付人员、服务承包方等进入工作场所的情况。

（3）组织应为运行控制策划准则。如果缺乏准则可能导致控制过程偏离职业健康安全方针和目标。运行准则的例子如下：

1）对于危险作业

①使用指定的设备，及设备使用的程序和工作指令；

②能力要求；

③使用规定的进入过程和设备；

④在接近作业开始前，对人员进行风险评价的权限、指南、指令、程序。

2）对于危险化学品

①批准的化学品清单；

②职业暴露限制；

③规定的存量限制；

④规定的储存场所和条件。

3）对于进入危险区域的作业

①个体防护设备要求的说明；

②规定的进入条件；

③卫生和健康条件。

4）对于由承包方完成的作业

①对承包方的职业健康安全绩效准则要求；

②对承包方人员的能力和培训要求；

③对承包方所提供的设备的规格和检查要求。

5）对于访问者的职业健康安全危险源

①进入控制（如出入的标示、准入限制）；

②个体防护设备要求；

③路线要求；

④应急要求。

（4）明确了运行准则后，组织应按照准则的要求实施过程控制。过程控制应考虑工作场所所覆盖的范围。过程控制可以采用不同的方法，例如物理装置（如屏障、进入控制）、程序、工作指令、警报和标示。过程运行控制的示例如下：

1）运用工作程序和系统。例如，更多地实施远程控制，减少工作人员在危险环境和职业健康安全风险环境中暴露的机会；

2）确保工作人员的能力，特别是法律法规和其他要求明确要求需满足的能力，如特殊工种作业人员的资质要求；

3）建立预防性或预测性的维护和检查方案，如定期对特种设备进行检定或检测；

4）制定货物和服务采购规范。如采购本质安全的设备和低健康安全风险的物资（详见 8.1.4“采购”）；

5）应用法律法规和其他要求，或制造商的设备说明书，如遵守交通规则、按照说明书的要求定期做二级维护；

6）工程控制和管理控制。

7）使工作适合工作人员，例如，通过：

①规定或重新规定工作的组织方式（如采取弹性工作制）；

②引进新的工作人员；选择具有一定素质的操作人员，并给予适当的训练，使他们学会操作和维护系统；

③规定或重新规定过程和工作环境。例如，调整生产线布局、改变厂内物流的路线，或者将涂装作业设置在专门的区域等；

④在设计新的或改造已有的工作场所、设备时，应用人类工效学方法等。例如重新设计操作工艺。

应用人类工效学方法，使工作适合工作人员，是指考虑操作人员的生理和心理特点，使设计的机器、工具、成套设备的操作方法和作业环境更适应操作人员的要求。对工作人员的生理或心理造成影响的因素有：在人－机系统中，人体各部分的尺寸，人的视觉和听觉的正常生理值，人在工作时的姿势，人体活动范围、动作节奏和速度，劳动条件引起工作疲劳的程度，以及人的能量消耗和补充；机器的显示器、控制器（把手、操纵杆、驾驶盘、按钮的结构型式和色调等）和其他与人发生联系的各种装备（桌、椅、工作台等）；所处环境的温度、湿度、声响、振动、照明、色彩、气味等。

例如，改进后的桥式起重机的司机室，将各种操纵杆装在司机座位的两侧，正前方和两侧都是大玻璃窗，扩大司机的视野并可让司机坐在座位上操作。操纵杆把手的材料、结构、形状、位置根据功能选用和设计，使司机凭触觉就能操作。整个司机室密闭性良好，从而改善不良的操作条件和客观环境对司机工作效能的影响。

（5）职业健康安全风险的典型领域和相关控制措施的示例如下：

1）通用的控制措施

① 定期维护和修理设施、机械和设备，以防止不安全状况的产生；

② 管理和维护行走道路畅通；

③ 交通管理（如机动车辆与行人运动分离的管理）；

④ 工作台的提供和维护；

⑤ 热环境的保持（如温度、空气质量）；

⑥ 通风系统和电气安全系统的维护；

⑦ 应急计划的保持；

⑧ 与旅行、威胁、性骚扰、药物和酒精的滥用相关的政策；

⑨ 健康方案（医疗的监护方案）；

⑩ 针对具体控制措施使用的培训方案（如工作系统的准入）；

⑪ 进入的控制措施。

2）危险作业的开展

①使用程序、工作指令和批准的工作方法；

②使用适宜的设备；

③对开展危险作业的人员和承包方提出资格要求和进行培训；

④使用工作许可系统、许可或授权；

⑤人员在危险作业现场的进出；

⑥防止健康损害的控制措施。

3）危险物质的使用

①确定允许的存量、储存的区域、储存的条件；

②危险物质使用的条件；

③危险物质可以使用的区域限制；

④安全储存的措施和入库控制；

⑤材料安全数据及其他相关信息的提供和掌握；

⑥辐射源的防护；

⑦生物污染物的隔离；

⑧应急设备使用和有效性的知识。

4）设施和设备

①定期维护和修理设施、机械和设备，以防止不安全状况的产生；

②管理和维护行走道路畅通及交通管理；

③个体防护设备的提供、控制和维护；

④职业健康安全设备的检查和测试，例如防护装置、防坠落系统、停车系统、受限空间的救护设备、封闭系统、火灾探测和抑制设备、职业暴露检测装置、通风系统和电气安全系统；

⑤人体操纵的设备的检查和测试（如起重机、铲车、升降机和其他提升装置）。

（6）运行控制过程需要保持和保留相关文件化信息，以强化运行控制要求和追溯相关结果。组织可根据自身情况和需要，决定将哪些控制措施形成文件化的程序，明确目的、部门、岗位、时机、做什么、如何做、使用哪些资源、保留哪些记录等，以更好地沟通意图、统一行动。

（7）在多雇主工作场所，组织应与其他组织协调职业健康安全管理体系的相关部分。例如，我国的《安全生产法》就规定，“两个以上生产经营单位在同一作业区域内进行生产经营活动，可能危及对方生产安全的，应当签订安全生产管理协议，明确各自的安全生产管理职责和应当采取的安全措施，并指定专职安全生产管理人员进行安全检查与协调”。

【标准条款】

8.1.2 消除危险源和降低职业健康安全风险

组织应通过采用下列控制层级，建立、实施和保持用于消除危险源和降低职业健康安全风险的过程：

a）消除危险源；

b）用危险性低的过程、操作、材料或设备替代；

c）采用工程控制和重新组织工作；

d）采用管理控制，包括培训；

e）使用适当的个体防护装备。

注：在许多国家，法律法规要求和其他要求包括了组织无偿为工作人员提供个体防护装备（PPE）的要求。

【理解要点】

1. 条款要求解读

（1）组织应建立、实施和保持过程，用于消除危险源和降低职业健康安全风险。

（2）过程应采用8.1.2a）~e）的5个层次来实施控制，每个层级的控制效果是逐级降低的。在资源许可的情况下，为了获取最佳效果，应优先采用a级，最后才是e级。从作用层面上看，有从主动到被动的含义。以下示例说明了每个层级可以实施的措施：

1）消除：移除危险源；召开视频会议可以消除参会途中潜在的交通危险；停止使用危险化学品；在规划新的工作场所时应用人类工效学方法；消除单调的工作或导致负面压力的工作；在某区域不再使用叉车；从设计上考虑本质安全的设备。

2）替代：使用甲苯或其他毒性较小的化学物代替具有高致癌风险的苯；用较低危险的物质替换危险物质；用在线指导的方式应答顾客投诉；从源头防止职业健康安全风险；适应技术进步（如用水性漆代替溶剂型漆）；更换光滑的地板材料；降低设备的电压要求。

3）工程控制、工作重组或两者兼用：在冲压机上安装保护装置；安装排气通风装置，尽可能排出有毒气体；安装隔音装置；提供安全的阀门控制系统；医院提供升降病人的设备；将人与危险源隔离；实施集中保护措施（如隔离、机械防护装置、通风系统）；采用机械装卸；降低噪声；使用护栏防止高空坠落；采用工作重组以避免人员单独工作、有碍健康的工作时间和工作量，或防止重大伤害。

4）管理控制（包括培训）：实施安全设备的定期检查；实施培训以防止恐吓和骚扰；协调分包方的活动以管理健康安全；实施上岗培训；管理叉车驾驶证；指导工作人员如何报告事件、不符合和受害情况而不用担心遭到报复；改变工作模式（如轮岗）；为已确定处于危险状况（如与听力、呼吸系统疾病、皮肤不适或暴露有关的危险）中的工作人员管理健康或医疗监测方案；向工作人员下达适当的指令（如门禁控制）；确保内部环境整洁，定期进行机器和设备维护，执行无烟政策。

5）个人防护用品（PPE）：提供适当的个人防护用品（如安全鞋、防护眼镜、听力保护装备、手套等），包括工作服和PPE使用和维护说明书。在粉尘作业环境中佩戴呼吸防护用品；医务人员工作时佩戴口罩和手套；建筑工人佩戴安全帽、穿安全鞋。

（3）在一些国家，组织无偿提供个体防护用品是法律法规要求和其他要求的内容之一。

（4）本条款宜结合6.1.4“措施的策划”共同审核，以验证采取的措施的优先顺序。

2. 实施与运用

采用控制措施层级的目的是提供一种系统方法来增强职业健康安全、消除危险源和降低（或控制）职业健康安全风险。每个层级的控制效果低于前一个层级。组织通常将几个控制措施层级组合使用，以便成功地将职业健康安全风险尽可能降低至合理可行的水平。

【标准条款】

8.1.3 变更管理

组织应建立用于实施和控制所策划的、影响职业健康安全绩效的临时性和永久性变更的过程。这些变更包括：

a）新的产品、服务和过程，或对现有产品、服务和过程的变更，包括：

——工作场所的位置和周边环境；

——工作组织；

——工作条件；

——设备；

——劳动力；

b）法律法规要求和其他要求的变更；

c）有关危险源和职业健康安全风险的知识或信息的变更；

d）知识和技术的发展。

组织应评审非预期性变更的后果，必要时采取措施，以减轻任何不利影响。

注：变更可带来风险和机遇。

【理解要点】

1. 条款要求解读

（1）8.1.3“变更管理”的控制对象侧重产品、服务和过程的变更、法律法规和其他要求的变更、危险源和职业健康安全风险相关的知识和信息以及知识和技术发展带来的变更。而 6.1“应对风险和机遇的措施”中的变更虽然也包含了过程的变更，但侧重于组织的变更和职业健康安全管理体系的变更。

（2）为了实施和控制变更，组织应建立过程。此处的“变更”是指组织策划的、影响职业健康安全绩效的变更；“组织策划的”即是说这种变更是预期的变更。

（3）这种预期的变更可以是临时变更，也可以是永久变更。

（4）变更的类型至少包括 8.1.3a）~d）项列明的 4 种类型变更。产品、服务和过程的变更的控制对象包括工作场所的位置和周边环境、工作组织、工作条件、设备、劳动力。

（5）组织也可能发生非预期变更。非预期变更发生后，组织应对非预期变更的后果进行评审，并确定是否需要采取措施，目的是减轻不利影响。非预期变更包括临时变更，例如事故导致的变更。

（6）所有变更都可能带来风险和机遇，组织发生变更时应对变更进行再次评价。

（7）本条款应关注：

1）对预期变更的控制，可结合 6.1“应对风险和机遇的措施”进行审核，并关注两个条款之间的互相影响，即：变更带来的新的危险源、职业健康风险和机遇、职业健康安全管理体系的风险和机遇，以及应对风险和机遇带来的变更；

2）关注 9.3“管理评审”、10.2“事件、不符合和纠正措施”、10.3“持续改进”条款带来的变更的控制；

3）本条款没有明确要求组织保持文件和保留记录，组织应自行策划保持和保留文件化信息的要求。

2. 实施与运用

（1）变更过程的管理目标是在变更发生时，尽可能避免将新的危险源和职业健康安全风险引入工作环境，以增强工作中的职业健康安全。根据预期变更的性质，组织可以使用适当的方法（如设计评审）来评价职业健康安全风险和职业健康安全机遇的变化。变更管理的需求可能是策划（见 6.1.4）的输出。

组织新的产品、服务和过程或现有产品、服务和过程的变化——例如工作场所的位置和周边环境、工作组织、工作条件、设备、工作人员数量等发生变化，都会给组织的活动或工作场所带来变化的危险源和职业健康安全风险。同时，实施变更的活动过程本身也存在职业健康安全风险。因此，组织需要通过变更管理，控制变更给组织工作活动或工作场所带来的职业健康安全风险，控制实施变更的活动过程的职业健康安全风险。

此外，法律法规和其他要求的变化、关于危险源和相关职业健康安全风险知识和信息的变化、知识和技术的发展，也会产生新的职业健康安全风险控制要求。

（2）组织可能会出现非预期的变更，如人员的辞职导致岗位人员变更、正在运转的设备突然发生故障等。组织应评审非预期变更的后果，必要时，采取措施消除任何不利的影响。

任何变更都可能给组织带来新的风险和机遇，所以预期的变更发生前或非预期变更发生后，组织都应重新辨识危险源（见 6.1.2.1）、评价职业健康风险和其他风险以及职业健康安全机遇和其他机遇（见 6.1.2.2、6.1.2.3），并评审是否有必要策划新的措施（见 6.1.4）。变更也可能导致职业健康安全管理体系（见 4.4）的变化。

【标准条款】

8.1.4 采购

8.1.4.1 总则

组织应建立、实施和保持用于控制产品和服务的采购的过程，以确保采购符合其职业健康安全管理体系。

8.1.4.2 承包方

组织应与承包方协调其采购过程，以辨识由下列方面所产生的危险源并评价和控制职业健康安全风险：

a）对组织造成影响的承包方的活动和运行；

b）对承包方工作人员造成影响的组织的活动和运行；

c）对工作场所内其他相关方造成影响的承包方的活动和运行。

组织应确保承包方及其工作人员满足组织的职业健康安全管理体系要求。组织的采购过程应规定和应用选择承包方的职业健康安全准则。

注：在合同文件中包含选择承包方的职业健康安全准则是有益的。

8.1.4.3 外包

组织应确保外包的职能和过程得到控制。组织应确保其外包安排符合法律法规要求和其他要求，并与实现职业健康安全管理体系的预期结果相一致。组织应在职业健康安全管理体系内确定对这些职能和过程实施控制的类型和程度。

注：与外部供方进行协调可助于组织应对外包对其职业健康安全绩效的任何影响。

【理解要点】

1. 条款要求解读

（1）组织应建立、实施和保持过程，以确保采购符合职业健康安全管理体系的要求。为组织提供服务的外部组织称为承包方。

（2）组织通过“协调”的方式来控制与承包方有关的服务采购过程。协调的目的是辨识服务提供过程中的危险源、评价和控制承包方带来的职业健康安全风险：

1）这些危险源和职业健康安全风险来自：

①承包方的活动和运行对组织造成的影响；

②承包方的活动和运行对其他相关方造成的影响；

③组织的活动和运行对承包方工作人员造成的影响。

2）组织应该对与承包方有关的采购过程进行运行策划和控制：

①建立“选择承包方的职业健康安全准则”，此处的准则是职业健康安全控制的准则；

②组织与承包方协调采购过程时，比较好的做法是利用合同文件明确组织建立的准则；

③应用上述准则来选择承包方；

④使承包方及其工作人员处于组织的职业健康安全管理体系控制范围之内。

（3）外包是一个动词。组织的部分职能或过程虽然安排外部组织执行，但仍应该受到组织控制：

1）符合法律法规要求和其他要求；

2）与组织实现职业健康安全管理体系的预期结果相一致；

3）对外包职能和过程实施控制的类型和程度，应在组织的职业健康安全管理体系内确定；

4）执行外包的组织不在本组织的职业健康安全管理体系范围之内；

5）组织可以通过与外部供方进行协调，来应对外包对本组织职业健康安全绩效产生的任何影响。

（4）本条款没有要求组织保持文件和保留记录。如果组织建立有质量管理体系，可根据质量管理体系中的要求实施。

2. 实施与运用

随着世界日益全球化的趋势，供应链也日益扩展和复杂。ISO 45001 强调供应链中的健康和安全管理，认为组织有义务将其风险管理扩展到其控制或影响范围内的供应链。

外部提供给组织的过程、产品和服务可能会给组织带来职业健康安全风险。例如，组织采购的危险化学品、品质低劣的燃油、本质安全设计不足的设备、选择资质低的承包方等。对此，组织可以选择利用 ISO 45001 管理体系方法作为解决方案，减少或消除供应链中工作人员的安全和健康风险，从而证实组织承担了更多的社会责任。

（1）组织应建立、实施和保持控制产品和服务采购的过程。组织建立过程时应考虑以下内容：

1）对所要采购的货物、设备和服务的职业健康安全风险进行控制；

2）对危险化学品、材料和物质的采购、运输的批准、交付和管理的要求；

3）组织与外部供方就职业健康安全要求进行沟通；

4）对新的机械和设备的采购的批准要求和规范；

5）在机械、设备和材料使用前，安全运行和操作的程序如何得到批准。

采购过程应该在产品、危险材料或物质、原材料、设备或服务引入工作场所之前，确定、评价和消除相关的危险源，以消除、减少和控制可能由外部供方提供的过程、产品和服务给组织带来的危险源和职业健康安全风险。

（2）组织应当通过确保以下措施的实施，来证实组织提供的设备、装置和材料对于工作人员是安全的：

1）设备的交付、测试是按规范要求进行的，以确保其按预期工作；

2）对装置进行调试，以确保按设计要求运行；

3）按规范交付材料；

4）任何使用要求、注意事项或其他保护措施都得到了沟通并被组织获取。

（3）承包方是按照约定的规范、条款和条件向组织提供服务的外部组织。承包方的活动和运行可能会对组织与承包方双方带来职业健康安全风险，还可能给在组织工作场所内的其他相关方带来职业健康安全风险。

组织应确保承包方及其工作人员满足组织的职业健康安全管理体系要求。组织的采购过程应消除、减少和控制可能由承包方、访问者所引入的职业健康安全风险，应规定和实施用于承包方选择的职业健康安全准则，例如承包方资质、人力资源要求等。

组织应与承包方就其提供的活动和服务的过程进行协调，辨识危险源并评价和控制由下列方面所引起的职业健康安全风险：

1）对组织造成影响的承包方的活动和运行

承包方的活动和运行的示例包括维护、施工、操作、安保、清洁和其他服务职能。承包方还包括在行政、会计和其他职能方面的顾问或专家。向承包方分派活动不能免除组织对工作人员职业健康安全的责任。

2）对承包方工作人员造成影响的组织的活动和运行

对承包方的控制措施包括：

①建立选择承包方的准则；

②组织与承包方就职业健康安全要求进行沟通；

③对承包方进行管理（如作业许可等）；

④评价、监测和定期重新评价承包方的职业健康安全绩效。

3）对工作场所内其他相关方造成影响的承包方的活动和运行

在与承包方进行协调时也应认识到，承包方所拥有的专业知识、技能、方法和手段，可能会给组织的职业健康安全管理带来新的机遇。

组织可将有关各方的责任在合同中进行清晰界定，实现对承包方活动的协调。组织可以使用诸如合同奖励机制或考虑以往职业健康安全历史绩效、安全培训或职业健康安全能力的资格预审准则、明确的合同条款要求等工具，确保在工作场所的承包方的职业健康安全绩效。

在与承包方进行协调时，组织应考虑有关危险源的报告、对进入危险区域的工作人员的控制以及发生紧急情况后的处理程序。组织也应明确承包方要如何将其活动与组织自身职业健康安全管理体系过程进行协调，例如用于控制区域进入和受限空间进入、暴露评价和安全管理的过程，以及对事件的报告。

4）组织在允许承包方开展工作前应验证其有能力执行工作任务，例如：

①职业健康安全绩效的记录是令人满意的；

②有关工作人员的资格、经验和能力的准则已得到确定和满足；

③资源、设备和工作准备充分并已到位。

5）对进入组织工作场所的承包方的控制措施包括：

①进入的控制措施；

②在允许承包方使用设备前，使其具备相应的知识和能力；

③提供必要的通告和培训；

④警告标示或管理措施；

⑤监测和监督承包方活动的方法。

（4）外包是一种活动，是指安排外部组织执行组织的部分职能或过程的一种活动。

当外包时，组织应确保外包的职能和过程得到控制，以实现职业健康安全管理体系的预期结果，确保其外包安排与法律法规和其他要求以及职业健康安全管理体系预期结果相一致。外包的职能或过程符合 ISO 45001 要求是组织的责任，应在组织的职业健康安全管理体系内进行规定，但对这些职能和过程实施控制的类型与程度可以由组织自行决定。组织应该根据以下因素，确定对外包的职能或过程的控制程度：

1）外部组织满足组织职业健康安全管理体系要求的能力；

2）组织确定适当控制措施的能力或评价控制充分性的技术能力；

3）外包的过程或职能对组织实现其职业健康管理体系预期结果的能力的潜在影响；

4）外包过程或职能的分担程度；

5）组织通过应用其采购过程实现必要的控制的能力；

6）改进机会。

【标准条款】

8.2　应急准备和响应

为了对 6.1.2.1 中所识别的潜在紧急情况进行应急准备并做出响应，组织应建立、实施和保持所需的过程，包括：

a）针对紧急情况建立所策划的响应，包括提供急救；

b）为所策划的响应提供培训；

c）定期测试和演练所策划的响应能力；

d）评价绩效，必要时（包括在测试之后，尤其是在紧急情况发生之后）修订所策划的响应；

e）与所有工作人员沟通并提供与其义务和职责有关的信息；

f）与承包方、访问者、应急响应服务机构、政府部门、当地社区（适当时）沟通相关信息；

g）必须考虑所有有关相关方的需求和能力，适当时确保其参与制定所策划的响应。

组织应保持和保留关于响应潜在紧急情况的过程和计划的文件化信息。

【理解要点】

1. 条款要求解读

（1）组织应建立、实施和保持进行应急准备并做出响应的过程：

1）用于应对 6.1.2.1 中所识别的潜在紧急情况；

2）以满足 6.1.4“措施的策划”所需求的“对紧急情况做出准备和响应”。

（2）应急准备和响应的过程应满足以下要求：

1）策划紧急情况的响应计划（在我国通常称为“应急预案”），包括急救计划；

2）对策划的响应措施进行培训（见 7.2“能力”）；

3）应对策划的响应能力进行测试和演练，测试和演练应是定期的，这意味着测试和演练都必须开展，而且要策划开展的时间；

4）组织应评价应急准备和响应的绩效（见 9.1“监视、测量、分析和评价绩效”）；

5）只有组织认为必要时，才需要对策划的响应措施进行修订；其中“必要时”包括：

① 测试后，认为有必要时；

② 针对紧急情况组织实施了策划的响应措施后，认为有必要时。

6）组织应在内部沟通所有工作人员的义务和职责，并提供有关的信息；

7）与相关方进行外部沟通；

8）考虑所有有关相关方的需求和能力，可行时，让有关相关方参与组织响应措施的策划。

（3）本条款应关注：

1）组织编制的应急响应计划（应急预案）的适宜性、符合性和有效性。如果有法律法规要求时，还应满足法律法规要求（见 6.1.3“法律法规要求和其他要求的确定”）；

2）测试和演练定期开展的情况；

3）应急物资的准备以及管理（见 7.1“资源”）；

4）与相关方的沟通情况，以及必要时相关方参与的情况；

5）审核时宜结合上述条款共同审核；

6）本条款要求组织保持文件和保留记录。

2. 实施与运用

（1）当发生紧急情况时应采取应急措施，以避免或减少非预期事件的损失。应急准备是为了避免或减少潜在紧急情况的发生；应急响应是紧急情况实际发生后，为了减少造成的伤害和健康损害、避免次生灾害的发生所采取的措施。

组织应建立、实施和保持过程，以应对 6.1.2.1“危险源辨识”过程中识别的潜在紧急情况，并通过风险和机遇评价对紧急情况进行分析，做出应急准备。应急准备包括对紧急情况的监视和测量。

当紧急情况实际发生时，应按照策划的应急措施做出响应。

可能出现的各种不同程度的紧急事件包括：导致严重人身伤害或健康损害的事件；火灾和爆炸；危险物质或气体的泄漏；自然灾害、恶劣天气；公用设施供应的中断（如电力中断等）；传染病的广泛流行；内乱、恐怖活动、破坏活动、工作场所暴力；关键设备故障；交通事故等。

（2）组织应建立响应紧急情况的计划。在我国，通常用应急预案来规范应急准备与应急响应的管理，相关法律法规要求详见本书第五章第二节。

1）在制定应急预案时，组织应考虑下列因素：

① 危险物质储存的存货清单及位置；

② 人员的数量和位置；

③ 可能影响职业健康安全的关键系统；

④ 应急培训的规定；

⑤ 探测和应急控制措施；

⑥ 医疗设备、急救包等；

⑦ 控制系统以及任何支持性的备用控制系统或并行 / 多控制系统；

⑧ 危险物质监视系统；

⑨ 应急电源；

⑩ 当地应急服务的可用性以及任何当前合适的应急响应安排的详情；

⑪ 法律法规要求和其他要求；

⑫ 以往应急响应的经验；

⑬ 潜在的紧急情况和位置的识别；

⑭ 应急期间的人员所采取行动的详情（包括现场外工作的人员、承包方人员和访问者所采取的行动）；

⑮ 疏散程序；

⑯ 应急期间具有特定响应责任和作用的人员的职责和权限（如消防监督员、急救人员和泄漏清理专家等）；

⑰ 与应急服务机构的接口和沟通；

⑱ 与工作人员（现场内和现场外的工作人员）、监管机构和其他相关方（如家属、相邻组织或居民、当地社区、媒体等）的沟通；

⑲ 实施应急预案所必要的信息（如工厂布局图、应急响应设备的识别及位置、危险物质的识别及位置、公用设施的关闭位置、应急响应提供者的联络信息）。

2）应急预案包括正常工作时间之内和之外发生的自然的、技术的和人为的事件，可考虑与具体活动、设备或工作场所相关的应急情况，包括提供急救。组织在策划应急预案时，必须考虑有关相关方的需求和能力，可能的情况下，应该让相关方参与应急预案的策划。

3）根据情况的不同，应急预案分为综合应急预案、专项应急预案和现场处置方案。综合应急预案应当包括本组织的应急组织机构及其职责、预案体系及响应程序、事故预防及应急保障、应急培训及预案演练等主要内容；专项应急预案应当包括危险性分析、可能发生的事故特征、应急组织机构与职责、预防措施、应急处置程序和应急保障等内容；现场处置方案应当包括危险性分析、可能发生的事故特征、应急处置程序、应急处置要点和注意事项等内容。应急预案还应明确预案的启动条件、权限和善后工作。

4）应急预案应当包括应急组织机构和人员的联系方式，应急响应人员的角色、职责和权限，应急物资储备清单等内容。承担快速反应职责的应急人员应参与应急预案的制定，以确保他们充分意识到可能需要他们处理的紧急情况的类型和范围。对于协作也要做出同样的安排。

5）应急预案应考虑在组织控制下的全部人员，包括组织的工作人员和相关方。随着老龄化的进程，应急预案应考虑到老龄工作人员的特殊要求。此外，也应考虑有特殊需求的人，如移动不便者、视力和听力障碍者。应急响应的重点应放在防止伤害和健康损害方面，尽可能减轻暴露于紧急状况下人员的后果。

（3）应急预案应以多种形式保存在容易获取的地方。为了防范发生供电故障时可能难以获得的风险，应急预案不能只以电子文件的形式储存。

（4）可以通过流程管理、团队与人员、时间管理、信息管理等维度对组织的应急预案成熟度进行评价。

（5）组织应确定和评审应急设备和物资的需求（应急通道），以及它们具备的不同功能，如疏散，泄漏探查，消防，化学、生物、辐射监测，通讯，隔离，抑制，避难，个体防护，清除，医疗诊断和处理等。组织应提供数量充足的设备，储存在容易获得的场所并加以防护，使其避免损坏、保证安全。组织应对这些设备进行定期检查和测试，以确保其在紧急状况下能够运行。

GB 30077—2013《危险化学品单位应急救援物资配备要求》，对危险化学品单位应急救援物资的配备原则、总体配备、作业场所配备、企业应急救援队伍配备、其他配备和管理维护提出了要求，其他组织也可以加以借鉴。

常见的应急设备包括：

① 报警系统；

② 应急照明和动力；

③ 逃生工具和安全避难所；

④ 安全隔离阀、开关和切断阀；

⑤ 消防设备和通信设备；

⑥ 应急药箱等。

应急设备和物资的种类、数量和储存地点可作为应急预案测试和演练的一部分进行评价。

对于保护应急响应人员的设备和物资应予以特别关注。组织应对工作人员开展培训，让他们清晰的了解个体防护装置的局限性和正确的使用方法。

（6）组织应定期测试和演练所策划的应急响应能力，并寻求对其应急管理的有效性加以改进。需要注意的是，测试和演练不能简单地以培训来替代。如空气呼吸机应在60秒内穿戴上，通过测试和演练就可以评估工作人员的能力是否能够达到要求。

应急预案的定期测试，可以确保组织和外部应急服务机构能对紧急情况适当地做出响应，防止或消除相关的职业健康安全后果。外部应急服务机构的参与能改进应急期间的沟通和合作。

组织应评价应急预案的绩效，包括在测试之后，特别是在实际发生紧急情况之后。

应急演练能提高整体应急响应的意识，也可以作为评价组织应急预案、设备和培训的一种方法。

（7）应注意到变更可能带来新的潜在紧急情况或需要改变应急预案的风险和机遇。例如，应急人员的变动可能需要变更应急指挥的权限和联系方式。当出现影响应急响应的变更时，应该修订应急预案。修订后，还应就修订结果与受此修订影响的人员和职能进行沟通，同时还应评价对他们的培训需求。应确定重新培训或其他沟通的需求并予以实施，这包括对应急计划评价后所做的修订。

（8）组织应该对工作人员进行有关应急预案的培训，以使应急响应人员能够保持承担任务的能力，这也是7.2条款的要求。应急预案还应在组织内、外部进行沟通（7.4），以使工作人员和承包方、访问者、应急响应服务机构、政府执法监管机构、当地社区等相关方知悉与其相关的信息，并易于获得和使用。

（9）组织应保留应急演练记录，包括：演练的方案和安排、演练的类型和范围、过程和步骤、成绩和问题，以及演练后对问题所采取的纠正措施。在可能的情况下，还应包括演练的现场照片和其他记录。应对这些信息进行评审，以利于演练的策划者和参加者分享改进的结果和建议。

第九节　绩效评价

【标准条款】

9　绩效评价

9.1　监视、测量、分析和评价绩效

9.1.1　总则

组织应建立、实施和保持用于监视、测量、分析和评价绩效的过程。

组织应确定：

a）需要监视和测量的内容，包括：

1）满足法律法规要求和其他要求的程度；

2）与所辨识的危险源、风险和机遇相关的活动和运行；

3）实现组织职业健康安全目标的进展情况；

4）运行控制和其他控制的有效性；

b）适用时，为确保结果有效而所采用的监视、测量、分析和评价绩效的方法；

c）组织评价其职业健康安全绩效所依据的准则；

d）何时应实施监视和测量；

e）何时应分析、评价和沟通监视和测量的结果。

组织应评价其职业健康安全绩效并确定职业健康安全管理体系的有效性。

组织应确保监视和测量设备在适用时得到校准或验证，并被适当使用和维护。

注：法律法规要求和其他要求（如国家标准或国际标准）可能涉及监视和测量设备的校准或检定。

组织应保留适当的文件化信息：
——作为监视、测量、分析和评价绩效的结果的证据；
——记录有关测量设备的维护、校准或验证。

【理解要点】

1. 条款要求解读

（1）组织应建立过程，用于监视、测量、分析、评价绩效。

（2）组织应确定：

1）内容。监视和测量的内容包括以下 4 项：

①合规性的情况，即满足法律法规要求和其他要求的程度；

②活动和运行，这些活动和运行是与辨识出的危险源、风险和机遇相关的；

③组织职业健康安全目标的实现情况；

④有效性，包括运行控制有效性和其他控制有效性。职业健康安全管理体系的有效性通过内部审核和管理评审来进行监测；

2）方法。适用时，应明确监视、测量、分析和评价绩效的方法，以确保结果有效；

3）准则。建立确定职业健康安全绩效的准则（见 8.1）；

4）时机。组织应确定两个时机：

①监视和测量的时机；

②对监视和测量的结果进行分析、评价和沟通的时机。

（3）组织应评价过程的职业健康安全绩效，还应确定职业健康安全管理体系的有效性。

（4）用于监视和测量的设备，应满足以下条件：

1）适用；

2）被校准或验证；

3）妥善使用和维护；

4）监视和测量设备的校准或验证可能有法定要求。

（5）组织应保留 2 种类型的记录：

1）监视、测量、分析和评价绩效的结果；

2）测量设备的维护、校准或验证的证据。

（6）本条款是 9.3“管理评审”的输入。

2. 实施与运用

（1）为了实现职业健康安全管理体系的预期结果，组织应对过程进行监视、测量和分析，对发现的偏差及时进行纠正。监视和测量宜主动进行，以证实组织满足 ISO 45001 预防为主的思想，促进绩效的改进和伤害的减少。当事件或事故发生时，被动的绩效监测分析也是必不可少的。

（2）组织应建立、实施和保持监视、测量、分析和评价绩效的过程，针对监视和测量的内容、时间、地点、方法以及人员的能力要求进行策划，以确保监视结果的可信度、测量的一致性和测量数据的可靠性。过程还应策划评价职业健康安全绩效的准则，或规定监视测量装置的操作规程，监视和测量的时机与频次，监视和测量结果的分析、评价和沟通的时机以及结果如何被使用。

1）监视可包含持续的检查、监督、严格观察或确定状态，以便识别所要求的或所期望的绩效水平的变化。监视可适用于职业健康安全管理体系、过程和控制，例如：访谈；对文件化信息的评审和对正在执行的工作的观察；通过使用经确认适合其目的的设备或技术来测量和观察随时间变化的信息；在发电机运转过程中通过传感器实时监视和测量其位移状况；锅炉运行的压力监视；组织为保证职业健康安全管理体系有效运转而进行的常规性、惯例性监视。

2）测量通常涉及为目标或事件赋值。它是定量数据的基础，并通常与安全方案和健康调查的绩效评价有关。例如：使用经校准或验证的设备来测量对有害物质的暴露，或计算距危险源的安全距离。

测量的内容通常包括：在组织运行过程中需要的定性和定量测量，对职业健康安全目标满足程度的监视和测量，对运行过程中职业健康安全方案、控制措施和运行准则执行情况的测量，以及对健康损害、事件和其他不良职业健康安全绩效的测量等。

定量测量一般指通过使用测量装置获得有单位量值的数据，比如压缩机房内噪声分贝（dB）测量值、工作环境摄氏（℃）温度测量值等。在相同测量条件下，结果具有唯一性，是客观状况的精确反映。

定性测量是对过程或环境等条件、结果方面的人为感知和（或）感受。不同的人感知和（或）感受程度可能会存在差异。比如，对工作场所5S实施效果的检查就是一种定性测量，调查工作人员对组织职业健康管理体系的反馈、管理体系审核也是一种定性测量。

（3）监视和测量的示例如下：

1）监视和测量的内容包括但不限于：

① 职业健康投诉、工作人员的健康状况（通过调查）和工作环境；

② 与工作相关的事件、伤害和健康损害，以及投诉（包括其趋势）；

③ 运行控制和应急演练的有效性，或者更改现有控制或引入新的控制的需求；

④ 能力。

2）为评价满足法律法规要求而监视和测量的内容包括但不限于：

① 6.1.3 条款所识别的法律法规要求。如：所有法律法规要求是否已确定，组织有关法律法规要求的文件化信息是否保持最新；

② 具有法律约束力的集体协议；

③ 已识别的违反法律法规的不符合。

3）为评价满足其他要求而监视和测量的内容包括但不限于：

① 不具有法律约束力的集体协议；

② 标准和准则；

③ 公司和其他的方针、规则和制度；

④ 保险要求。

4）组织用于比较其绩效的基准准则：

①比较基准：

a）其他组织；

b）标准和准则；

c）组织自身的准则和目标；

d）职业健康安全统计数据。

②用于衡量准则的指标：

a）如果准则是对事件的比较，可选择事件的频率、类型、严重程度或数量。此时对于每一项准则，指标可以被确定为比率；

b）如果准则是对纠正措施完成情况的比较，指标可以是按时完成的百分率。

（4）分析是检查数据以揭示关系、模式和趋势的过程。这可能意味着应用统计运算，以从数据（包括来自其他类似组织的信息）中得出结论。该过程常常与测量活动相关。

（5）绩效评价既包括评价职业健康安全管理绩效，也包括对所建立的职业健康安全管理体系的适宜性、充分性和有效性所做的评价。

（6）组织的职业健康安全监视和测量装置（包括承包方提供或使用的测试设备），应适用于所测量的职业健康安全绩效的特性，并被组织所控制。

组织应对用于评价职业健康安全状况的监视测量装置（如抽样泵、噪声测量仪、有毒气体探测设备、声级计、照度测量仪、气体采样仪、计算机软件等）使用唯一标识，并进行控制，以保持完好工作状态。组织使用设备前，对于任何已识别出的需要有测试记录的关键设备，应让设备供应商提供一份设备测试记录的副本。如果工作任务要求经过专门的培训，则应提供相应的培训记录。

组织应使用符合国家标准的校准设备对测量设备进行校准或验证，必要时对其进行调整。如果没有相应的国家标准，则应将校准的依据形成文件。相关计算机软件在使用前要进行验证，以测试其适用性。

【标准条款】

9.1.2 合规性评价

组织应建立、实施和保持用于对法律法规要求和其他要求（见 6.1.3）的合规性进行评价的过程。

组织应：

a）确定实施合规性评价的频次和方法；

b）评价合规性，并在需要时采取措施（见 10.2）；

c）保持其关于对法律法规要求和其他要求的合规状态的知识和理解；

d）保留合规性评价结果的文件化信息。

【理解要点】

1. 条款要求解读

（1）为评价组织对法律法规要求和其他要求的符合性，组织应建立、实施和保持过程，6.1.3“法律法规要求和其他要求的确定”是本条款的输入。

（2）组织应策划评价的频次和方法。

（3）组织在实施评价时，应：

1）分层次进行评价，基层人员、基层管理者、管理人员以及最高管理者都应在自己的职责范围内进行合规性评价；

2）在出现不符合时，按照10.2“事件、不符合和纠正措施”的要求采取措施。

（4）组织应保持对法律法规要求和其他要求符合状况的有关知识，以及对法律法规要求和其他要求符合状况的有关理解。

（5）本条款应关注：

1）本条款是9.3“管理评审”的输入之一；

2）审核时宜结合6.1.3“法律法规要求和其他要求的确定”、9.3“管理评审”和10.2“事件、不符合和纠正措施”共同审核；

3）本条款要求保留评价的记录。

2. 实施与运用

（1）为了评价组织是否满足6.1.3所确定的法律法规要求和其他要求，组织应根据规模、结构和复杂程度，建立、实施和保持评价过程。评价过程应规定具体要求，如评价组织部门、评价内容、评价方法、评价频次与时机，另外还应规定对实施评价人员的能力、知识技能的要求等。

评价频次取决于以往合规性评价的结果、所涉及的具体法律法规要求等因素。合规性评价的频次和时机不是一成不变的，可能会因为某些要求的重要程度、运行条件的变化、法律法规要求和其他要求的变化以及组织以往的绩效而变化。

（2）组织应保持符合法律法规要求和其他要求的状况的相关知识和理解。知识是客观的存在，理解则包含了主观认知。例如，组织识别并收集了《安全生产法》，知道应该遵守“安全生产管理机构和人员的配置”的要求，可以视为一种符合状况的“知识”；而如何根据组织的实际情况，设置安全生产管理机构、配置安全生产管理人员，就是对符合状况的“理解”。

组织可以使用多种方法保持其对合规状况的知识和理解。例如，可将合规性评价方案纳入其他评价活动（如管理体系审核、健康和安全评价或检查、质量保证检查等），也可进行一次性集中式的系统监视、测量、分析和绩效评价；既可以针对综合性的要求，也可以针对单一的专项要求。

鉴于对合规性评价人员的能力要求，评价既可以由组织内部人员实施，也可以由外部人员实施。

（3）与合规性相关的不符合必须进行纠正。如果评价发现有不符合法律法规要求和其他要求的情况，组织应该按照 10.2 的要求进行应对，包括可能采取的纠正措施。

（4）组织可以使用不同的输入评价合规性，包括 9.1.1 条款的输出。常见的输入包括：

1）审核；

2）合规性检查结果；

3）法律法规要求和其他要求分析；

4）文件评审、事件和风险评价记录；

5）访谈；

6）设施、设备和区域检查；

7）项目或工作评审；

8）监视和测试结果分析；

9）设施巡查和直接观察。

（5）组织需保留合规性评价结果的记录。

【标准条款】

9.2 内部审核

9.2.1 总则

组织应按策划的时间间隔实施内部审核，以提供下列信息：

a）职业健康安全管理体系是否符合：

1）组织自身的职业健康安全管理体系要求，包括职业健康安全方针和职业健康安全目标；

2）本标准的要求；

b）职业健康安全管理体系是否得到有效实施和保持。

9.2.2 内部审核方案

组织应：

a）在考虑相关过程的重要性和以往审核结果的情况下，策划、建立、实施和保持包含频次、方法、职责、协商、策划要求和报告的审核方案；

b）规定每次审核的审核准则和范围；

c）选择审核员并实施审核，以确保审核过程的客观性和公正性；

d）确保向相关管理者报告审核结果；确保向工作人员及其代表（若有）以及其他有关的相关方报告相关的审核结果；

e）采取措施，以应对不符合和持续改进其职业健康安全绩效（见第 10 章）；

f）保留文件化信息，作为审核方案实施和审核结果的证据。

注：有关审核和审核员能力的更多信息参见 GB/T 19011。

【理解要点】

1. 条款要求解读

（1）内部审核应按照策划的时间间隔进行。

（2）内部审核的目的是为了证实：

1）符合性：

①是否符合本标准的要求；

②是否符合组织职业健康安全管理体系的要求；

③是否符合职业健康安全方针和职业健康安全目标。

2）有效性：职业健康安全管理体系是否得到了有效实施，职业健康安全管理体系是否得到了有效保持。

（3）对于内部审核，组织应该策划、建立、实施和保持审核方案。

1）审核方案应考虑相关过程的重要性和以往的审核结果；

2）审核方案应包含频次、方法、职责、协商、策划要求和报告等内容。

（4）组织应规定每次审核的审核准则和范围。

（5）组织应对审核员的选择和审核过程的实施进行控制，以确保审核过程的客观性和公正性。

（6）审核结果应该予以沟通，包括向相关管理者报告、向组织内部的工作人员报告和向外部的相关方报告。报告的内容由组织自行决定。

（7）组织应采取措施应对不符合，还应采取措施持续改进职业健康安全绩效。

（8）组织应保留两方面的文件化信息：

1）审核方案实施的证据；

2）审核结果的证据。

（9）GB/T 19011 给出了有关审核和审核员能力的更多要求。

2. 实施与运用

（1）内部审核是为评价组织建立的职业健康安全管理体系的符合性和有效性，组织自身按照策划的时间间隔对管理体系进行的评价。

1）组织开展内部审核的审核准则包括：

①组织的职业健康安全管理体系要求，包括职业健康安全方针和职业健康安全目标、适用的法律法规和其他要求；

② ISO 45001 的要求。

2）为实施内部审核，组织应策划内部审核方案。审核方案应规定每次审核的审核准则和范围。审核方案的程度应基于组织职业健康安全管理体系的复杂程度和成熟度。

（2）ISO 45001 对内部审核虽然没有提出建立过程的要求，但创建过程将有利于使内部审核满足 ISO 45001 的要求。例如，为确保内部审核的客观性和公正性，组织可通过将具有能力的内部审核人员的职责与其正常担任的职责分开，或者外包给外部人员来实施内部审核。

审核结果应向管理者、工作人员和相关方进行报告，这也是 7.4 条款的要求。

（3）组织应根据标准第 10 章的要求，应对审核发现的不符合，并持续改进组织的职业健康安全管理体系。

（4）组织应保留证实审核方案实施和审核结果的文件化信息。

【标准条款】

9.3 管理评审

最高管理者应按策划的时间间隔对组织的职业健康安全管理体系进行评审，以确保其持续的适宜性、充分性和有效性。

管理评审应包括对下列事项的考虑：

a）以往管理评审所采取措施的状况；

b）与职业健康安全管理体系相关的内部和外部问题的变化，包括：

1）相关方的需求和期望；

2）法律法规要求和其他要求；

3）风险和机遇；

c）职业健康安全方针和职业健康安全目标的实现程度；

d）职业健康安全绩效方面的信息，包括以下方面的趋势：

1）事件、不符合、纠正措施和持续改进；

2）监视和测量的结果；

3）对法律法规要求和其他要求的合规性评价的结果；

4）审核结果；

5）工作人员的协商和参与；

6）风险和机遇；

e）保持有效的职业健康安全管理体系所需资源的充分性；

f）与相关方的有关沟通；

g）持续改进的机遇。

管理评审的输出应包括与下列事项有关的决定：

——职业健康安全管理体系在实现其预期结果方面的持续适宜性、充分性和有效性；

——持续改进的机遇；

——任何对职业健康安全管理体系变更的需求；

——所需资源；

——措施（若需要）；

——改进职业健康安全管理体系与其他业务过程融合的机遇；

——对组织战略方向的任何影响。

最高管理者应就相关的管理评审输出与工作人员及其代表（若有）进行沟通（见7.4）。

组织应保留文件化信息，以作为管理评审结果的证据。

【理解要点】

1. 条款要求解读

（1）管理评审应由最高管理者实施。

（2）管理评审应按照策划的时间间隔进行。

（3）管理评审的目的是确保职业健康安全管理体系持续的适宜性、充分性和有效性：

1）"适宜性"是指职业健康管理体系如何适合于组织、其运行、其文化及业务系统；

2）"充分性"是指职业健康安全管理体系是否得到恰当地实施；

3）"有效性"是指职业健康安全管理体系是否正在实现预期结果。

（4）管理评审的内容（输入）包括条款中9.3a）~g）项的要求，但一次管理评审可以只包括其中的部分要求。

（5）本条款给出了管理评审输出应包括的7项有关决定，其中包括持续改进的机遇、改进职业健康安全管理体系与其他业务过程融合的机遇。

（6）管理评审输出的有关内容应在组织内部沟通。沟通应由最高管理者实施，并满足7.4条款的要求。

（7）本条款应关注：

1）本条款的输入包括：4.2"理解工作人员和其他相关方的需求和期望"、5.2"职业健康安全方针"、5.4"工作人员的协商和参与"、6.1"应对风险和机遇的措施"、6.1.3"法律法规要求和其他要求的确定"、6.2"职业健康安全目标及其实现的策划"、7.1"资源"、7.4"沟通"、9.1"监视、测量、分析和评价绩效"、9.2"内部审核"、10.2"事件、不符合和纠正措施"、10.3"持续改进"，审核时宜结合审核；

2）保留管理评审的记录，以作为管理评审结果的证据。

2. 实施与运用

（1）管理评审作为对职业健康安全管理体系绩效评价的一种方式，主要强调针对组织的内外部变化情况、持续改进的要求，评审组织职业健康安全管理体系的持续的适宜性、充分性、有效性。

管理评审是最高管理者的职责，评审应按策划的时间间隔进行，如：每季度、每半年或者每年度，评审的方式可以是会议或其他沟通方式。

（2）管理评审的问题作为管理评审的输入，可以包括以下内容：

1）对以往管理评审所采取措施的验证情况；

2）和职业健康安全管理体系相关的内部和外部问题的变化；

3）职业健康安全方针和职业健康安全目标的实现程度；

4）职业健康安全绩效方面的信息；

5）保持有效的职业健康安全管理体系所需资源的充分性；

6）与相关方的有关沟通；

7）持续改进的机遇。

监视测量的结果是管理评审的重要输入。5.3 条款中被指派了相应职责的人员有责任向最高管理者报告职业健康安全管理体系的整体绩效，以供评审。

ISO 45001 并不要求在一次评审中将上述问题全部进行评审。组织应自行决定何时以及如何处理管理评审的问题。例如，对职业健康安全管理体系绩效的部分问题的管理评审可以更频繁地开展，不同的评审可针对不同的管理评审问题。

（3）ISO 45001 没有要求为管理评审建立过程，但组织可以就上述内容建立过程，过程应考虑以下事项：

1）评审的主题；

2）为确保评审有效性，需要参加的人员（最高管理者、管理者、职业健康安全专家、其他人员）；

3）每个参加人员的职责；

4）应提交的评审信息；

5）评审记录。

（4）管理评审的输出应与评审的目的相协调。管理评审应至少包括下列方面的改进决定或措施：

1）职业健康安全管理体系在实现其预期结果方面的持续适宜性、充分性和有效性；

2）持续改进的机会；

3）职业健康安全管理体系所需的任何变更；

4）资源需求；

5）措施（若需要）；

6）改进职业健康安全管理体系与其他业务过程融合的机遇；

7）对组织战略方向相关的影响。

（5）最高管理者在考虑了沟通性质、类型以及沟通对象后，应将管理评审形成的相关决定和措施在组织内部进行沟通（7.4）。

第十节 改进

【标准条款】

10 改进

10.1 总则

组织应确定改进的机遇（见第9章），并实施必要的措施，以实现其职业健康安全管理体系的预期结果。

10.2 事件、不符合和纠正措施

组织应建立、实施和保持包括报告、调查和采取措施在内的过程，以确定和管理事件和不符合。

当事件或不符合发生时，组织应：

a）及时对事件和不符合做出反应，并在适用时：

1）采取措施予以控制和纠正；

2）处置后果；

b）在工作人员的参与（见5.4）和其他相关方的参加下，通过下列活动，评价是否采取纠正措施，以消除导致事件或不符合的根本原因，防止事件或不符合再次发生或在其他场合发生：

1）调查事件或评审不符合；

2）确定导致事件或不符合的原因；

3）确定类似事件是否曾经发生过，不符合是否存在，或它们是否可能会发生；

c）在适当时，对现有的职业健康安全风险和其他风险的评价进行评审（见6.1）；

d）按照控制层级（见8.1.2）和变更管理（见8.1.3），确定并实施任何所需的措施，包括纠正措施；

e）在采取措施前，评价与新的或变化的危险源相关的职业健康安全风险；

f）评审任何所采取措施的有效性，包括纠正措施；

g）在必要时，变更职业健康安全管理体系。

纠正措施应与事件或不符合所产生的影响或潜在影响相适应。

组织应保留文件化信息作为以下方面的证据：

——事件或不符合的性质以及所采取的任何后续措施；

——任何措施和纠正措施的结果，包括其有效性。

组织应就此文件化信息与相关工作人员及其代表（若有）和其他有关的相关方进行沟通。

注：及时报告和调查事件可有助于消除危险源和尽快降低相关职业健康安全风险。

10.3 持续改进

组织应通过下列方式持续改进职业健康安全管理体系的适宜性、充分性与有效性：

a）提升职业健康安全绩效；

b）促进支持职业健康安全管理体系的文化；

c）促进工作人员参与职业健康安全管理体系持续改进措施的实施；

d）就有关持续改进的结果与工作人员及其代表（若有）进行沟通；

e）保持和保留成文信息作为持续改进的证据。

【理解要点】

1. 条款要求解读

（1）组织应确定改进的机遇，以实现职业健康安全管理体系的预期结果。为改进采取措施时，可以考虑绩效评价的结果。

（2）组织应建立、实施和保持过程，用于确定和管理事件和不符合。该过程应包括对事件和不符合的报告、调查和采取措施。

（3）当实际发生了事件或不符合时，组织应及时对事件和不符合做出反应，反应可能包括：

1）采取措施予以控制和纠正；

2）处置事件或不符合的后果。

（4）对事件或不符合做出反应后，还应评价是否有必要采取纠正措施：

1）采取纠正措施的目的是消除导致事件或不符合的根本原因，防止事件或不符合再次发生或在其他场合发生；

2）根据 5.4“工作人员的协商和参与”条款的要求，评价应有工作人员的参与；

3）评价应有其他相关方的参加；

4）评价应通过下列活动进行：

①调查事件或评审不符合；

②确定导致事件或不符合的原因；

③确定类似事件是否曾已发生过、不符合是否存在，或它们是否可能会发生。

（5）事件或不符合发生后，组织的其他应对措施包括：

1）适当时，对现有的职业健康安全风险和其他风险的评价进行评审，以确定是否有改进的机遇（见 6.1“应对风险和机遇的措施”）；

2）确定和实施的任何措施和纠正措施，都应满足 8.1.2“消除危险源和降低职业健康安全风险”和 8.1.3“变更管理”的要求；

3）采取措施前，应评价职业健康安全风险，包括与新的危险源相关的或与变化的危险源相关的（见 6.1.2.1“危险源辨识”、6.1.2.2“职业健康安全风险和职业健康安全管理体系的其他风险的评价”）；

4）对于采取的任何措施和纠正措施，都应评审其有效性（见 9.1“监视、测量、分析和评价绩效”）；

5）作为一种改进措施，在必要时，可以变更职业健康安全管理体系（见 6.1.1“应对风险和机遇的措施 – 总则”）。

（6）纠正措施应适合事件或不符合所产生的影响或潜在影响，不宜过度。

（7）保留事件、不符合和纠正措施的记录，包括：

1）事件或不符合的性质、所采取的任何措施；

2）任何措施和纠正措施的结果，包括其有效性。

（8）组织应与相关工作人员和其他相关方沟通需保留的文件化信息。

（9）事件的报告和调查应及时进行，以利于消除危险源、降低相关职业健康安全风险。

（10）组织应持续改进职业健康安全体系的适宜性、充分性与有效性，方式包括：

1）改进职业健康安全绩效。这也是职业健康安全管理体系预期结果之一；

2）建立、引导和促进组织的文化，使其支持职业健康安全管理体系；

3）工作人员参与持续改进职业健康安全管理体系措施的实施；

4）与工作人员沟通有关持续改进的结果。

（11）本条款应关注：

1）与 9.1“监视、测量、分析和评价绩效”的结合运用和审核；

2）宜结合 10.2“事件、不符合和纠正措施”，与 5.4“工作人员的协商和参与”、6.1“应对风险和机遇的措施”、8.1.2“消除危险源和降低职业健康安全风险”、8.1.3“变更管理”、9.1“监视、测量、分析和评价绩效”等条款共同审核；

3）10.2“事件、不符合和纠正措施”、10.3“持续改进”条款都要求保持文件和保留记录。

2. 实施与运用

（1）绩效评价过程的结果带来了改进机会，组织应该对这些机会进行确定，并实施必要的措施，提供健康安全的工作场所，防止与工作相关的伤害和健康损害，持续改进其职业健康安全绩效。

在采取改进措施时，组织应当考虑职业健康安全绩效分析和评价、合规性评价、内部审核和管理评审的结果。

改进的示例包括纠正措施、持续改进、突破性变更、创新和重组。

（2）事件和不符合都是组织职业健康安全管理的非预期结果。因此，当事件和不符合发生时，组织应及时采取措施对事件和不符合做出反应，包括纠正偏差、可能需要的应急响应以及善后处理。事件（事故）、不合格和纠正措施的例子包括但不限于：

1）事件（事故），如腿部骨折、石棉肺、听力损失、可能导致职业健康风险的建筑物或车辆损坏；

2）不符合，如防护设备不能正常工作、不符合法律法规要求和其他要求、未按照操作规程作业；

3）纠正措施，可能包括消除危险、以危害较小的材料替代、重新设计或修改设备或工具、制定程序、提升受影响的工作人员的能力、改变使用频率、使用个人防护用品。

（3）为了确定和管理事件和不符合，组织应建立、实施和保持包括报告、调查和采取措施在内的过程。组织可以根据自身的条件和风险程度，确定是与不符合评审共享一个过程，还是分别建立独立的过程。在建立过程时，组织可考虑：

1）对“事件”的构成和事件调查的意义达成共识的需求；

2）报告宜针对所有类型的事件，包括重大和微小事件、紧急事件、未遂事件、健康损害事件和某一时段内所发生的事件（如有害暴露等）；

3）满足任何与事件报告和调查有关的法律法规要求的需求；

4）确定事件报告和后续调查的职责和权限分配；

5）处理紧迫风险的及时措施的需求；

6）实现公正和客观调查的需求；

7）进行因果分析，确定关键因素的需求；

8）使具有该事件相关知识的人员参与的益处。

尽管 ISO 45001“预防为主”的思想鼓励组织开展主动绩效监测，但对于已发生的事件，运用事件调查分析手段也可以发现更多的改进机会，对事件控制同样具有重要意义。

为防止事件或不符合再次发生或在其他地方发生，组织需要分析事件或不符合发生的原因，并采取纠正措施。纠正措施应与事件或不符合所产生的影响或潜在影响相适应。

组织可通过根本原因分析，即通过询问发生了什么、是如何发生的、为什么会发生，来探索与事件或不符合相关的所有可能因素，以便于组织制定防止其再次发生的纠正措施。根本原因分析的重点是预防。这种分析可以识别多种导致故障的因素，包括与沟通、能力、疲劳、设备或程序有关的因素。在确定事件或不符合的根本原因时，组织使用的方法应该与正在分析的事件或不符合的性质相适应。

及时报告和调查事件有助于组织消除危险源和尽快降低相关的职业健康安全风险。我国《生产安全事故报告和调查处理条例》对事故报告、调查做出了更为具体的要求，详细内容及更多法律法规要求见本书第五章。

事件和不符合的发生，可能意味着组织的职业健康安全管理体系风险和职业健康安全风险没有完全受到控制，在适当的时候，组织应对现有的职业健康安全风险和其他风险进行再评审。事件和不符合发生后采取的任何措施，都可能给组织带来新的危险源或职业健康安全风险，因此，在措施实施之前，应评价与新的或变化的危险源相关的职业健康安全风险。

10.2 f）条款对纠正措施有效性的评审包括组织所实施的纠正措施对根本原因的控制

程度的评审。

事件调查的结果、采取的措施和纠正措施、有效性的评审结果都应形成文件并予以保留，并应将有关信息在组织内外部予以沟通（见 7.4）。

我国安全事故处理“四不放过”原则要求的“责任人员未处理不放过，事故原因未查清不放过，整改措施未落实不放过，责任人和群众未受到教育不放过”，与本条款有较高的契合度，在实践中可以结合使用、互为补充。

（4）持续改进是不断提升绩效的活动。组织通过建立和运行职业健康安全管理体系，不断提升职业健康安全方针和职业健康安全目标，可以实现整体职业健康安全绩效的提升。持续改进问题的示例包括但不限于：

1）新技术；

2）组织内部和外部的良好实践；

3）相关方提出的建议和推荐；

4）职业健康安全相关问题的新知识和新理解；

5）新的或改进的材料；

6）工作人员能力或技能的变化；

7）用更少的资源（如简化、流畅化等）改进绩效。

（5）运行职业健康安全管理体系要求组织根据其内外部安全管理环境及实际需要，制定安全文化发展战略及计划、展示领导承诺、全员协商和参与、主动预防，从而在组织内形成一种适合组织安全发展的文化，这有利于组织最终实现职业健康安全管理体系的预期目标。关于安全文化建设，杜邦公司提出的“四阶段”模型，即“自然本能反应、依赖严格的监督、独立自主管理、互助团队管理”可供借鉴。

第三章 职业健康安全管理基础知识

第一节 现代安全管理理论

一、安全科学理论的发展

安全科学的发展从工业革命以来历经了经验型（事后反馈决策型）、事后预测型（预期控制型），到20世纪50年代又产生了系统安全工程（综合对策型）雏形。

系统安全工程首先把安全管理对象看成一个系统。所谓“系统”是指由若干相互作用和相互依赖的事物组合而成的具有某种特定功能的整体。系统安全工程就是采用系统工程的原理和方法，从系统整体的角度以及该系统所依托的环境（如法律法规要求和相关方期望）去识别、分析、评价和控制系统中具有的职业健康安全风险，并从其特有的生命周期进行动态管理，而不是孤立地去分析、评价个体事项和个体事件，最终使系统所存在的危险因素能得到消除和控制，从而使系统存在的安全风险达到各相关方可接受的程度等级。职业健康安全管理体系就是通过运用系统安全工程方法实现系统安全的有效管理方法。

我国安全管理的发展经历了以下三个阶段。

第一阶段，20世纪50年代，现代安全生产管理理论、方法、模式进入我国。20世纪六七十年代，开始吸收并研究事故致因理论、事故预防理论和现代安全生产管理思想。20世纪八九十年代，开始研究风险评价、危险源辨识和监控等理论和方法。

第二阶段，20世纪末，我国几乎与工业化国家同步研究并推出了职业健康安全管理体系。

第三阶段，自21世纪始，我国学者提出了系统化的企业安全生产风险管理理论，即安全系统理论。这一理论认为企业安全生产管理是风险管理，管理的内容包括：（1）危险源辨识；（2）风险评价；（3）危险预警与监测管理；（4）事故预防与风险控制管理；（5）应急管理。

二、事故致因理论

事故致因理论是阐明事故的成因、始末过程和事故后果，以便对事故现象的发生、发展进行明确的分析，是安全管理的基础。

事故致因理论从最早的单因素理论发展为不断增多的复杂因素系统理论。事故致因理论的发展经历了3个阶段，即以事故频发倾向理论和海因里希因果连锁论为代表的早期事故致因理论，到以能量意外释放论为代表的事故致因理论，再到现代的系统安全理论。

（一）事故频发倾向理论

1919 年，英国的格林伍德和伍兹把许多伤亡事故发生次数进行了统计分析，有如下发现：

1. 泊松分布（Poisson Distribution）

当发生事故的概率不存在个体差异时，即不存在事故频发倾向者时，一定时期内事故发生的次数服从泊松分布。在这种情况下，事故的发生是由于工厂里的生产条件、机械设备方面的问题以及一些其他偶然因素引起的。

2. 偏倚分布（Biased Distribution）

一些工人由于存在着精神或心理方面的疾病，如果在生产操作过程中发生过一次事故，则会造成胆怯或过激反应，再继续操作时，就有发生第二次、第三次事故的倾向。造成这种统计分布的人是少数有精神或心理缺陷的人。

3. 非均等分布（Distribution of Unequal Liability）

当工厂中存在许多特别容易发生事故的人时，发生不同次数的人数分布服从非均等分布，即每个人发生事故的概率不相同。在这种情况下，事故的发生主要是由于人的因素引起的。

事故频发倾向是指个别容易发生事故的称定的个人内在倾向；相应的，少数具有事故频发倾向的工作者被称为事故频发倾向者。1939 年，法默（Farmer）和查姆勃（Chamber）明确提出了“事故频发倾向”这一概念，并认为事故频发倾向者的存在是工业事故发生的主要原因，如果企业减少了事故频发倾向者，就可以减少工业事故。

（二）海因里希事故因果连锁理论

海因里希因果连锁论又称海因里希模型或多米诺骨牌理论，该理论由海因里希首先提出，阐明了导致伤亡事故的各种原因及与事故间的关系。该理论认为，伤亡事故的发生不是一个孤立的事件，是一系列事件相继发生的结果。

工业伤害事故的发生、发展过程可以描述为具有一定因果关系的事件的连锁：

（1）人员伤亡的发生是事故的结果；

（2）事故的发生是由于人的不安全行为或物的不安全状态；

（3）人的不安全行为或物的不安全状态是由于人的缺点造成的；

（4）人的缺点是由社会环境诱发的，或者是由先天的遗传因素造成的。

海因里希借助于多米诺骨牌形象地描述了事故的因果连锁关系，即事故的发生是一连串事件按一定顺序互为因果依次发生的结果。如一块骨牌倒下，则将发生连锁反应，使后面的骨牌依次倒下，见图 3-1。

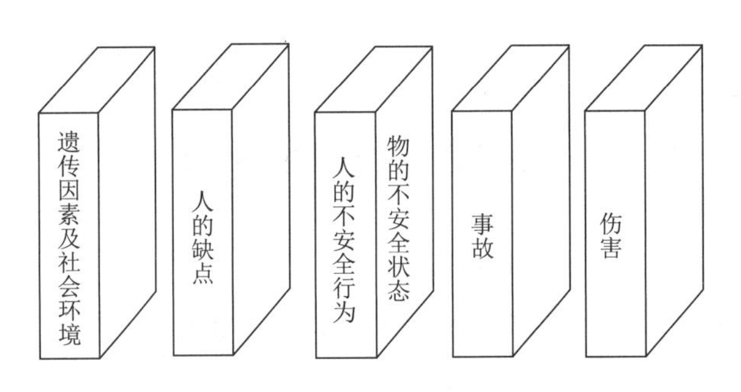

图 3-1 海因里希事故因果连锁示意图

1. 遗传因素及社会环境

遗传因素及社会环境是造成人的缺点的原因。遗传因素可能使人具有鲁莽、固执、粗心等不良性格；社会环境可能妨碍教育，助长不良性格的发展。这是事故因果链上最基本的因素。

2. 人的缺点

人的缺点由遗传因素和社会环境造成，是使人产生不安全行为或使物产生不安全状态的主要原因。这些缺点既包括各类不良性格，也包括缺乏安全生产知识和技能等后天的不足。

3. 人的不安全行为和物的不安全状态

所谓人的不安全行为或物的不安全状态是指那些曾经引起过事故，或可能引起事故的人的行为，或机械、物质的状态，它们是造成事故的直接原因。

4. 事故

即由物体、物质或放射线等对人体发生作用受到伤害的、出乎意料的、失去控制的事件。

5. 伤害

即直接由于事故而产生的人身伤害。人们用多米诺骨牌来形象地描述这种事故因果连锁关系。如果移去连锁中的一颗骨牌，则连锁被破坏，事故过程被中止。海因里希认为，企业安全工作的中心就是防止人的不安全行为，消除机械的或物质的不安全状态，中断事故连锁的进程，从而避免事故的发生。

（三）能量意外释放理论

1961 年，吉布森（Gibson）提出事故是一种不正常的或不希望的能量释放，意外释放的各种形式的能量是构成伤害的直接原因。因此，应该通过控制能量，或控制使能量达及人体媒介的能量载体来预防伤害事故。

在吉布森研究的基础上，1966 年哈登（Haddon）完善了能量意外释放理论，认为“人受伤害的原因只能是某种能量的转移”，并提出了能量逆流于人体造成伤害的分类方法。他将伤害分为两类：第一类伤害是由施加了局部或全身性损伤阈值的能量引起的；第二类伤害是由影响了局部或全身性能量交换引起的，主要指中毒窒息和冻伤。

哈登认为，在一定条件下某种形式的能量能否产生伤害造成人员伤亡事故，取决于能量大小、接触能量时间长短和频率以及力的集中程度。根据能量意外释放论，可以利用各种屏蔽来防止意外的能量转移，从而防止事故的发生。

能量意外释放理论从事故发生的物理本质出发，阐述了事故的连锁过程。由于管理失误引发的人的不安全行为和物的不安全状态及其相互作用，使不正常的或不希望的危险物质和能量释放，并转移于人体、设施，造成人员伤亡或财产损失。事故可以通过减少能量和加强屏蔽来预防。

（四）系统安全理论

在20世纪50~60年代美国研制洲际导弹的过程中，系统安全理论应运而生。所谓系统安全，指在系统寿命周期内应用系统安全管理及系统安全工程原理，识别危险源并使其危险性减至最小，从而使系统在规定的性能、时间和成本范围内达到最佳的安全程度。系统安全的基本原则是在一个新系统的构思阶段就必须考虑其安全性的问题，制订并开始执行安全工作计划，开展系统安全活动，并且把系统安全活动贯穿于系统寿命周期，直到系统报废为止。系统安全工作包括危险源识别、系统安全分析、危险性评价及危险控制等一系列内容。

系统安全理论包括很多区别于传统安全理论的创新概念：

（1）在事故致因理论方面，改变了以往人们只注重操作人员的不安全行为而忽略硬件故障在事故致因中作用的传统观念，开始考虑如何通过改善硬件的可靠性来提高复杂系统的安全性，从而避免事故。

（2）没有任何一种事物是绝对安全的，任何事故中都潜伏着危险因素。通常所说的安全或危险只不过是一种主观的判断。

（3）虽然不可能根除一切危险源和危险，但可以减少来自现有危险源的危险性，应减少总的危险性而不是只消减几种选定的危险。

（4）由于人的认识能力有限，有时不能完全认识危险源和危险，即使认识了现有的危险源，随着生产技术的发展，新技术、新工艺、新材料和新能源的出现，又会产生新的危险源。

三、事故预防与控制的基本原则

事故预防与控制包括事故预防和事故控制。事故预防是指通过采用技术和管理手段，避免事故的发生；事故控制则是通过采取技术和管理手段，防止事故造成严重后果，或尽量减轻后果。对于事故的预防和控制，应从安全技术、安全教育和安全管理入手，采取相应的对策。

（1）安全技术着重解决物的不安全状态。包括直接安全技术措施（生产设备本身具备的本质安全性能）、间接安全技术措施（生产设备必备的安全防护装置）、指示性安全技术措施（检测报警装置、警示标志）和强制措施（安全操作规程、安全教育培训、个人防护用品）四个方面。

（2）安全教育则主要着眼于人的不安全行为问题。安全教育主要目的是使人们知道哪里存在危险源、导致事故发生的原因、事故发生的可能性、事故发生后可能造成的严重程度、针对可能发生的危险应该采取哪些措施加以应对或预防。

（3）安全管理要求在安全生产过程中积极运用安全生产管理原则，指导安全生产过程。安全管理原则主要有：

——系统原理：从事管理工作时，运用系统理论、观点、方法，对管理活动进行充分的系统分析，以达到管理的优化目标；

——人本原理：在管理中必须把人的因素放在首位；

——预防原理：安全生产管理工作应以预防为主，防止事故发生；

——强制原理：采取强制管理的手段控制人的意愿和行为，使人的活动和行为受到制度的约束。

第二节　安全技术基础知识

一、机械安全技术

机械是机器与机构的总称，是由若干相互联系的零部件按一定规律装配起来，能够完成一定功能的装置。机械设备是现代各生产领域中不可缺少的生产设备，由于机械设备种类繁多，应用范围广，且构造不同，因此它带来的危险性也不同。由于机械设备仍需由人操纵，人直接接触机械设备的机会在所难免，机械伤害事故虽然不像火灾、爆炸、中毒事故那样，会出现群死群伤的现象，但机械伤害事故的发生频率以及在工伤事故中所占的比例是相当高的。

（一）机械伤害事故的种类

1. 刺割伤

钳工使用刮刀、机加工产生的切屑、木板上的铁钉、厨师的刀具等都是十分锐利的，使用不当会造成刺割伤。高速水流、高气流也会对人体未加防护的部位都可以造成刺割伤害。

2. 打砸伤

高空坠物及工件或砂轮高速旋转时沿切线方向飞出的碎片、爆炸物碎块、起重机械等都可导致打砸伤。

3. 碾绞伤

运动的车辆、滚筒、轧辊，旋转的皮带、齿轮以及运动着的钢丝绳等均可导致碾绞伤。

4. 烫伤

熔融金属液、熔渣、爆炸引起的高温融液飞溅、灼热的铸件、锻件等发热体及金属加工件与人体裸露部分接触都会导致烫伤。

机械伤害警告示意见图 3–2。

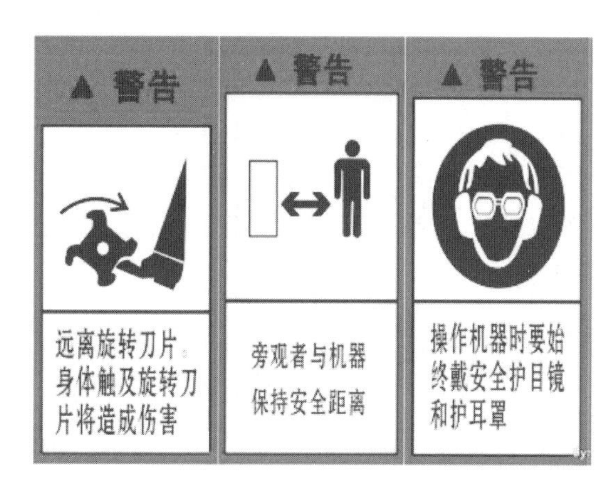

图 3–2　机械伤害警告示意图

（二）机械设备危险产生的形式

机械设备危险产生的形式，一般可按运动形式和伤害形式进行分类。

（1）机械设备的危险按运动形式通常可分为以下 6 种：

1）静止危险：设备处于静止状态时，当人接触或与静止设备做相对运动时可引起的危险。如：未打磨的毛刺、切削刀具的刀刃；

2）直线运动的危险：指做直线运动的机械所引起的危险，又可分为接近式危险和经过式危险：①接近式危险是指当机械进行往复的直线运动时，而人处在机械直线运动的正前方面未躲让时，将受到运动机械的撞击或挤压。如龙门刨床的工作台、牛头刨床的滑枕在做往复运动时，如果与墙、柱间距小，易对操作者造成挤压；②经过式危险指人体经过运动中的部件引起的危险，如单纯做直线运动的带链、冲模等；

3）旋转运动的危险：指人体或衣服卷进旋转机械部位引起的危险，如风扇、叶片、齿轮等；

4）摆动的危险：机械设备传动的摆动带来的危险，如行车吊运物因启动惯性运行速度过快，物件产生摆动而形成的危险；

5）飞出物击伤的危险：指具有足够动能的运动体飞出所引起的危险，如飞出的刀具或机械部件等；

6）坠落物的危险：指在重力作用下坠落的物体所引起的危险。如行车走台上零件坠落、吊运物件的坠落等；

7）组合运动的危险：①运动部位和静止部位的组合危险，如砂轮与砂轮支架之间；②运动部位与运动部位的组合危险，如链条与链轮、滑轮与绳索间。

（2）机械设备的危险按伤害形式通常可分为以下 3 种：

1）挤压和咬入（咬合）：这种伤害是在两个零部件之间产生的，其中一个或两个是运动零部件。这时人体的四肢被卷进两个部件的接触处。例如，当压力机的滑块（冲头）下落时，如人手正在安放工具或调整模具，就会受到挤压伤。当链与链轮将人的四肢卷进运转中的咬入点时就会产生咬入伤。

2）碰撞和撞击：如运动物体撞人或人撞固定物体、飞来物及落下物的撞击所造成的伤害。

3）接触：当人体接触机械的运动部件或运动部件直接接触人体时都可能造成机械伤害。如夹断、剪切、割伤和擦伤、卡住或缠住等伤害形式。

（三）机械伤害预防措施

机械危害风险的大小取决于机器的类型、用途、使用方法和人员的知识、技能、工作态度等因素，还与人们对危险的了解程度和采取的预防措施有关。预防机械伤害可采取以下两方面的措施：

1. 实现机械本质安全

（1）消除产生危险的原因；

（2）减少或消除接触机器危险部件的次数；

（3）使人们难以接近机器的危险部位（或提供安全装置，使人们接近这些危险部位时不会受到伤害）；

（4）提供保护装置或者个人防护装备。

以上措施也可以结合使用。

2. 保护操作者和有关人员安全

（1）通过对机器的重新设计，使危险部位更加醒目，或者使用警示标志；

（2）通过培训，提高操作者和有关人员辨别危险的能力；

（3）通过培训，提高操作者和有关人员避免伤害的能力。

（四）常见通用机械安全技术

1. 金属切削机床的安全技术

（1）金属切削机床的主要危险源

金属切削机床的主要危险源有：外露的传动部件、机床执行部件、机床的电器部件、噪声、烟气、操作过程中的违章作业等，对于这些危险源，如果不加防护或防护失灵、管理不善、维护保养不当、操作不慎，都会造成刺割伤、物体打击、绞伤、烫伤等人身伤害。

（2）金属切削机床的安全要求

1）机械设备的安全要求

①机床结构和安装应符合安全技术标准的规定；

②机床布局应便于工人装卸工件、加工观察、清理、擦拭、排屑等。切屑能飞出伤人的方向应设防护网；

③机床外表涂色应柔和，避免刺目，多采用淡绿、灰绿和浅灰色；

④操纵机构的子柄、子轮、按钮、符号标志应符合安全技术规定。

2）防护装置

防护装置是用于隔离人体与危险部位和运动物体的，它是机床设计的组成部分，在机械转动部位均应安设可靠的防护装置。常见的防护装置有防护罩、防护挡板、防护栏杆、保险装置和控制装置等。

3）工艺装备的安全要求

①工艺装备的部件（包括夹具、刀具、工、卡、模）应完整齐全、设计科学，以避免因零件不全或不符合要求以及设计不科学而引起人身事故；

②装在旋转主轴上的工艺装备，外形应避免带有棱角和突出点，必要时应有外罩防护。此外还应考虑离心力的影响，防止甩出伤人；

③对于质量超过 20kg 的工艺装备，应考虑设计有吊索或吊钩的吊挂部位。

4）切屑防护

各种金属切削加工都产生切屑，特别是车床、铣床、钻床切削速度大，切屑高速飞出，极易造成刺割伤，在工作场地堆积的切屑容易伤及下肢。应采取控制切屑形状和切屑流向等防护措施。

5）夹装加工零件的防护

零件都要经过装夹固定才能加工，在大量的生产中，夹装更为频繁。因此，对夹具的正确使用要给予足够的重视。其基本安全要求是：

①夹具必须能牢固地夹住工件，保证工件在加工时不会从夹具中松脱；

②安装夹具必须稳妥、可靠，在工作时或换向时不会发生松脱现象，如车床上的卡盘和拨盘必须装有止动的保险装置，以防止倒转时将卡盘甩出；

③采用电磁夹具、气动夹具、液压夹具时，必须安装保险装置或适当的连锁装置，以防在突然停电或气压和液压意外下降时，工件从机床上脱落；

④高速旋转的夹具（如车床的卡盘、钻床卡头）的圆周不可有突起边缘，防止触及衣服、头发，发生绞伤事故。

6）砂轮的安全使用和防护

在金属切削加工中，砂轮用于各种磨床和砂轮机。砂轮的使用和防护措施是：

①砂轮的选用。选用的砂轮应适应磨削工具的材质、形状、硬度、表面粗糙度和特殊的工艺要求。砂轮的工作转速应按规定调节，否则砂轮便会发生碎裂。

②砂轮的检验。在使用砂轮前应检查外表有无裂纹，用木槌轻敲砂轮，声音清脆即表示良好可用。严禁使用受潮、受冻、有裂纹或超过有效期的砂轮。有条件时要进行砂轮的强度试验。

③砂轮的安装和修整。砂轮经检验合格后方可安装，在轮孔与法兰盘轴之间应均匀地滑动配合。为保持砂轮经常处于平衡状态，必须定期修整。修整时必须使用专用工具。

④砂轮破裂的原因及防护。砂轮本身有裂痕、转速过高、安装与固定方法不正确、

砂轮过湿过热、受冲击力过大或工人操作不当等均可导致砂轮的破裂。为防止砂轮破裂伤人，砂轮罩开角不能大于 125° ，砂轮罩的其余部分应将砂轮严密遮住 。

2. 冲剪压机械的安全技术

（1）冲剪压机械主要的危险源

冲剪压机械是一种利用模（刀）具进行无切削加工，将压力量加于被加工板材，使其发生塑性变形或分离，从而获得一定尺寸、形状的零件的加工机械，通常包括冲床、剪板机、压力机等。

冲剪压机械的主要危险源有：

1）人的行为错误；

2）设备结构具有的危险；

3）设备动作失控；

4）设备开关失灵；

5）模具设计不合理；

6）噪声。

（2）冲压机械的安全防护装置

在冲压机械上设置安全防护装置能减少 80%~90% 的冲压事故。常见的安全装置有固定栅栏式、活动栅栏式、双手按钮式、双手柄式、感应式、翻板式等。

（3）剪板机的安全防护装置

剪板机的危险程度较高，事故较多，要做好安全防护，其安全防护装置有防护罩、防护栅栏、离合器自动分离装置、压铁防护装置等。

3. 锻造机械的安全技术

（1）锻造机械的主要危险源

锻造是金属压力加工的方法之一，是机械制造生产中一个重要环节。它是通过锻造机械设备对金属施加的冲击力或静压力，使金属产生塑性变形而获得预想的外形尺寸和组织结构的锻件。

锻造生产一般是在高温、冲击载荷、高压静载荷的条件下进行，因此锻造加工的主要机械设备分类有：锻锤类（空气锤、蒸气－空气锤、模锻锤等）、压力机类（摩擦压力机、热模锻压力机、平锻机、水压机等）、辅助机械类（锻造操作机、切边压床、切边液压机等）。锻造设备及生产过程中的主要危险源有：

1）锻件及料头、毛坯等温度高，加热炉、蒸汽等使人员易烫伤并受热辐射伤害；

2）锻造设备工作时发出冲击力，锻锤活塞杆突然断裂而造成伤害事故；

3）锻造过程中模具、工具突然破裂，锻件、料头等飞出而造成人员被击伤或烧伤；

4）锤力过猛，锻件被打碎而飞出伤人；

5）锻锤操作机构失灵或误开动手动、脚踏开关，锤头突然落下而导致击伤；

6）辅助工具选择不合理而在锤出时被打飞导致伤人；

7）烟尘、振动和噪声的伤害。

（2）锻造机械的安全防护装置

锻造机械种类较多，这里主要简述锻锤的安全防护装置：在锻造过程中，如果锤头提升太快，气缸内的活塞急速上升可能将气缸盖冲坏、飞出伤人。为防止活塞向上运动时撞击气缸盖，可在气缸顶装设缓冲装置来防护。缓冲装置有压缩空气缓冲装置、弹簧缓冲装置和蒸汽缓冲装置。

4. 起重机械的安全技术

（1）起重机械的主要危险源

起重机械是将物体进行起重、运输、装卸和安装等作业的机械设备，是以间隙、短时间重复的工作循环来进行工作。起重机械一般可分为轻小起重设备、桥式类型起重机和臂架类型起重机三大类。起重机械的主要的危险源有：

1）翻倒：由于基础不牢、超机械工作能力范围运行和运行时碰到障碍物等原因造成；

2）超载：超过工作载荷、超过运行半径等；

3）碰撞：与建筑物、电缆线或其他起重机相撞；

4）基础损坏：设备置放在坑或下水道的上方，支撑架未能伸展，未能支撑于牢固的地面；

5）操作失误：由于视界限制、技能培训不足等造成；

6）负载失落：负载从吊轨或吊索上脱落。

（2）起重机械的安全装置

为了确保起重机械的安全作业，提高生产率，要求各种起重机有关机构都应安装各类可靠灵敏的安全装置，并在使用中及时检查和维护，使其保证正常工作性能。如发生性能异常，应立即进行修理或更换。

起重机械的安全防护装置主要包括：超载限制器、上升极限位置限制器、下降极限位置限制器、运行极限位置限制器、偏斜高速和显示装置、连锁保护装置、缓冲器、夹轨钳和锚定装置或铁鞋、登机信号按钮、防倾翻安全钩、检修吊笼、扫轨板和支承架、轨道端部止挡、导电滑线防护板、暴露的活动零件的防护罩、电气设备的防雨罩。

（3）起重机械的安全管理

1）起重机械作业人员（即起重司机和起重挂钩作业）年满 18 周岁；身体健康，无妨碍从事本工种作业的疾病和生理缺陷；初中以上文化程度，具备本工种的安全技术知识；

2）引起重机械作业人员必须经国家认定有资格的培训机构进行安全技术培训，经考试合格，取得《特种作业人员操作证》持证操作；

3）严格遵守安全操作规程和企业有关的安全管理规章制度等。

5. 木工机械的安全技术

（1）木工机械的主要危险源

木工机械按其工作原理、结构性能特点及使用范围可以分为木工锯床、木工刨床、木工铣床、木工开榫机、木工钻床及其他木工机械 6 类。

木工机械加工的对象是木材，木材本身的不均匀性，使木材的不同部位具有不同的性质和强度。木材在切削过程中会发生许多复杂的机械物理和物理化学现象，如弹性变形、弯曲、压缩、开裂以及起毛等。因此，木工机械的主要危险源有：

1）刀轴转速高；

2）多刀多刃；

3）手工进料；

4）噪声大；

5）粉尘大。

由于刀轴转速高、又是多刀多刃，在切削时大多数木工机械又是手工进料，因此稍有疏忽，人的肢体触及旋转的刀具就会造成工伤事故。

（2）木工机械共性的安全防护措施

为消除和避免木材加工过程中的伤亡事故，应采取如下安全防护措施：

1）每台木工机械必须装有安全防护装置和吸尘排屑装置；

2）每台木工机械在使用过程中必须保证在任何切削速度下使用任何刀具时，都不会产生有危害性的振动；

3）装在刀轴和心轴上的轴承因速度高，其轴向游隙不应过大，以免操作时发生危险；

4）凡是外露的皮带盘、转盘、转轴等都应用防护罩，以防把衣服、辫子等卷进去；

5）每台木工机械其刀轴和电器应有连锁装置，以免装拆或更换刀具时，误触电源按钮，使刀具旋转，造成工伤事故；

6）有可能装自动进料器的木工机械，尽量安装自动进料斗装置；

7）在操作过程中，木料有弹回危险的地方，应装防弹装置，并应经常检查。使用自动送料器也应有防护罩；

8）机床的周围应经常清理，因为碎木片和木屑、刨花可能造成滑倒的危险。

6. 焊接设备的安全技术

（1）焊接设备的主要危险源

焊接作业是将电能、化学能转换为热能来加热金属，融化焊接材料和被焊接材料，从而获得牢固连接的过程。

焊接由于其工艺不同，使用的焊接设备也不同，所产生的危害也有所不同。综合来讲，焊接设备及其作业中主要的危险源有：

1）电器装置故障或防护用品有缺陷及违反操作规程导致触电；

2）使用氧气瓶、乙炔发生器、乙炔瓶和液化石油气瓶等压力容器，如果焊接设备或安全装置有问题，或者违反安全操作规程，容易造成火灾和爆炸事故；

3）烟尘和有害的金属蒸气导致中毒；

4）弧光中的紫外线和红外线，会引起眼睛和皮肤疾病；

5）火星等容易造成灼烫伤事故。

（2）焊接设备的安全防护措施

1）电源线、焊接电缆与焊机连接处有可靠屏护；

2）焊机外壳 PE 线接线正确，连接可靠；

3）焊接变压器一、二次绕组，绕组与外壳间绝缘电阻值不少于 1 兆欧，每半年应对焊机绝缘电阻摇测一次，记录齐全；

4）焊机一次侧电源线长度不超过 3m，且不得拖地或跨越通道使用；

5）焊机二次线连接良好，接头不超过 2 个；

6）焊钳夹紧力好，绝缘可靠，隔热层完好；

7）焊机使用场所清洁，无严重粉尘，周围无易燃易爆物。

（3）气瓶的安全要求

1）气瓶的安全状况

①在检验周期内使用：钢制无缝瓶、钢制焊接气瓶、液化石油气瓶、溶解乙炔气瓶等有不同的检定周期，使用单位的气瓶应在检定周期内使用。

②外观无缺陷及腐蚀：气瓶外观无缺陷，无机械性损伤和严重腐蚀。

③漆色及标志、正确、明显：气瓶表面漆色、字样和色环标记应符合规定，且有气瓶警示标签。

④安全附件齐全、完好：气瓶附件包括气瓶专用爆破片、安全阀、易熔合金塞、瓶阀、瓶帽、防震圈等。

2）气瓶的安全使用

①防倾倒措施可靠：气瓶使用前应指定部门或专人进行安全状况检查，对盛装气体进行确认，不符合安全技术要求的气瓶严禁入库和使用；使用气瓶时必须严格按照使用说明书的要求。气瓶立放时，应采取可靠的防止倾倒措施。瓶内气体不得用尽，必须按规定留有剩余压力或重量。

②与明火间距符合规定：气瓶不得靠近热源，可燃、助燃气体气瓶与明火间距应大于 10m，气瓶壁温应小于 60℃。严禁用温度超过 40℃的热源对气瓶加热。

③工作场地存放量符合规定：作业现场气瓶，同一地点放置数量不应超过 5 瓶；若超过 5 瓶，但不超过 20 瓶时，应有防火防爆措施；超过 20 瓶以上时，必须设置二级瓶库。

二、电气安全技术

根据能量转移论的观点，电气危险因素是由于电能处于非正常状态形成的。电气危险因素分为触电危险、电气火灾爆炸危险、静电危险、雷电危险、射频电磁辐射危害和电气系统故障等。按照电能的形态，电气事故可以分为触电事故、雷击事故、静电事故、电磁辐射事故和电气装置事故。

（一）电流伤害和影响因素

1. 电流伤害的表现

（1）轻度触电，产生针刺、压迫感，出现头晕、心悸、面色苍白、惊慌、肢体软弱、全身乏力等。

（2）较重者有打击感、疼痛、抽搐、昏迷、休克伴随心律不齐、迅速转入心搏、呼吸停止的“假死”状态。

（3）小电流引起心室颤动是最致命的危险，可造成死亡。

（4）皮肤通电的局部会造成电灼伤。

（5）触电后遗症：中枢神经受损害，导致失明、耳聋、精神失常、肢体瘫痪等。

2. 电流伤害影响因素

电流通过人体，由于强度大小和时间长短不同，所引起伤害的程度不同。通过人体的电流越大、时间越长对人体的伤害程度就越大。另外，电流的种类与频率高低、电流的途径及触电者身体健康状况都会对伤害程度产生影响。

（二）触电事故

触电事故即电流伤害事故。触电事故是为人体触及带电体、或靠近高压带电体电介质被击穿放电而造成的事故。电流通过人体，直接伤害人体叫作电击；当电流转换成其他形式的能量（如热能、化学能或机械能等）再作用于人体、伤害人体称为电伤。触电事故是最常见、最大量的电气事故。

1. 电击

电击可分为直接接触电击和间接接触电击。直接接触电击是触及设备和线路正常运行时的带电体发生的电击，也称为正常状态下的电击。间接接触电击是触及正常状态下不带电、而当设备或线路故障时才带电的导体发生的电击，也称为故障状态下的电击。二者发生的条件不同，防护技术也不相同。

2. 电伤

电伤是由电流的热效应、化学效应、机械效应等对人造成的伤害。触电伤亡事故中，纯电伤性质的及带有电伤性质的约占 75%（电烧伤约占 40%）。尽管大约 85% 以上的触电死亡事故是电击造成的，但其中大约 70% 含有电伤成分，对专业电工自身的安全而言，预防电伤具有更加重要的意义。

电伤又包括电烧伤、机械性损伤和电光性眼炎等。

（三）触电事故的预防技术

1. 绝缘

绝缘是用绝缘物把带电体隔离起来。良好的绝缘是保证电气设备和线路正常运行的必要条件，也是防止触电事故的重要措施。电气设备和线路的绝缘应与采用的电压相符合，并与周围环境条件和运行使用条件相适应。

2. 屏护

在供电、用电、维修电气工作中，由于配电线路和电气设备的带电部分不便包以绝缘，或全部绝缘起来有困难，不足以保证安全的场合，即采取遮拦、围栏、屏障、护罩、护盖、闸箱等将带电体同外界隔离开来，这种措施称为屏护。屏护包括屏蔽和障碍。

3. 间距

为了防止人体触及或接近带电体造成触电事故，或避免车辆及其他工具、器具碰撞或过分接近带电体造成事故，防止过电压放电、火灾和各种短路事故，为了操作方便，在带电体与地面之间、带电体与其他设备之间、带电体与带电体之间均应保持一定的安全距离，这种安全距离称为间距。间距的大小决定于电压的高低、设备的类型和安装的方式等因素。

4. 安全电压

安全电压是制定安全措施的依据，安全电压决定于人体允许电流和人体电阻。安全电压是指为防止触电事故而采用的由特定电源供电的电压系列。这个电压的上限值，在任何情况下，两导体间或任一导体与地之间均不得超过交流有效值 50V。我国的标准安全电压额定值的等级为 42V、36V、24V、12V、6V。

5. 漏电保护器

漏电保护器是种类众多的电气安全装置之一，因其具有足够的灵敏度和快速性，当漏电电流达到定值时自动切断电路，在低压配电线路上是安全用电的有效措施。不但保护人身、设备，而且可以监督电气线路和设备的绝缘情况。

常用的漏电保护器有漏电开关、漏电断路器、漏电继电器、漏电保护插座等。

6. 保护接地

接地是防止电气设备漏电，防止工艺过程产生静电和遭受雷击时，可能引起火灾、爆炸和人身触电危险的一种保护性技术措施。

保护接地是变压器中性点不直接接地的电网内，一切电气设备正常不带电的金属外壳以及和它连接的金属部分同大地紧密地连接起来的安全措施。接地电阻不得大于4 欧姆。

如果电气设备绝缘损坏以致金属外壳带电，人体误触后，由于装有接地保护，接地短路电流会经过接地体和人体两个并联电路流过，这两个电路上的电流与电阻成反比，人体电阻远大于接地电阻，所以流经人体的电流很小，又因为接地电阻小，接地短路电流产生的电压也小，人站在地上触及带电外壳时所承受的电压就低。这就形成了有效的安全措施。

7. 保护接零

保护接零是在 1kV 以下变压器中心点直接接地的电网内把电气设备正常情况下不带电的金属外壳与电网的零线紧密连接起来。

电气采用保护接零后，一旦设备发生接地短路故障时，短路电流直接经零线形成单相短路事故，该短路事故电流很大，使开关迅速跳闸或使熔断器在极短时间内熔断，从而切除故障的电源，保护了设备和人身安全。

三、消防安全技术

（一）防火防爆基础知识

人们通常所说的“起火”“着火”是燃烧一词的通俗叫法。可燃物质（气体、液体或固体）与氧或氧化剂发生激烈的化学反应，同时发出热和光的现象称之为燃烧。在燃烧过程中，物质会发光、发热并改变原有性质而变成新的物质。

燃烧会产生具有高温反应的区域，如果在反应区域内伴有急剧的压力上升和压力突变，则燃烧过程将向爆炸过程转变。

火灾是由燃烧引起的，燃烧有 3 个必要的要素，即 3 个必备的条件：

1. 要有可燃物质

不论固体、液体、气体，凡能与空气中的氧或其他氧化剂起剧烈反映的物质，都可称之为可燃物质。

2. 要有助燃物质

凡能帮助和支持燃烧的物质都叫助燃物质。如空气（氧气）、氯气以及氯酸钾、高锰酸钾等氧化剂。

3. 要有着火源

凡能引起可燃物质燃烧的热能源，统称着火源。如火柴的火焰、油灯火、烟头、以及化学能、聚焦的日光等。

燃烧必须同时具备以上 3 个条件，缺一不可，并各自在一定量的条件下相互结合、相互作用，才能发生。有时在一定的范围内，虽然 3 个条件同时存在，但由于它们没有相互作用，燃烧的现象也不会发生。

（二）火灾的分类

根据 GB/T 4968—2008《火灾分类》，按起火物质种类分为 6 类：

1. A 类火灾

固体物质火灾。如棉花、木材、烟草等。

2. B 类火灾

液体或可熔化的固体物质火灾。如汽油、柴油、沥青等。

3. C 类火灾

气体火灾。如天然气、煤制气等。

4. D 类火灾

金属火灾。如镁、钾等金属。

5. E 类火灾

带电火灾。物体带电燃烧的火灾。

6. F 类火灾

烹饪器具内的烹饪物火灾。如动植物油脂。

（三）防火的基本措施

一切防火措施都是为了防止燃烧条件相互结合、相互作用。根据物质燃烧的原理，防火的基本措施包括以下 3 个方面。

1. 控制可燃物

以难燃或不燃的材料代替易燃或可燃的材料：对于具有火灾、爆炸危险性的厂房，采用耐火建筑，阻止火焰的蔓延；降低可燃气体、蒸气和粉尘在厂房空气的浓度，使之不超过最高容许浓度；凡是性质能相互作用的物品分开存放等。

2. 在密闭设备中进行易燃易爆物质的生产

在充装惰性气体的设备中进行有异常危险的生产，隔绝空气储存一些化学易燃物品，如钠存于煤油中、磷存于水中、二硫化碳用水封闭存放等。

3. 控制火源

如采取隔离火源、控温、接地、避雷、安装防爆灯、遮挡阳光等措施，防止可燃物质遇明火或温度增高而起火。

（四）灭火的方法

根据物质燃烧原理，灭火基本方法有以下几种。

1. 隔离法

就是将火源与其周围的可燃物质隔离或移开，燃烧因缺少可燃物而停止。如将火源附近的可燃、易燃、易爆和助燃的物品撤走；关闭可燃气体、液体管道的阀门，以减少和阻止可燃物质进入燃烧区；拆除与火源毗连的易燃建筑物等。

2. 窒息法

就是阻止空气流入燃烧区或用不燃物质冲淡空气，使燃烧物得不到足够的氧气而熄灭。如用不燃或难燃物覆盖在燃烧物上，使之与空气及氧气隔离开来，即可达到灭火的目的。

3. 冷却法

就是将灭火剂直接喷射到燃烧物上，以降低燃烧物的温度至燃点之下，使燃烧停止；或者将水浇在火源附近的物体上，使其不受火焰辐射热的威胁，避免形成新的火点。

4. 抑制法（化学灭火）

就是使用灭火剂参与到燃烧反应过程中，使燃烧过程中产生的游离基消失，形成稳定分子的游离基，使燃烧的化学反应终止。

扑灭火灾的方法有多种，有时采用其中某一种，有时为了加速扑灭火灾，可同时几种方法组合使用。

四、特种设备安全技术

根据《特种设备安全监察条例》，特种设备是指涉及生命安全、危险性较大的锅炉、压力容器（含气瓶）、压力管道、电梯、起重机械、客运索道、大型游乐设施等和场（厂）内专用机动车辆。

（一）锅炉事故发生原因

1. 超压运行

如安全阀、压力表等安全装置失灵，或者在水循环系统发生故障，造成锅炉压力超过许用压力，严重时会发生锅炉爆炸。

2. 超温运行

由于烟气流量或燃烧工况不稳定等原因，使锅炉出口汽温过高、受热面温度过高，造成金属烧损或发生爆管事故。

3. 锅炉水位过高或过低

锅炉水位过低会引起严重缺水事故；锅炉水位过高会引起满水事故，长时间高水位运行，还容易使压力表管口结垢而堵塞，使压力表失灵而导致锅炉超压事故。

4. 水质管理不善

锅炉水垢太厚，又未定期排污，会使受热面水侧积存泥垢和水垢，热阻增大，而使受热面金属烧坏；给水中带有油质或给水呈酸性，会使金属壁过热或腐蚀；碱性过高，会使钢板产生苛性脆化。

5. 水循环被破坏

结垢会造成锅炉碱度过高、锅筒水面起泡沫、汽水共腾等使水循环遭到破坏。水循环被破坏，会导致锅内的水况紊乱，受热面管子发生倒流或停滞，或者造成“汽塞”（在停滞水流的管子内产生泥垢和水垢堵塞），从而烧坏受热面管子或发生爆炸事故。

6. 违章操作

锅炉工的误操作、错误的检修方法和未对锅炉进行定期检查等都可能导致事故的发生。

（二）压力容器事故发生原因

（1）结构不合理、材质不符合要求、焊接质好、受压元件强度不够以及其他设计制造方面的原因；

（2）安装不符合技术要求，安装附件规格不对、质量不好，以及其他安装、改造或修理方面的原因；

（3）在运行中超压、超负荷 、超温，违反劳动纪律、违章作业、超过检验期限没有进行期检验、操作人员不懂技术，以及其他运行管理不善方面的原因。

（三）起重机械事故发生原因

起重机械包括轻小型起重设备、起重机、升降机 3 类。超重机械事故的发生原因主要包括人的因素、设备因素和环境因素等几个方面，其中人的因素主要是由于管理者或使用者心存侥幸、省事和逆反等心理原因从而产生非理智行为；物的因素主要是由于设备未按要求进行设计、制造、安装、维修和保养，特别是未按要求进检验，带“病”运行，从而埋下安全隐患。占比例较大的起重机械事故起因主要有：

（1）重物坠落；

（2）起重机失稳倾翻；

（3）金属结构的破坏；

（4）挤压；

（5）高处坠落；

（6）触电；

（7）其他伤害。

（四）场（厂）内专用机动车辆事故发生原因

（1）车辆安全技术状况不良；

（2）驾驶员的安全技术素质不高；

（3）场（厂）内的作业环境复杂；

（4）管理不到位。

五、危险化学品安全技术

危险化学品是指具有爆炸、易燃、毒害、腐蚀、放射性等性质，在生产、经营、储存、运输、使用和废弃物处置过程中，容易造成人身伤亡和财产损毁而需要特别防护的化学品。

GB 13690—2009《化学品分类和危险性公示　通则》将危险化学品分为3大类。第1大类含爆炸物等16类；第2大类含急性毒性等10类；第3大类含危害水生环境等7类。

（一）危险化学品的主要危险特性

1. 燃烧性

爆炸品、压缩气体和液化气体中的可燃性气体、易燃液体、易燃固体、自燃物品、遇湿易燃物品、有机过氧化物等，在条件具备时均可能发生燃烧。

2. 爆炸性

爆炸品、压缩气体和液化气体、易燃液体、易燃固体、自燃物品、遇湿易燃物品、氧化剂和有机过氧化物等危险化学品均可能由于其化学活性或易燃性引发爆炸事故。

3. 毒害性

许多危险化学品可通过一种或多种途径进入人体和动物体内，当其在人体累积到一定量时，便会扰乱或破坏肌体的正常生理功能，引起暂时性或持久性的病理改变，甚至危及生命。

4. 腐蚀性

强酸、强碱等物质能对人体组织、金属等物品造成损坏，接触人的皮肤、眼睛或肺部、食道等时，会引起表皮组织坏死而造成灼伤。内部器官被灼伤后可引起炎症，甚至会造成死亡。

5. 放射性

放射性危险化学品通过放出的射线可阻碍和伤害人体细胞活动机能并导致细胞死亡。

（二）危险化学品中毒、污染事故预防控制措施

目前采取的主要措施是替代、变更工艺、屏蔽与隔离、通风、个体防护和保持卫生。

1. 替代

控制、预防化学品危害最理想的方法是不使用有毒有害和易燃、易爆的化学品，但这很难做到，通常的做法是选用无毒或低毒的化学品替代已有的有毒有害化学品。例如，用甲苯替代喷漆和涂漆中用的苯，用脂肪烃替代胶水或黏合剂中的芳烃等。

2. 变更工艺

虽然替代是控制化学品危害的首选方案，但是目前可供选择的替代品往往是很有限的，特别是因技术和经济方面的原因，不可避免地要生产、使用有害化学品。这时可通过变更工艺消除或降低化学品危害，如以往用乙炔制乙醛，采用汞做催化剂，现在发展为用乙烯为原料，通过氧化或氧氯化制乙醛，不需用汞做催化剂。通过变更工艺，彻底消除了汞害。

3. 屏蔽与隔离

屏蔽就是通过封闭、设置屏障等措施，避免作业人员直接暴露于有害环境中。最常用的屏蔽方法是将生产或使用的设备完全封闭起来，使工人在操作中不接触化学品。

隔离操作是指把生产设备与操作室隔离开。最简单的形式就是把生产设备的管线阀门、电控开头放在与生产地点完全隔离的操作室内。

4. 通风

通风是控制作业场所中有害气体、蒸气或粉尘最有效的措施之一。借助于有效的通风，使作业场所空气中有害气体、蒸气或粉尘的浓度低于规定浓度，保证工人的身体健康，防止火灾、爆炸事故的发生。通风分局部排风和全面通风两种。

5. 个体防护

当作业场所中有害化学品的浓度超标时，工人就必须使用合适的个体防护用品。个体防护用品不能降低作业场所在有害化学品的浓度，它仅仅是一道阻止有害物进入人体的屏障。防护用品本身的失效就意味着保护屏障的消失，因此个体就能被视为控制危害的主要手段，而只能作为一种辅助性措施。

防护用品主要有头部防护器具、呼吸防护器具、眼防护器具、躯干防护用品、手足防护用品等。

6. 保持卫生

保持卫生包括保持作业场所清洁和作业人员的个人卫生两个方面。经常清洗作业场所，对废弃物、溢出物加以适当处置，保持作业场清洁，也能有效地预防和控制化学品危害。作业人员应养成良好的卫生习惯，防止有害物附着在皮肤上，通过皮肤渗入体内。

（三）危险化学品火灾、爆炸事故的预防

从理论上讲，防止火灾爆炸事故发生的基本原则主要有以下 3 点：

1. 防止燃烧、爆炸系统的形成

（1）替代；

（2）密闭；

（3）惰性气体保护；

（4）通风置换；

（5）安全监测及连锁。

2. 消除点火源

能引发事故的火源有明火、高温表面、冲击、摩擦、自燃、发热、电气、静电火花、化学反应热、光线照射等，具体做法有：

（1）控制明火和高温表面；

（2）防止摩擦和撞击产生火花；

（3）火灾爆炸危险场所采用防爆电气设备避免电气火花。

3. 限制火灾、爆炸蔓延扩散的措施

限制火灾爆炸蔓延扩散的措施包括阻火装置、阻火设施、防爆泄压装置及防火防爆分隔等。

第三节　职业危害预防和管理

一、我国职业危害现状

进入21世纪后，我国经济进入了高速发展期，对工作效率的要求也越来越高，但对职业卫生的关注度却普遍不高。我国职业卫生问题与经济发展速度成正比，换言之，经济发展速度越快，职业卫生问题也就越突出。目前，我国各类职业病患者每年以2万人以上的速度增长，形势不容乐观。我国的职业危害有以下特点：

1. 接触职业危害人数众多，患者总量巨大

由于劳动者基数巨大以及较高的职业病发病率，我国职业病发病人数高居世界首位，而且每年以10%的速度增长。据不完全统计，近20年来平均每年新发尘肺病人近1万例。

2. 职业危害分布行业广，中小企业危害重

从煤炭、建筑等传统产业到汽车制造、医药等新兴产业都存在着不同程度的职业危害。我国各类企业中中小企业占90%以上，吸纳了大量劳动力，特别是农村劳动力，职业危害也突出发生于中小企业。

3. 职业危害流动性大，危害转移严重

在引进境外投资和技术时，一些存在职业危害的生产企业和工艺技术也由境外向境内转移。境内也普遍存在着职业危害从城市和工业区向农村转移、从经济发达地区向不发达地区转移、从大中型企业向中小型企业转移的情况。我国有近2亿农村劳动力，其中相当部分劳动者作为农民工在城镇从事有毒有害作业。由于农民工流动性大，接触职业危害的情况复杂，对其健康的影响难以准确估计。

4.群发性职业危害事件多发，在国内外造成严重影响

近年来在一些地方屡屡发生的尘肺病、苯中毒、镉中毒等群发性职业病事件，造成了恶劣的社会影响。

我国职业病的发病主要以尘肺病为主，在历年来报告的职业病中，尘肺病约占到80%，而尘肺病中主要为煤工尘肺病和硅肺病。据国家卫生健康委员会统计数据，职业病发病的行业主要分布于煤炭、冶金、建材、有色等行业。

二、职业危害因素分类

职业危害因素是指在生产过程中、劳动过程中、作业环境中存在的各种有害的化学、物理、生物因素，以及在作业过程中产生的其他危害劳动者健康、能导致职业病的有害因素。

（一）职业危害因素按其来源分类

1.与生产过程有关的职业危害因素

来源于原料、中间产物、产品、机器设备的工业毒物、粉尘、噪声、振动、高温、电离辐射及非电离辐射、污染性因素等职业危害因素，均与生产过程有关。

2.与劳动过程有关的职业危害因素

作业时间过长、作业强度过大，劳动制度与劳动组织不合理、长时间强迫体位劳动，个别器官和系统的过度紧张，均可造成对劳动者健康的损害。

3.与作业环境有关的职业危害因素

主要是指对劳动者健康造成损害的不良作业环境因素，诸如露天作业的不良气象条件、厂房狭小、车间位置不合理、照明不良等。

（二）职业危害因素按其性质分类

1.化学因素

指在生产中接触到的原料、中间产品、成品和生产过程中的废气、废水、废渣等可对健康产生危害的活性因素。凡少量摄入即对人体有害的物质，称为工业毒物。毒物以粉尘、烟尘、雾、蒸汽或气体的形态散布于空气中，如：

1）有毒物质。如铅、汞、苯、氯、一氧化碳、有机磷农药等；

2）生产性粉尘。如矽尘、石棉尘、煤尘、水泥尘、有机粉尘等。

2.物理因素

物理因素是生产环境的构成要素，包括：

1）异常气象条件：如高温、低温、高湿等；

2）异常气压：如高气压、低气压等；

3）噪声、振动、超声波、次声等；

4）非电离辐射：如可见光、紫外线、红外线、射频辐射、微波、激光等；

5）电离辐射：如 X 射线、γ 射线等。

3. 生物因素

生物因素是指生产原料和作业环境中存在的致病微生物或寄生虫，如炭疽杆菌、布鲁氏杆菌、森林脑炎病毒、SARS 病毒。

三、职业卫生工作方针与原则

职业危害因素预防控制工作的目的是预防、控制和消除职业危害，防治职业病，保护劳动者健康及相关权益；利用职业卫生与职业医学和相关学科的基础理论，对工作场所进行职业卫生调查，判断职业危害对职业人群健康的影响，评价工作环境是否符合相关法规的要求。

职业危害防治工作，必须发挥政府、生产经营单位、工伤保险、职业卫生技术服务机构、职业病防治机构等各方面的力量，由全社会加以监督，贯彻“预防为主，防治结合”的方针，遵循职业卫生“三级预防”的原则，实行分类管理、综合治理，不断提高职业病防治管理水平。

（一）第一级预防

第一级预防，又称病因预防，是指改进生产工艺和生产设备，合理利用防护设施及个人防护用品，以减少工人接触的机会，从根本上杜绝职业危害因素对人的作用。

根据职业病防治法对职业病前期预防的要求，产生职业危害的生产经营单位的设立，除应当符合法律、行政法规的设立条件外，其工作场所还应当符合以下要求：

（1）职业危害因素的强度或者浓度符合国家职业卫生标准；

（2）有与职业危害防护需求相适应的设施；

（3）生产布局合理，符合有害与无害作业分开的原则；

（4）有配套的更衣间、洗浴间等卫生设施；

（5）设备、工具、用具及设施符合保护劳动者生理、心理健康的要求；

（6）法律、行政法规和国务院卫生行政部门关于保护劳动者健康的其他要求。

国家实行由安全生产监督管理部门主持的职业危害项目的申报制度，即新建、改建建设项目和技术改造项目可能产生职业危害的，建设单位在可行性论证阶段应当提交职业危害预评价报告。建设项目在竣工验收前，建设单位应当进行职业危害控制效果评价。建设项目竣工验收时，其职业病防护设施经卫生行政部门验收合格后，方可投入使用。建设项目的职业危害防护设施所需费用，应当纳入建设项目工程预算。

（二）第二级预控

第二级预控，又称发病预控，是指早期检测和发现人体受到职业危害因素所致的疾病。其主要手段是定期进行环境中职业危害因素的监测、对接触者进行定期体格检查，评价工作场所职业危害因素的强度是否符合国家职业卫生标准，以实现早期发现、早期诊断职业性疾病。

（三）第三级预控

第三级预防，是指在病人患职业病后合理进行康复处理。包括对职业病病人的保障和对疑似职业病病人进行诊断。企业应保障职业病病人享受职业病待遇，安排职业病病人进行治疗、康复和定期检查，对不适宜继续从事原工作的职业病病人，应当调离原岗位并妥善安置。

第一级预防是理想的方法，针对整体的或选择的人群，对人群健康和福利状态均能起根本的作用，一般所需投入比第二级预控和第三级预防要少，且效果更好。

四、职业危害识别、评价与控制

（一）职业危害识别

1. 粉尘与尘肺

生产性粉尘是指在生产过程中形成，并能够较长时间悬浮于空气中的固体微粒。生产性粉尘的来源很多，几乎所有的工农业生产过程均可产生粉尘，有些工艺产生的粉尘浓度还很高，严重影响着职业人群的身体健康。其主要来源有：

（1）固体物质的破碎和加工，如金属研磨、切削、钻孔、爆破、破碎、磨粉、农林产品加工等；

（2）物质加热时产生的蒸气在空气中凝结或被氧化所形成的尘粒，如金属熔炼，焊接、浇铸、铅熔炼时产生的氧化铅烟尘等；

（3）物质不完全燃烧所形成的微粒，如木材、油、煤类等燃烧时所产生的烟尘、烃类热分解所产生的炭黑等；

（4）沉积的粉尘重新浮游于空气中（产生二次扬尘），如铸件的翻砂、清砂粉状物质的混合，过筛、包装、搬运等操作过程中以及沉积的粉尘由于振动或气流运动形成的粉尘。

生产性粉尘种类繁多，理化性状不同，对人体所造成的危害也多种多样，按其病理性质可概括为如下 7 种：

第 1 种，全身中毒性，例如铅、锰、砷化物等粉尘；

第 2 种，局部刺激性，例如生石灰、漂白粉、水泥、烟草等粉尘；

第 3 种，变态反应性，例如大麻、黄麻、面粉、羽毛、锌烟等粉尘；

第 4 种，光感应性，例如沥青粉尘；

第 5 种，感染性，例如附有病原菌的破烂布屑、兽毛、谷粒等粉尘；

第 6 种，致癌性，例如铬、镍、砷、石棉及某些光感应性和放射性物质的粉尘；

第 7 种，尘肺，例如煤尘、硅尘、硅酸盐尘。

由生产性粉尘引起的职业病中，以尘肺病最为严重。尘肺病的规范名称是肺尘埃沉着病，该病是由于在职业活动中长期吸入生产性粉尘，在肺内引起的以肺组织弥漫性纤维化（瘢痕）为主的全身性疾病。由于粉尘的性质、成分不同，对肺脏所造成的损害、引起纤维化程度也有所不同，从病因上分析，可将尘肺病分为 6 类：硅肺病、硅酸盐肺病、炭尘肺病、金属尘肺病、混合性尘肺病、有机尘肺病。我国每年有为2万例左右的尘肺病新患者出现。因此，尘肺病的防治是一项艰巨的工作。

在尘肺病中硅肺病是由于长期吸入大量游离二氧化硅粉尘所引起的，以肺部广泛的结节性纤维化为主的疾病。硅肺病是尘肺病中最常见、进展最快、危害最严重的一种类型。

2. 生产性毒物与职业中毒

劳动者在生产过程中过量接触生产性毒物引起的中毒，称为职业中毒。

生产性毒物在生产过程中，可在原料、辅助材料、夹杂物、半成品、成品、废气、废液及废渣中存在。各种毒物由于其物理和化学性质不同，以及职业活动条件的不同，在工作场所空气中的存在状态有所不同。

生产性毒物侵入人体的途径有三种：呼吸道、皮肤和消化道，其中最主要的进入途径为呼吸道。

3. 物理性职业危害因素及所致职业病

（1）噪声

在生产过程中，由于机器转动、气体排放、工件撞击与摩擦所产生的噪声，称为生产性噪声或工业噪声，可分为以下3类：

第1类，空气动力噪声，即由于气体压力变化引起气体扰动，气体与其他物体相互作用所产生的噪声。

第2类，机械性噪声，即由机械撞击、摩擦或质量不平衡旋转等机械力作用下引起固体部件振动所产生的噪声。

第3类，电磁噪声，即由磁场脉冲、磁致伸缩引起电气部件振动所产生的噪声。

由于长时间接触噪声导致听阈升高、不能恢复到原有水平的，称为永久性听力阈移，临床上称噪声聋。此外，职业噪声还具有听觉外效应，可引起人体其他器官或机能异常。

（2）振动

生产过程中的生产设备、工具产生的振动称为生产性振动。常用的产生振动的机械有锻造机、冲压机、压缩机、振动机、振动筛、送风机、振动传送带、打夯机、收割机等。

手臂振动是生产中最常见的振动形式，存在手臂振动的生产作业主要有以下4类：

第1类，使用锤打工具作业。以压缩空气为动力，如凿岩机、选煤机、混凝土搅拌机、倾卸机、空气锤、筛选机、风铲、捣固机、铆钉机、铆打机等。

第2类，使用手持转动工具作业。如电钻、风钻、手摇钻、油锯、喷砂机、金刚砂抛光机、钻孔机等。

第3类，使用固定轮转工具作业。如砂轮机、抛光机、球磨机、电锯等。

第4类，驾驶交通运输工具或农业机械作业。如汽车、火车、收割机、脱粒机等驾驶员。

（3）电磁辐射

电磁辐射分为电离辐射和非电离辐射。

1）非电离辐射

非电离辐射主要包括：

①高频作业、微波作业等。高频作业主要有高频感应加热，如金属的热处理、表面淬火、金属熔炼、热轧及高频焊接等。射频辐射对人体的影响不会导致组织器官的器官性损伤，主要引起功能性改变，并具有可逆性特征，症状往往在停止接触数周或数月后可消失。

微波对机体的影响分致热效应和非致热效应两类，由于微波可选择性加热含水分组织而可造成机体热伤害，非致热效应主要表现在神经、分泌和心血管系统。

②红外线。白内障是长期接触红外辐射而引起的常见职业病，其原因是红外线可致晶状体损伤。

③紫外线。在作业场所比较多见的是紫外线对眼睛的损伤，即由电弧光照射所引起的职业病——电光性眼炎。此外，在雪地作业、航空航海作业时，受到大量太阳光中紫外线照射，也可引起类似电光性眼炎的角膜、结膜损伤，称为太阳光眼炎或雪盲症。

④激光。眼部受激光照射后，可突然出现眩光感、视力模糊等，激光意外伤害，除个别人会发生永久性视力丧失外，多数经治疗均有不同程度的恢复。激光对皮肤也可造成损伤。

2）电离辐射

电离辐射，指凡能引起物质电离的各种辐射称为电离辐射。如各种天然放射性核素和人工放射性核素、X 线机等。

放射病是电离辐射引起的一种职业病，是人体受各种电离辐射照射而发生的各种类型和不同程度损伤（或疾病）的总称。它包括：全身性放射性疾病（如急、慢性放射病）、局部放射性疾病（如急、慢性放射性皮炎、放射性白内障）、放射所致远期损伤（如放射所致白血病）。其中，急性、慢性外照射放射病，外照射皮肤放射损伤和内照射放射病被列为国家法定职业病。

（4）异常气象条件

气象条件主要是指作业环境周围空气的温度、湿度、气流与气压等。异常气象条件下的作业类型包括以下 6 种：

第 1 种，高温强热辐射作业：工作场所有生产性热源，其散热量大于 23 W/（m^3·h）或 82.8 kJ/（m^3·h）的车间；或当室外实际出现本地区夏季通风室外计算温度时，工作场所的气温高于室外 2℃或 2℃以上的作业，均属高温强热辐射作业。这些作业环境的特点是气温高、热辐射强度大，相对湿度低，形成干热环境。

第 2 种，高温高湿作业：气象条件特点是气温高、湿度大，热辐射强度不大，或不存在热辐射源。

第 3 种，夏季露天作业。

第 4 种，低温作业：接触低温环境主要见于冬天在寒冷地区或极地从事野外作业。冬季室内因条件限制或其他原因无采暖设备，亦可形成低温作业环境。

第 5 种，高气压作业：主要有潜水作业和潜涵作业。

第 6 种，低气压作业。

异常气象条件引起的职业病有：

1）中暑，是高温作业环境下发生的一类疾病的总称，是机体散热机制发生障碍的结果；

2）减压病：急性减压病主要发生在潜水作业后；

3）高原病，是发生于高原低氧环境下的一种疾病。急性高原病分为三型：急性高原反应、高原肺水肿、高原脑水肿等。

4. 职业性致癌因素

与职业有关的、能引起恶性肿瘤的有害因素被称为职业性致癌因素。由职业性致癌因素所致的癌症被称为职业癌。有明确证据表明对人有致癌作用的物质被称为确认致癌物。

我国已将石棉、联苯胺、苯、氯甲甲醚、砷、氯乙烯、焦炉烟气、铬酸盐所致的癌症，列入职业病名单。

5. 生物因素

生物因素所致职业病是指劳动者在生产条件下，接触生物性危害因素而发生的职业病。我国将炭疽病、森林脑炎和布鲁氏菌病列为法定职业病。

（1）炭疽病。是由炭疽杆菌引起的人畜共患的急性传染病。职业性高危人群主要是牧场工人、屠宰工、剪毛工、搬运工、皮革厂工人、毛纺工、缝皮工及兽医等。

（2）森林脑炎。是由病毒引起的自然疫源性疾病，是林区特有的疾病，传播媒介是硬蜱。

（3）布鲁氏菌病。是由布鲁氏菌病引起的人畜共患性传染病，传染源以羊、牛、猪为主，主要由病畜传染。

（二）职业危害评价

职业危害评价包括对职业危害因素的检测评价及对建设项目的职业病危害评价，职业病危害因素的检测评价是建设项目职业病危害评价的基础。

1. 职业危害因素的检测与评价

国家职业卫生有关法规标准对作业场所职业危害因素的采样和测定都有明确的规定，职业危害因素检测必须按计划实施，由专人负责，进行记录，并纳入已建立的职业卫生档案。

《作业场所职业健康监督管理暂行规定》（国家安全生产监督管理总局令第 23 号）规定，存在职业危害的生产经营单位（煤矿除外）应当委托具有相应资质的中介服务机构，每年至少进行一次职业危害因素检测。

2. 建设项目职业危害评价

（1）建设项目职业危害预评价

主要包括对建设项目的选址、总体布局、生产工艺和设备布局、车间建筑卫生、职业危害防护措施、辅助卫生用室设置、应急救援措施、个人防护措施、职业卫生管理措施、职业健康监护等进行评价，通过职业危害预评价，识别和分析建设项目在建成投产后可能产生的职业危害因素及其主要存在环节，评价可能造成的职业危害及程度，确定建设项目在职业病防治方面的可行性，为建设项目的设计提供必要的职业危害防护对策和建议。

（2）建设项目职业危害控制效果评价

主要包括对评价范围内生产或操作过程中可能存在的有毒有害物质、物理因素等职业危害因素的浓度或强度，以及对劳动者健康的可能影响，对建设项目的生产工艺和设备布局、车间建筑设计卫生、职业危害防护措施、应急救援措施、个体防护措施、职业卫生管理措施、职业健康监护等方面进行评价。

（3）建设项目运行中的现状评价

建设项目运行中的现状评价主要是对作业人员职业危害接触情况、职业危害预防控制的工程控制情况、职业卫生管理等方面进行评价。

（三）职业危害控制

职业危害控制主要技术措施包括工程控制技术措施、个体防护措施和组织管理措施等。

1. 工程控制技术措施

工程控制技术措施是指应用工程技术的措施和手段（如密闭、通风、冷却、隔离等），控制生产工艺过程中产生或存在的职业危害因素的浓度或强度，使作业环境中有害因素的浓度或强度降至国家职业卫生标准容许的范围之内。

2. 个体防护措施

对于经工程技术治理后仍然不能达到限值要求的职业危害因素，为避免其对劳动者造成健康损害，则需要为劳动者配备有效的个体防护用品。针对不同类型的职业危害因素，应选用合适的防尘、防毒或者防噪的个体防护用品。

3. 组织管理等措施

在生产和劳动过程中，加强组织与管理也是职业危害控制工作的重要一环，通过建立健全职业危害预防控制规章制度，确保职业危害预防控制有关要素的良好与有效运行，是保障劳动者职业健康的重要手段，也是合理组织劳动过程、实现生产工作高效运行的基础。

4. 几种典型的职业危害控制措施

（1）生产性粉尘

生产性粉尘的防治技术主要为通风。按通风系统的工作动力不同，可分为自然通风和机械通风两类。按组织车间内的换气原则可分为全面通风、局部通风和混合通风。

（2）生产性毒物

生产性毒物的防治原则是用低毒代替高毒，用无毒代替有毒。

毒物工程控制技术主要包括通风和净化。其中，净化主要包括：吸收法和吸附法。

吸收法即用液体吸收剂处理有毒气体，使其溶解于液体中，以达到净化的目的。

吸附法即用多孔性的固体吸收处理有毒气体，使有毒气体被吸附在固体表面上，达到净化的目的。

个体防护措施包括人员佩戴呼吸器、过滤器或防毒面具等。

预防性措施包括人员定期体检、对工作环境进行监测、配备必要的报警设施、配备必要的冲洗设备、卫生设施等。

（3）噪声

1）防治噪声危害的管理措施包括：

①执行《工业企业职工听力保护规范》及工业企业噪声控制等规范标准；

②对车间噪声进行监测和评价；

③采取卫生保健措施：

a）个人防护：常用的防噪声用品有耳塞、防噪声耳罩和防噪声帽盔；

b）听力保护和接触噪声工人的健康监护：工人应进行就业前体检，以取得听力的基础资料，如发现患有明显的听觉器官、心血管及神经系统器质性疾病者，应禁止其参加强噪声工作；

c）定期体检：应在就业半年内先进行一次体检，以后每年进行一次，重点检查工人的听力情况，如发现有明显听力下降者，应及时采取措施；

d）合理安排劳动和休息。

2）防治噪声危害的技术措施

①控制噪声源

a）采用无声或者低声设备代替发出强噪声的设备，如用无声液压代替高噪声的锻压等；

b）隔离噪声源，如设备外加隔声罩、建立操作间等；

c）提高设备精度，以减少机械部件的撞击和摩擦。

②控制噪声的传播

a）吸声：采用吸声材料装饰在车间的内表面，如墙壁或屋顶；或在工作场所内悬挂吸声体，吸收辐射和反射的声能，使噪声程度减低，如玻璃棉、矿渣棉、棉絮等；

b）消声：防止动力性噪声的主要措施，用于风道和排风管，常用的有阻性消声器、抗性消声器；

c）隔声：即利用一定的材料和装置，将声源或将需要安静的场所封闭在一个较小的空间中，使其与周围环境隔绝起来，如隔声室、隔声罩等。

（4）电离辐射的防护控制措施

防护一般分为内防护和外防护两部分。

1）外防护主要从时间、距离和屏蔽三个方面减少射线照射，主要措施有：通过技术手段提高操作的时效，人员交替进行操作；尽可能远离放射源；通过使用屏蔽材料隔离射线照射，如用铅、混凝土可以屏蔽 X、γ 射线，用铝和有机玻璃屏蔽 β 射线等。

2）内防护主要有围封隔离、除污保洁和个人防护三个方面。

围封隔离即按照与外界隔离的原则，把放射源控制在有限的空间内。根据《放射性防护规定》的要求，组织应对有辐射照射危害的工作场所的选址、防护、监测（个体、区域、工艺和事故的监测）、运输、管理等方面提出相应措施。

对有辐射照射危害的工作场所，应组织除污保洁，如采取通风过滤、对放射性“三废”按照国家统一规定存放和处理等措施。

个人防护即对一切使放射性核素侵入人体的渠道和行为的防护，如照射、饮水、进食等。可通过配置个人防护用品（如工作服、手套、口罩等）进行保护。

（5）非电离辐射防护控制技术

非电离辐射系指紫外线、可见光、红外线、激光和射频辐射等。

非电离辐射会对人体的神经系统和血液系统等造成危害。

射频辐射对机体的危害主要为功能性改变，具有可复性，停止接触后可逐渐恢复。

非电离辐射的防护措施主要有：增大作业距离、操作机械化、遥控作业、吸收、隔离、防护屏蔽、佩戴个人防护用品等。

（6）高温与低温的防治控制技术

1）高温作业的防护措施

根据《高温作业分级》《工业设备及管道绝热工程施工及验收规范》《高温作业分级检测规程》《高温作业允许持续接触热时间限值》，对高温作业采取防护措施。

①尽可能实现自动化和远距离操作等隔热操作方式，并设置热源隔热屏蔽（热源隔热保温层、水幕、隔热操作室、各类隔热屏蔽装置）；

②通过合理组织自然通风气流、设置全面（局部）送风装置或空调降低工作环境的温度；

③依据《高温作业允许持续接触热时间限值》的规定，限制持续接触热时间；

④使用隔热服（面罩）等个体防护用品。尤其是特殊高温作业人员，应使用适当的防护用品，如防热服装（头罩、面罩、衣裤和鞋袜等）以及特殊防护眼镜等；

⑤建立合理的膳食制度，注意补充营养。

2）低温作业的防治控制技术

根据低温作业分级，采取相应的防护措施：

①实现自动化、机械化作业，避免或减少低温作业和冷水作业。控制低温作业、冷水作业时间；

②穿戴防寒服（手套、鞋）等个体防护用品；

③设置采暖操作室、休息室、待工室等；

④冷库等低温封闭场所，应设置通信、报警装置，防止误将人员关锁；

⑤屏蔽冷源；

⑥设立隔温操作室。

第四节　应急管理

一、应急管理体系

在任何工业活动中都有可能发生事故。无应急准备状态下，事故发生后往往造成惨重的生命和财产损失；有应急准备，则可利用预先的计划和实际可行的应急对策，充分利用一切可能的力量，在事故发生后迅速控制其发展，保护现场工人和附近居民的健康与安全，并将事故对环境和财产造成的损失降至最低程度。

应急管理是一个动态的过程，包括预防、准备、响应和恢复。见图 3–3。

（一）预防

在应急管理中预防有两层含义：一是事故的预防工作；二是在假定事故必然发生的前提下，通过预先采取的预防措施，达到降低或减缓事故的影响或后果的严重程度。

（二）准备

应急准备是指为有效应对突发事故而事先采取的各种措施的总称，包括意识、组织、机制、预案、队伍、资源、培训、演练等各种准备。

（三）响应

应急响应是指在突发事件发生以后所进行的各种紧急处置和救援工作。及时响应是应急管理的一项主要原则。

（四）恢复

恢复指突发事件的威胁和危害得到控制或者消除后所采取的处置工作。恢复工作包括短期恢复和长期恢复。

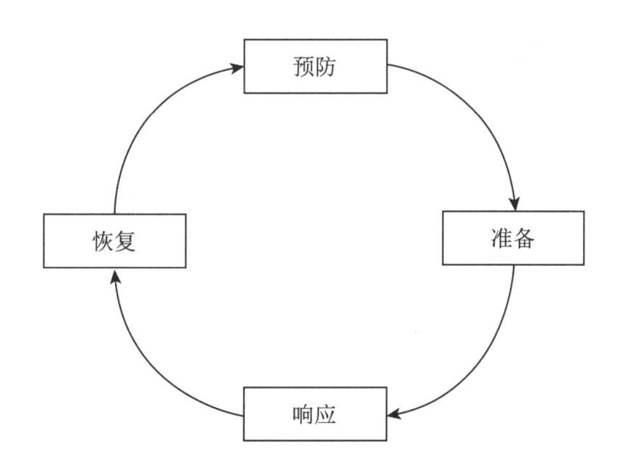

图 3–3　应急管理 4 个阶段

二、应急预案的编制

（一）事故应急预案体系

按照应急预案的功能和目标，应急预案可分为以下 3 种。

1. 综合预案

综合预案相当于总体预案，从总体上阐述预案的应急方针、政策，应急组织结构及相应的职责，应急行动的总体思路等。

2. 专项预案

专项预案是针对某种具体的、特定类型的紧急情况，某一自然灾害、危险源和应急保障而制定的计划或方案，是综合应急预案的组成部分，应按照综合应急预案的程序和要求组织制定，并作为综合应急预案的附件。

3. 现场处置方案

现场处置方案是在专项预案的基础上，根据具体情况而编制的。它是针对具体装置、场所、岗位所制定的应急处置措施。

（二）应急预案编制的基本要求

《生产安全事故应急预案管理办法》（应急管理部令第 2 号）规定，应急预案的编制应当满足下列基本要求：

（1）符合有关法律、法规、规章和标准的规定；

（2）符合本地区、本部门、本单位的安全生产实际情况；

（3）符合本地区、本部门、本单位的危险性分析情况；

（4）应急组织和人员的职责分工明确，并有具体的落实措施；

（5）有明确、具体的应急程序和处置措施，并与其应急能力相适应；

（6）有明确的应急保障措施，满足本地区、本部门、本单位的应急工作需要；

（7）应急预案基本要素齐全、完整，应急预案附件提供的信息准确；

（8）应急预案内容与相关应急预案相衔接。

根据《生产安全事故应急管理条例》（国务院令第 708 号），有下列情形之一的，生产安全事故应急救援预案制定单位应当及时修订相关预案：

（1）制定预案所依据的法律、法规、规章、标准发生重大变化；

（2）应急指挥机构及其职责发生调整；

（3）安全生产面临的风险发生重大变化；

（4）重要应急资源发生重大变化；

（5）在预案演练或者应急救援中发现需要修订的预案存在重大问题；

（6）其他应当修订的情形。

（三）事故应急预案基本结构

虽然应急预案由于各自所处的层次和适用的范围不同，因而在内容的详略程度和侧重点上会有所不同，但都可以采用相似的基本结构。

1. 基本预案

基本预案主要阐述应急预案所要解决的紧急情况、应急的组织体系、方针、应急资料、应急的总体思路，并明确各应急组织在应急准备和应急行动中的职责以及应急预案的演练和管理规定等。

2. 应急功能设置

在设置应急功能时，应针对潜在重大事故的特点进行综合分析并将其分配给相关部门。对每一项应急功能都应明确其针对的形势、目标、负责机构、任务要求、应急准备和操作程序等。

3. 特殊风险管理

应说明为处置特殊风险而应设置的专有应急功能或有关应急功能所需的特殊要求，明确这些应急功能的责任部门、支持部门、有限介入部门及其职责和任务，对制定该类风险的专项预案提出特殊要求和指导。

4. 标准操作程序

各应急功能的主要责任部门必须组织制定相应的标准操作程序，为应急组织或个人提供履行应急预案中规定职责和任务的详细指导。

5. 支持附件

支持附件主要包括应急救援的有关支持保障系统的描述及有关的附图表。

从广义上来说，应急预案是一个由各级文件构成的文件体系，一个完整的应急预案的文件体系可包括预案、程序、指导书、记录等，是一个四级文件体系。

三、应急预案的演练

应急演练是指各级政府部门、企事业单位、社会团体，组织相关应急人员与群众，针对待定的突发事件假想情景，按照应急预案规定的职责和程序，在特定的时间和地域，执行应急响应任务的训练活动。

应急演练是检验、评价和保持应急能力的一个重要手段。其重要作用在于事故真正发生前暴露预案和程序的缺陷，发现应急资料的不足（包括人力和设备等），改善各应急部门、机构、人员之间的协调，增强公众应对突发重大事故救援的信心和应急意识，提高应急人员的熟练程度和技术水平，进一步明确各自的岗位与职责，提高各级预案之间的协调性，提高整体应急反应能力。

（一）应急演练的类型

应急演练按组织方式及目标重点的不同，可以分为桌面演练和实战演练。

1. 桌面演练

桌面演练是指由应急组织的代表或关键岗位人员参加的，按照应急预案及其标准工作程序，讨论紧急情况时应采取行动的演练活动。桌面演练主要目的是锻炼参演人员解决问题的能力，以及解决应急组织相互协作和职责划分的问题。

2. 实战演练

实战演练是以现场实战操作的形式开展的演练活动。参演人员在贴近实际状况和高度紧张的环境下，根据演练情景的要求，通过实际操作完成应急响应任务，以检验和提高相关应急人员的组织指挥、应急处置以及后勤保障等综合应急能力。

（二）应急演练的组织与实施

完整的应急演练活动包括计划、准备、实施、评估总结和改进五个阶段。

1. 计划

演练组织单位在开展演练准备工作前应先制订演练计划。在制订演练计划过程中需要确定演练目的、分析演练需求、确定演练内容和范围、安排演练准备日程、编制演练经费预算等。

2. 准备

准备阶段的主要任务包括完成演练策划，编制演练总体方案及其附件，进行必要的培训和预演，做好各项保障工作安排。

3. 实施

实施阶段主要任务包括按照演练总体方案完成各项演练活动，为演练评估总结收集信息。演练实施是对演练方案付诸行动的过程，是整个演练程序中核心环节。

4. 评估总结

评估总结主要任务包括评估总结演练参与单位在应急准备方面的问题和不足，明确改的重点，提出改进计划。

5. 改进

改进阶段的主要任务包括按照改进计划，由相关单位实施落实，并对改进效果进行监督检查。

第五节　事故调查与分析

一、生产安全事故的报告

生产安全事故发生后，事故现场有关人员应当立即向本单位负责人报告；单位负责人接到报告后，应当于1小时内向事故发生地县及县级以上人民政府安全生产监督管理部门和负有安全生产监督管理职责的有关部门报告：

（1）特别重大事故、重大事故应逐级上报至国务院安全生产监督管理部门和负有安全生产监督管理职责的有关部门。

（2）较大事故应逐级上报至省、自治区、直辖市人民政府安全生产监督管理部门和负有安全生产监督管理职责的有关部门。

（3）一般事故应上报至设区的市级人民政府安全生产监督管理部门和负有安全生产监督管理职责的有关部门。

安全生产监督管理部门和负有安全生产监督管理职责的有关部门应逐级上报事故情况，每级上报时间不得超过 2 小时。事故报告后出现新情况时，应当及时补报。自事故发生之日起 30 日内，事故造成的伤亡人数发生变化的，应当及时补报。道路交通事故、火灾事故自发生之日起 7 日内，事故造成的伤亡人数发生变化的，应当及时补报。

报告事故应当包括事故发生单位概况、事故发生的时间、地点以及事故现场情况、事故的简要经过、事故已经造成或者可能造成的伤亡人数（包括下落不明的人数）、初步估计的直接经济损失、已经采取的措施和其他应当报告的情况。事故报告应遵照完整性的原则，尽量能够全面地反映事故情况。

二、生产安全事故的调查

（一）事故调查的组织

事故调查工作实行“政府领导、分级负责”的原则。

特别重大事故由国务院或者国务院授权有关部门组织事故调查组进行调查。重大事故、较大事故、一般事故分别由事故发生地省级人民政府、设区的市级人民政府、县级人民政府负责调查。未造成人员伤亡的一般事故，县级人民政府也可以委托事故发生单位组织事故调查组进行调查。

（二）事故调查组的职责

GB/T 33000—2016《企业安全生产标准化基本规范》规定，事故调查组应根据有关证据、资料，分析事故的直接、间接原因和事故责任，提出应吸取的教训、整改措施和处理建议，编制事故调查报告。事故调查组的工作内容包括：

（1）查明事故发生的经过；

（2）查明事故发生的原因；

（3）查明人员伤亡情况；

（4）查明事故的直接经济损失；

（5）认定事故性质和事故责任分析；

（6）提出对事故责任者的处理建议；

（7）总结事故教训；

（8）提出防范和整改措施；

（9）提交事故调查报告。

（三）事故原因分析

对一起事故的原因分析，通常有两个层次，即直接原因和间接原因。直接原因通常是一种或多种不安全行为、不安全状态或两者共同作用的结果。间接原因可追踪于管理措施及决策的缺陷，或者环境的因素。分析事故时，应从直接原因入手，逐步深入到间接原因，从而掌握事故的全部原因。

《企业职工伤亡事故调查分析规则》中，给出了分析事故原因的步骤：整理和阅读调查材料，按受伤部位、受伤性质、起因物、致害物、伤害方式、不安全状态、不安全行为7项内容进行分析，确定事故的直接原因、间接原因和事故责任者。

1. 直接原因分析

《企业职工伤亡事故调查分析规则》规定，属于机械、物质或环境的不安全状态、人的不安全行为情况者为直接原因。

2. 间接原因分析

《企业职工伤亡事故调查分析规则》规定，属于下列情况者为间接原因：

（1）技术和设计上有缺陷，如工业构件、建筑物、机械设备、仪器仪表、工艺过程、操作方法、维修检验等的设计、施工和材料使用存在问题；

（2）教育培训不够、未经培训、缺乏或不懂安全操作技术知识；

（3）劳动组织不合理；

（4）对现场工作缺乏检查或不健全；

（5）没有安全操作规程或不健全；

（6）没有或不认真实施事故防范措施，对事故隐患整改不力；

（7）其他原因。

事故原因分析常用的方法有故障树分析法、故障类型、影响分析法和变更分析法等。

（四）事故调查报告的内容

事故调查报告应包括以下内容：

（1）背景信息；

（2）事故描述；

（3）事故原因（直接原因和间接原因）；

（4）事故教训及预防同类事故重复发生的建议；

（5）对事故责任人的处理建议；

（6）事故调查组成员名单；

（7）其他需要说明的事项。

三、事故处理

事故处理要坚持“四不放过”处理原则，其具体内容包括：事故原因未查清不放过；事故责任人未受到处理不放过；事故责任人和周围群众没有受到教育不放过制订的切实可行的事故整改措施没有落实不放过。

事故处理的“四不放过”原则要求对安全生产工伤事故必须进行严肃认真的调查处理，接受教训，防止同类事故重复发生。

四、事故统计与分析

常用的事故统计分析方法主要有以下几种。

（一）综合分析法

将事故资料进行总结分类，将汇总整理的资料及有关数值形成书面分析材料或填入统计表或绘制统计图，使大量的零星资料系统化、条理化、科学化。从各种变化的影响中找出事故发生的规律性。

（二）分组分析法

将伤亡事故的有关特征进行分类汇总，研究事故发生的有关情况。如按事故发生的经济类型、事故发生单位所在行业、事故发生原因、事故类别、事故发生所在地区、事故发生时间和伤害部位等进行分组汇总、统计伤亡事故数据。

（三）相对指标比较法

各省之间、各企业之间由于企业规模、职工人数等不同很难比较，采用相对指标（如千人死亡率、百万吨死亡率等）即可进行互相比较，并在一定程度上说明安全生产的情况。

（四）统计图表法

事故常用的统计图有：（1）趋势图，即折线图，能够直观地展示伤亡事故的发生趋势；（2）柱状图，能够直观地反映不同分类项目所造成的伤亡事故指标大小比较；（3）饼图，即比例图，可以形象地反映不同分类项目所占的百分率。

（五）排列图

也称主次图，是直方图与折线图的结合。直方图用来表示属于某项目的各分类的频次，而折线点则表示各分类的累积相对频次。排列图可以直观地显示出属于各分类的频数的大小及其占累积总数的百分率。

（六）控制图

又叫管理图，该法将质量管理控制图中的不良率控制图方法引入伤亡事故发生情况的测定中，可以及时察觉伤亡事故发生的异常情况，有助于及时消除不安定因素，起到预测事故重复发生的作用。

第四章　危险源辨识、风险评价和风险控制

第一节　危险源辨识、风险评价和风险控制措施策划

危险源辨识、风险评价和风险控制是职业健康安全管理体系的最基本的活动。其来源于风险管理的思想，而风险管理是构成管理过程的必要组成部分，是一种研究风险发生规律和风险控制技术的管理科学。我们可以通过辨识危害、评价风险，运用风险管理技术，有效控制和妥善处理风险所导致的损失，以最经济合理的管理方式消除风险带来的各种灾害后果。

危险源辨识、风险评价和风险控制过程，是职业健康安全管理体系运行的主线，危险源的辨识是职业健康安全管理体系的核心问题，是职业健康安全管理体系运行的重要环节，也是建立职业健康安全管理体系过程中初始评价阶段的重要工作之一。危险源辨识、风险评价和风险控制涉及多方面的因素，是一个循环往复的过程。为了控制风险，组织首先要对所有管理区域的作业活动进行识别，辨识各项活动中的危害，评价危害性的风险等级，依据法规和组织制定的方针，确定不可接受风险，针对不可接受风险制定目标和管理方案，落实运行控制，准备紧急应变措施，加强安全培训教育，监控管理方案的实施效果，对发现的问题进行纠正和改进，不断提升安全管理绩效。

一、危险源辨识的概念

危险源辨识是发现、识别系统中危险源的活动，是危险源控制的基础，只有辨识了危险源之后才能有的放矢地考虑如何采取措施控制危险源。在辨识过程中需要考虑以下4个问题：

（1）是否存在危害；

（2）存在何种危害；

（3）谁会受到危害；

（4）伤害如何发生。

以前人们主要根据以往的事故经验进行危险源辨识工作。由于危险是“潜在的”不安全因素，比较隐蔽，所以危险源辨识是件非常困难的工作。在系统比较复杂的场合，危险源辨识工作更加困难，需要利用专门的方法，还需要许多知识和经验。进行危险源辨识所必需的知识和经验主要有：

（1）关于对象系统的详细知识，诸如系统的构造，系统的性能，系统的运行条件，系统中能量、物质和信息的流动情况等；

（2）与系统设计、运行、维护等有关的知识、经验和各种标准、规范、规程等；

（3）关于对象系统中的危险源及其危害方面的知识。

二、两类危险源理论

根据危险源在事故发生、发展中的作用，一般把危险源分为两大类，即第一类危险源和第二类危险源。

第一类危险源是指生产过程中存在的、可能发生意外释放的能量，包括生产过程中各种能量源、能量载体或危险物质。这些能量作用于人体或能量之间的交换被干扰就会发生事故或伤害，如我们经常遇到的热能、化学能、机械能、势能、声能、电能、生物能、光能、辐射等。一般的化学性危害和物理性危害大部分属于第一类危险源。第一类危险源决定了事故后果的严重程度，能量越多、量值越大，发生事故后果越严重。

第二类危险源是指导致能量或危险物质约束或限制措施被破坏或失效的各种因素，它是可以诱发第一类危险源意外释放能量的因素，即物的不安全状态和人的不安全行为，广义上包括物的故障、人的失误、环境不良以及管理缺陷等因素。在现实生活中，人们利用能量之间的转换、流动获取新的能量或产品，必不可少的要有人操作，要有相适宜的设施、设备、装置、工具、场所等，所以，第二类危险源决定了事故发生的可能性，它出现越频繁，发生事故的可能性越大。

一起事故的发生是两类危险源共同作用的结果，没有第一类危险源，就没有了可能意外释放的能量，也就没有了危险源的根源。没有第二类危险源，就没有了能量意外释放的可能。所以，第一类危险源的存在是事故发生的前提，第二类危险源的出现是事故发生的必要条件。控制风险的关键是管理第二类危险源，也称为管理因素或管理风险。

三、危险因素与危害因素的分类

为了便于进行危险源辨识和分析，首先要知道危害分类的方法。危害也可称为危险因素或危害因素。危险因素是指能使人造成伤亡、对物造成突发性损坏，或影响人的身体健康、对物造成慢性损坏的因素。通常为了区别客体对人体不利作用的特点和效果，分为危险因素（强调突发性和瞬间作用）和危害因素（强调在一定时间范围内的积累作用）。有时对两者不加区分，统称危险因素。

危险因素与危害因素的分类有许多种，在此简单介绍按导致事故和职业危害的直接原因进行分类、参照事故类别进行分类以及按职业健康分类 3 种分类方法。

（一）按导致事故和职业危害的直接原因进行分类

根据 GB/T 13816—2009《生产过程危险和有害因素分类与代码》，将生产过程中的危险和有害因素分为 4 大类。

1. 人的因素

（1）心理、生理性危险、有害因素。包括：负荷超限，指易引起疲劳、劳损、伤害等的负荷超限；健康状况异常，指伤、病期；从事禁忌作业；心理异常；辨识功能缺陷；其他心理、生理性危险；

（2）行为性危险、有害因素。包括指挥错误、操作错误、监护失误、其他错误、其他行为性危险和有害因素。

2. 物的因素

（1）物理性危险和有害因素。包括：设备、设施缺陷；防护缺陷；电危害；噪声危害；振动危害；电磁辐射；运动物危害；明火；能够造成灼伤的高温物体；能够造成冻伤的低温物体；粉尘与气溶胶；作业环境不良；信号缺陷；标志缺陷；其他物理危险有害因素。

（2）化学性危险和有害因素。包括易燃易爆性物质、自燃性物质、有毒物质、腐蚀性物质、其他化学性危险和有害因素。

（3）生物性危险和有害因素。包括致病微生物、传染病媒介物、致害动物、致害植物、其他生物性危险和有害因素。

3. 环境因素

（1）室内作业场所环境不良；

（2）室外作业场所环境不良；

（3）地下（含水下）作业环境不良；

（4）其他作业环境不良。

4. 管理因素

（1）职业安全卫生组织机构不健全；

（2）职业安全卫生责任未落实；

（3）职业安全卫生管理规章制度不完善；

（4）职业安全投入不足；

（5）职业健康管理不完善；

（6）其他管理因素缺陷。

（二）参照事故类别进行分类

根据 GB/T 6441—1986《企业职工伤亡事故分类标准》，可将危险因素分为 20 类：

（1）物体打击，是指失控物体的惯性力造成人身伤亡事故。如落物、滚石、锤击、碎裂、砸伤所造成的伤害，不包括机械设备、车辆、起重机械、坍塌、爆炸引发的物体打击；

（2）车辆伤害，是指本企业机动车辆引起的机械伤害事故。如机动车在行驶中的挤、压、撞车或倾覆等事故，在行驶中上下车引起的事故；

（3）机械伤害，是指机械设备与工具引起的绞、碾、碰、割、戳、切等伤害。如工具或刀具飞出伤人、切削伤人、手或身体被卷入、手或其他部位被刀具碰伤、被转动的机具缠压住等。不包括车辆、起重机械引起的伤害；

（4）起重伤害，是指从事各种起重作业时引起的机械伤害事故。不包括触电、检修时制动失灵引起的伤害、上下驾驶室时引起的坠落；

（5）触电，指电流流经人身造成生理伤害的事故，包括雷击伤亡事故；

（6）淹溺，包括高处坠落淹溺；

（7）灼烫，是指火焰烧伤、高温物体烫伤、化学灼伤（酸、碱、盐、有机物引起的体内外灼伤）、物理灼伤（光、放射性物质引起的体内外灼伤），不包括电灼伤和火灾引起的烧伤；

（8）火灾，指造成人员伤亡的企业火灾事故，不包括非企业原因造成的火灾；

（9）高处坠落，是指在高处作业时发生坠落造成的伤亡事故，包括脚手架、平台、陡壁施工等高于地面的坠落，也包括由地面坠入坑、洞、沟等情况，不包括触电坠落事故；

（10）坍塌，是建筑物、构筑物、堆置物等倒塌以及土塌方引起的事故。适用于因设计或施工不合理而造成的倒塌，以及土方、岩石发生的塌陷事故。如建筑物倒塌、脚手架倒塌，挖掘沟、坑、洞时土塌方等情况；

（11）冒顶片帮；

（12）透水；

（13）放炮：指爆破作业中发生的伤亡事故；

（14）火药爆炸：指火药、炸药及其制品在生产、加工、运输、储存中发生的爆炸事故；

（15）瓦斯爆炸；

（16）锅炉爆炸；

（17）容器爆炸；

（18）其他爆炸；

（19）中毒和窒息；

（20）其他伤害。

（三）按职业健康分类

根据国家卫生健康委员会颁布的《职业危害因素分类目录》，将危害因素分为粉尘、放射性物质、化学物质、物理因素、生物因素、导致职业性皮肤病的危害因素、导致职业性眼病的危害因素、导致职业性耳聋喉口腔疾病的危害因素、职业性肿瘤的职业危害因素、其他职业危害因素十类。

四、危险源辨识、风险评价和风险控制的基本步骤

危险源辨识、风险评价和风险控制的策划步骤如图 4–1 所示：

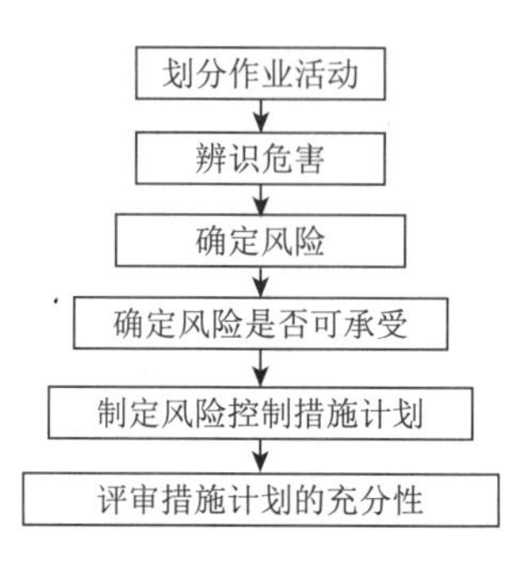

图 4–1　危险源辨识、风险评价和风险控制过程图

（1）划分作业活动（也可称业务活动）：编制一份业务活动表，其内容包括厂房、设备、人员和程序，并收集有关信息；

（2）辨识危害：辨识与各项业务活动有关的主要危害，即考虑谁会受到伤害以及如何受到伤害；

（3）确定风险：在假定计划的或现有控制措施适当的情况下，对与各项危害有关的风险做出主观评价。评价人员还应考虑控制的有效性以及一旦失败所造成的后果；

（4）确定风险是否可承受：判断计划的或现有的职业健康安全预防措施是否足以把危害控制住并符合法律法规的要求；

（5）制定风险控制措施计划：编制计划以处理评价中发现的、需要重视的任何问题。组织应确保新的和现行控制措施仍然适当和有效；

（6）评审措施计划的充分性：针对已修正的控制措施，重新评价风险并检查风险是否可承受。

（一）划分作业活动

在开展危险源辨识、风险评价和风险控制时，首先要准备一份作业活动表，用合理且易于控制的方式对其进行分类并收集必要的有关信息。例如，其中必须包括不常见的维修任务以及日常的生产活动。作业活动可从以下几个方面进行分类：

（1）组织厂房内 / 外的地理位置；

（2）生产过程或所提供服务的各个阶段；

（3）有计划的工作和临时性的工作；

（4）确定的任务（如：驾驶）。

一个组织通常有多种作业活动，对作业活动划分的总要求是：所划分出的每种作业活动既不能太复杂，如包含多达几十个作业步骤或作业内容；也不能太简单，如仅由一、两个作业步骤或作业内容构成。

各项作业活动所需信息可能包括以下方面：

（1）常规和非常规作业活动：包括正在执行的任务、临时执行的任务，其期限和频次；

（2）作业场所、区域；

（3）所有进入工作场所的人员：包括偶然执行任务的人员和受到此项工作影响的其他人员（如访问者、承包方人员、公众）；

（4）人的行为、能力和其他人的因素；

（5）已接受此任务的人员的培训；

（6）为此任务准备好的书面工作制度和（或）持证上岗程序；

（7）可能使用的装置和机械；

（8）可能使用的电动、手动工具；

（9）制造商或供应商关于装置、机械和电动、手动工具的操作和保养说明；

（10）可能要搬运的原材料的尺寸、形状、表面特征和重量；

（11）原材料须用手移动的距离和高度；

（12）所用的服务（如压缩空气）；

（13）工作期间所用到或所遇到的物质；

（14）所用到或所遇到的物质（如烟气、气体、蒸汽、液体、粉尘、粉末、固体）的物理形态；

（15）与所用到的或所遇到的物质有关的危害数据表的内容和建议；

（16）与所进行的工作、所使用的装置和机械、所用到的或所遇到的物质有关的法规和标准的要求；

（17）被认为适当的控制措施；

（18）被动监测资料：组织从内部和外部获得的与所进行的工作、所用设备和物质有关的事件、事故和疾病的经历的信息；

（19）与此作业活动有关的任何现有评价的发现；

（20）工作场所外，能够影响工作场所内工作人员安全和健康的危害因素；

（21）在工作场所附近或周边，能够影响工作场所外的危险因素；

（22）职业健康安全管理体系的变更，任何活动、规章、材料、方法、流程、计划等变更的影响。

（二）危险源辨识

危险源辨识指辨识出与各项业务活动有关的主要危害。

危险与危害因素的识别应全面、有序地进行，防止出现漏项。识别可从工作环境、平面布局、运输路线、施工工序等方面进行，识别的过程实际上就是系统安全分析的过程。

（1）工作环境：包括周围环境、工程地质、地形、自然灾害、气象条件、资源交通、抢险救灾支持条件等；

（2）平面布局：功能分区（生产、管理、辅助生产、生活区）；高温、有害物质、噪声、辐射、易燃、易爆、危险品设施布置；建筑物、构筑物布置；风向、安全距离、卫生防护距离等；

（3）运输路线：施工便道、各施工作业区、作业面、作业点的贯通道路以及与外界联系的交通路线等；

（4）施工工序：物资特性（毒性、腐蚀性、燃爆性）、温度、压力、速度、作业及控制条件、事故及失控状态；

（5）施工机具、设备：高温、低温、腐蚀、高压、振动、关键部位的备用设备、控制、操作、检修和故障、失误时的紧急异常情况；机械设备的运动部件和工件、操作条件、检修作业、误运转和误操作；电气设备的断电、触电、火灾、爆炸、误运转和误操作、静电、雷电；

（6）危险性较大设备和高处作业设备：提升、起重设备等；

（7）特殊装置、设备：锅炉房、危险品库房等；

（8）有害作业部位：粉尘、毒物、噪声、振动、辐射、高温、低温等；

（9）各种设施：管理设施（指挥机关等）、事故应急抢救设施（医院卫生所等）、辅助生产设施、生活设施等；

（10）劳动人员生理因素、心理因素和人机工程学因素等。

（三）确定风险

风险评价方法多种多样，每一种方法都有一定的局限性，因此，组织在确定所需使用的风险评价方法时，必须首先明确评价目的、对象及范围。常用危害性事件发生可能性和后果严重度来表示风险大小。按评价结果类型可将风险评价分为定性评价和定量评价两种。

本章第二节将重点介绍一些评价方法，在此不再赘述。

（四）确定风险是否可承受

风险能否被承受是组织将风险与国家法律法规的要求及组织自身的方针要求相比较得出的结果。值得注意的是，一个组织在不同的时期其可承受的风险可能是不一样的，处于同一个时期的不同组织由于其经济条件不同、安全管理水平不同其可以承受的风险也可能是不一样的。

（五）制定风险控制措施计划

表 4-1 给出了组织制定风险控制措施计划的一个示例。

表 4-1　风险控制计划

（针对不同等级的风险进行风险控制措施策划）

风险等级	风险控制措施策划
可忽略风险	不需采取措施且不必保留文件记录
可容许风险	不需要另外的控制措施，应考虑投资效果更佳的解决方案或不增加额外成本的改进措施，需要对现行的风险控制进行监测，以确保控制措施得以保持并有效
轻度风险	应努力降低风险，但应仔细测定并限定预防成本，并应在规定时间期限内实施降低风险措施。在轻度风险与严重伤害后果相关的场合，必须进行进一步的评价，以更准确地确定伤害的可能性，确定是否需要改进控制措施

表 4–1（续）

风险等级	风险控制措施策划
中度风险	直至风险降低后才能开始工作。为降低风险，有时必须配备大量资源。当风险涉及正在进行的工作时，应采取应急措施
重大风险	只有当风险已降低时，才能开始或继续工作。如果无限的资源投入也不能降低风险，就必须禁止工作

危险源辨识、风险评价和风险控制的结果应按优先顺序进行排列，根据风险的大小决定哪些需要继续维持，哪些需要改善控制措施，并列出风险控制措施计划清单。

选择控制措施时应考虑下列因素：

（1）如果可能，消除风险。

（2）如果不可能消除危险源或风险，采取降低风险的措施：如：

1）改用危害性较低的物质等措施降低或减小风险；

2）对原有的风险控制措施或有关程序进行改善或修改，以降低或减小工作活动中的危害；

3）利用技术进步，使工作适合于人，如考虑人的精神和体能等因素；

4）采取隔离工作人员或危害风险的措施；

5）采用安全防护措施和装置对危害进行限制；

6）将工程技术控制与管理控制相结合，以提高控制措施的有效性；

7）所需的应急预案和监测控制措施。

（3）进行个体防护。

选择控制措施的优先顺序是：消除；替代；工程控制措施；标志、警告和（或）管理控制措施；个体防护装备。

（六）评审措施计划的充分性

措施计划应在实施前予以评审，评审应考虑下列因素：

（1）修订的控制措施是否会将风险降低到可承受的水平；

（2）控制措施的使用是否会产生新的危害和风险；

（3）控制措施是否选择了投入成本和获取效益的最佳方案，是否考虑了组织的能力；

（4）受影响的人员如何评价修订后的预防措施的必要性和可行性；

（5）修定后的控制措施是否会被用于实际工作中，在面对诸如完成工作的压力等情况下是否会被忽视。

（七）关于持续改进

危险源辨识、风险评价与控制是一个持续改进的过程。应按预定的或管理者确定的时间和周期对危险源辨识、风险评价和控制过程进行评审。如果必要，控制措施的充分性必须得到持续评审和修订。

当条件改变、危害和风险发生显著变化时，应对危险源辨识、风险评价与控制进行重新评审，如出现以下情况时：

（1）新用工制度、新工艺、新操作程序、新组织机构等；

（2）法律法规的修订、机构的兼并和重组、职责的调整。

第二节 危险源辨识和风险评价方法

一、危险源辨识和风险评价方法分类

危险源辨识和风险评价方法的分类方法很多，常用的有按评价结果的量化程度分类法、按评价的推理过程分类法、按针对的系统性质分类法、按安全评价要达到的目的分类法等。

（一）按量化程度分类

按评价结果的量化程度分类法：按照安全评价结果的量化程度，风险评价方法可分为定性安全评价方法和定量安全评价方法。

1. 定性风险评价方法

定性风险评价方法主要是根据经验和直观判断能力对生产系统的工艺、设备、设施、环境、人员和管理等方面的状况进行定性的分析，评价结果是一些定性的指标，如是否达到了某项安全指标等。

属于定性风险评价方法的有安全检查表、专家现场询问观察法、因素图分析法、作业条件危险性评价法、故障类型和影响分析、危险可操作性研究等。

2. 定量安全评价方法

定量风险评价方法是在大量分析实验结果和事故统计资料基础上获得的指标或规律（数学模型），是对生产系统的工艺、设备、设施、环境、人员和管理等方面的状况进行定量的计算，评价结果是一些定量的指标，如事故发生的概率、事故的伤害（或破坏）范围、定量的危险性、事故致因因素的事故关联度或重要度等。

按照风险评价给出的定量结果的类别不同，定量安全评价方法还可以分为概率风险评价法、伤害（或破坏）范围评价法和危险指数评价法等。

（1）概率风险评价法

概率风险评价法是根据事故的基本致因因素的事故发生概率，应用数理统计中的概率分析方法，求取事故基本致因因素的关联度（或重要度）或整个评价系统的事故发生概率的安全评价方法。故障类型及影响分析、事故树分析、逻辑树分析、概率理论分析、马尔可夫模型分析、模糊矩阵法、统计图表分析法等都可以由基本致因因素的事故发生概率计算整个评价系统的事故发生概率。

（2）伤害（或破坏）范围评价法

伤害（或破坏）范围评价法是根据事故的数学模型，应用数学方法，求取事故对人员的伤害范围或对物体的破坏范围的安全评价方法。液体泄漏模型、气体泄漏模型、气体绝热扩散模型、池火火焰与辐射强度评价模型、火球爆炸伤害模型、爆炸冲击波超压伤害模型、蒸气云爆炸超压破坏模型、毒物泄漏扩散模型和锅炉爆炸伤害 TNT 当量法都属于伤害（或破坏）范围评价法。

（3）危险指数评价法

危险指数评价法是应用系统的事故危险指数模型，根据系统及其物质、设备（设施）和工艺的基本性质和状态，采用推算的办法，逐步给出事故的可能损失、引起事故发生或使事故扩大的设备、事故的危险性以及采取安全措施的有效性的安全评价方法。常用的危险指数评价法有：道化学公司火灾、爆炸危险指数评价法，蒙德火灾爆炸毒性指数评价法，易燃、易爆、有毒重大危险源评价法。

（二）其他风险评价方法

按照风险评价的逻辑推理过程，风险评价方法可分为归纳推理评价法和演绎推理评价法。归纳推理评价法是从事故原因推论结果的评价方法，即从最基本的危险、有害因素开始，逐渐分析导致事故发生的直接因素，最终分析到可能的事故。演绎推理评价法是从结果倒推原因的评价方法，即从事故开始，推论导致事故发生的直接因素，再分析与直接因素相关的间接因素，最终分析和查找出致使事故发生的最基本危险、有害因素。

此外，按照评价对象的不同，风险评价方法可分为设备（设施或工艺）故障率评价法、人员失误率评价法、物质系数评价法、系统危险性评价法等。

二、常用的安全评价方法

（一）安全检查表法

为了系统地找出系统中的不安全因素，把系统加以剖析，列出各层次的不安全因素，然后确定检查项目，以提问的方式把检查项目按系统的组成顺序编制成表，以便进行检查或评审，这种表就叫作安全检查表。安全检查表是进行安全检查、发现和查明各种危险和隐患、监督各项安全规章制度的实施，及时发现并制止违章行为的一个有力工具。由于这种检查表可以事先编制并组织实施，自 20 世纪 30 年代开始应用以来已发展成为预测和预防事故的重要手段。

1. 安全检查表的优缺点

（1）能够事先编制，故可有充分的时间组织有经验的人员来编写，做到系统化、完整化，不至于漏掉能导致危险的关键因素；

（2）可以根据规定的要求，检查遵守的情况，提出准确的评价；

（3）表的应用方式是有问有答，给人的印象深刻，能起到安全教育的作用。表内还可注明改进措施的要求，隔一段时间后重新检查改进情况；

（4）简明易懂，容易掌握；

（5）只能做定性的评价，不能给出定量评价结果；

（6）只能对已经存在的对象进行评价。

2. 安全检查表的编制

安全检查表应列举需查明的所有可能导致事故的不安全因素。它采用提问的方式，要求回答“是”或“否”。“是”表示符合要求，“否”表示存在问题有待于进一步改进，所以，在每个提问后面也可以设改进措施栏。每个检查表均需注明检查时间、检查者、直接负责人等，以便分清责任。安全检查表的设计应做到系统、全面，检查项目应明确。

3. 编制安全检查表的主要依据

（1）有关标准、规程及规定。为了保证安全生产，国家及有关部门发布了各类安全标准及有关的文件，这些是编制安全检查表的一个主要依据。为了便于工作，有时将检查条款的出处加以注明，以便能尽快统一不同意见。

（2）国内外事故案例。搜集国内外同行业及同类产品行业的事故案例，从中发掘出不安全因素作为安全检查的内容。国内外及本单位在安全管理及生产中的有关经验，也是一项重要内容。

（3）通过系统分析所确定的危险部位及防范措施。

（4）研究成果。在现代信息社会和知识经济时代，知识的更新很快，编制安全检查表必须采用最新的知识和研究成果，包括新的方法、技术、法规和标准。

安全检查表举例见表 4–2 和表 4–3。

表 4–2 安全检查表举例（气柜安全评价检查表）

序号	检查标准	扣分项	应得分	检查得分
1	气柜各节及柜顶无泄漏	一处泄漏扣 2 分	10	
2	各节水封槽保持满水，水槽保持少量溢流水	一节不符合扣 5 分	20	
3	导轮、导轨运行正常，油盖有油	达不到要求不得分	20	
4	各节之间防静电连接完好、可靠	不符合要求不得分	10	
5	气柜接地线完好无损，电阻不大于 10Ω	达不到要求不得分	10	
6	配备可燃性气体检测报警器，定期校验，保证完好	一个不完好不得分	10	
7	高低液位报警准确完好	一个不准确不得分	20	
合计			100	

表 4–3 安全检查表举例（顶板安全管理水平检查表）

考评类目	检查标准	检查依据	检查结果
顶板危险单元危险辨识（20 分）	1. 未开展危险单元危险辨识工作扣全分； 2. 主要危险单元事故模式不全面，每项扣 5 分；遗漏缺陷状况每项扣 5 分；措施不具体扣 10 分	查有关危险辨识结果材料	

表 4-3（续）

考评类目	检查标准	检查依据	检查结果
顶板安全检查落实（25 分）	1. 无专用安全检查表扣 10 分； 2. 检查分工不明确扣 8 分； 3. 检查结果信息传递不畅通扣 7 分	查有关文件材料	
职工安全素质教育（25 分）	1. 涉及顶板岗位班组安全教育，未根据顶板危险特征制定教育内容扣 5 分；班组安全活动无顶板危险控制内容扣 10 分； 2. 未定期组织开展岗位安全技能训练扣 10 分	查有关文件材料	
顶板隐患整改（15 分）	1. 立项率低于 80%，每低 5% 扣 5 分； 2. 整改率低于 95%，每低 5% 扣 5 分	查隐患整改记录	
顶板事故管理（15 分）	1. 发生顶板事故，其原因分析不全面、不准确、不完整扣 10 分； 2. 针对事故暴露出的问题，未采取有效措施并及时反馈到基层扣 5 分	查事故报告档案	

（二）风险矩阵分析法

风险矩阵分析法是一种以事故发生的可能性和事故后果严重性综合评估风险大小的风险评估分析方法。可按以下公式计算：

$$R=L\times S$$

其中：R 是安全风险等级，是事故发生的可能性与事件后果的结合；L 是事故发生的可能性；S 是事故后果严重性；R 值越大，说明该系统危险性大、风险大。

事故发生的可能性（L）和事故后果严重性（S）的判定准则的示例见表 4–4 和表 4–5；安全风险等级（R）判定准则及控制措施示例见表 4–6；风险矩阵示例表见表 4–7。

表 4–4　事故发生的可能性（L）判定准则示例

等级	标准
5	在现场没有采取防范、监测、保护、控制措施，或危害的发生不能被发现（没有监测系统），或在正常情况下经常发生此类事故或事件
4	危害的发生不容易被发现，现场没有检测系统，也未发生过任何监测，或在现场有控制措施，但未有效执行或控制措施不当
3	没有保护措施（如没有保护装置、没有个人防护用品等），或未严格按操作程序执行，或过去曾经发生类似事故或事件
2	危害一旦发生能及时发现，并定期进行监测，或现场有防范控制措施并能有效执行，或过去偶尔发生事故或事件
1	有充分、有效的防范、控制、监测、保护措施，或员工安全卫生意识相当高，严格执行操作规程。极不可能发生事故或事件

表 4-5　事故后果严重性（S）判定准则示例

等级	法律、法规及其他要求	人员	直接经济损失	停工	企业形象受影响范围
5	违反法律、法规和标准	死亡	100 万元以上	部分装置（>2 套）或设备	重大国际
4	潜在违反法规和标准	丧失劳动能力	50 万元以上	2 套装置停工、或设备停工	行业内、省内
3	不符合上级公司或行业的安全方针、制度、规定等	截肢、骨折、听力丧失、慢性病	1 万元以上	1 套装置停工或设备停工	地区
2	不符合企业的安全操作程序、规定	轻微受伤、间歇不舒服	1 万元以下	受影响不大，几乎不停工	公司及周边范围
1	完全符合	无伤亡	无损失	没有停工	无影响

表 4-6　安全风险等级（R）判定准则及控制措施示例

风险值	风险等级		应采取的行动 / 控制措施	实施期限
20–25	A/1 级	极其危险	在采取措施降低危害前，不能继续作业，对改进措施进行评估	立刻
15–16	B/2 级	高度危险	采取紧急措施降低风险，建立运行控制程序，定期检查、测量及评估	立即或近期整改
9–12	C/3 级	显著危险	可考虑建立目标、建立操作规程，加强培训及沟通	2 年内治理
4–8	D/4 级	轻度危险	可考虑建立操作规程、作业指导书，但需定期检查	有条件、有经费时治理
1–3	E/5 级	稍有危险	无需采用控制措施	需保存记录

表 4-7　风险矩阵表示例

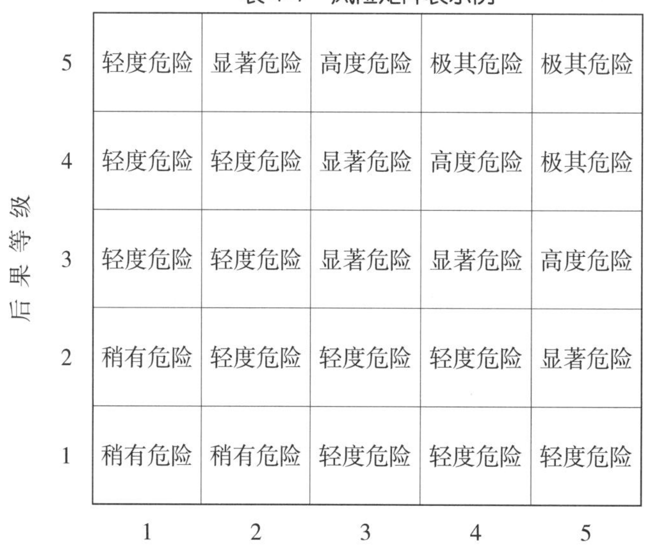

后果等级 \ 可能性等级	1	2	3	4	5
5	轻度危险	显著危险	高度危险	极其危险	极其危险
4	轻度危险	轻度危险	显著危险	高度危险	极其危险
3	轻度危险	轻度危险	显著危险	显著危险	高度危险
2	稍有危险	轻度危险	轻度危险	轻度危险	显著危险
1	稍有危险	稍有危险	轻度危险	轻度危险	轻度危险

（三）作业条件危险性分析法（LEC）

作业条件危险性分析评价法（LEC）是一种常用的风险评价方法。其中，L 代表事故发生的可能性，E 代表人员暴露于危险环境中的频繁程度，C 代表一旦发生事故可能造成的后果严重性。给 L、E、C 三种因素的不同等级分别确定不同的分值，再以三个分值的乘积 D（danger，危险性）来评价作业条件危险性的大小，即 $D=L\times E\times C$。D 值越大，说明该作业活动危险性大、风险大。

事故发生的可能性（L）和暴露于危险环境的频繁程度（E）判定准则示例见表 4–8 和表 4–9；发生事故可能造成的后果示例见表 4–10；风险等级（D）判定准则及控制措施示例见表 4–11。

表 4–8 事故发生的可能性（L）判定准则示例

分值	事故、事件或偏差发生的可能性
10	完全可以预料
6	相当可能；或危害的发生不能被发现（没有监测系统）；或在现场没有采取防范、监测、保护、控制措施；或在正常情况下经常发生此类事故、事件或偏差
3	可能，但不经常；或危害的发生不容易被发现；现场没有检测系统或保护措施（如没有保护装置、没有个人防护用品等），也未做过任何监测；或未严格按操作规程执行；或在现场有控制措施，但未有效执行或控制措施不当；或危害在预期情况下发生
1	可能性小，完全意外；或危害的发生容易被发现；现场有监测系统或曾经做过监测；或过去曾经发生类似事故、事件或偏差；或在异常情况下发生过类似事故、事件或偏差
0.5	很不可能，可以设想；危害一旦发生能及时发现，并能定期进行监测
0.2	极不可能；有充分、有效的防范、控制、监测、保护措施；或员工安全卫生意识相当高，严格执行操作规程
0.1	实际不可能

表 4–9 暴露于危险环境的频繁程度（E）判定准则示例

分值	频繁程度	分值	频繁程度
10	连续暴露	2	每月一次暴露
6	每天工作时间内暴露	1	每年几次暴露
3	每周一次或偶然暴露	0.5	非常罕见地暴露

表 4–10 发生事故可能造成的后果严重性（C）判定准则示例

分值	法律法规及其他要求	人员伤亡	直接经济损失 / 万元	停工	公司形象受影响范围
100	严重违反法律法规和标准	10 人以上死亡，或 50 人以上重伤	5 000 以上	公司停产	重大国际、国内
40	违反法律法规和标准	3 人以上、10 人以下死亡，或 10 人以上、50 人以下重伤	1 000 以上	装置停工	行业内、省内

表 4-10（续）

分值	法律法规及其他要求	人员伤亡	直接经济损失 / 万元	停工	公司形象受影响范围
15	潜在违反法规和标准	3 人以下死亡，或 10 人以下重伤	100 以上	部分装置停工	地区
7	不符合上级或行业的安全方针、制度、规定等	丧失劳动力、截肢、骨折、听力丧失、慢性病	10 万以上	部分设备停工	公司及周边范围
2	不符合公司的安全操作程序、规定	轻微受伤、间歇不舒服	1 万以上	1 套设备停工	公司内
1	完全符合	无伤亡	1 万以下	没有停工	形象未受影响

表 4-11　风险等级（*D*）判定准则及控制措施示例

风险值	风险等级		应采取的行动 / 控制措施	实施期限
$D > 320$	A/1 级	极其危险	在采取措施降低危害前，不能继续作业，对改进措施进行评估	立刻
$160 < D \leqslant 320$	B/2 级	高度危险	采取紧急措施降低风险，建立运行控制程序，定期检查、测量及评估	立即或近期整改
$70 < D \leqslant 160$	C/3 级	显著危险	可考虑建立目标、建立操作规程，加强培训及沟通	2 年内治理
$20 < D \leqslant 70$	D/4 级	轻度危险	可考虑建立操作规程、作业指导书，但需定期检查	有条件、有经费时治理
$D \leqslant 20$	E/5 级	稍有危险	无须采用控制措施，但需保存记录	/

（四）故障树分析法（FTA）

故障树分析法又称为事故树分析法，是一种演绎的系统安全分析方法。它是从要分析的特定事故或故障开始（顶上事件），层层分析其发生原因，直到找出事故的基本原因，即故障树的底事件为止。这些底事件又称为基本事件，它们的数据是已知的，或者已经有过统计或实验的结果。

1. 故障树实例

故障树实例如图 4–2 所示。

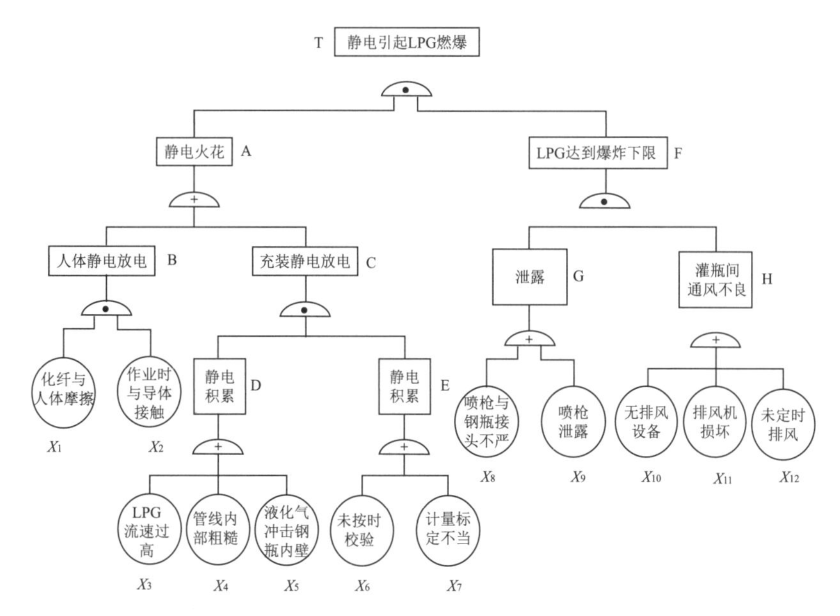

图 4–2　故障树实例（静电引起 LPG 燃爆事故树）

2. 故障树分析的步骤

FTA 一般可分为以下几个阶段：

（1）选择合理的顶上事件，系统分析边界和定义范围，并且确定成功与失败的准则；

（2）资料收集准备，围绕所需要分析的事件进行工艺、系统、相关数据等资料的收集；

（3）建造故障树，这是 FTA 的核心部分。通过对已收集的技术资料，在设计、运行管理人员的帮助下，建造故障树；

（4）对故障树进行简化或者模块化；

（5）定性分析，求出故障树的全部最小割集，当割集的数量太多时，可以通过程序进行概率截断或割集截断；

（6）定量分析，这一阶段的任务是很多的，它包括计算顶事件发生概率（即系统的点无效度和区间无效度），此外还要进行重要度分析和灵敏度分析。

故障树分析方法可用于洲际导弹（核电站）等复杂系统和其他各类系统的可靠性及安全性分析、各种生产的安全管理可靠性分析和伤亡事故分析。

（五）事件树分析（ETA）

ETA 的理论基础是系统工程的决策论。与 FTA 恰好相反，该方法是从原因到结果的归纳分析法。其分析方法是：从一个初因事件开始，按照事故发展过程中事件出现与不出现，交替考虑成功与失败两种可能性，然后再把这两种可能性又分别作为新的初因事件进行分析，直到分析出最后结果为止。

事件树分析的特点是能够看到事故发生的动态发展过程。在进行定量分析时，各事件都要按条件概率来考虑，即后一事件是在前一事件出现的情况下出现的条件概率。

事件树分析的步骤如下：

（1）确定或寻找可能导致系统严重后果的初因事件，并进行分类，对于那些可能导致相同事件树的初因事件可划分为一类；

（2）构造事件树，先构造功能事件树，然后构造系统事件树；

（3）进行事件树的简化；

（4）进行事件序列的定量化。

事件树分析举例见图 4-3 所示。

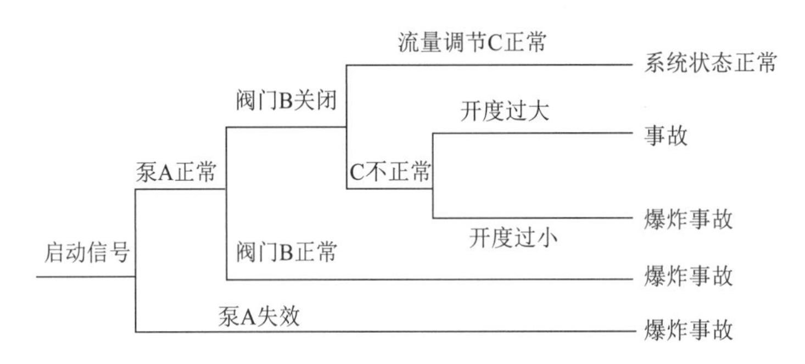

图 4-3 原料 A 输送系统事件树

（六）火灾、爆炸危险指数评价法

危险指数评价方法为美国道化学（DOW）公司首创。它以物质系数为基础，再考虑工艺过程中其他因素（如操作方式、工艺条件、设备状况、物料处理、安全装置情况等）的影响，来计算每个单元的危险度数值，然后按数值大小划分危险度级别。分析时对管理因素考虑较少，因此，它主要是对化工生产过程中固有危险的度量。

道化学公司的火灾爆炸指数方法开创了化工生产危险度定量评价的历史。1964 年发布第一版，至今已修改 6 次，发布了第七版。

火灾、爆炸危险指数（F&EI）评价法评价程序如下：

（1）资料准备。所需资料包括：准确无误的工厂设计方案；工艺流程图；F&EI 危险分级指南；F&EI 计算表；单元分析汇总表；工厂危险分析汇总表；工艺设备成本表等；

（2）确定评价单元。划分评价单元时要考虑工艺过程，评价单元应反映最大的火灾、爆炸危险；

（3）为每个评价单元确定物质系数（MF）；

（4）按照 F&EI 计算表，对一般工艺危险和特殊工艺危险栏目下的危险影响因素逐一评价并填入适当的危险系数；

（5）一般工艺危险系数和特殊工艺危险系数的乘积即为“单元工艺危险系数”，它代表了单元的危险程度。由单元工艺危险系数和物质危险系数查出“危害系数”，“危害系数”表示了损失的大小；

（6）单元工艺危险系数、物质危险系数的乘积为火灾、爆炸指数（F&EI）。它被用来确定该单元影响区域的大小；

（7）确定单元影响区域内所有设备的价值（美元），用它求出基本最大可能财产损失（Base MPPD）；

（8）当考虑各种补偿系数或将昂贵设备移至单元影响区域之外时，基本最大可能财产损失可以降低至实际最大可能财产损失（Actual MPPD）；

（9）实际最大可能财产损失是指配备合理的防护装置、元件发生事故时可能带来的损失。如果防护装置失效，则实际可能最大损失的数值就接近于基本最大可能损失；

（10）根据实际最大可能损失可以得到最大可能损失工作日（MPDO）。从这些数据还能计算出停产损失。

（七）预先危害分析法（PHA）

预先危害分析法是在某项工作开始前，为实现系统安全而对系统进行的初步或初始的分析，包括设计、生产、施工等。在作业前，首先对系统中存在的危险性质、发生的条件、事故的后果进行分析，目的是识别系统中的危险源，预测事故发生后的影响，评价已识别的风险等级，提出消除或降低风险的措施。

预先危害分析法的主要步骤如下：

（1）准备资料，专业人员收集或写出所有产品生产过程所涉及的物料、工艺、设备、工装、工具、环境条件，以及质量目标、工艺参数、控制要求等相关资料；

（2）由有相关经验的人员分析、判断、确定主要的危险因素，主要包括危险设备和物质、主要的控制措施和设施、影响过程的环境因素、操作方法和规程、辅助设施和安全设施等；

（3）与以往的经验教训或同类型生产事故情况进行分析与对比，查找可能造成系统事故或故障的危险因素和危险源；

（4）确定危险源的分类，做出预先危险性统计分析表，明确危险因素转化为危险状态或引发事件的必要条件；

（5）有针对性地制定对策，评价或检验对策的有效性；

（6）汇总结果，列出危险源，并按急、重、缓、轻进行排序，制定事件（和事故）、灾害的预防措施。

PHA 应用示例见表 4-12。

表 4-12　PHA 应用示例

危险危害因素	触发事件	现象	原因事件	事故情况	结果	危险等级	措施
硫酸泄漏	1. 设备阀门管道等密封不良；2. 密封件损坏；3. 管道破裂	硫酸溢出	1. 地坪及周边设备不防腐；2. 现场人员无个体防护设备；3. 设备周围有易燃物	1. 地坪周围设备受腐蚀；2. 人可能受灼伤；3. 可能引起火灾	人员伤害及财产损失	3	干燥塔及硫酸储槽周围设置防护堤，且具备防腐功能

表 4-12（续）

危险危害因素	触发事件	现象	原因事件	事故情况	结果	危险等级	措施
氯气中水分含量超标	干燥塔硫酸浓度和温度不正常	在线分析仪显示异常	压缩机及各级冷却器被腐蚀	氯气泄漏控制浓度超标，机器损坏生产停止	人员中毒财产损失	2~3	严格控制干燥塔的温度；氯气出口安装在线水分分析仪

（八）故障类型及影响分析（FMEA）

故障类型和影响分析是系统安全工程的一种方法。依据系统可以分解为多个子系统或单元、生产装置可以划分为多个单体设备或元器件的特点，按实际的需要分析各子系统可能发生的故障类型或事件以及事件产生的影响，有针对性地制定控制与改进措施，提高每个子系统或单元的安全可靠性，以达到系统的安全可靠。其目的就是辨识单一设备或单元和系统的故障模式及每种故障模式对装置或系统造成的影响。

一般情况下，要首先明确系统和子系统可能发生的事件或故障类型、故障等级，以便针对不同等级的危害，分级分时段加以控制。

1. 基本概念

（1）故障：指系统、子系统或元件在运行时达不到设计规定的要求，因而完不成规定的任务或完成得不好的情况；

（2）故障类型：指系统、子系统或元件发生的每一种故障的形式；

（3）故障等级：指根据故障类型对系统或子系统影响程度的不同而划分的等级。

2. 故障类型和影响分析的主要步骤

（1）确定和界定系统区间，掌握系统工作原理和部件组成，合理地将系统划分为几个子系统，再进一步划分为单元或元件；

（2）审查每个子系统的工作原理、技术资料，明确子系统与系统的关系，编制每个子系统中单元或元件排序表，注明每个单元或元件的基本功能，明确操作和环境对系统的作用；

（3）逐项查出导致单元或元件发生故障的机理和因素，查出每个单元或元件的故障类型以及对子系统的故障影响程度，分别列出并逐项分析；

（4）分析和排列每个故障类型的发生概率；

（5）制定消除或降低、控制危险发生的措施。

FMEA 应用示例见表 4-13。

表 4–13　FMEA 应用示例

元素	故障类型	可能的原因	对系统影响	措施
按钮	卡住；接点断不开	机械故障；机械故障；人员没放开按钮	电机不转；电机运转时间过长；短路会烧毁保险丝	定期检查更换
继电器	接点不闭合；接点不断开	机械故障；机械故障；经过接点电流过大	电机不转；电机运转时间过长；短路会烧毁保险丝	检查更换
保险丝	不熔断	质量问题，如保险丝过粗	短路时不能断开短路	质量检查
电机	不转；短路	质量问题，如：按钮卡住；继电器接点不闭合；运转时间过长	丧失系统功能；电路电流过大烧毁保险丝；使继电器接点粘连	……

（九）危险和可操作性研究（HAZOP）

1. 方法概述

危险与可操作性研究（Hazard and Operability Analysis，HAZOP）是英国帝国化学工业公司（ICI）于 1974 年开发的，是以系统工程为基础，主要针对化工设备、装置而开发的危险性评价方法。该方法研究的基本过程是以关键词为引导，寻找系统中工艺过程或状态的偏差，然后再进一步分析造成该变化的原因、可能的后果，并有针对的提出必要的预防对策措施。

运用危险与可操作性研究（HAZOP）分析方法，可以查处系统中存在的危险、有害因素，并能以危险、有害因素可能导致的事故后果确定设备、装置中的主要危险、有害因素。

危险与可操作性研究也能作为确定事故树“顶上事件”的一种方法。

2. HAZOP 操作步骤

HAZOP 方法的目的主要是调动生产操作人员、安全技术人员、安全管理人员和相关设计人员的想象性思维，使其能够找出设备、装置中的危险、有害因素，为制定安全对策措施提供依据。HAZOP 分析可按以下步骤进行：

（1）成立分析小组

根据研究对象，成立一个由多方面专家（包括操作、管理、技术、设计和监察等各方面人员）组成的分析小组，一般为 4 ~ 8 人组成，并指定负责人。

（2）收集资料

分析小组针对分析对象广泛地收集相关信息、资料，可包括产品参数、工艺说明、环境因素、操作规范、管理制度等方面的资料，尤其是带控制点的流程图。

（3）划分评价单元

为了明确系统中各子系统的功能，将研究对象划分成若干单元，一般按连续生产工艺过程中的单元以管道为主、间歇生产工艺过程中的单元以设备为主的原则进行单元划分。明确单元功能，并说明其运行状态和过程。

（4）定义关键词

按照 HAZOP 中给出的关键词逐一分析各单元可能出现的偏差。

（5）分析产生偏差的原因及其后果。

（6）制定相应的对策措施。

3. HAZOP 的优点、缺点及使用范围

该方法优点是简便易行，且背景各异的专家在一起工作，在创造性、系统性和风格上互相影响和启发，能够发现和鉴别更多的问题，汇集了集体的智慧，这要比他们单独工作时更为有效。其缺点是分析结果受分析评价人员主观因素的影响。

HAZOP 方法适用于设计阶段和现有的生产装置的评价。起初，英国帝国化学工业公司开发的 HAZOP 方法主要在连续的化工生产工艺过程中应用。化工生产工艺过程中管道内物料工艺参数的变化可以反映各装置、设备的状况，因此，在连续过程中分析的对象应确定为管道，通过对管道内物料状态及工艺参数产生偏差的分析，查找出系统存在的危险、有害因素以及可能的事故后果。通过对管道的分析，就能够全面地了解整个系统存在的危险。通过对 HAZOP 方法的适当改进，该方法也能应用于间歇化工生产工艺过程的危险性分析。在进行化工生产工艺过程的评价时，分析对象应是主体设备。

三、危险源辨识和风险评价方法对照表

危险源辨识和风险评价方法很多，每种方法都有其优势和局限性，在实践中应根据实际情况来进行选择。表 4–14 中列出了各种方法的特点，供参考选择。

表 4-14 危险源辨识和安全风险评价方法对照表

评价方法	评价目标	定性 / 定量	方法特点	适用范围	应用条件	优缺点
类比法	危害程度分级、危险性分级	定性	利用类比作业场所检测、统计数据分级和事故统计分析资料类推	职业安全卫生评价作业条件、岗位危险性评价	类比作业场所具有可比性	简便易行、专业检测量大、费用高
安全检查表法	危险、有害因素分析安全等级	定性、定量	按事先编制的有标准要求的检查表逐项检查，按规定赋分标准赋分，评定安全等级	各类系统的设计、验收、运行、管理、事故调查	有事先编制的各类检查表，有赋分、评级标准	简便、易于掌握、编制检查表难度及工作量大
预先危害分析法（PHA）	危险、有害因素分析危险性等级	定性	讨论分析系统存在的危险、有害因素、触发条件、事故类型，评定危险性等级	各类系统设计，施工、生产、维修前的概略分析和评价	分析评价人员熟悉系统，有丰富的知识和实践经验	简便易行，受分析评价人员主观因素影响
故障类型和影响分析（FMEA）	故障（事故）原因影响程度等级	定性	列表、分析系统（单元、元件）故障类型、故障原因、故障影响，评定影响程序等级	机械电气系统、局部工艺过程，事故分析	同上，有根据分析要求编制的表格	较复杂、详尽，受分析评价人员主观因素影响
事件树分析（ETA）	事故原因触发条件事故概率	定性、定量	归纳法，由初始事件判断系统事故原因及条件内各事件概率，计算系统事故概率	各类局部工艺过程、生产设备、装置事故分析	熟悉系统、元素间的因果关系，有各事件发生概率数据	简便、易行，受分析评价人员主观因素影响
作业条件危险性分析法	危险性等级	定性、半定量	按规定对系统的事故发生可能性、人员暴露状况、危险程序赋分，计算后评定危险性等级	各类生产作业条件	赋分人员熟悉系统，对安全生产有丰富知识和实践经验	简便、实用，受分析评价人员主观因素影响
道化学公司法（DOW）	火灾、爆炸危险性等级事故损失	定量	根据物质、工艺危险性计算火灾爆炸指数，判定采取措施前后的系统整体危险性，由影响范围、单元破坏系数计算系统整体经济、停产损失	生产、贮存、处理燃爆、化学活泼性、有毒物质的工艺过程及其他有关工艺系统	熟练掌握方法、熟悉系统、有丰富知识和良好的判断能力，须有各类企业装置经济损失目标值	大量使用图表、简捷明了、参数取位宽、因人而异，只能对系统整体宏观评价
危险和可操作性研究	偏离及其原因、后果、对系统的影响	定性	通过讨论，分析系统可能出现的偏离、偏离原因、偏离后果及对整个系统的影响	化工系统、热力、水力系统的安全分析	分析评价人熟悉系统、有丰富的知识和实践经验	简便、易行，受分析评价人员主观因素影响

表 4-14（续）

评价方法	评价目标	定性 / 定量	方法特点	适用范围	应用条件	优缺点
模糊综合评价	安全等级	半定量	利用模糊矩阵运算的科学方法，对于多个子系统和多因素进行综合评价	各类生产作业条件	赋分人员熟悉系统，对安全生产有丰富知识和实践经验	简便、实用，受分析评价人员主观因素影响
风险矩阵分析法	危险发生的可能性和伤害的严重程度，综合评估风险等级	定性、定量	对风险发生概率和风险影响程度分级评分，并将二者估值相乘得到风险值	项目管理全生命周期中评估和管理风险	要求风险管理人员利用经验或计算软件较为准确地判断本行业某风险发生概率大小和风险影响程度	简单、易用的结构性风险管理方法，可识别项目中关键风险
故障树分析法	分析故障事件（又称顶端事件）发生的概率；分析零件、部件或子系统故障对系统故障的影响	定性、定量	由上往下的演绎式失效分析法，利用布林逻辑组合低阶事件，分析系统中不希望出现的状态	安全系统工程	建树者对于系统及组成部分有充分的了解，需要系统版块各专业人员共同研究完成	可有效分析系统如何避免单一般（或是多重）初始故障发生
火灾、爆炸危险指数评价法	危险程度分级	定量	以已往的事故统计资料及物质的潜在能量和现行安全措施为依据，定量地对工艺装置及所含物料的实际潜在火灾、爆炸的反应危险性进行分析评价	化工生产过程中固有危险的度量	要求评价者准确地选取工艺单元，并准确地辨识及确定物质系数 MF	它以物质系数为基础，结合考虑工艺过程中其他因素值，来计算每个单元的危险度数值，分析时对管理因素考虑较少，客观性较强

第五章　职业健康安全管理相关法律法规

第一节　我国职业健康安全法律体系

一、职业健康安全法律基本概念

职业健康安全法律法规是指调整在生产过程中产生的同劳动者或生产人员的安全与健康，以及与生产资料和社会财富安全保障有关的各种社会关系的法律法规的总和。

人们通常说的职业健康安全法律包括有关职业健康和安全生产的法律、行政法规、地方性法规和行政规章等，例如，全国人大及其常委会、国务院及有关部委、地方人大和地方政府颁发的有关安全生产、职业健康安全、劳动保护等方面的法律、法规、规章、规程、决定、条例、规定、规则及标准等，均属于职业健康安全法律法规的范畴。

二、职业健康安全法律体系

职业健康安全法律体系是指我国全部现行的、不同的和职业健康安全有关的法律规范形成的有机联系的统一整体。按照法律地位和法律效力的层级，可以分为上位法与下位法。不同的立法对同一类或者同一个职业健康安全行为作出不同法律规定的，以上位法的规定为准，上位法没有规定的，可以适用下位法。而当法律规定存在不一致的地方，应遵循后法大于先法、特别法优于一般法等原则。

我国职业健康安全法律体系的基本框架包括：

（一）宪法

宪法（constitution）是国家的根本大法，具有最高的法律地位和效力。是由我国最高权力机关全国人民代表大会通过和修改的，是治国安邦的总章程，是职业健康安全法律法规体系建立的依据和基础。职业健康安全法律无论是立法原则还是立法内容都不得与之相抵触。

现行的中华人民共和国宪法于1982年公布施行，2018年3月11日第十三届全国人民代表大会第一次会议通过了第五次修正案。其中明确指出公民享有劳动的权利和义务，妇女应享有平等权利等，这成为职业健康安全的立法依据和指导原则。主要包括：

第四十二条　中华人民共和国公民有劳动的权利和义务。

国家通过各种途径，创造劳动就业条件，加强劳动保护，改善劳动条件，并在发展生产的基础上，提高劳动报酬和福利待遇。国家对就业前的公民进行必要的劳动就业训练。

第四十三条　中华人民共和国劳动者有休息的权利。国家发展劳动者休息和休养的设施，规定职工的工作时间和休假制度。

第四十八条 中华人民共和国妇女在政治的、经济的、文化的、社会的和家庭的生活等各方面享有同男子平等的权利。

国家保护妇女的权利和利益，实行男女同工同酬，培养和选拔妇女干部。

（二）法律

法律具有仅次于宪法的法律效力，是职业健康安全法律体系的上位法，由全国人民代表大会及其常务委员会制定。我国现行的职业健康安全的专门法律有《中华人民共和国安全生产法》《中华人民共和国消防法》《中华人民共和国矿石安全法》《中华人民共和国道路交通安全法》《中华人民共和国特种设备安全法》等。与职业健康安全相关的法律主要有《中华人民共和国劳动法》《中华人民共和国职业病防治法》等。

《中华人民共和国安全生产法》是我国职业健康和安全生产领域的基本法，是我国制定各项职业健康安全专项法律的依据。

（三）法规

法规可分为行政法规和地方性法规。

1. 行政法规

指由国务院根据宪法、法律组织制定并批准公布的，为实施职业健康安全法律或标准安全管理制度及程序而颁布的条例、规定等，现行的行政法规如《安全生产许可证条例》《危险化学品安全管理条例》《中华人民共和国尘肺病防治条例》《建设工程安全生产管理条例》和《国务院关于特大安全事故行政责任追究的规定》等。

2. 地方性法规

指省、自治区、直辖市人民代表大会及其常委会制定的不与宪法、法律、行政法规相抵触的规范性文件，只在制定法规的辖区内有效。比如《北京市安全生产条例》《河南省安全生产条例》等。

（四）规章

规章可分为部门规章和地方规章。

部门规章由国务院有关部门为加强职业健康安全工作，依据相关法律、行政法规、决定等在本部门权限范围内制定并颁布的规范性文件，如安监总局颁布的《生产经营单位安全培训规定》《建设项目安全设施“三同时”监督管理办法》《工作场所职业卫生监督管理规定》《职业病危害项目申报办法》《用人单位职业健康监护监督管理办法》《生产安全事故应急预案管理办法》《建设项目职业病防护设施“三同时”监督管理办法》等；交通运输部颁布的《船舶安全营运和防治污染管理规则》、财政部和安监总局联合颁布的《企业安全生产费用提取和使用管理办法》等。

地方规章是省、自治区、直辖市人民政府依据法律、行政法规和本地区地方法规制定的规范性文件，是对国家劳动保护法律、法规的补充和完善，它以解决本地区某一特定的职业健康安全问题为目标，具有较强的针对性和可操作性。

（五）职业健康安全标准

我国的许多立法均将职业健康安全标准作为生产经营单位必须执行的技术规范，从而使得职业健康安全标准具有了法律上的地位和效力，生产经营单位违法了强制性职业健康安全标准的要求，同样要承担法律责任。职业健康安全标准分为国家标准、行业标准和地方标准，其含义和职业健康安全法规的含义是一样的。

国家标准是指国家标准化行政主管部门依据《中华人民共和国标准化法》制定的在全国范围内适用的职业健康安全技术规范。

行业标准是指国务院有关部门和直属机构依据《中华人民共和国标准化法》制定的职业健康安全领域内适用的职业健康安全技术规范。行业标准对同一职业健康安全生产事项的技术要求，可以高于国家标准但不得与其抵触。

地方标准是指地方政府行政主管部门依据《中华人民共和国标准化法》制定的、在其管辖区域适用的职业健康安全技术规范。

（六）国际公约

经我国批准生效的国际劳工公约，也是我国职业健康安全法律体系的重要组成部分。国际劳工公约是国际职业健康安全法律标准的一种形式，它不是由国际劳工组织直接实施的法律标准，而是采用会员国批准，并由会员国作为制定国内职业健康安全法规依据的公约文本。国际劳工公约经国家权力机关批准后，批准国应采取必要的措施使该公约发生效力，并负有实施已批准的劳工公约的国际法义务。1949 年以后我国已加入的条约有《作业场所安全使用化学品公约》《职业安全和卫生及工作环境公约》《建筑业安全卫生公约》等。如果我国的职业健康安全法律法规和签署的国际公约有不同规定时，应优先使用国际公约的规定，但我国声明保留的条款除外。

（七）其他要求

其他要求指的是与职业健康安全相关的行业技术规范、与政府机构的协定、非法规性指南等。

我国现行常用的职业健康安全法律法规及标准清单见表 5-1。

表 5-1　我国现行常用的职业健康安全法律法规及标准清单

序号	名称	发布日期	生效日期	颁布 / 修订文件编号 / 标准编号	现行版本施行时间	发布单位	备注
一	安全生产法律						
1	中华人民共和国宪法	1982-12-04	1982-12-04		2018-03-11	全国人大	
2	中华人民共和国安全生产法	2002-06-29	2002-11-01	主席令第 13 号	2014-12-01	全国人大	
3	中华人民共和国劳动法	1994-07-05	1995-01-01	主席令第 28 号	2018-12-29	全国人大	

表 5-1（续）

序号	名称	发布日期	生效日期	颁布 / 修订文件编号 / 标准编号	现行版本施行时间	发布单位	备注
4	中华人民共和国职业病防治法	2001-10-27	2002-05-01	主席令第 81 号	2018-12-29	全国人大	
5	中华人民共和国消防法	2008-10-28	2009-05-01	主席令第 6 号	2019-04-23	全国人大	
6	中华人民共和国特种设备安全法	2013-06-29	2014-0101	主席令第 4 号		全国人大	
7	中华人民共和国道路交通安全法	2007-12-29	2008-05-01	主席令第 47 号	2011-05-01	全国人大	
8	中华人民共和国突发事件应对法	2007-08-30	2007-11-01	主席令第 69 号		全国人大	
9	中华人民共和国劳动合同法	2007-06-29	2008-01-01	主席令第 73 号	2013-07-01	全国人大	
10	中华人民共和国矿山安全法	1992-11-07	1993-05-01	主席令第 18 号	2009-08-27	全国人大	
11	中华人民共和国工会法	1992-04-03	1992-04-03	主席令第 57 号	2009-08-27	全国人大	
12	中华人民共和国未成年人保护法	2006-12-29	2007-06-01	主席令第 65 号	2013-01-01	全国人大	
13	中华人民共和国妇女权益保障法	1992-04-03	1992-10-01	主席令第 58 号	2018-10-26	全国人大	
二	**安全生产行政法规**						
14	特种设备安全监察条例	2003-03-11	2003-06-01	国务院令第 549 号	2009-05-01	国务院	
15	危险化学品安全管理条例	2002-01-26	2002-03-15	国务院令第 645 号	2013-12-07	国务院	
16	安全生产许可证条例	2004-01-07	2004-01-13	国务院令第 653 号	2014-07-29	国务院	
17	生产安全事故报告和调查处理条例	2007-04-09	2007-06-01	国务院令第 493 号		国务院	
18	特大安全事故行政责任追究的规定	2001-04-21	2001-04-21	国务院令第 302 号		国务院	

表 5-1（续）

序号	名称	发布日期	生效日期	颁布 / 修订文件编号 / 标准编号	现行版本施行时间	发布单位	备注
19	中华人民共和国尘肺病防治条例	1987-12-03	1987-12-03	国发〔1987〕105 号		国务院	
20	建设工程安全生产管理条例	2003-11-24	2004-02-01	国务院令第 393 号		国务院	
21	工伤保险条例	2003-04-27	2004-01-01	国务院令第 586 号	2011-01-01	国务院	
22	女职工劳动保护特别规定	2012-04-28	2012-04-28	国务院令第 619 号		国务院	
23	使用有毒物品作业场所劳动保护条例	2002-05-12	2002-05-12	国务院令第 352 号		国务院	
24	道路交通安全法实施条例	2004-04-30	2004-05-01	国务院令第 687 号	2017-10-07	国务院	
三	**安全生产部门规章**						
25	生产经营单位安全培训规定	2006-01-17	2006-03-01	总局令第 80 号	2015-07-01	国家安全生产监管总局	
26	用人单位劳动防护用品管理规范	2015-12-29	2015-12-29	安监总厅安健〔2018〕3 号	2018-01-15	国家安全生产监管总局	《劳动防护用品监督管理规定》于 2015-7-1 废止
27	劳动防护用品配备标准（试行）	2000-03-06	2000-03-06	国经贸安全〔2000〕189 号		国家经贸委	
28	工作场所职业卫生监督管理规定	2012-04-27	2012-06-01	安监总局令（2012）第 47 号		国家安全生产监管总局	2009-7-1《作业场所职业健康监督管理暂行规定》废止
29	生产安全事故应急预案管理办法	2016-06-03	2016-07-01	应急管理部令（2019）第 2 号	2019-09-01	应急管理部	
30	安全生产事故隐患排查治理暂行规定	2007-12-28	2008-02-01	安监总局令（2007）第 16 号		国家安全生产监管总局	

表 5-1（续）

序号	名称	发布日期	生效日期	颁布 / 修订文件编号 / 标准编号	现行版本施行时间	发布单位	备注
31	建设项目职业病防护设施“三同时”监督管理办法	2017-03-09	2017-05-01	安监总局令（2017）第 90 号		国家安全生产监管总局	原《建设项目职业卫生“三同时”监督管理暂行办法》同时废止
32	建设项目安全设施“三同时”监督管理办法	2010-12-14	2011-02-01	安监总局令（2015）第 77 号	2015-05-01	国家安全生产监管总局	
33	职业病分类和目录	2009-10-19	2009-10-19	国卫疾控发（2013）48 号	2013-12-23	国家卫计委、全国总工会等	
34	职业健康检查管理办法	2015-03-26	2015-05-01	国家卫健委令第 2 号	2019-02-28	国家卫健委	
35	职业病危害因素分类目录	2002-03-11	2002-03-11	国卫疾控发（2015）第 92 号	2015-11-17	国家卫计委等	
36	工伤认定办法	2010-12-31	2011-01-01	人力保障部令第 8 号		人力资源和社会保障部	
37	危险化学品目录	2015-02-27	2015-05-01	环保部十部委（2015）第 5 号		环保部等十部委	
38	易制爆危险化学品名录（2017 年版）	2017-05-11	2017-05-11			公安部	
39	机关、团体、企业、事业、单位消防安全管理规定	2001-11-14	2002-05-01	公安部令第 61 号		公安部	
40	电力安全生产监督管理办法	2015-02-17	2015-03-01	国家发改委令第 21 号		国家发改委	
41	企业安全生产责任体系五落实五到位规定	2015-03-16	2015-03-16	安监总办〔2015〕27 号		国家安监总局	
四	**安全生产国家标准**						
42	危险化学品重大危险源辨识	2018-11-19	2019-03-01	GB 18218—2018		国家质检总局	
43	职业安全卫生术语	2008-12-15	2009-10-01	GB/T 15236—2008		国家质检总局	

表 5-1（续）

序号	名称	发布日期	生效日期	颁布 / 修订文件编号 / 标准编号	现行版本施行时间	发布单位	备注
44	建筑灭火器配置设计规范	2005-07-15	2005-10-01	GB 50140—2005		建设部	
45	危险货物品名表	2012-05-11	2012-12-01	GB 12268—2012		国家质检总局	
46	安全色	2008-12-11	2009-10-01	GB 2893—2008		国家质检总局	
47	安全标志及其使用导则	2008-12-11	2009-10-01	GB 2894—2008		国家安监总局	
48	工作场所职业病危害警示标识	2003-06-03	2003-12-01	GBZ 158—2003		卫生部	
49	用电安全导则	2017-12-29	2018-07-01	GB/T 13869—2017		国家质检总局	
50	个体防护装备选用规范	2008-12-11	2009-10-01	GB 11651—2008		国家质检总局	
51	工作场所有害因素职业接触限值 第 1 部分：化学有害因素	2019-08-27	2020-04-01	GBZ 2.1—2019		国家卫健委	
52	工作场所有害因素职业接触限值 第 2 部分：物理因素	2007-04-12	2007-11-01	GBZ 2.2—2007		卫生部	
53	工作场所职业病危害作业分级 第 1 部分：生产性粉尘	2010-03-10	2010-10-01	GBZ/T 229.1—2010		卫生部	
54	建筑施工企业职业病危害防治技术规范	2015-03-06	2015-09-01	AQ/T 4256—2015		国家安监总局	
55	用人单位职业病危害现状评价技术导则	2015-03-06	2015-09-01	AQ/T 4270—2015		国家安监总局	
56	生产安全事故应急演练评估规范	2015-03-06	2015-09-01	AQ/T 9009—2015		国家安监总局	
57	生产过程危险和有害因素分类与代码	2009-10-15	2009-12-01	GB/T 13861—2009			

表 5-1（续）

序号	名称	发布日期	生效日期	颁布 / 修订文件编号 / 标准编号	现行版本施行时间	发布单位	备注
58	危险化学品单位应急救援物资配备要求	2013-12-17	2014-11-01	GB 30077—2013			

第二节　我国主要的职业健康安全法律法规要求

本节节选了现行有效的、常用的 18 个职业健康安全法律法规中的重要条款，并在条款前列出了内容提要，便于读者查阅使用。

一、《中华人民共和国安全生产法》节选

《中华人民共和国安全生产法》（以下简称《安全生产法》）是对所有生产经营单位的安全生产普遍适用的基本法律，是为了加强安全生产工作，防止和减少生产安全事故，保障人民群众生命和财产安全，促进经济社会持续健康发展而制定的。《安全生产法》于 2002 年 6 月 29 日经第九届全国人民代表大会常务委员会第二十八次会议通过，2002 年 11 月 1 日起正式实施；2014 年 8 月 31 日中华人民共和国主席令第十三号进行修订，2014 年 12 月 1 日起实施。

《安全生产法》进一步强化了安全生产的重要地位，提出了一系列安全生产工作新理念，从落实生产经营单位安全生产主体责任，政府安全监管定位、加强基层执法力量和强化安全生产责任追究四个方面入手，主要有十大亮点：

（1）将“以人为本，坚持安全发展”作为新时期安全生产工作的目标；

（2）建立完善了安全生产方针和工作机制，确立了“安全第一、预防为主、综合治理”的安全生产工作“十二字方针”；

（3）落实“三个必须”（管业务必须管安全、管行业必须管安全、管生产经营必须管安全）的要求，明确安全监管部门的执法地位；

（4）明确了乡镇人民政府以及街道办事处、开发区管理机构的安全生产职责；

（5）进一步强化了生产经营单位的安全生产主体责任；

（6）建立了事故预防和应急救援的制度；

（7）在“总则”部分明确提出推进安全生产标准化工作，对强化安全生产基础建设，促进企业安全生产水平持续提升将产生重大而深远的影响；

（8）推行注册安全工程师制度，促进安全生产管理人员队伍朝着专业化、职业化方

向发展；

（9）总结近年来的试点经验，通过引入保险机制，促进安全生产，规定国家鼓励生产经营单位投保安全生产责任保险；

（10）进一步加大了对安全生产违法行为的责任追究力度。

《安全生产法》共包含七章一百一十四条，分别为：

第一章 总则（第一至十六条）；

第二章 生产经营单位的安全生产保障（第十七至四十八条）；

第三章 从业人员的安全生产权利和义务（第四十九至五十八条）；

第四章 安全生产的监督管理（第五十九至七十五条）；

第五章 生产安全事故的应急救援与调查处理（第七十六至八十六条）；

第六章 法律责任（第八十七至一百一十一条）；

第七章 附则（第一百一十二至一百一十四条）。

（一）总则

【明确立法宗旨】

第一条 为了加强安全生产工作，防治和减少生产安全事故，保证人民群众生命和财产安全，促进经济社会持续健康发展，制定本法。

【适用范围】

第二条 在中华人民共和国领域内从事生产经营活动的单位（以下统称生产经营单位）的安全生产，适用本法；有关法律、行政法规对消防安全和道路交通安全、铁路交通安全、水上交通安全、民用航空安全以及核与辐射安全、特种设备安全另有规定的，适用其规定。

【安全生产管理方针】

第三条 安全生产工作应当以人为本，坚持安全发展，坚持安全第一、预防为主、综合治理的方针，强化和落实生产经营单位的主体责任，建立生产经营单位负责、职工参与、政府监管、行业自律和社会监督的机制。

编者按："安全第一、预防为主、综合治理"是安全生产基本方针，是《安全生产法》的灵魂。其中预防为主主要体现为：安全意识在先、安全投入在先、安全责任在先、建章立制在先、隐患预防在先和监督执法在先。

【生产经营单位主要负责人的安全责任】

第四条 生产经营单位必须遵守本法和其他有关安全生产的法律、法规，加强安全生产管理，建立、健全安全生产责任制和安全生产规章制度，改善安全生产条件，推进安全生产标准化建设，提高安全生产水平，确保安全生产。

第五条 生产经营单位的主要负责人对本单位的安全生产工作全面负责。

第十八条 生产经营单位的主要负责人对本单位安全生产工作负有下列职责：

（一）建立、健全本单位安全生产责任制；

（二）组织制定本单位安全生产规章制度和操作规程；

（三）组织制定并实施本单位安全生产教育和培训计划；

（四）保证本单位安全生产投入的有效实施；

（五）督促、检查本单位的安全生产工作，及时消除生产安全事故隐患；

（六）组织制定并实施本单位的生产安全事故应急救援预案；

（七）及时、如实报告生产安全事故。

【从业人员的权利义务】

第六条 生产经营单位的从业人员有依法获得安全生产保障的权利，并应当依法履行安全生产方面的义务。

【工会对安全生产工作的监督职能】

第七条 工会依法对安全生产工作进行监督。

生产经营单位的工会依法组织职工参加本单位安全生产工作的民主管理和民主监督，维护职工在安全生产方面的合法权益。生产经营单位制定或者修改有关安全生产的规章制度，应当听取工会的意见。

【国务院和各级人民政府的安全生产职责】

第八条 国务院和县级以上地方各级人民政府应当根据国民经济和社会发展规划制定安全生产规划，并组织实施。安全生产规划应当与城乡规划相衔接。

国务院和县级以上地方各级人民政府应当加强对安全生产工作的领导，支持、督促各有关部门依法履行安全生产监督管理职责，建立健全安全生产工作协调机制，及时协调、解决安全生产监督管理中存在的重大问题。

乡、镇人民政府以及街道办事处、开发区管理机构等地方人民政府的派出机关应当按照职责，加强对本行政区域内生产经营单位安全生产状况的监督检查，协助上级人民政府有关部门依法履行安全生产监督管理职责。

第九条 国务院安全生产监督管理部门依照本法，对全国安全生产工作实施综合监督管理；县级以上地方各级人民政府安全生产监督管理部门依照本法，对本行政区域内安全生产工作实施综合监督管理。

国务院有关部门依照本法和其他有关法律、行政法规的规定，在各自的职责范围内对有关行业、领域的安全生产工作实施监督管理；县级以上地方各级人民政府有关部门依照本法和其他有关法律、法规的规定，在各自的职责范围内对有关行业、领域的安全生产工作实施监督管理。

安全生产监督管理部门和对有关行业、领域的安全生产工作实施监督管理的部门，统称负有安全生产监督管理职责的部门。

生产经营单位委托前款规定的机构提供安全生产技术、管理服务的，保证安全生产的责任仍由本单位负责。

【实行安全生产事故责任追究制度】

第十四条 国家实行生产安全事故责任追究制度，依照本法和有关法律、法规的规定，追究生产安全事故责任人员的法律责任。

（二）生产经营单位的安全生产保障

编者按：生产经营单位是生产经营活动的主体和安全生产工作的重点。能否实现安全生产，关键是生产经营单位能否具备法定的安全生产条件，保障生产经营活动的安全；为了保证生产经营单位依法从事生产经营活动，防止和减少生产安全事故。《安全生产法》确立了生产经营单位安全保障制度，对生产经营活动的安全实施提出了全面的法律层面约束。

【安全生产基本条件】

第十七条　生产经营单位应当具备本法和有关法律、行政法规和国家标准或者行业标准规定的安全生产条件；不具备安全生产条件的，不得从事生产经营活动。

【建立健全安全生产责任制】

第十九条　生产经营单位的安全生产责任制应当明确各岗位的责任人员、责任范围和考核标准等内容。

生产经营单位应当建立相应的机制，加强对安全生产责任制落实情况的监督考核，保证安全生产责任制的落实。

【安全生产资金投入保障】

第二十条　生产经营单位应当具备的安全生产条件所必需的资金投入，由生产经营单位的决策机构、主要负责人或者个人经营的投资人予以保证，并对由于安全生产所必需的资金投入不足导致的后果承担责任。

【安全生产管理机构和人员的配置】

第二十一条　矿山、金属冶炼、建筑施工、道路运输单位和危险物品的生产、经营、储存单位，应当设置安全生产管理机构或者配备专职安全生产管理人员。

前款规定以外的其他生产经营单位，从业人员超过一百人的，应当设置安全生产管理机构或者配备专职安全生产管理人员；从业人员在一百人以下的，应当配备专职或者兼职的安全生产管理人员。

第二十二条　生产经营单位的安全生产管理机构以及安全生产管理人员履行下列职责：

（一）组织或者参与拟订本单位安全生产规章制度、操作规程和生产安全事故应急救援预案；

（二）组织或者参与本单位安全生产教育和培训，如实记录安全生产教育和培训情况；

（三）督促落实本单位重大危险源的安全管理措施；

（四）组织或者参与本单位应急救援演练；

（五）检查本单位的安全生产状况，及时排查生产安全事故隐患，提出改进安全生产管理的建议；

（六）制止和纠正违章指挥、强令冒险作业、违反操作规程的行为；

（七）督促落实本单位安全生产整改措施。

第二十三条 生产经营单位的安全生产管理机构以及安全生产管理人员应当恪尽职守，依法履行职责。

生产经营单位作出涉及安全生产的经营决策，应当听取安全生产管理机构以及安全生产管理人员的意见。

危险物品的生产、储存单位以及矿山、金属冶炼单位的安全生产管理人员的任免，应当告知主管的负有安全生产监督管理职责的部门。

【主要负责人和安全生产管理人员资格要求】

第二十四条 生产经营单位的主要负责人和安全生产管理人员必须具备与本单位所从事的生产经营活动相应的安全生产知识和管理能力。

危险物品的生产、经营、储存单位以及矿山、金属冶炼、建筑施工、道路运输单位的主要负责人和安全生产管理人员，应当由主管的负有安全生产监督管理职责的部门对其安全生产知识和管理能力考核合格。考核不得收费。

危险物品的生产、储存单位以及矿山、金属冶炼单位应当有注册安全工程师从事安全生产管理工作。鼓励其他生产经营单位聘用注册安全工程师从事安全生产管理工作。注册安全工程师按专业分类管理，具体办法由国务院人力资源和社会保障部门、国务院安全生产监督管理部门会同国务院有关部门制定。

【从业人员安全生产培训的规定】

第二十五条 生产经营单位应当对从业人员进行安全生产教育和培训，保证从业人员具备必要的安全生产知识，熟悉有关的安全生产规章制度和安全操作规程，掌握本岗位的安全操作技能，了解事故应急处理措施，知悉自身在安全生产方面的权利和义务。未经安全生产教育和培训合格的从业人员，不得上岗作业。

生产经营单位使用被派遣劳动者的，应当将被派遣劳动者纳入本单位从业人员统一管理，对被派遣劳动者进行岗位安全操作规程和安全操作技能的教育和培训。劳务派遣单位应当对被派遣劳动者进行必要的安全生产教育和培训。

生产经营单位接收中等职业学校、高等学校学生实习的，应当对实习学生进行相应的安全生产教育和培训，提供必要的劳动防护用品。学校应当协助生产经营单位对实习学生进行安全生产教育和培训。

生产经营单位应当建立安全生产教育和培训档案，如实记录安全生产教育和培训的时间、内容、参加人员以及考核结果等情况。

第二十六条 生产经营单位采用新工艺、新技术、新材料或者使用新设备，必须了解、掌握其安全技术特性，采取有效的安全防护措施，并对从业人员进行专门的安全生产教育和培训。

【特种作业人员应持证上岗】

第二十七条 生产经营单位的特种作业人员必须按照国家有关规定经专门的安全作业培训，取得相应资格，方可上岗作业。

特种作业人员的范围由国务院安全生产监督管理部门会同国务院有关部门确定。

【建设项目安全设施“三同时”的规定】

第二十八条　生产经营单位新建、改建、扩建工程项目（以下统称建设项目）的安全设施，必须与主体工程同时设计、同时施工、同时投入生产和使用。安全设施投资应当纳入建设项目概算。

【建设项目安全评价】

第二十九条　矿山、金属冶炼建设项目和用于生产、储存、装卸危险物品的建设项目，应当按照国家有关规定进行安全评价。

【建设项目安全设施设计、施工和竣工验收规定】

第三十条　建设项目安全设施的设计人、设计单位应当对安全设施设计负责。

矿山、金属冶炼建设项目和用于生产、储存、装卸危险物品的建设项目的安全设施设计应当按照国家有关规定报经有关部门审查，审查部门及其负责审查的人员对审查结果负责。

第三十一条　矿山、金属冶炼建设项目和用于生产、储存、装卸危险物品的建设项目的施工单位必须按照批准的安全设施设计施工，并对安全设施的工程质量负责。

矿山、金属冶炼建设项目和用于生产、储存危险物品的建设项目竣工投入生产或者使用前，应当由建设单位负责组织对安全设施进行验收；验收合格后，方可投入生产和使用。安全生产监督管理部门应当加强对建设单位验收活动和验收结果的监督核查。

【安全警示标志的规定】

第三十二条　生产经营单位应当在有较大危险因素的生产经营场所和有关设施、设备上，设置明显的安全警示标志。

【特种设备检测、检验的规定】

第三十四条　生产经营单位使用的危险物品的容器、运输工具，以及涉及人身安全、危险性较大的海洋石油开采特种设备和矿山井下特种设备，必须按照国家有关规定，由专业生产单位生产，并经具有专业资质的检测、检验机构检测、检验合格，取得安全使用证或者安全标志，方可投入使用。检测、检验机构对检测、检验结果负责。

【危险物品管理的规定】

编者按：危险物品是引发重特大生产安全事故的重要因素，加强危险物品日常监督管理和重点监控，是落实安全生产预防为主的重要措施。

第三十六条　生产、经营、运输、储存、使用危险物品或者处置废弃危险物品的，由有关主管部门依照有关法律、法规的规定和国家标准或者行业标准审批并实施监督管理。

生产经营单位生产、经营、运输、储存、使用危险物品或者处置废弃危险物品，必须执行有关法律、法规和国家标准或者行业标准，建立专门的安全管理制度，采取可靠的安全措施，接受有关主管部门依法实施的监督管理。

【重大危险源管理的规定】

第三十七条　生产经营单位对重大危险源应当登记建档，进行定期检测、评估、监控，并制定应急预案，告知从业人员和相关人员在紧急情况下应当采取的应急措施。

生产经营单位应当按照国家有关规定将本单位重大危险源及有关安全措施、应急措施报有关地方人民政府安全生产监督管理部门和有关部门备案。

【事故隐患排查治理制度】

第三十八条 生产经营单位应当建立健全生产安全事故隐患排查治理制度，采取技术、管理措施，及时发现并消除事故隐患。事故隐患排查治理情况应当如实记录，并向从业人员通报。

县级以上地方各级人民政府负有安全生产监督管理职责的部门应当建立健全重大事故隐患治理督办制度，督促生产经营单位消除重大事故隐患。

【劳动防护用品管理规定】

第四十二条 生产经营单位必须为从业人员提供符合国家标准或者行业标准的劳动防护用品，并监督、教育从业人员按照使用规则佩戴、使用。

【现场安全检查】

第四十三条 生产经营单位的安全生产管理人员应当根据本单位的生产经营特点，对安全生产状况进行经常性检查；对检查中发现的安全问题，应当立即处理；不能处理的，应当及时报告本单位有关负责人，有关负责人应当及时处理。检查及处理情况应当如实记录在案。

生产经营单位的安全生产管理人员在检查中发现重大事故隐患，依照前款规定向本单位有关负责人报告，有关负责人不及时处理的，安全生产管理人员可以向主管的负有安全生产监督管理职责的部门报告，接到报告的部门应当依法及时处理。

【交叉作业安全管理】

第四十五条 两个以上生产经营单位在同一作业区域内进行生产经营活动，可能危及对方生产安全的，应当签订安全生产管理协议，明确各自的安全生产管理职责和应当采取的安全措施，并指定专职安全生产管理人员进行安全检查与协调。

【租赁、承包安全管理】

第四十六条 生产经营单位不得将生产经营项目、场所、设备发包或者出租给不具备安全生产条件或者相应资质的单位或者个人。

生产经营项目、场所发包或者出租给其他单位的，生产经营单位应当与承包单位、承租单位签订专门的安全生产管理协议，或者在承包合同、租赁合同中约定各自的安全生产管理职责；生产经营单位对承包单位、承租单位的安全生产工作统一协调、管理，定期进行安全检查，发现安全问题的，应当及时督促整改。

【工伤保险的规定】

第四十八条 生产经营单位必须依法参加工伤保险，为从业人员缴纳保险费。

国家鼓励生产经营单位投保安全生产责任保险。

（三）从业人员的安全生产权利和义务

编者按：随着社会化大生产的不断发展，劳动者在生产经营活动中的地位不断提高，人的生命价值是国家关注的重点，关心和维护从业人员的人身安全权利，是实现安全生产的重要条件。重视和保护从业人员的生命权，是贯穿《安全生产法》的主线。

【劳动合同及工伤保险】

第四十九条　生产经营单位与从业人员订立的劳动合同，应当载明有关保障从业人员劳动安全、防止职业危害的事项，以及依法为从业人员办理工伤保险的事项。

生产经营单位不得以任何形式与从业人员订立协议，免除或者减轻其对从业人员因生产安全事故伤亡依法应承担的责任。

【从业人员知情权】

第五十条　生产经营单位的从业人员有权了解其作业场所和工作岗位存在的危险因素、防范措施及事故应急措施，有权对本单位的安全生产工作提出建议。

【批评、检举、拒绝违章冒险作业】

第五十一条　从业人员有权对本单位安全生产工作中存在的问题提出批评、检举、控告；有权拒绝违章指挥和强令冒险作业。

生产经营单位不得因从业人员对本单位安全生产工作提出批评、检举、控告或者拒绝违章指挥、强令冒险作业而降低其工资、福利等待遇或者解除与其订立的劳动合同。

第五十二条　从业人员发现直接危及人身安全的紧急情况时，有权停止作业或者在采取可能的应急措施后撤离作业场所。

生产经营单位不得因从业人员在前款紧急情况下停止作业或者采取紧急撤离措施而降低其工资、福利等待遇或者解除与其订立的劳动合同。

【事故损害赔偿】

第五十三条　因生产安全事故受到损害的从业人员，除依法享有工伤保险外，依照有关民事法律尚有获得赔偿的权利的，有权向本单位提出赔偿要求。

【从业人员应遵守的义务】

第五十四条　从业人员在作业过程中，应当严格遵守本单位的安全生产规章制度和操作规程，服从管理，正确佩戴和使用劳动防护用品。

第五十五条　从业人员应当接受安全生产教育和培训，掌握本职工作所需的安全生产知识，提高安全生产技能，增强事故预防和应急处理能力。

第五十六条　从业人员发现事故隐患或者其他不安全因素，应当立即向现场安全生产管理人员或者本单位负责人报告；接到报告的人员应当及时予以处理。

第五十八条　生产经营单位使用被派遣劳动者的，被派遣劳动者享有本法规定的从业人员的权利，并应当履行本法规定的从业人员的义务。

（四）安全生产的监督管理

编者按：《安全生产法》所确立的安全生产监督管理法律制度，充分体现了强化监管的宗旨和社会监管、齐抓共管的原则。主要包括政府监督管理和社会监督两个部分。在突出各级人民政府及其安全生产综合监督管理部门和有关部门的安全监管和行政执法主体地位的同时，重视和肯定公民、法人、工会和其他社会组织协助政府和有关部门对安全生产进行社会监督，发挥群防群治的作用，其目的是最大限度地调动一切力量，使安全生产监督管理延伸覆盖到全社会。

第四章（第五十九条至第七十二条）明确了安全生产监督管理的具体要求，其中政府监管（第五十九至六十八条、第七十五条）；中介机构的责任（第六十九条）；社会公众的监督（第七十至七十三条）；基层群众自治性组织的监督（第七十二条）；新闻媒体的监督（第七十四条）。

（五）生产安全事故的应急救援与调查处理

编者按：主要包括生产安全事故的应急救援（第七十六至八十二条）；生产安全事故的调查处理（第八十三至八十六条）。其中对生产经营单位的具体要求为：

【制定应急预案】

第七十八条 生产经营单位应当制定本单位生产安全事故应急救援预案，与所在地县级以上地方人民政府组织制定的生产安全事故应急救援预案相衔接，并定期组织演练。

【高危行业生产经营单位的事故应急管理和救援】

第七十九条 危险物品的生产、经营、储存单位以及矿山、金属冶炼、城市轨道交通运营、建筑施工单位应当建立应急救援组织；生产经营规模较小的，可以不建立应急救援组织，但应当指定兼职的应急救援人员。

危险物品的生产、经营、储存、运输单位以及矿山、金属冶炼、城市轨道交通运营、建筑施工单位应当配备必要的应急救援器材、设备和物资，并进行经常性维护、保养，保证正常运转。

【事故应急救援】

第八十条 生产经营单位发生生产安全事故后，事故现场有关人员应当立即报告本单位负责人。

单位负责人接到事故报告后，应当迅速采取有效措施，组织抢救，防止事故扩大，减少人员伤亡和财产损失，并按照国家有关规定立即如实报告当地负有安全生产监督管理职责的部门，不得隐瞒不报、谎报或者迟报，不得故意破坏事故现场、毁灭有关证据。

第八十一条 负有安全生产监督管理职责的部门接到事故报告后，应当立即按照国家有关规定上报事故情况。负有安全生产监督管理职责的部门和有关地方人民政府对事故情况不得隐瞒不报、谎报或者迟报。

第八十二条 有关地方人民政府和负有安全生产监督管理职责的部门的负责人接到生产安全事故报告后，应当按照生产安全事故应急救援预案的要求立即赶到事故现场，组织事故抢救。

参与事故抢救的部门和单位应当服从统一指挥，加强协同联动，采取有效的应急救援措施，并根据事故救援的需要采取警戒、疏散等措施，防止事故扩大和次生灾害的发生，减少人员伤亡和财产损失。

事故抢救过程中应当采取必要措施，避免或者减少对环境造成的危害。

任何单位和个人都应当支持、配合事故抢救，并提供一切便利条件。

【生产安全事故的调查处理】

第八十三条　事故调查处理应当按照科学严谨、依法依规、实事求是、注重实效的原则，及时、准确地查清事故原因，查明事故性质和责任，总结事故教训，提出整改措施，并对事故责任者提出处理意见。事故调查报告应当依法及时向社会公布。事故调查和处理的具体办法由国务院制定。

事故发生单位应当及时全面落实整改措施，负有安全生产监督管理职责的部门应当加强监督检查。

第八十四条　生产经营单位发生生产安全事故，经调查确定为责任事故的，除了应当查明事故单位的责任并依法予以追究外，还应当查明对安全生产的有关事项负有审查批准和监督职责的行政部门的责任，对有失职、渎职行为的，依照本法第八十七条的规定追究法律责任。

第八十五条　任何单位和个人不得阻挠和干涉对事故的依法调查处理。

第八十六条　县级以上地方各级人民政府安全生产监督管理部门应当定期统计分析本行政区域内发生生产安全事故的情况，并定期向社会公布。

（六）安全生产法律责任

编者按:《安全生产法》第六章（从第八十九条至第一百一十一条）规定了安全生产相关的法律责任。

追究安全生产违法行为法律责任有三种形式：行政责任、民事责任和刑事责任。是现行有关安全生产的法律法规中，法律责任形式最全，设定的处罚种类最多，实施处罚力度最大的。安全生产违法行为的责任主体是指享有安全生产权利、负有安全生产义务和承担法律责任的社会组织和公民。既包括负有安全生产监督管理职责的部门及其领导、负责人和生产经营单位及其负责人、有关主管人员，还有生产经营单位的从业人员。对于各类安全生产违法行为和应承担的法律责任予以具体的规定。

（七）附则

【危险物品、重大危险源定义】

第一百一十二条　本法下列用语的含义：

危险物品，是指易燃易爆物品、危险化学品、放射性物品等能够危及人身安全和财产安全的物品。

重大危险源，是指长期地或者临时地生产、搬运、使用或者储存危险物品，且危险物品的数量等于或者超过临界量的单元（包括场所和设施）。

【事故、隐患划分标准】

第一百一十三条　本法规定的生产安全一般事故、较大事故、重大事故、特别重大事故的划分标准由国务院规定。

国务院安全生产监督管理部门和其他负有安全生产监督管理职责的部门应当根据各自的职责分工，制定相关行业、领域重大事故隐患的判定标准。

二、《中华人民共和国劳动法》节选

1994 年 7 月 5 日，中华人民共和国主席令第二十八号公布《中华人民共和国劳动法》(以下简称《劳动法》)，自 1995 年 1 月 1 日起施行；最新有效版本根据 2018 年 12 月 29 日第十三届全国人民代表大会常务委员会第七次会议通过的《全国人民代表大会常务委员会关于修改〈中华人民共和国劳动法〉等七部法律的决定》进行修订，自公布之日起施行。

《劳动法》的立法目的是为了保护劳动者的合法权益，调整劳动关系，建立和维护适应社会主义市场经济的劳动制度，促进经济发展和社会进步。在中华人民共和国境内的企业、个体经济组织（统称为用人单位）和与之形成劳动关系的劳动者，适用《劳动法》。国家机关、事业组织、社会团体与之建立劳动关系的劳动者，依照《劳动法》执行。

《劳动法》中对职业健康安全管理提出明确具体要求的主要为第六章劳动安全卫生（共六条）、第七章女职工和未成年工特殊保护，具体内容如下：

（一）劳动安全卫生

【关于劳动者作息时间规定】

第三十六条 国家实行劳动者每日工作时间不超过八小时，平均每周工作时间不超过四十四小时的工时制度。

第三十八条 用人单位应当保证劳动者每周至少休息一日。

第三十九条 企业因生产特点不能实行本法第三十六条、第三十八条规定的，经劳动行政部门批准，可以实行其他工作和休息办法 。

第四十一条 组织由于生产经营需要，经与工会和劳动者协商后可以延长工作时间，一般每日不得超过一小时；因特殊原因需要延长工作时间的，在保障劳动者身体健康的条件下延长工作时间每日不得超过三小时，但是每月不得超过三十六小时 。

【建立劳动安全卫生制度】

第五十二条 用人单位必须建立、健全劳动安全卫生制度，严格执行国家劳动安全卫生规程和标准，对劳动者进行劳动安全卫生教育，防止劳动过程中的事故，减少职业危害。

【劳动安全卫生设施“三同时”规定】

第五十三条 劳动安全卫生设施必须符合国家规定的标准。

新建、改建、扩建工程的劳动安全卫生设施必须与主体工程同时设计、同时施工、同时投入生产和使用。

【职业健康管理】

第五十四条 用人单位必须为劳动者提供符合国家规定的劳动安全卫生条件和必要的劳动防护用品，对从事有职业危害作业的劳动者应当定期进行健康检查。

【特种作业应取得资格】

第五十五条　从事特种作业的劳动者必须经过专门培训并取得特种作业资格。

【伤亡事故及职业病报告制度】

第五十七条　国家建立伤亡事故和职业病统计报告和处理制度。县级以上各级人民政府劳动行政部门、有关部门和用人单位应当依法对劳动者在劳动过程中发生的伤亡事故和劳动者的职业病状况，进行统计、报告和处理。

（二）女职工和未成年工特殊保护

【未成年工定义】

第五十八条　国家对女职工和未成年工实行特殊劳动保护。

未成年工是指年满十六周岁未满十八周岁的劳动者。

【女职工特殊保护】

第五十九条　禁止安排女职工从事矿山井下、国家规定的第四级体力劳动强度的劳动和其他禁忌从事的劳动。

第六十条　不得安排女职工在经期从事高处、低温、冷水作业和国家规定的第三级体力劳动强度的劳动。

第六十一条　不得安排女职工在怀孕期间从事国家规定的第三级体力劳动强度的劳动和孕期禁忌从事的劳动。对怀孕七个月以上的女职工，不得安排其延长工作时间和夜班劳动。

第六十二条　女职工生育享受不少于九十天的产假。

第六十三条　不得安排女职工在哺乳未满一周岁的婴儿期间从事国家规定的第三级体力劳动强度的劳动和哺乳期禁忌从事的其他劳动，不得安排其延长工作时间和夜班劳动。

【未成年工特殊保护】

第六十四条　不得安排未成年工从事矿山井下、有毒有害、国家规定的第四级体力劳动强度的劳动和其他禁忌从事的劳动。

第六十五条　用人单位应当对未成年工定期进行健康检查。

三、《中华人民共和国职业病防治法》节选

2001年10月27日，中华人民共和国主席令第60号公布《中华人民共和国职业病防治法》（以下简称《职业病防治法》），自2002年5月1日起施行；最新有效的《职业病防治法》根据2018年12月29日第十三届全国人民代表大会常务委员会第七次会议通过《全国人民代表大会常务委员会关于修改〈中华人民共和国劳动法〉等七部法律的决定》进行修订，自公布之日起施行。

《职业病防治法》共包括七章八十八条，分别为：

第一章　总则（第一至十三条）

第二章　前期预防（第十四至十九条）

第三章 劳动过程中的防护与管理（第二十至四十二条）

第四章 职业病诊断与职业病病人保障（第四十三至六十一条）

第五章 监督检查（第六十二至六十八条）

第六章 法律责任（第六十九至八十四条）

第七章 附则（第八十五至八十八条）

《职业病防治法》是我国颁布的第一部有关职业病防治的法律，立法目的是为了预防、控制和消除职业病危害，防治职业病，保护劳动者健康及其相关权益，促进经济社会发展，根据宪法，制定本法。该法适用于中华人民共和国领域内的职业病防治活动，确立了职业病防治法法律制度，为职业病防治提供了法律保障，具有重要的现实意义。

（一）总则

【适用范围、职业病定义】

第二条 本法适用于中华人民共和国领域内的职业病防治活动。

本法所称职业病，是指企业、事业单位和个体经济组织等用人单位的劳动者在职业活动中，因接触粉尘、放射性物质和其他有毒、有害因素而引起的疾病。

职业病的分类和目录由国务院卫生行政部门会同国务院劳动保障行政部门制定、调整并公布。

编者按：2013 年 12 月 23 日国家卫计委、安监总局等四部门颁布了新的《职业病目录》，共包括 10 大类 132 种，目前国内报告最多的是职业性尘肺病。

（1）职业性尘肺病及其他呼吸系统疾病：19 种，如硅肺、电焊工尘肺；

（2）职业性皮肤病：9 种，如接触性皮炎、化学性皮肤灼伤；

（3）职业性眼病：3 种，如化学性眼部灼伤、电光性眼炎；

（4）职业性耳鼻喉口腔疾病：4 种，如噪声聋、铬鼻病；

（5）职业性化学中毒：60 种，如铅及其化合物中毒、硫化氢中毒、苯中毒；

（6）物理因素所致职业病：7 种，如职业性中暑、手臂振动病；

（7）职业性放射性疾病：11 种，如放射性甲状腺疾病；

（8）职业性传染病：5 种，如布鲁氏菌病；

（9）职业性肿瘤：11 种，如石棉所致肺癌、苯所致白血病；

（10）其他职业病：3 种，如金属烟热。

【职业病防治基本方针】

第三条 职业病防治工作坚持预防为主、防治结合的方针，建立用人单位负责、行政机关监管、行业自律、职工参与和社会监督的机制，实行分类管理、综合治理。

【劳动者享有职业卫生保护的权利】

第四条 劳动者依法享有职业卫生保护的权利。

用人单位应当为劳动者创造符合国家职业卫生标准和卫生要求的工作环境和条件，并采取措施保障劳动者获得职业卫生保护。

工会组织依法对职业病防治工作进行监督，维护劳动者的合法权益。用人单位制定或者修改有关职业病防治的规章制度，应当听取工会组织的意见。

【用人单位职业病防治责任制】

第五条　用人单位应当建立、健全职业病防治责任制，加强对职业病防治的管理，提高职业病防治水平，对本单位产生的职业病危害承担责任。

第六条　用人单位的主要负责人对本单位的职业病防治工作全面负责。

【用人单位依法参加工伤保险】

第七条　用人单位必须依法参加工伤保险。

【国家实行职业卫生监督制度】

第七条　国务院和县级以上地方人民政府劳动保障行政部门应当加强对工伤保险的监督管理，确保劳动者依法享受工伤保险待遇。

第九条　国家实行职业卫生监督制度。

第十二条　有关防治职业病的国家职业卫生标准，由国务院卫生行政部门组织制定并公布。

国务院卫生行政部门应当组织开展重点职业病监测和专项调查，对职业健康风险进行评估，为制定职业卫生标准和职业病防治政策提供科学依据。

【社会监督及奖励】

第十三条　任何单位和个人有权对违反本法的行为进行检举和控告。有关部门收到相关的检举和控告后，应当及时处理。

对防治职业病成绩显著的单位和个人，给予奖励。

（二）前期预防

【用人单位在前期预防中的职责】

第十四条　用人单位应当依照法律、法规要求，严格遵守国家职业卫生标准，落实职业病预防措施，从源头上控制和消除职业病危害。

【工作场所的职业卫生要求】

第十五条　产生职业病危害的用人单位的设立除应当符合法律、行政法规规定的设立条件外，其工作场所还应当符合下列职业卫生要求：

（一）职业病危害因素的强度或者浓度符合国家职业卫生标准；

（二）有与职业病危害防护相适应的设施；

（三）生产布局合理，符合有害与无害作业分开的原则；

（四）有配套的更衣间、洗浴间、孕妇休息间等卫生设施；

（五）设备、工具、用具等设施符合保护劳动者生理、心理健康的要求；

（六）法律、行政法规和国务院卫生行政部门关于保护劳动者健康的其他要求。

编者按：根据《职业病危害因素分类目录（2015版）》规定，共包括粉尘、化学因素、物理因素、放射性因素、生物因素、其他因素六大类459种：

（1）粉尘，常见为矽尘、电焊烟尘、铝尘等，如在矿山开采、机械制造、金属冶炼、建筑等行业中有分布；

（2）化学因素，常见为苯及其化合物、锰及其化合物、氨等，如在化工、金属制品、金属冶炼、电子制造等行业中有分布；

（3）物理因素，常见为噪声、高温等，如在金属制品、机械制造、金属冶炼、建筑等行业中有分布；

（4）放射性因素，常见为 X 射线、α、β、γ 和中子等射线，如在工业射线探伤、医疗照射等有分布；

（5）生物因素，常见为布鲁氏菌等，如在畜牧、纺织、医疗等行业中有分布；

（6）其他因素，如金属烟、井下不良作业等，如在金属冶炼、金属制品、井下作业中有分布。

【职业病危害项目申报】

第十六条　国家建立职业病危害项目申报制度。

用人单位工作场所存在职业病目录所列职业病的危害因素的，应当及时、如实向所在地卫生行政部门申报危害项目，接受监督。

职业病危害因素分类目录由国务院卫生行政部门制定、调整并公布。职业病危害项目申报的具体办法由国务院卫生行政部门制定。

【建设项目职业病危害预评价】

第十七条　新建、扩建、改建建设项目和技术改造、技术引进项目（以下统称建设项目）可能产生职业病危害的，建设单位在可行性论证阶段应当进行职业病危害预评价。

医疗机构建设项目可能产生放射性职业病危害的，建设单位应当向卫生行政部门提交放射性职业病危害预评价报告。卫生行政部门应当自收到预评价报告之日起三十日内，作出审核决定并书面通知建设单位。未提交预评价报告或者预评价报告未经卫生行政部门审核同意的，不得开工建设。

职业病危害预评价报告应当对建设项目可能产生的职业病危害因素及其对工作场所和劳动者健康的影响作出评价，确定危害类别和职业病防护措施。

建设项目职业病危害分类管理办法由国务院卫生行政部门制定。

【建设项目职业病防护设施三同时及评价验收】

第十八条　建设项目的职业病防护设施所需费用应当纳入建设项目工程预算，并与主体工程同时设计，同时施工，同时投入生产和使用。

建设项目的职业病防护设施设计应当符合国家职业卫生标准和卫生要求；其中，医疗机构放射性职业病危害严重的建设项目的防护设施设计，应当经卫生行政部门审查同意后，方可施工。

建设项目在竣工验收前，建设单位应当进行职业病危害控制效果评价。

医疗机构可能产生放射性职业病危害的建设项目竣工验收时，其放射性职业病防护设施经卫生行政部门验收合格后，方可投入使用；其他建设项目的职业病防护设施应当由建设单位负责依法组织验收，验收合格后，方可投入生产和使用。卫生行政部门应当加强对建设单位组织的验收活动和验收结果的监督核查。

【特殊管理】

第十九条　国家对从事放射性、高毒、高危粉尘等作业实行特殊管理。具体管理办法由国务院制定。

（三）劳动过程中的防护与管理

【职业病防治管理措施】

第二十条　用人单位应当采取下列职业病防治管理措施：

（一）设置或者指定职业卫生管理机构或者组织，配备专职或者兼职的职业卫生管理人员，负责本单位的职业病防治工作；

（二）制定职业病防治计划和实施方案；

（三）建立、健全职业卫生管理制度和操作规程；

（四）建立、健全职业卫生档案和劳动者健康监护档案；

（五）建立、健全工作场所职业病危害因素监测及评价制度；

（六）建立、健全职业病危害事故应急救援预案。

【职业病防护设施和防护用品】

第二十一条　用人单位应当保障职业病防治所需的资金投入，不得挤占、挪用，并对因资金投入不足导致的后果承担责任。

第二十二条　用人单位必须采用有效的职业病防护设施，并为劳动者提供个人使用的职业病防护用品。

用人单位为劳动者个人提供的职业病防护用品必须符合防治职业病的要求；不符合要求的，不得使用。

第二十三条　用人单位应当优先采用有利于防治职业病和保护劳动者健康的新技术、新工艺、新设备、新材料，逐步替代职业病危害严重的技术、工艺、设备、材料。

第四十二条　用人单位按照职业病防治要求，用于预防和治理职业病危害、工作场所卫生检测、健康监护和职业卫生培训等费用，按照国家有关规定，在生产成本中据实列支。

【职业病危害公告和警示】

第二十四条　产生职业病危害的用人单位，应当在醒目位置设置公告栏，公布有关职业病防治的规章制度、操作规程、职业病危害事故应急救援措施和工作场所职业病危害因素检测结果。

对产生严重职业病危害的作业岗位，应当在其醒目位置，设置警示标识和中文警示说明。警示说明应当载明产生职业病危害的种类、后果、预防以及应急救治措施等内容。

第二十五条　对可能发生急性职业损伤的有毒、有害工作场所，用人单位应当设置报警装置，配置现场急救用品、冲洗设备、应急撤离通道和必要的泄险区。

对放射工作场所和放射性同位素的运输、贮存，用人单位必须配置防护设备和报警装置，保证接触放射线的工作人员佩戴个人剂量计。

对职业病防护设备、应急救援设施和个人使用的职业病防护用品，用人单位应当进行经常性的维护、检修，定期检测其性能和效果，确保其处于正常状态，不得擅自拆除或者停止使用。

【职业病危害因素监测】

第二十六条 用人单位应当实施由专人负责的职业病危害因素日常监测，并确保监测系统处于正常运行状态。

用人单位应当按照国务院卫生行政部门的规定，定期对工作场所进行职业病危害因素检测、评价。检测、评价结果存入用人单位职业卫生档案，定期向所在地卫生行政部门报告并向劳动者公布。

职业病危害因素检测、评价由依法设立的取得国务院卫生行政部门或者设区的市级以上地方人民政府卫生行政部门按照职责分工给予资质认可的职业卫生技术服务机构进行。职业卫生技术服务机构所作检测、评价应当客观、真实。

发现工作场所职业病危害因素不符合国家职业卫生标准和卫生要求时，用人单位应当立即采取相应治理措施，仍然达不到国家职业卫生标准和卫生要求的，必须停止存在职业病危害因素的作业；职业病危害因素经治理后，符合国家职业卫生标准和卫生要求的，方可重新作业。

【职业病危害告知】

第三十三条 用人单位与劳动者订立劳动合同（含聘用合同，下同）时，应当将工作过程中可能产生的职业病危害及其后果、职业病防护措施和待遇等如实告知劳动者，并在劳动合同中写明，不得隐瞒或者欺骗。

劳动者在已订立劳动合同期间因工作岗位或者工作内容变更，从事与所订立劳动合同中未告知的存在职业病危害的作业时，用人单位应当依照前款规定，向劳动者履行如实告知的义务，并协商变更原劳动合同相关条款。

用人单位违反前两款规定的，劳动者有权拒绝从事存在职业病危害的作业，用人单位不得因此解除与劳动者所订立的劳动合同。

【职业卫生培训】

第三十四条 用人单位的主要负责人和职业卫生管理人员应当接受职业卫生培训，遵守职业病防治法律、法规，依法组织本单位的职业病防治工作。

用人单位应当对劳动者进行上岗前的职业卫生培训和在岗期间的定期职业卫生培训，普及职业卫生知识，督促劳动者遵守职业病防治法律、法规、规章和操作规程，指导劳动者正确使用职业病防护设备和个人使用的职业病防护用品。

劳动者应当学习和掌握相关的职业卫生知识，增强职业病防范意识，遵守职业病防治法律、法规、规章和操作规程，正确使用、维护职业病防护设备和个人使用的职业病防护用品，发现职业病危害事故隐患应当及时报告。

劳动者不履行前款规定义务的，用人单位应当对其进行教育。

【职业健康体检和管理】

第三十五条 对从事接触职业病危害的作业的劳动者，用人单位应当按照国务院卫生行政部门的规定组织上岗前、在岗期间和离岗时的职业健康检查，并将检查结果书面告知劳动者。职业健康检查费用由用人单位承担。

用人单位不得安排未经上岗前职业健康检查的劳动者从事接触职业病危害的作业；不得安排有职业禁忌的劳动者从事其所禁忌的作业；对在职业健康检查中发现有与所从事的职业相关的健康损害的劳动者，应当调离原工作岗位，并妥善安置；对未进行离岗前职业健康检查的劳动者不得解除或者终止与其订立的劳动合同。

职业健康检查应当由取得《医疗机构执业许可证》的医疗卫生机构承担。卫生行政部门应当加强对职业健康检查工作的规范管理，具体管理办法由国务院卫生行政部门制定。

第三十六条　用人单位应当为劳动者建立职业健康监护档案，并按照规定的期限妥善保存。

职业健康监护档案应当包括劳动者的职业史、职业病危害接触史、职业健康检查结果和职业病诊疗等有关个人健康资料。

劳动者离开用人单位时，有权索取本人职业健康监护档案复印件，用人单位应当如实、无偿提供，并在所提供的复印件上签章。

第三十八条　用人单位不得安排未成年工从事接触职业病危害的作业；不得安排孕期、哺乳期的女职工从事对本人和胎儿、婴儿有危害的作业。

【职业病危害事故应急管理】

第三十七条　发生或者可能发生急性职业病危害事故时，用人单位应当立即采取应急救援和控制措施，并及时报告所在地安全生产监督管理部门和有关部门。安全生产监督管理部门接到报告后，应当及时会同有关部门组织调查处理；必要时，可以采取临时控制措施。卫生行政部门应当组织做好医疗救治工作。

对遭受或者可能遭受急性职业病危害的劳动者，用人单位应当及时组织救治、进行健康检查和医学观察，所需费用由用人单位承担。

【劳动者享有的职业卫生保护权利】

第三十九条　劳动者享有下列职业卫生保护权利：

（一）获得职业卫生教育、培训；

（二）获得职业健康检查、职业病诊疗、康复等职业病防治服务；

（三）了解工作场所产生或者可能产生的职业病危害因素、危害后果和应当采取的职业病防护措施；

（四）要求用人单位提供符合防治职业病要求的职业病防护设施和个人使用的职业病防护用品，改善工作条件；

（五）对违反职业病防治法律、法规以及危及生命健康的行为提出批评、检举和控告；

（六）拒绝违章指挥和强令进行没有职业病防护措施的作业；

（七）参与用人单位职业卫生工作的民主管理，对职业病防治工作提出意见和建议。

用人单位应当保障劳动者行使前款所列权利。因劳动者依法行使正当权利而降低其工资、福利等待遇或者解除、终止与其订立的劳动合同的，其行为无效。

（四）职业病诊断与职业病病人保障

【职业病报告制度】

第五十条 用人单位和医疗卫生机构发现职业病病人或者疑似职业病病人时，应当及时向所在地卫生行政部门报告。确诊为职业病的，用人单位还应当向所在地劳动保障行政部门报告。接到报告的部门应当依法作出处理。

【职业病病人保障措施】

第五十五条 医疗卫生机构发现疑似职业病病人时，应当告知劳动者本人并及时通知用人单位。

用人单位应当及时安排对疑似职业病病人进行诊断；在疑似职业病病人诊断或者医学观察期间，不得解除或者终止与其订立的劳动合同。

疑似职业病病人在诊断、医学观察期间的费用，由用人单位承担。

第五十六条 用人单位应当保障职业病病人依法享受国家规定的职业病待遇。

用人单位应当按照国家有关规定，安排职业病病人进行治疗、康复和定期检查。

用人单位对不适宜继续从事原工作的职业病病人，应当调离原岗位，并妥善安置。

用人单位对从事接触职业病危害的作业的劳动者，应当给予适当岗位津贴。

第五十七条 职业病病人的诊疗、康复费用，伤残以及丧失劳动能力的职业病病人的社会保障，按照国家有关工伤保险的规定执行。

第五十八条 职业病病人除依法享有工伤保险外，依照有关民事法律，尚有获得赔偿的权利的，有权向用人单位提出赔偿要求。

第五十九条 劳动者被诊断患有职业病，但用人单位没有依法参加工伤保险的，其医疗和生活保障由该用人单位承担。

第六十条 职业病病人变动工作单位，其依法享有的待遇不变。

用人单位在发生分立、合并、解散、破产等情形时，应当对从事接触职业病危害的作业的劳动者进行健康检查，并按照国家有关规定妥善安置职业病病人。

第六十一条 用人单位已经不存在或者无法确认劳动关系的职业病病人，可以向地方人民政府医疗保障、民政部门申请医疗救助和生活等方面的救助。

地方各级人民政府应当根据本地区的实际情况，采取其他措施，使前款规定的职业病病人获得医疗救治。

（五）附则

【职业病危害、职业禁忌的定义】

第八十五条 本法下列用语的含义：

职业病危害，是指对从事职业活动的劳动者可能导致职业病的各种危害。职业病危害因素包括：职业活动中存在的各种有害的化学、物理、生物因素以及在作业过程中产生的其他职业有害因素。

职业禁忌，是指劳动者从事特定职业或者接触特定职业病危害因素时，比一般职业人群更易于遭受职业病危害和罹患职业病或者可能导致原有自身疾病病情加重，或者在从事作业过程中诱发可能导致对他人生命健康构成危险的疾病的个人特殊生理或者病理状态。

四、《中华人民共和国消防法》节选

1998 年 4 月 29 日第九届全国人大常委会第二次会议审议通过了《中华人民共和国消防法》（以下简称《消防法》），现行版本于 2019 年 4 月 23 日由中华人民共和国第十三届全国人民代表大会常务委员会第十次会议通过并予以公布，自公布之日起施行。

《消防法》立法目的是为了预防和减少火灾危害，加强应急救援工作，保护公民人身、公共财产的安全，维护公共安全。

【建设工程的消防设计审核和备案】

第十条　对按照国家工程建设消防技术标准需要进行消防设计的建设工程，实行建设工程消防设计审查验收制度。

第十一条　国务院住房和城乡建设主管部门规定的特殊建设工程，建设单位应当将消防设计文件报送住房和城乡建设主管部门审查，住房和城乡建设主管部门依法对审查的结果负责。

第十二条　特殊建设工程未经消防设计审查或者审查不合格的，建设单位、施工单位不得施工；其他建设工程，建设单位未提供满足施工需要的消防设计图纸及技术资料的，有关部门不得发放施工许可证或者批准开工报告。

【建设工程的消防验收、备案】

第十三条　国务院住房和城乡建设主管部门规定应当申请消防验收的建设工程竣工，建设单位应当向住房和城乡建设主管部门申请消防验收。

前款规定以外的其他建设工程，建设单位在验收后应当报住房和城乡建设主管部门备案，住房和城乡建设主管部门应当进行抽查。

依法应当进行消防验收的建设工程，未经消防验收或者消防验收不合格的，禁止投入使用；其他建设工程经依法抽查不合格的，应当停止使用。

【消防安全职责】

第十六条　机关、团体、企业、事业等单位应当履行下列消防安全职责：

（一）落实消防安全责任制，制定本单位的消防安全制度、消防安全操作规程，制定灭火和应急疏散预案；

（二）按照国家标准、行业标准配置消防设施、器材，设置消防安全标志，并定期组织检验、维修，确保完好有效；

（三）对建筑消防设施每年至少进行一次全面检测，确保完好有效，检测记录应当完整准确，存档备查；

（四）保障疏散通道、安全出口、消防车通道畅通，保证防火防烟分区、防火间距符合消防技术标准；

（五）组织防火检查，及时消除火灾隐患；

（六）组织进行有针对性的消防演练；

（七）法律、法规规定的其他消防安全职责。

单位的主要负责人是本单位的消防安全责任人。

第十七条 消防安全重点单位除应当履行本法第十六条规定的职责外，还应当履行下列消防安全职责：

（一）确定消防安全管理人，组织实施本单位的消防安全管理工作；

（二）建立消防档案，确定消防安全重点部位，设置防火标志，实行严格管理；

（三）实行每日防火巡查，并建立巡查记录；

（四）对职工进行岗前消防安全培训，定期组织消防安全培训和消防演练。

【易燃易爆危险品场所消防要求】

第十九条 生产、储存、经营易燃易爆危险品的场所不得与居住场所设置在同一建筑物内，并应当与居住场所保持安全距离。

生产、储存、经营其他物品的场所与居住场所设置在同一建筑物内的，应当符合国家工程建设消防技术标准。

第二十一条 禁止在具有火灾、爆炸危险的场所吸烟、使用明火。因施工等特殊情况需要使用明火作业的，应当按照规定事先办理审批手续，采取相应的消防安全措施；作业人员应当遵守消防安全规定。

进行电焊、气焊等具有火灾危险作业的人员和自动消防系统的操作人员，必须持证上岗，并遵守消防安全操作规程。

【易燃易爆危险品生产、储存、装卸等规定】

第二十二条 生产、储存、装卸易燃易爆危险品的工厂、仓库和专用车站、码头的设置，应当符合消防技术标准。易燃易爆气体和液体的充装站、供应站、调压站，应当设置在符合消防安全要求的位置，并符合防火防爆要求。

已经设置的生产、储存、装卸易燃易爆危险品的工厂、仓库和专用车站、码头，易燃易爆气体和液体的充装站、供应站、调压站，不再符合前款规定的，地方人民政府应当组织、协调有关部门、单位限期解决，消除安全隐患。

第二十三条 生产、储存、运输、销售、使用、销毁易燃易爆危险品，必须执行消防技术标准和管理规定。

进入生产、储存易燃易爆危险品的场所，必须执行消防安全规定。禁止非法携带易燃易爆危险品进入公共场所或者乘坐公共交通工具。

储存可燃物资仓库的管理，必须执行消防技术标准和管理规定。

【消防器材配置及消防通道规定】

第二十八条 任何单位、个人不得损坏、挪用或者擅自拆除、停用消防设施、器材，不得埋压、圈占、遮挡消火栓或者占用防火间距，不得占用、堵塞、封闭疏散通道、安全出口、消防车通道。人员密集场所的门窗不得设置影响逃生和灭火救援的障碍物。

【消防组织】

第三十九条　下列单位应当建立单位专职消防队，承担本单位的火灾扑救工作：

（一）大型核设施单位、大型发电厂、民用机场、主要港口；

（二）生产、储存易燃易爆危险品的大型企业；

（三）储备可燃的重要物资的大型仓库、基地；

（四）第一项、第二项、第三项规定以外的火灾危险性较大、距离公安消防队较远的其他大型企业；

（五）距离公安消防队较远、被列为全国重点文物保护单位的古建筑群的管理单位。

第四十一条　机关、团体、企业、事业等单位以及村民委员会、居民委员会根据需要，建立志愿消防队等多种形式的消防组织，开展群众性自防自救工作。

【灭火救援】

第四十四条　任何人发现火灾都应当立即报警。任何单位、个人都应当无偿为报警提供便利，不得阻拦报警。严禁谎报火警。

人员密集场所发生火灾，该场所的现场工作人员应当立即组织、引导在场人员疏散。

任何单位发生火灾，必须立即组织力量扑救。邻近单位应当给予支援。

消防队接到火警，必须立即赶赴火灾现场，救助遇险人员，排除险情，扑灭火灾。

五、《中华人民共和国特种设备安全法》节选

2013 年 6 月 29 日中华人民共和国主席令第 4 号公布《中华人民共和国特种设备安全法》（以下简称《特种设备安全法》），自 2014 年 1 月 1 日起施行。

《特种设备安全法》是为了加强特种设备安全工作，预防特种设备事故，保障人身和财产安全，促进经济社会发展而制定，共七章一百零一条，对特种设备的生产、经营、使用，检验、检测，安全监督管理，事故应急救援与调查处理，法律责任等分别做了详细规定。该法突出了特种设备生产、经营、使用单位的安全主体责任，明确规定：在生产环节，生产企业对特种设备的质量负责；在经营环节，销售和出租的特种设备必须符合安全要求，出租人负有对特种设备使用安全管理和维护保养的义务；在事故多发的使用环节，使用单位对特种设备使用安全负责，并负有对特种设备的报废义务，发生事故造成损害的依法承担赔偿责任。该法确立了企业承担安全主体责任、政府履行安全监管职责和社会发挥监督作用三位一体的特种设备安全工作新模式。法律还规定，特种设备监管部门应当定期向社会公布特种设备安全状况。

【适用范围】

第二条　特种设备的生产（包括设计、制造、安装、改造、修理）、经营、使用、检验、检测和特种设备安全的监督管理，适用本法。

本法所称特种设备，是指对人身和财产安全有较大危险性的锅炉、压力容器（含气瓶）、压力管道、电梯、起重机械、客运索道、大型游乐设施、场（厂）内专用机动车

辆，以及法律、行政法规规定适用本法的其他特种设备。

国家对特种设备实行目录管理。特种设备目录由国务院负责特种设备安全监督管理的部门制定，报国务院批准后执行。

【特种设备实施分类、全过程的安全监管】

第四条 国家对特种设备的生产、经营、使用，实施分类的、全过程的安全监督管理。

【特种设备安全和节能管理制度】

第七条 特种设备生产、经营、使用单位应当遵守本法和其他有关法律、法规，建立、健全特种设备安全和节能责任制度，加强特种设备安全和节能管理，确保特种设备生产、经营、使用安全，符合节能要求。

第八条 特种设备生产、经营、使用、检验、检测应当遵守有关特种设备安全技术规范及相关标准。

特种设备安全技术规范由国务院负责特种设备安全监督管理的部门制定。

【特种设备安全责任制】

第十三条 特种设备生产、经营、使用单位及其主要负责人对其生产、经营、使用的特种设备安全负责。

特种设备生产、经营、使用单位应当按照国家有关规定配备特种设备安全管理人员、检测人员和作业人员，并对其进行必要的安全教育和技能培训。

第十四条 特种设备安全管理人员、检测人员和作业人员应当按照国家有关规定取得相应资格，方可从事相关工作。特种设备安全管理人员、检测人员和作业人员应当严格执行安全技术规范和管理制度，保证特种设备安全。

【检测和维护保养】

第十五条 特种设备生产、经营、使用单位对其生产、经营、使用的特种设备应当进行自行检测和维护保养，对国家规定实行检验的特种设备应当及时申报并接受检验。

【鼓励投保责任险】

第十七条 国家鼓励投保特种设备安全责任保险。

【实施生产许可制度】

第十八条 国家按照分类监督管理的原则对特种设备生产实行许可制度。特种设备生产单位应当具备下列条件，并经负责特种设备安全监督管理的部门许可，方可从事生产活动：

（一）有与生产相适应的专业技术人员；

（二）有与生产相适应的设备、设施和工作场所；

（三）有健全的质量保证、安全管理和岗位责任等制度。

【出厂技术文件】

第二十一条 特种设备出厂时，应当随附安全技术规范要求的设计文件、产品质量合格证明、安装及使用维护保养说明、监督检验证明等相关技术资料和文件，并在特种设备显著位置设置产品铭牌、安全警示标志及其说明。

【安装、改造和修理】

第二十二条 电梯的安装、改造、修理，必须由电梯制造单位或者其委托的依照本法取得相应许可的单位进行。电梯制造单位委托其他单位进行电梯安装、改造、修理的，应当对其安装、改造、修理进行安全指导和监控，并按照安全技术规范的要求进行校验和调试。电梯制造单位对电梯安全性能负责。

第二十三条 特种设备安装、改造、修理的施工单位应当在施工前将拟进行的特种设备安装、改造、修理情况书面告知直辖市或者设区的市级人民政府负责特种设备安全监督管理的部门。

第二十四条 特种设备安装、改造、修理竣工后，安装、改造、修理的施工单位应当在验收后三十日内将相关技术资料和文件移交特种设备使用单位。特种设备使用单位应当将其存入该特种设备的安全技术档案。

第二十五条 锅炉、压力容器、压力管道元件等特种设备的制造过程和锅炉、压力容器、压力管道、电梯、起重机械、客运索道、大型游乐设施的安装、改造、重大修理过程，应当经特种设备检验机构按照安全技术规范的要求进行监督检验；未经监督检验或者监督检验不合格的，不得出厂或者交付使用。

【缺陷召回制度】

第二十六条 国家建立缺陷特种设备召回制度。因生产原因造成特种设备存在危及安全的同一性缺陷的，特种设备生产单位应当立即停止生产，主动召回。

国务院负责特种设备安全监督管理的部门发现特种设备存在应当召回而未召回的情形时，应当责令特种设备生产单位召回。

【特种设备租用规定】

第二十八条 特种设备出租单位不得出租未取得许可生产的特种设备或者国家明令淘汰和已经报废的特种设备，以及未按照安全技术规范的要求进行维护保养和未经检验或者检验不合格的特种设备。

第二十九条 特种设备在出租期间的使用管理和维护保养义务由特种设备出租单位承担，法律另有规定或者当事人另有约定的除外。

【进口特种设备的规定】

第三十条 进口的特种设备应当符合我国安全技术规范的要求，并经检验合格；需要取得我国特种设备生产许可的，应当取得许可。

进口特种设备随附的技术资料和文件应当符合本法第二十一条的规定，其安装及使用维护保养说明、产品铭牌、安全警示标志及其说明应当采用中文。

特种设备的进出口检验，应当遵守有关进出口商品检验的法律、行政法规。

第三十一条 进口特种设备，应当向进口地负责特种设备安全监督管理的部门履行提前告知义务。

【特种设备使用登记】

第三十三条 特种设备使用单位应当在特种设备投入使用前或者投入使用后三十日内，向负责特种设备安全监督管理的部门办理使用登记，取得使用登记证书。登记标志应当置于该特种设备的显著位置。

【使用安全管理制度】

第三十四条 特种设备使用单位应当建立岗位责任、隐患治理、应急救援等安全管理制度，制定操作规程，保证特种设备安全运行。

【建立安全技术档案】

第三十五条 特种设备使用单位应当建立特种设备安全技术档案。安全技术档案应当包括以下内容：

（一）特种设备的设计文件、产品质量合格证明、安装及使用维护保养说明、监督检验证明等相关技术资料和文件；

（二）特种设备的定期检验和定期自行检查记录；

（三）特种设备的日常使用状况记录；

（四）特种设备及其附属仪器仪表的维护保养记录；

（五）特种设备的运行故障和事故记录。

【电梯等运营使用单位应设安全管理机构和人员】

第三十六条 电梯、客运索道、大型游乐设施等为公众提供服务的特种设备的运营使用单位，应当对特种设备的使用安全负责，设置特种设备安全管理机构或者配备专职的特种设备安全管理人员；其他特种设备使用单位，应当根据情况设置特种设备安全管理机构或者配备专职、兼职的特种设备安全管理人员。

【安全距离、防护措施】

第三十七条 特种设备的使用应当具有规定的安全距离、安全防护措施。

与特种设备安全相关的建筑物、附属设施，应当符合有关法律、行政法规的规定。

【共有及委托责任】

第三十八条 特种设备属于共有的，共有人可以委托物业服务单位或者其他管理人管理特种设备，受托人履行本法规定的特种设备使用单位的义务，承担相应责任。共有人未委托的，由共有人或者实际管理人履行管理义务，承担相应责任。

【日常维护保养】

第三十九条 特种设备使用单位应当对其使用的特种设备进行经常性维护保养和定期自行检查，并作出记录。

特种设备使用单位应当对其使用的特种设备的安全附件、安全保护装置进行定期校验、检修，并作出记录。

第四十三条 客运索道、大型游乐设施在每日投入使用前，其运营使用单位应当进行试运行和例行安全检查，并对安全附件和安全保护装置进行检查确认。

【定期检验要求】

第四十条 特种设备使用单位应当按照安全技术规范的要求，在检验合格有效期届满前一个月向特种设备检验机构提出定期检验要求。

特种设备检验机构接到定期检验要求后，应当按照安全技术规范的要求及时进行安全性能检验。特种设备使用单位应当将定期检验标志置于该特种设备的显著位置。

未经定期检验或者检验不合格的特种设备，不得继续使用。

第四十四条 锅炉使用单位应当按照安全技术规范的要求进行锅炉水（介）质处理，并接受特种设备检验机构的定期检验。

从事锅炉清洗，应当按照安全技术规范的要求进行，并接受特种设备检验机构的监督检验。

【异常情况处理】

第四十二条 特种设备出现故障或者发生异常情况，特种设备使用单位应当对其进行全面检查，消除事故隐患，方可继续使用。

【日常检查及警示标志】

第四十三条 客运索道、大型游乐设施在每日投入使用前，其运营使用单位应当进行试运行和例行安全检查，并对安全附件和安全保护装置进行检查确认。

电梯、客运索道、大型游乐设施的运营使用单位应当将电梯、客运索道、大型游乐设施的安全使用说明、安全注意事项和警示标志置于易于为乘客注意的显著位置。

公众乘坐或者操作电梯、客运索道、大型游乐设施，应当遵守安全使用说明和安全注意事项的要求，服从有关工作人员的管理和指挥；遇有运行不正常时，应当按照安全指引，有序撤离。

【电梯的维护保养】

第四十五条 电梯的维护保养应当由电梯制造单位或者依照本法取得许可的安装、改造、修理单位进行。

电梯的维护保养单位应当在维护保养中严格执行安全技术规范的要求，保证其维护保养的电梯的安全性能，并负责落实现场安全防护措施，保证施工安全。

电梯的维护保养单位应当对其维护保养的电梯的安全性能负责；接到故障通知后，应当立即赶赴现场，并采取必要的应急救援措施。

第四十六条 电梯投入使用后，电梯制造单位应当对其制造的电梯的安全运行情况进行跟踪调查和了解，对电梯的维护保养单位或者使用单位在维护保养和安全运行方面存在的问题，提出改进建议，并提供必要的技术帮助；发现电梯存在严重事故隐患时，应当及时告知电梯使用单位，并向负责特种设备安全监督管理的部门报告。电梯制造单位对调查和了解的情况，应当作出记录。

【改造、修理登记变更】

第四十七条 特种设备进行改造、修理，按照规定需要变更使用登记的，应当办理变更登记，方可继续使用。

【报废、注销制度】

第四十八条 特种设备存在严重事故隐患，无改造、修理价值，或者达到安全技术规范规定的其他报废条件的，特种设备使用单位应当依法履行报废义务，采取必要措施消除该特种设备的使用功能，并向原登记的负责特种设备安全监督管理的部门办理使用登记证书注销手续。

前款规定报废条件以外的特种设备，达到设计使用年限可以继续使用的，应当按照安全技术规范的要求通过检验或者安全评估，并办理使用登记证书变更，方可继续使用。允许继续使用的，应当采取加强检验、检测和维护保养等措施，确保使用安全。

【移动式设备充装】

第四十九条 移动式压力容器、气瓶充装单位，应当具备下列条件，并经负责特种设备安全监督管理的部门许可，方可从事充装活动：

（一）有与充装和管理相适应的管理人员和技术人员；

（二）有与充装和管理相适应的充装设备、检测手段、场地厂房、器具、安全设施；

（三）有健全的充装管理制度、责任制度、处理措施。

充装单位应当建立充装前后的检查、记录制度，禁止对不符合安全技术规范要求的移动式压力容器和气瓶进行充装。

气瓶充装单位应当向气体使用者提供符合安全技术规范要求的气瓶，对气体使用者进行气瓶安全使用指导，并按照安全技术规范的要求办理气瓶使用登记，及时申报定期检验。

【特种设备检验机构、人员应取得相应资格】

第五十条 从事本法规定的监督检验、定期检验的特种设备检验机构，以及为特种设备生产、经营、使用提供检测服务的特种设备检测机构，应当具备下列条件，并经负责特种设备安全监督管理的部门核准，方可从事检验、检测工作：

（一）有与检验、检测工作相适应的检验、检测人员；

（二）有与检验、检测工作相适应的检验、检测仪器和设备；

（三）有健全的检验、检测管理制度和责任制度。

第五十一条 特种设备检验、检测机构的检验、检测人员应当经考核，取得检验、检测人员资格，方可从事检验、检测工作。

特种设备检验、检测机构的检验、检测人员不得同时在两个以上检验、检测机构中执业；变更执业机构的，应当依法办理变更手续。

【特种设备事故应急管理】

第六十九条 国务院负责特种设备安全监督管理的部门应当依法组织制定特种设备重特大事故应急预案，报国务院批准后纳入国家突发事件应急预案体系。

县级以上地方各级人民政府及其负责特种设备安全监督管理的部门应当依法组织制定本行政区域内特种设备事故应急预案，建立或者纳入相应的应急处置与救援体系。

特种设备使用单位应当制定特种设备事故应急专项预案，并定期进行应急演练。

【事故调查处理】

第七十二条　特种设备发生特别重大事故，由国务院或者国务院授权有关部门组织事故调查组进行调查。

发生重大事故，由国务院负责特种设备安全监督管理的部门会同有关部门组织事故调查组进行调查。

发生较大事故，由省、自治区、直辖市人民政府负责特种设备安全监督管理的部门会同有关部门组织事故调查组进行调查。

发生一般事故，由设区的市级人民政府负责特种设备安全监督管理的部门会同有关部门组织事故调查组进行调查。

事故调查组应当依法、独立、公正开展调查，提出事故调查报告。

【不适用情况】

第一百条　军事装备、核设施、航空航天器使用的特种设备安全的监督管理不适用本法。

铁路机车、海上设施和船舶、矿山井下使用的特种设备以及民用机场专用设备安全的监督管理，房屋建筑工地、市政工程工地用起重机械和场（厂）内专用机动车辆的安装、使用的监督管理，由有关部门依照本法和其他有关法律的规定实施。

六、《特种设备安全监察条例》节选

2003年3月11日中华人民共和国国务院令第373号公布《特种设备安全监察条例》，自2003年6月1日起施行；2009年1月24日国务院令第549号修订，自2009年5月1日起施行。该条例立法目的是为了加强特种设备的安全监察，防止和减少事故，保障人民群众生命和财产安全，促进经济发展。

【特种设备定义】

第二条　本条例所称特种设备是指涉及生命安全、危险性较大的锅炉、压力容器（含气瓶，下同）、压力管道、电梯、起重机械、客运索道、大型游乐设施和场（厂）内专用机动车辆。

前款特种设备的目录由国务院负责特种设备安全监督管理的部门（以下简称国务院特种设备安全监督管理部门）制订，报国务院批准后执行。

除上条规定外，特种设备还包括其所用的材料、附属的安全附件、安全保护装置和与安全保护装置相关的设施。

【适用范围】

第三条　特种设备的生产（含设计、制造、安装、改造、维修，下同）、使用、检验检测及其监督检查，应当遵守本条例，但本条例另有规定的除外。

军事装备、核设施、航空航天器、铁路机车、海上设施和船舶以及矿山井下使用的特种设备、民用机场专用设备的安全监察不适用本条例。

房屋建筑工地和市政工程工地用起重机械、场（厂）内专用机动车辆的安装、使用的监督管理，由建设行政主管部门依照有关法律、法规的规定执行。

【特种设备安全监察部门】

第四条 国务院特种设备安全监督管理部门负责全国特种设备的安全监察工作，县以上地方负责特种设备安全监督管理的部门对本行政区域内特种设备实施安全监察（以下统称特种设备安全监督管理部门）。

【生产、使用单位和检测机构职责】

第五条 特种设备生产、使用单位应当建立健全特种设备安全、节能管理制度和岗位安全、节能责任制度。

特种设备生产、使用单位的主要负责人应当对本单位特种设备的安全和节能全面负责。

特种设备生产、使用单位和特种设备检验检测机构，应当接受特种设备安全监督管理部门依法进行的特种设备安全监察。

第六条 特种设备检验检测机构，应当依照本条例规定，进行检验检测工作，对其检验检测结果、鉴定结论承担法律责任。

【特种设备生产的安全规定】

第十条 特种设备生产单位，应当依照本条例规定以及国务院特种设备安全监督管理部门制订并公布的安全技术规范（以下简称安全技术规范）的要求，进行生产活动。

特种设备生产单位对其生产的特种设备的安全性能和能效指标负责，不得生产不符合安全性能要求和能效指标的特种设备，不得生产国家产业政策明令淘汰的特种设备。

【压力容器设计单位条件】

第十一条 压力容器的设计单位应当经国务院特种设备安全监督管理部门许可，方可从事压力容器的设计活动。

压力容器的设计单位应当具备下列条件：

（一）有与压力容器设计相适应的设计人员、设计审核人员；

（二）有与压力容器设计相适应的场所和设备；

（三）有与压力容器设计相适应的健全的管理制度和责任制度。

【设计文件鉴定】

第十二条 锅炉、压力容器中的气瓶（以下简称气瓶）、氧舱和客运索道、大型游乐设施以及高耗能特种设备的设计文件，应当经国务院特种设备安全监督管理部门核准的检验检测机构鉴定，方可用于制造。

【型式试验和能效测试】

第十三条 按照安全技术规范的要求，应当进行型式试验的特种设备产品、部件或者试制特种设备新产品、新部件、新材料，必须进行型式试验和能效测试。

【制造、安装、改造单位应取得许可】

第十四条 锅炉、压力容器、电梯、起重机械、客运索道、大型游乐设施及其安全附件、安全保护装置的制造、安装、改造单位，以及压力管道用管子、管件、阀门、法兰、补偿器、安全保护装置等（以下简称压力管道元件）的制造单位和场（厂）内专用机动车辆的制造、改造单位，应当经国务院特种设备安全监督管理部门许可，方可从事相应的活动。

前款特种设备的制造、安装、改造单位应当具备下列条件：

（一）有与特种设备制造、安装、改造相适应的专业技术人员和技术工人；

（二）有与特种设备制造、安装、改造相适应的生产条件和检测手段；

（三）有健全的质量管理制度和责任制度。

【出厂安全技术文件要求】

第十五条　特种设备出厂时，应当附有安全技术规范要求的设计文件、产品质量合格证明、安装及使用维修说明、监督检验证明等文件。

【维修单位应获得许可资格】

第十六条　锅炉、压力容器、电梯、起重机械、客运索道、大型游乐设施、场（厂）内专用机动车辆的维修单位，应当有与特种设备维修相适应的专业技术人员和技术工人以及必要的检测手段，并经省、自治区、直辖市特种设备安全监督管理部门许可，方可从事相应的维修活动。

第十七条　锅炉、压力容器、起重机械、客运索道、大型游乐设施的安装、改造、维修以及场（厂）内专用机动车辆的改造、维修，必须由依照本条例取得许可的单位进行。

电梯的安装、改造、维修，必须由电梯制造单位或者其通过合同委托、同意的依照本条例取得许可的单位进行。电梯制造单位对电梯质量以及安全运行涉及的质量问题负责。

特种设备安装、改造、维修的施工单位应当在施工前将拟进行的特种设备安装、改造、维修情况书面告知直辖市或者设区的市的特种设备安全监督管理部门，告知后即可施工。

【安装、改造和维修施工安全要求】

第十八条　电梯井道的土建工程必须符合建筑工程质量要求。电梯安装施工过程中，电梯安装单位应当遵守施工现场的安全生产要求，落实现场安全防护措施。电梯安装施工过程中，施工现场的安全生产监督，由有关部门依照有关法律、行政法规的规定执行。

电梯安装施工过程中，电梯安装单位应当服从建筑施工总承包单位对施工现场的安全生产管理，并订立合同，明确各自的安全责任。

第十九条　电梯的制造、安装、改造和维修活动，必须严格遵守安全技术规范的要求。电梯制造单位委托或者同意其他单位进行电梯安装、改造、维修活动的，应当对其安装、改造、维修活动进行安全指导和监控。电梯的安装、改造、维修活动结束后，电梯制造单位应当按照安全技术规范的要求对电梯进行校验和调试，并对校验和调试的结果负责。

【验收检验和技术资料移交】

第二十条 锅炉、压力容器、电梯、起重机械、客运索道、大型游乐设施的安装、改造、维修以及场（厂）内专用机动车辆的改造、维修竣工后，安装、改造、维修的施工单位应当在验收后30日内将有关技术资料移交使用单位，高耗能特种设备还应当按照安全技术规范的要求提交能效测试报告。使用单位应当将其存入该特种设备的安全技术档案。

第二十一条 锅炉、压力容器、压力管道元件、起重机械、大型游乐设施的制造过程和锅炉、压力容器、电梯、起重机械、客运索道、大型游乐设施的安装、改造、重大维修过程，必须经国务院特种设备安全监督管理部门核准的检验检测机构按照安全技术规范的要求进行监督检验；未经监督检验合格的不得出厂或者交付使用。

【移动式压力容器和气瓶充装单位应获得许可】

第二十二条 移动式压力容器、气瓶充装单位应当经省、自治区、直辖市的特种设备安全监督管理部门许可，方可从事充装活动。

充装单位应当具备下列条件：

（一）有与充装和管理相适应的管理人员和技术人员；

（二）有与充装和管理相适应的充装设备、检测手段、场地厂房、器具、安全设施；

（三）有健全的充装管理制度、责任制度、紧急处理措施。

气瓶充装单位应当向气体使用者提供符合安全技术规范要求的气瓶，对使用者进行气瓶安全使用指导，并按照安全技术规范的要求办理气瓶使用登记，提出气瓶的定期检验要求。

【特种设备使用登记】

第二十五条 特种设备在投入使用前或者投入使用后30日内，特种设备使用单位应当向直辖市或者设区的市的特种设备安全监督管理部门登记。登记标志应当置于或者附着于该特种设备的显著位置。

【特种设备安全技术档案】

第二十六条 特种设备使用单位应当建立特种设备安全技术档案。安全技术档案应当包括以下内容：

（一）特种设备的设计文件、制造单位、产品质量合格证明、使用维护说明等文件以及安装技术文件和资料；

（二）特种设备的定期检验和定期自行检查的记录；

（三）特种设备的日常使用状况记录；

（四）特种设备及其安全附件、安全保护装置、测量调控装置及有关附属仪器仪表的日常维护保养记录；

（五）特种设备运行故障和事故记录；

（六）高耗能特种设备的能效测试报告、能耗状况记录以及节能改造技术资料。

【每月至少一次自行检查】

第二十七条 特种设备使用单位应当对在用特种设备进行经常性日常维护保养，并定期自行检查。

特种设备使用单位对在用特种设备应当至少每月进行一次自行检查，并作出记录。特种设备使用单位在对在用特种设备进行自行检查和日常维护保养时发现异常情况的，应当及时处理。

特种设备使用单位应当对在用特种设备的安全附件、安全保护装置、测量调控装置及有关附属仪器仪表进行定期校验、检修，并作出记录。

锅炉使用单位应当按照安全技术规范的要求进行锅炉水（介）质处理，并接受特种设备检验检测机构实施的水（介）质处理定期检验。

从事锅炉清洗的单位，应当按照安全技术规范的要求进行锅炉清洗，并接受特种设备检验检测机构实施的锅炉清洗过程监督检验。

【定期检验】

第二十八条 特种设备使用单位应当按照安全技术规范的定期检验要求，在安全检验合格有效期届满前 1 个月向特种设备检验检测机构提出定期检验要求。

检验检测机构接到定期检验要求后，应当按照安全技术规范的要求及时进行安全性能检验和能效测试。

未经定期检验或者检验不合格的特种设备，不得继续使用。

【异常隐患消除后方可投用】

第二十九条 特种设备出现故障或者发生异常情况，使用单位应当对其进行全面检查，消除事故隐患后，方可重新投入使用。

特种设备不符合能效指标的，特种设备使用单位应当采取相应措施进行整改。

【报废注销】

第三十条 特种设备存在严重事故隐患，无改造、维修价值，或者超过安全技术规范规定使用年限，特种设备使用单位应当及时予以报废，并应当向原登记的特种设备安全监督管理部门办理注销。

【电梯维护保养单位应取得许可】

第三十一条 电梯的日常维护保养必须由依照本条例取得许可的安装、改造、维修单位或者电梯制造单位进行。

电梯应当至少每 15 日进行一次清洁、润滑、调整和检查。

第三十二条 电梯的日常维护保养单位应当在维护保养中严格执行国家安全技术规范的要求，保证其维护保养的电梯的安全技术性能，并负责落实现场安全防护措施，保证施工安全。

电梯的日常维护保养单位，应当对其维护保养的电梯的安全性能负责。接到故障通知后，应当立即赶赴现场，并采取必要的应急救援措施。

【安全管理机构和人员配置要求】

第三十三条 电梯、客运索道、大型游乐设施等为公众提供服务的特种设备运营使用单位，应当设置特种设备安全管理机构或者配备专职的安全管理人员；其他特种设备使用单位，应当根据情况设置特种设备安全管理机构或者配备专职、兼职的安全管理人员。

特种设备的安全管理人员应当对特种设备使用状况进行经常性检查，发现问题的应当立即处理；情况紧急时，可以决定停止使用特种设备并及时报告本单位有关负责人。

【特种设备作业人员应取得执业证书并通过培训】

第三十八条 锅炉、压力容器、电梯、起重机械、客运索道、大型游乐设施、场（厂）内专用机动车辆的作业人员及其相关管理人员（以下统称特种设备作业人员），应当按照国家有关规定经特种设备安全监督管理部门考核合格，取得国家统一格式的特种作业人员证书，方可从事相应的作业或者管理工作。

第三十九条 特种设备使用单位应当对特种设备作业人员进行特种设备安全、节能教育和培训，保证特种设备作业人员具备必要的特种设备安全、节能知识。

特种设备作业人员在作业中应当严格执行特种设备的操作规程和有关的安全规章制度。

第四十条 特种设备作业人员在作业过程中发现事故隐患或者其他不安全因素，应当立即向现场安全管理人员和单位有关负责人报告。

【检验检测机构应取得核准资质】

第四十一条 从事本条例规定的监督检验、定期检验、型式试验以及专门为特种设备生产、使用、检验检测提供无损检测服务的特种设备检验检测机构，应当经国务院特种设备安全监督管理部门核准。

特种设备使用单位设立的特种设备检验检测机构，经国务院特种设备安全监督管理部门核准，负责本单位核准范围内的特种设备定期检验工作。

第四十二条 特种设备检验检测机构，应当具备下列条件：

（一）有与所从事的检验检测工作相适应的检验检测人员；

（二）有与所从事的检验检测工作相适应的检验检测仪器和设备；

（三）有健全的检验检测管理制度、检验检测责任制度。

第四十三条 特种设备的监督检验、定期检验、型式试验和无损检测应当由依照本条例经核准的特种设备检验检测机构进行。

特种设备检验检测工作应当符合安全技术规范的要求。

【检验检测人员应取得考核合格证书】

第四十四条 从事本条例规定的监督检验、定期检验、型式试验和无损检测的特种设备检验检测人员应当经国务院特种设备安全监督管理部门组织考核合格，取得检验检测人员证书，方可从事检验检测工作。

【事故隐患报告】

第四十八条　特种设备检验检测机构进行特种设备检验检测，发现严重事故隐患或者能耗严重超标的，应当及时告知特种设备使用单位，并立即向特种设备安全监督管理部门报告。

【特种设备安全监察】

第五十条　特种设备安全监督管理部门依照本条例规定，对特种设备生产、使用单位和检验检测机构实施安全监察。

对学校、幼儿园以及车站、客运码头、商场、体育场馆、展览馆、公园等公众聚集场所的特种设备，特种设备安全监督管理部门应当实施重点安全监察。

【特种设备事故等级分类（特别重大、重大、较大、一般）】

第六十一条　有下列情形之一的，为特别重大事故：

（一）特种设备事故造成 30 人以上死亡，或者 100 人以上重伤（包括急性工业中毒，下同），或者 1 亿元以上直接经济损失的；

（二）600 兆瓦以上锅炉爆炸的；

（三）压力容器、压力管道有毒介质泄漏，造成 15 万人以上转移的；

（四）客运索道、大型游乐设施高空滞留 100 人以上并且时间在 48 小时以上的。

第六十二条　有下列情形之一的，为重大事故：

（一）特种设备事故造成 10 人以上 30 人以下死亡，或者 50 人以上 100 人以下重伤，或者 5 000 万元以上 1 亿元以下直接经济损失的；

（二）600 兆瓦以上锅炉因安全故障中断运行 240 小时以上的；

（三）压力容器、压力管道有毒介质泄漏，造成 5 万人以上 15 万人以下转移的；

（四）客运索道、大型游乐设施高空滞留 100 人以上并且时间在 24 小时以上 48 小时以下的。

第六十三条　有下列情形之一的，为较大事故：

（一）特种设备事故造成 3 人以上 10 人以下死亡，或者 10 人以上 50 人以下重伤，或者 1 000 万元以上 5 000 万元以下直接经济损失的；

（二）锅炉、压力容器、压力管道爆炸的；

（三）压力容器、压力管道有毒介质泄漏，造成 1 万人以上 5 万人以下转移的；

（四）起重机械整体倾覆的；

（五）客运索道、大型游乐设施高空滞留人员 12 小时以上的。

第六十四条　有下列情形之一的，为一般事故：

（一）特种设备事故造成 3 人以下死亡，或者 10 人以下重伤，或者 1 万元以上 1 000 万元以下直接经济损失的；

（二）压力容器、压力管道有毒介质泄漏，造成 500 人以上 1 万人以下转移的；

（三）电梯轿厢滞留人员 2 小时以上的；

（四）起重机械主要受力结构件折断或者起升机构坠落的；

（五）客运索道高空滞留人员 3.5 小时以上 12 小时以下的；

（六）大型游乐设施高空滞留人员 1 小时以上 12 小时以下的。

除前款规定外，国务院特种设备安全监督管理部门可以对一般事故的其他情形做出补充规定。

编者按：除《生产安全事故报告和调查处理条例》中有关生产安全事故分级的规定外，《特种设备安全监察条例》根据特种设备安全生产自身的特殊性，增加了特种设备必要的事故等级分类条件。

【特种设备应急预案及演练】

第六十五条　特种设备安全监督管理部门应当制定特种设备应急预案。特种设备使用单位应当制定事故应急专项预案，并定期进行事故应急演练。

压力容器、压力管道发生爆炸或者泄漏，在抢险救援时应当区分介质特性，严格按照相关预案规定程序处理，防止二次爆炸。

【事故报告和调查处理】

第六十六条　特种设备事故发生后，事故发生单位应当立即启动事故应急预案，组织抢救，防止事故扩大，减少人员伤亡和财产损失，并及时向事故发生地县以上特种设备安全监督管理部门和有关部门报告。

县以上特种设备安全监督管理部门接到事故报告，应当尽快核实有关情况，立即向所在地人民政府报告，并逐级上报事故情况。必要时，特种设备安全监督管理部门可以越级上报事故情况。对特别重大事故、重大事故，国务院特种设备安全监督管理部门应当立即报告国务院并通报国务院安全生产监督管理部门等有关部门。

第六十七条　特别重大事故由国务院或者国务院授权有关部门组织事故调查组进行调查。

重大事故由国务院特种设备安全监督管理部门会同有关部门组织事故调查组进行调查。

较大事故由省、自治区、直辖市特种设备安全监督管理部门会同有关部门组织事故调查组进行调查。

一般事故由设区的市的特种设备安全监督管理部门会同有关部门组织事故调查组进行调查。

【特种设备报废】

第八十四条　特种设备存在严重事故隐患，无改造、维修价值，或者超过安全技术规范规定的使用年限，特种设备使用单位未予以报废，并向原登记的特种设备安全监督管理部门办理注销的，由特种设备安全监督管理部门责令限期改正；逾期未改正的，处 5 万元以上 20 万元以下罚款。

【特种设备分类】

第九十九条　本条例下列用语的含义是：

（一）锅炉，是指利用各种燃料、电或者其他能源，将所盛装的液体加热到一定的参数，并对外输出热能的设备，其范围规定为容积大于或者等于30L的承压蒸汽锅炉；出口水压大于或者等于0.1MPa（表压），且额定功率大于或者等于0.1MW的承压热水锅炉；有机热载体锅炉。

（二）压力容器，是指盛装气体或者液体，承载一定压力的密闭设备，其范围规定为最高工作压力大于或者等于0.1MPa（表压），且压力与容积的乘积大于或者等于2.5MPa·L的气体、液化气体和最高工作温度高于或者等于标准沸点的液体的固定式容器和移动式容器；盛装公称工作压力大于或者等于0.2MPa（表压），且压力与容积的乘积大于或者等于1.0MPa·L的气体、液化气体和标准沸点等于或者低于60℃液体的气瓶；氧舱等。

（三）压力管道，是指利用一定的压力，用于输送气体或者液体的管状设备，其范围规定为最高工作压力大于或者等于0.1MPa（表压）的气体、液化气体、蒸汽介质或者可燃、易爆、有毒、有腐蚀性、最高工作温度高于或者等于标准沸点的液体介质，且公称直径大于25mm的管道。

（四）电梯，是指动力驱动，利用沿刚性导轨运行的箱体或者沿固定线路运行的梯级（踏步），进行升降或者平行运送人、货物的机电设备，包括载人（货）电梯、自动扶梯、自动人行道等。

（五）起重机械[①]，是指用于垂直升降或者垂直升降并水平移动重物的机电设备，其范围规定为额定起重量大于或者等于0.5t的升降机；额定起重量大于或者等于1t，且提升高度大于或者等于2m的起重机和承重形式固定的电动葫芦等。

（六）客运索道，是指动力驱动，利用柔性绳索牵引箱体等运载工具运送人员的机电设备，包括客运架空索道、客运缆车、客运拖牵索道等。

（七）大型游乐设施，是指用于经营目的，承载乘客游乐的设施，其范围规定为设计最大运行线速度大于或者等于2m/s，或者运行高度距地面高于或者等于2m的载人大型游乐设施。

（八）场（厂）内专用机动车辆，是指除道路交通、农用车辆以外仅在工厂厂区、旅游景区、游乐场所等特定区域使用的专用机动车辆。

特种设备包括其所用的材料、附属的安全附件、安全保护装置和与安全保护装置相关的设施。

七、《危险化学品安全管理条例》节选

2002年1月26日中华人民共和国国务院令第344号公布《危险化学品安全管理条例》，自2002年3月15日起施行。2013年12月4日中华人民共和国国务院令第645号

① 此定义已被2014年版《特种设备目录》中的新定义代替，新定义如下："起重机械，是指用于垂直升降或者垂直升降并水平移动重物的机电设备，其范围规定为额定起重量大于或者等于0.5t的升降机；额定起重量大于或者等于3t（或额定起重力矩大于或者等于40t·m的塔式起重机，或生产率大于或者等于300t/h的装卸桥），且提升高度大于或者等于2m的起重机；层数大于或者等于2层的机械式停车设备。"

修订，自2013年12月7日起施行。

《危险化学品安全管理条例》的立法目的是为了加强对危险化学品的安全管理、预防和减少危险化学品事故，保证人民群众生命财产安全，保护环境。

（一）危险化学品安全管理的基本规定

【适用范围】

第二条 危险化学品生产、储存、使用、经营和运输的安全管理，适用本条例。

废弃危险化学品的处置，依照有关环境保护的法律、行政法规和国家有关规定执行。

第九十七条 放射性物品、核能物质也属于危险化学品，不适用本条例。

【危险化学品定义】

第三条 本条例所称危险化学品，是指具有毒害、腐蚀、爆炸、燃烧、助燃等性质，对人体、设施、环境具有危害的剧毒化学品和其他化学品。

危险化学品目录，由国务院安全生产监督管理部门会同国务院工业和信息化、公安、环境保护、卫生、质量监督检验检疫、交通运输、铁路、民用航空、农业主管部门，根据化学品危险特性的鉴别和分类标准确定、公布，并适时调整。

编者按：现行的《危险化学品目录》于2015年2月27日正式发布，2015年5月1日起实施，将化学品的危害分为物理危险、健康危害和环境危害三大类，共28个大项和81小项，其中在“备注”栏有“剧毒”字样的即为剧毒化学品。

【重大危险源定义】

本条例所称重大危险源，是指生产、储存、使用或者搬运危险化学品，且危险化学品的数量等于或者超过临界量的单元（包括场所和设施）。

编者按：有关重大危险源辨识的依据和方法执行强制性国家标准GB 18218—2018“危险化学品重大危险源辨识”的规定，2018年11月19日发布，2019年3月1日实施。

【企业主要负责人全面负责】

第四条 危险化学品安全管理，应当坚持安全第一、预防为主、综合治理的方针，强化和落实企业的主体责任。

生产、储存、使用、经营、运输危险化学品的单位（以下统称危险化学品单位）的主要负责人对本单位的危险化学品安全管理工作全面负责。

【安全管理制度和从业人员资格】

危险化学品单位应当具备法律、行政法规规定和国家标准、行业标准要求的安全条件，建立、健全安全管理规章制度和岗位安全责任制度，对从业人员进行安全教育、法制教育和岗位技术培训。从业人员应当接受教育和培训，考核合格后上岗作业；对有资格要求的岗位，应当配备依法取得相应资格的人员。

【禁止和限制性危化品管理】

第五条 任何单位和个人不得生产、经营、使用国家禁止生产、经营、使用的危险化学品。

国家对危险化学品的使用有限制性规定的，任何单位和个人不得违反限制性规定使用危险化学品。

【监督管理主管部门职责】

第六条　对危险化学品的生产、储存、使用、经营、运输实施安全监督管理的有关部门（以下统称负有危险化学品安全监督管理职责的部门），依照下列规定履行职责：

（一）安全生产监督管理部门负责危险化学品安全监督管理综合工作，组织确定、公布、调整危险化学品目录，对新建、改建、扩建生产、储存危险化学品（包括使用长输管道输送危险化学品，下同）的建设项目进行安全条件审查，核发危险化学品安全生产许可证、危险化学品安全使用许可证和危险化学品经营许可证，并负责危险化学品登记工作。

（二）公安机关负责危险化学品的公共安全管理，核发剧毒化学品购买许可证、剧毒化学品道路运输通行证，并负责危险化学品运输车辆的道路交通安全管理。

（三）质量监督检验检疫部门负责核发危险化学品及其包装物、容器（不包括储存危险化学品的固定式大型储罐，下同）生产企业的工业产品生产许可证，并依法对其产品质量实施监督，负责对进出口危险化学品及其包装实施检验。

（四）环境保护主管部门负责废弃危险化学品处置的监督管理，组织危险化学品的环境危害性鉴定和环境风险程度评估，确定实施重点环境管理的危险化学品，负责危险化学品环境管理登记和新化学物质环境管理登记；依照职责分工调查相关危险化学品环境污染事故和生态破坏事件，负责危险化学品事故现场的应急环境监测。

（五）交通运输主管部门负责危险化学品道路运输、水路运输的许可以及运输工具的安全管理，对危险化学品水路运输安全实施监督，负责危险化学品道路运输企业、水路运输企业驾驶人员、船员、装卸管理人员、押运人员、申报人员、集装箱装箱现场检查员的资格认定。铁路主管部门负责危险化学品铁路运输的安全管理，负责危险化学品铁路运输承运人、托运人的资质审批及其运输工具的安全管理。民用航空主管部门负责危险化学品航空运输以及航空运输企业及其运输工具的安全管理。

（六）卫生主管部门负责危险化学品毒性鉴定的管理，负责组织、协调危险化学品事故受伤人员的医疗卫生救援工作。

（七）工商行政管理部门依据有关部门的许可证件，核发危险化学品生产、储存、经营、运输企业营业执照，查处危险化学品经营企业违法采购危险化学品的行为。

（八）邮政管理部门负责依法查处寄递危险化学品的行为。

【实行监督举报】

第九条　任何单位和个人对违反本条例规定的行为，有权向负有危险化学品安全监督管理职责的部门举报。负有危险化学品安全监督管理职责的部门接到举报，应当及时依法处理；对不属于本部门职责的，应当及时移送有关部门处理。

（二）危险化学品生产、储存安全管理

【新改扩生产、储存建设项目安全条件审查】

第十二条 新建、改建、扩建生产、储存危险化学品的建设项目（以下简称“建设项目”），应当由安全生产监督管理部门进行安全条件审查。

建设单位应当对建设项目进行安全条件论证，委托具备国家规定的资质条件的机构对建设项目进行安全评价，并将安全条件论证和安全评价的情况报告报建设项目所在地设区的市级以上人民政府安全生产监督管理部门；安全生产监督管理部门应当自收到报告之日起45日内作出审查决定，并书面通知建设单位。具体办法由国务院安全生产监督管理部门制定。

新建、改建、扩建储存、装卸危险化学品的港口建设项目，由港口行政管理部门按照国务院交通运输主管部门的规定进行安全条件审查。

【危险化学品管道的安全标志及定期检测】

第十三条 生产、储存危险化学品的单位，应当对其铺设的危险化学品管道设置明显标志，并对危险化学品管道定期检查、检测。

进行可能危及危险化学品管道安全的施工作业，施工单位应当在开工的7日前书面通知管道所属单位，并与管道所属单位共同制定应急预案，采取相应的安全防护措施。管道所属单位应当指派专门人员到现场进行管道安全保护指导。

【实施安全生产许可证和工业产品生产许可证制度】

第十四条 危险化学品生产企业进行生产前，应当依照《安全生产许可证条例》的规定，取得危险化学品安全生产许可证。

生产列入国家实行生产许可证制度的工业产品目录的危险化学品的企业，应当依照《中华人民共和国工业产品生产许可证管理条例》的规定，取得工业产品生产许可证。

负责颁发危险化学品安全生产许可证、工业产品生产许可证的部门，应当将其颁发许可证的情况及时向同级工业和信息化主管部门、环境保护主管部门和公安机关通报。

【安全技术说明书和化学品安全标签】

第十五条 危险化学品生产企业应当提供与其生产的危险化学品相符的化学品安全技术说明书，并在危险化学品包装（包括外包装件）上粘贴或者拴挂与包装内危险化学品相符的化学品安全标签。化学品安全技术说明书和化学品安全标签所载明的内容应当符合国家标准的要求。

危险化学品生产企业发现其生产的危险化学品有新的危险特性的，应当立即公告，并及时修订其化学品安全技术说明书和化学品安全标签。

【危险化学品的包装】

第十七条 危险化学品的包装应当符合法律、行政法规、规章的规定以及国家标准、行业标准的要求。

危险化学品包装物、容器的材质以及危险化学品包装的型式、规格、方法和单件质量（重量），应当与所包装的危险化学品的性质和用途相适应。

【危险化学品包装物、容器实行许可证管理及检验规定】

第十八条 生产列入国家实行生产许可证制度的工业产品目录的危险化学品包装物、容器的企业，应当依照《中华人民共和国工业产品生产许可证管理条例》的规定，取得工业产品生产许可证；其生产的危险化学品包装物、容器经国务院质量监督检验检疫部门认定的检验机构检验合格，方可出厂销售。

运输危险化学品的船舶及其配载的容器，应当按照国家船舶检验规范进行生产，并经海事管理机构认定的船舶检验机构检验合格，方可投入使用。

对重复使用的危险化学品包装物、容器，使用单位在重复使用前应当进行检查；发现存在安全隐患的，应当维修或者更换。使用单位应当对检查情况作出记录，记录的保存期限不得少于2年。

【生产装置和储存设施安全要求】

第十九条 危险化学品生产装置或者储存数量构成重大危险源的危险化学品储存设施（运输工具加油站、加气站除外），与下列场所、设施、区域的距离应当符合国家有关规定：

（一）居住区以及商业中心、公园等人员密集场所；

（二）学校、医院、影剧院、体育场（馆）等公共设施；

（三）饮用水源、水厂以及水源保护区；

（四）车站、码头（依法经许可从事危险化学品装卸作业的除外）、机场以及通信干线、通信枢纽、铁路线路、道路交通干线、水路交通干线、地铁风亭以及地铁站出入口；

（五）基本农田保护区、基本草原、畜禽遗传资源保护区、畜禽规模化养殖场（养殖小区）、渔业水域以及种子、种畜禽、水产苗种生产基地；

（六）河流、湖泊、风景名胜区、自然保护区；

（七）军事禁区、军事管理区；

（八）法律、行政法规规定的其他场所、设施、区域。

已建的危险化学品生产装置或者储存数量构成重大危险源的危险化学品储存设施不符合前款规定的，由所在地设区的市级人民政府安全生产监督管理部门会同有关部门监督其所属单位在规定期限内进行整改；需要转产、停产、搬迁、关闭的，由本级人民政府决定并组织实施。

储存数量构成重大危险源的危险化学品储存设施的选址，应当避开地震活动断层和容易发生洪灾、地质灾害的区域。

【防护隔离及警示措施】

第二十条 生产、储存危险化学品的单位，应当根据其生产、储存的危险化学品的种类和危险特性，在作业场所设置相应的监测、监控、通风、防晒、调温、防火、灭火、防爆、泄压、防毒、中和、防潮、防雷、防静电、防腐、防泄漏以及防护围堤或者隔离操作等安全设施、设备，并按照国家标准、行业标准或者国家有关规定对安全设施、设备进行经常性维护、保养，保证安全设施、设备的正常使用。

生产、储存危险化学品的单位，应当在其作业场所和安全设施、设备上设置明显的安全警示标志。

第二十一条 生产、储存危险化学品的单位，应当在其作业场所设置通信、报警装置，并保证处于适用状态。

【危险化学品生产、储存企业应每三年进行一次安全评价】

第二十二条 生产、储存危险化学品的企业，应当委托具备国家规定的资质条件的机构，对本企业的安全生产条件每3年进行一次安全评价，提出安全评价报告。安全评价报告的内容应当包括对安全生产条件存在的问题进行整改的方案。

生产、储存危险化学品的企业，应当将安全评价报告以及整改方案的落实情况报所在地县级人民政府安全生产监督管理部门备案。在港区内储存危险化学品的企业，应当将安全评价报告以及整改方案的落实情况报港口行政管理部门备案。

【剧毒化学品及易制爆危险化学品专项管理】

第二十三条 生产、储存剧毒化学品或者国务院公安部门规定的可用于制造爆炸物品的危险化学品（以下简称易制爆危险化学品）的单位，应当如实记录其生产、储存的剧毒化学品、易制爆危险化学品的数量、流向，并采取必要的安全防范措施，防止剧毒化学品、易制爆危险化学品丢失或者被盗；发现剧毒化学品、易制爆危险化学品丢失或者被盗的，应当立即向当地公安机关报告。

生产、储存剧毒化学品、易制爆危险化学品的单位，应当设置治安保卫机构，配备专职治安保卫人员。

【危险化学品储存】

第二十四条 危险化学品应当储存在专用仓库、专用场地或者专用储存室（以下统称专用仓库）内，并由专人负责管理；剧毒化学品以及储存数量构成重大危险源的其他危险化学品，应当在专用仓库内单独存放，并实行双人收发、双人保管制度。

危险化学品的储存方式、方法以及储存数量应当符合国家标准或者国家有关规定。

第二十五条 储存危险化学品的单位应当建立危险化学品出入库核查、登记制度。

对剧毒化学品以及储存数量构成重大危险源的其他危险化学品，储存单位应当将其储存数量、储存地点以及管理人员的情况，报所在地县级人民政府安全生产监督管理部门（在港区内储存的，报港口行政管理部门）和公安机关备案。

第二十六条 危险化学品专用仓库应当符合国家标准、行业标准的要求，并设置明显的标志。储存剧毒化学品、易制爆危险化学品的专用仓库，应当按照国家有关规定设置相应的技术防范设施。

储存危险化学品的单位应当对其危险化学品专用仓库的安全设施、设备定期进行检测、检验。

【转产、停产后的安全管理】

第二十七条 生产、储存危险化学品的单位转产、停产、停业或者解散的，应当采取有效措施，及时、妥善处置其危险化学品生产装置、储存设施以及库存的危险化学品，不得丢弃危险化学品；处置方案应当报所在地县级人民政府安全生产监督管理部门、工业和信息化主管部门、环境保护主管部门和公安机关备案。安全生产监督管理部门应当会同环境保护主管部门和公安机关对处置情况进行监督检查，发现未依照规定处置的，应当责令其立即处置。

（三）危险化学品使用的安全管理规定

【使用单位基本安全要求】

第二十八条 使用危险化学品的单位，其使用条件（包括工艺）应当符合法律、行政法规的规定和国家标准、行业标准的要求，并根据所使用的危险化学品的种类、危险特性以及使用量和使用方式，建立、健全使用危险化学品的安全管理规章制度和安全操作规程，保证危险化学品的安全使用。

【达到使用量的应取得危险化学品安全使用许可证】

第二十九条 使用危险化学品从事生产并且使用量达到规定数量的化工企业（属于危险化学品生产企业的除外，下同），应当依照本条例的规定取得危险化学品安全使用许可证。

前款规定的危险化学品使用量的数量标准，由国务院安全生产监督管理部门会同国务院公安部门、农业主管部门确定并公布。

编者按：现行的危险化学品使用量标准执行国家安监总局、公安部、农业部联合发布的2013年第9号公告，即《危险化学品使用量的数量标准（2013年版）》，该版标准共列出氯、氨、液化石油气、硫化氢等75个纳入使用许可的危化品的名称、别名、最低年设计使用量及其CAS号（指美国化学文摘社对化学品的唯 一登记号），其中，企业需要取得安全使用许可的危化品的使用量，由企业使用危化品的最低年设计使用量和实际使用量的较大值确定。

【化工企业条件】

第三十条 申请危险化学品安全使用许可证的化工企业，除应当符合本条例第二十八条的规定外，还应当具备下列条件：

（一）有与所使用的危险化学品相适应的专业技术人员；

（二）有安全管理机构和专职安全管理人员；

（三）有符合国家规定的危险化学品事故应急预案和必要的应急救援器材、设备；

（四）依法进行了安全评价。

（四）危险化学品经营的安全管理规定

【实行危险化学品经营许可制度】

第三十三条 国家对危险化学品经营（包括仓储经营，下同）实行许可制度。未经许可，任何单位和个人不得经营危险化学品。

依法设立的危险化学品生产企业在其厂区范围内销售本企业生产的危险化学品，不需要取得危险化学品经营许可。

依照《中华人民共和国港口法》的规定取得港口经营许可证的港口经营人，在港区内从事危险化学品仓储经营，不需要取得危险化学品经营许可。

【经营企业应具备的条件】

第三十四条 从事危险化学品经营的企业应当具备下列条件：

（一）有符合国家标准、行业标准的经营场所，储存危险化学品的，还应当有符合国家标准、行业标准的储存设施；

（二）从业人员经过专业技术培训并经考核合格；

（三）有健全的安全管理规章制度；

（四）有专职安全管理人员；

（五）有符合国家规定的危险化学品事故应急预案和必要的应急救援器材、设备；

（六）法律、法规规定的其他条件。

【经营要求】

第三十七条 危险化学品经营企业不得向未经许可从事危险化学品生产、经营活动的企业采购危险化学品，不得经营没有化学品安全技术说明书或者化学品安全标签的危险化学品。

【购买剧毒、易制爆危险化学品的安全规定】

第三十八条 依法取得危险化学品安全生产许可证、危险化学品安全使用许可证、危险化学品经营许可证的企业，凭相应的许可证件购买剧毒化学品、易制爆危险化学品。民用爆炸物品生产企业凭民用爆炸物品生产许可证购买易制爆危险化学品。

前款规定以外的单位购买剧毒化学品的，应当向所在地县级人民政府公安机关申请取得剧毒化学品购买许可证；购买易制爆危险化学品的，应当持本单位出具的合法用途说明。

个人不得购买剧毒化学品（属于剧毒化学品的农药除外）和易制爆危险化学品。

【销售剧毒、易制爆危险化学品的安全规定】

第四十一条 危险化学品生产企业、经营企业销售剧毒化学品、易制爆危险化学品，应当如实记录购买单位的名称、地址、经办人的姓名、身份证号码以及所购买的剧毒化学品、易制爆危险化学品的品种、数量、用途。销售记录以及经办人的身份证明复印件、相关许可证件复印件或者证明文件的保存期限不得少于1年。

剧毒化学品、易制爆危险化学品的销售企业、购买单位应当在销售、购买后5日内，将所销售、购买的剧毒化学品、易制爆危险化学品的品种、数量以及流向信息报所在地县级人民政府公安机关备案，并输入计算机系统。

（五）危险化学品运输的安全管理规定

【实行危险货物运输许可制度】

第四十三条 从事危险化学品道路运输、水路运输的，应当分别依照有关道路运输、水路运输的法律、行政法规的规定，取得危险货物道路运输许可、危险货物水路运输许可，并向工商行政管理部门办理登记手续。

危险化学品道路运输企业、水路运输企业应当配备专职安全管理人员。

【运输相关人员应取得从业资格】

第四十四条　危险化学品道路运输企业、水路运输企业的驾驶人员、船员、装卸管理人员、押运人员、申报人员、集装箱装箱现场检查员应当经交通运输主管部门考核合格，取得从业资格。具体办法由国务院交通运输主管部门制定。

【装卸作业安全管理】

危险化学品的装卸作业应当遵守安全作业标准、规程和制度，并在装卸管理人员的现场指挥或者监控下进行。水路运输危险化学品的集装箱装箱作业应当在集装箱装箱现场检查员的指挥或者监控下进行，并符合积载、隔离的规范和要求；装箱作业完毕后，集装箱装箱现场检查员应当签署装箱证明书。

【运输中的安全防护】

第四十五条　运输危险化学品，应当根据危险化学品的危险特性采取相应的安全防护措施，并配备必要的防护用品和应急救援器材。

用于运输危险化学品的槽罐以及其他容器应当封口严密，能够防止危险化学品在运输过程中因温度、湿度或者压力的变化发生渗漏、洒漏；槽罐以及其他容器的溢流和泄压装置应当设置准确、起闭灵活。

运输危险化学品的驾驶人员、船员、装卸管理人员、押运人员、申报人员、集装箱装箱现场检查员，应当了解所运输的危险化学品的危险特性及其包装物、容器的使用要求和出现危险情况时的应急处置方法。

【道路运输危险化学品安全管理】

第四十六条　通过道路运输危险化学品的，托运人应当委托依法取得危险货物道路运输许可的企业承运。

第四十七条　通过道路运输危险化学品的，应当按照运输车辆的核定载质量装载危险化学品，不得超载。

危险化学品运输车辆应当符合国家标准要求的安全技术条件，并按照国家有关规定定期进行安全技术检验。

危险化学品运输车辆应当悬挂或者喷涂符合国家标准要求的警示标志。

第四十八条　通过道路运输危险化学品的，应当配备押运人员，并保证所运输的危险化学品处于押运人员的监控之下。

运输危险化学品途中因住宿或者发生影响正常运输的情况，需要较长时间停车的，驾驶人员、押运人员应当采取相应的安全防范措施；运输剧毒化学品或者易制爆危险化学品的，还应当向当地公安机关报告。

第四十九条　未经公安机关批准，运输危险化学品的车辆不得进入危险化学品运输车辆限制通行的区域。危险化学品运输车辆限制通行的区域由县级人民政府公安机关划定，并设置明显的标志。

【剧毒化学品道路运输通行证】

第五十条　通过道路运输剧毒化学品的，托运人应当向运输始发地或者目的地县级人民政府公安机关申请剧毒化学品道路运输通行证。

申请剧毒化学品道路运输通行证，托运人应当向县级人民政府公安机关提交下列材料：

（一）拟运输的剧毒化学品品种、数量的说明；

（二）运输始发地、目的地、运输时间和运输路线的说明；

（三）承运人取得危险货物道路运输许可、运输车辆取得营运证以及驾驶人员、押运人员取得上岗资格的证明文件；

（四）本条例第三十八条第一款、第二款规定的购买剧毒化学品的相关许可证件，或者海关出具的进出口证明文件。

县级人民政府公安机关应当自收到前款规定的材料之日起 7 日内，作出批准或者不予批准的决定。予以批准的，颁发剧毒化学品道路运输通行证；不予批准的，书面通知申请人并说明理由。

剧毒化学品道路运输通行证管理办法由国务院公安部门制定。

第五十一条 剧毒化学品、易制爆危险化学品在道路运输途中丢失、被盗、被抢或者出现流散、泄漏等情况的，驾驶人员、押运人员应当立即采取相应的警示措施和安全措施，并向当地公安机关报告。公安机关接到报告后，应当根据实际情况立即向安全生产监督管理部门、环境保护主管部门、卫生主管部门通报。有关部门应当采取必要的应急处置措施。

【水路运输危险化学品安全管理】

第五十二条 通过水路运输危险化学品的，应当遵守法律、行政法规以及国务院交通运输主管部门关于危险货物水路运输安全的规定。

第五十三条 海事管理机构应当根据危险化学品的种类和危险特性，确定船舶运输危险化学品的相关安全运输条件。

拟交付船舶运输的化学品的相关安全运输条件不明确的，应当经国家海事管理机构认定的机构进行评估，明确相关安全运输条件并经海事管理机构确认后，方可交付船舶运输。

第五十四条 禁止通过内河封闭水域运输剧毒化学品以及国家规定禁止通过内河运输的其他危险化学品。

前款规定以外的内河水域，禁止运输国家规定禁止通过内河运输的剧毒化学品以及其他危险化学品。

禁止通过内河运输的剧毒化学品以及其他危险化学品的范围，由国务院交通运输主管部门会同国务院环境保护主管部门、工业和信息化主管部门、安全生产监督管理部门，根据危险化学品的危险特性、危险化学品对人体和水环境的危害程度以及消除危害后果的难易程度等因素规定并公布。

第五十五条 国务院交通运输主管部门应当根据危险化学品的危险特性，对通过内河运输本条例第五十四条规定以外的危险化学品（以下简称通过内河运输危险化学品）

实行分类管理，对各类危险化学品的运输方式、包装规范和安全防护措施等分别作出规定并监督实施。

第五十六条　通过内河运输危险化学品，应当由依法取得危险货物水路运输许可的水路运输企业承运，其他单位和个人不得承运。托运人应当委托依法取得危险货物水路运输许可的水路运输企业承运，不得委托其他单位和个人承运。

第五十七条　通过内河运输危险化学品，应当使用依法取得危险货物适装证书的运输船舶。水路运输企业应当针对所运输的危险化学品的危险特性，制定运输船舶危险化学品事故应急救援预案，并为运输船舶配备充足、有效的应急救援器材和设备。

通过内河运输危险化学品的船舶，其所有人或者经营人应当取得船舶污染损害责任保险证书或者财务担保证明。船舶污染损害责任保险证书或者财务担保证明的副本应当随船携带。

第五十八条　通过内河运输危险化学品，危险化学品包装物的材质、型式、强度以及包装方法应当符合水路运输危险化学品包装规范的要求。国务院交通运输主管部门对单船运输的危险化学品数量有限制性规定的，承运人应当按照规定安排运输数量。

第五十九条　用于危险化学品运输作业的内河码头、泊位应当符合国家有关安全规范，与饮用水取水口保持国家规定的距离。有关管理单位应当制定码头、泊位危险化学品事故应急预案，并为码头、泊位配备充足、有效的应急救援器材和设备。

用于危险化学品运输作业的内河码头、泊位，经交通运输主管部门按照国家有关规定验收合格后方可投入使用。

第六十条　船舶载运危险化学品进出内河港口，应当将危险化学品的名称、危险特性、包装以及进出港时间等事项，事先报告海事管理机构。海事管理机构接到报告后，应当在国务院交通运输主管部门规定的时间内作出是否同意的决定，通知报告人，同时通报港口行政管理部门。定船舶、定航线、定货种的船舶可以定期报告。

在内河港口内进行危险化学品的装卸、过驳作业，应当将危险化学品的名称、危险特性、包装和作业的时间、地点等事项报告港口行政管理部门。港口行政管理部门接到报告后，应当在国务院交通运输主管部门规定的时间内作出是否同意的决定，通知报告人，同时通报海事管理机构。

载运危险化学品的船舶在内河航行，通过过船建筑物的，应当提前向交通运输主管部门申报，并接受交通运输主管部门的管理。

第六十一条　载运危险化学品的船舶在内河航行、装卸或者停泊，应当悬挂专用的警示标志，按照规定显示专用信号。

载运危险化学品的船舶在内河航行，按照国务院交通运输主管部门的规定需要引航的，应当申请引航。

第六十二条　载运危险化学品的船舶在内河航行，应当遵守法律、行政法规和国家其他有关饮用水水源保护的规定。内河航道发展规划应当与依法经批准的饮用水水源保护区划定方案相协调。

【危险化学品托运人安全责任】

第六十三条 托运危险化学品的，托运人应当向承运人说明所托运的危险化学品的种类、数量、危险特性以及发生危险情况的应急处置措施，并按照国家有关规定对所托运的危险化学品妥善包装，在外包装上设置相应的标志。

运输危险化学品需要添加抑制剂或者稳定剂的，托运人应当添加，并将有关情况告知承运人。

第六十四条 托运人不得在托运的普通货物中夹带危险化学品，不得将危险化学品匿报或者谎报为普通货物托运。

任何单位和个人不得交寄危险化学品或者在邮件、快件内夹带危险化学品，不得将危险化学品匿报或者谎报为普通物品交寄。邮政企业、快递企业不得收寄危险化学品。

对涉嫌违反本条第一款、第二款规定的，交通运输主管部门、邮政管理部门可以依法开拆查验。

【铁路、航空运输危险化学品】

第六十五条 通过铁路、航空运输危险化学品的安全管理，依照有关铁路、航空运输的法律、行政法规、规章的规定执行。

（六）危险化学品登记与事故应急救援

【危险化学品登记管理】

第六十七条 危险化学品生产企业、进口企业，应当向国务院安全生产监督管理部门负责危险化学品登记的机构（以下简称危险化学品登记机构）办理危险化学品登记。

危险化学品登记包括下列内容：

（一）分类和标签信息；

（二）物理、化学性质；

（三）主要用途；

（四）危险特性；

（五）储存、使用、运输的安全要求；

（六）出现危险情况的应急处置措施。

对同一企业生产、进口的同一品种的危险化学品，不进行重复登记。危险化学品生产企业、进口企业发现其生产、进口的危险化学品有新的危险特性的，应当及时向危险化学品登记机构办理登记内容变更手续。

危险化学品登记的具体办法由国务院安全生产监督管理部门制定。

【危险化学品应急管理】

第七十条 危险化学品单位应当制定本单位危险化学品事故应急预案，配备应急救援人员和必要的应急救援器材、设备，并定期组织应急救援演练。

危险化学品单位应当将其危险化学品事故应急预案报所在地设区的市级人民政府安全生产监督管理部门备案。

第七十一条 发生危险化学品事故，事故单位主要负责人应当立即按照本单位危险化学品应急预案组织救援，并向当地安全生产监督管理部门和环境保护、公安、卫生主管部门报告；道路运输、水路运输过程中发生危险化学品事故的，驾驶人员、船员或者押运人员还应当向事故发生地交通运输主管部门报告。

第七十二条　发生危险化学品事故，有关地方人民政府应当立即组织安全生产监督管理、环境保护、公安、卫生、交通运输等有关部门，按照本地区危险化学品事故应急预案组织实施救援，不得拖延、推诿。

有关地方人民政府及其有关部门应当按照下列规定，采取必要的应急处置措施，减少事故损失，防止事故蔓延、扩大：

（一）立即组织营救和救治受害人员，疏散、撤离或者采取其他措施保护危害区域内的其他人员；

（二）迅速控制危害源，测定危险化学品的性质、事故的危害区域及危害程度；

（三）针对事故对人体、动植物、土壤、水源、大气造成的现实危害和可能产生的危害，迅速采取封闭、隔离、洗消等措施；

（四）对危险化学品事故造成的环境污染和生态破坏状况进行监测、评估，并采取相应的环境污染治理和生态修复措施。

八、《安全生产许可证条例》节选

《安全生产许可证条例》于 2004 年 1 月 13 日国务院令第 397 号公布实施；现行有效版本根据 2014 年 7 月 29 日国务院令第 653 号进行修订，自公布之日起施行。

《安全生产许可证条例》立法目的是为了严格规范安全生产条件，进一步加强安全生产监督管理，防止和减少生产安全事故。该条例规定对国家矿山、建筑施工、危险化学品、烟花爆竹和民用爆竹物品五类危险性较大的生产企业实行安全生产许可制度，提高安全生产准入门槛，加大安全生产监管力度。

【实行安全生产许可制度的范围】

第二条　国家对矿山企业、建筑施工企业和危险化学品、烟花爆竹、民用爆炸物品生产企业（以下统称企业）实行安全生产许可制度。

企业未取得安全生产许可证的，不得从事生产活动。

【安全生产许可证颁发和管理部门】

第三条　国务院安全生产监督管理部门负责中央管理的非煤矿矿山企业和危险化学品、烟花爆竹生产企业安全生产许可证的颁发和管理。

省、自治区、直辖市人民政府安全生产监督管理部门负责前款规定以外的非煤矿矿山企业和危险化学品、烟花爆竹生产企业安全生产许可证的颁发和管理，并接受国务院安全生产监督管理部门的指导和监督。

国家煤矿安全监察机构负责中央管理的煤矿企业安全生产许可证的颁发和管理。

在省、自治区、直辖市设立的煤矿安全监察机构负责前款规定以外的其他煤矿企业安全生产许可证的颁发和管理，并接受国家煤矿安全监察机构的指导和监督。

第四条 省、自治区、直辖市人民政府建设主管部门负责建筑施工企业安全生产许可证的颁发和管理，并接受国务院建设主管部门的指导和监督。

第五条 省、自治区、直辖市人民政府民用爆炸物品行业主管部门负责民用爆炸物品生产企业安全生产许可证的颁发和管理，并接受国务院民用爆炸物品行业主管部门的指导和监督。

【企业应具备的安全生产条件】

第六条 企业取得安全生产许可证，应当具备下列安全生产条件：

（一）建立、健全安全生产责任制，制定完备的安全生产规章制度和操作规程；

（二）安全投入符合安全生产要求；

（三）设置安全生产管理机构，配备专职安全生产管理人员；

（四）主要负责人和安全生产管理人员经考核合格；

（五）特种作业人员经有关业务主管部门考核合格，取得特种作业操作资格证书；

（六）从业人员经安全生产教育和培训合格；

（七）依法参加工伤保险，为从业人员缴纳保险费；

（八）厂房、作业场所和安全设施、设备、工艺符合有关安全生产法律、法规、标准和规程的要求；

（九）有职业危害防治措施，并为从业人员配备符合国家标准或者行业标准的劳动防护用品；

（十）依法进行安全评价；

（十一）有重大危险源检测、评估、监控措施和应急预案；

（十二）有生产安全事故应急救援预案、应急救援组织或者应急救援人员，配备必要的应急救援器材、设备；

（十三）法律、法规规定的其他条件。

【统一式样】

第八条 安全生产许可证由国务院安全生产监督管理部门规定统一的式样。

【安全生产许可证有效期为三年】

第九条 安全生产许可证的有效期为 3 年。安全生产许可证有效期满需要延期的，企业应当于期满前 3 个月向原安全生产许可证颁发管理机关办理延期手续。

企业在安全生产许可证有效期内，严格遵守有关安全生产的法律法规，未发生死亡事故的，安全生产许可证有效期届满时，经原安全生产许可证颁发管理机关同意，不再审查，安全生产许可证有效期延期 3 年。

【企业取得安全生产许可证后应遵守的规定】

第十三条 企业不得转让、冒用安全生产许可证或者使用伪造的安全生产许可证。

第十四条 企业取得安全生产许可证后，不得降低安全生产条件，并应当加强日常安全生产管理，接受安全生产许可证颁发管理机关的监督检查。

安全生产许可证颁发管理机关应当加强对取得安全生产许可证的企业的监督检查，

发现其不再具备本条例规定的安全生产条件的，应当暂扣或者吊销安全生产许可证。

九、《生产安全事故报告和调查处理条例》节选

《生产安全事故报告和调查处理条例》于2007年3月28日国务院令第493号予以公布，自2007年6月1日起施行。该条例是我国第一部全面规范生产安全事故报告和调查处理的基本法规，其立法目的是为了规范生产安全事故的报告和调查处理，落实生产安全事故责任追究制度，防止和减少生产安全事故。

《生产安全事故报告和调查处理条例》确定了事故报告和调查处理由政府领导、分级负责和“四不放过”的原则，确立了事故报告和调查处理工作制度、机制和程序，加大了事故责任追究和处罚的力度，实现了相关立法和执法部门职责的和谐、统一。

【适用范围】

第二条　生产经营活动中发生的造成人身伤亡或者直接经济损失的生产安全事故的报告和调查处理，适用本条例；环境污染事故、核设施事故、国防科研生产事故的报告和调查处理不适用本条例。

【生产安全事故分级】

第三条　根据生产安全事故（以下简称事故）造成的人员伤亡或者直接经济损失，事故一般分为以下等级：

（一）特别重大事故，是指造成30人以上死亡，或者100人以上重伤（包括急性工业中毒，下同），或者1亿元以上直接经济损失的事故；

（二）重大事故，是指造成10人以上30人以下死亡，或者50人以上100人以下重伤，或者5 000万元以上1亿元以下直接经济损失的事故；

（三）较大事故，是指造成3人以上10人以下死亡，或者10人以上50人以下重伤，或者1 000万元以上5 000万元以下直接经济损失的事故；

（四）一般事故，是指造成3人以下死亡，或者10人以下重伤，或者1 000万元以下直接经济损失的事故。

国务院安全生产监督管理部门可以会同国务院有关部门，制定事故等级划分的补充性规定。

本条第一款所称的“以上”包括本数，所称的“以下”不包括本数。

【不得迟报、漏报、谎报或瞒报】

第四条　事故报告应当及时、准确、完整，任何单位和个人对事故不得迟报、漏报、谎报或者瞒报。

【逐级报告原则】

第九条　事故发生后，事故现场有关人员应当立即向本单位负责人报告；单位负责人接到报告后，应当于1小时内向事故发生地县级以上人民政府安全生产监督管理部门和负有安全生产监督管理职责的有关部门报告。

情况紧急时，事故现场有关人员可以直接向事故发生地县级以上人民政府安全生产

监督管理部门和负有安全生产监督管理职责的有关部门报告。

第十条 安全生产监督管理部门和负有安全生产监督管理职责的有关部门接到事故报告后，应当依照下列规定上报事故情况，并通知公安机关、劳动保障行政部门、工会和人民检察院：

（一）特别重大事故、重大事故逐级上报至国务院安全生产监督管理部门和负有安全生产监督管理职责的有关部门；

（二）较大事故逐级上报至省、自治区、直辖市人民政府安全生产监督管理部门和负有安全生产监督管理职责的有关部门；

（三）一般事故上报至设区的市级人民政府安全生产监督管理部门和负有安全生产监督管理职责的有关部门。

安全生产监督管理部门和负有安全生产监督管理职责的有关部门依照前款规定上报事故情况，应当同时报告本级人民政府。国务院安全生产监督管理部门和负有安全生产监督管理职责的有关部门以及省级人民政府接到发生特别重大事故、重大事故的报告后，应当立即报告国务院。

必要时，安全生产监督管理部门和负有安全生产监督管理职责的有关部门可以越级上报事故情况。

【报告时限】

第十一条 安全生产监督管理部门和负有安全生产监督管理职责的有关部门逐级上报事故情况，每级上报的时间不得超过 2 小时。

【事故报告内容】

第十二条 报告事故应当包括下列内容：

（一）事故发生单位概况；

（二）事故发生的时间、地点以及事故现场情况；

（三）事故的简要经过；

（四）事故已经造成或者可能造成的伤亡人数（包括下落不明的人数）和初步估计的直接经济损失；

（五）已经采取的措施；

（六）其他应当报告的情况。

第十三条 事故报告后出现新情况的，应当及时补报。

自事故发生之日起 30 日内，事故造成的伤亡人数发生变化的，应当及时补报。道路交通事故、火灾事故自发生之日起 7 日内，事故造成的伤亡人数发生变化的，应当及时补报。

【分级调查处理】

第十九条 特别重大事故由国务院或者国务院授权有关部门组织事故调查组进行调查。

重大事故、较大事故、一般事故分别由事故发生地省级人民政府、设区的市级人民政府、县级人民政府负责调查。省级人民政府、设区的市级人民政府、县级人民政府可以直接组织事故调查组进行调查，也可以授权或者委托有关部门组织事故调查组进行调查。

未造成人员伤亡的一般事故，县级人民政府也可以委托事故发生单位组织事故调查组进行调查。

【等级事故发生地负责调查】

第二十一条　特别重大事故以下等级事故，事故发生地与事故发生单位不在同一个县级以上行政区域的，由事故发生地人民政府负责调查，事故发生单位所在地人民政府应当派人参加。

【调查报告时限和要求】

第二十九条　事故调查组应当自事故发生之日起60日内提交事故调查报告；特殊情况下，经负责事故调查的人民政府批准，提交事故调查报告的期限可以适当延长，但延长的期限最长不超过60日。

第三十条　事故调查报告应当包括下列内容：

（一）事故发生单位概况；

（二）事故发生经过和事故救援情况；

（三）事故造成的人员伤亡和直接经济损失；

（四）事故发生的原因和事故性质；

（五）事故责任的认定以及对事故责任者的处理建议；

（六）事故防范和整改措施。

事故调查报告应当附具有关证据材料。事故调查组成员应当在事故调查报告上签名。

十、《生产经营单位安全培训规定》节选

2006年1月17日国家安全监管总局令第3号公布《生产经营单位安全培训规定》，自2006年3月1日起施行。现行有效版本根据2015年5月29日国家安全生产监管总局令第80号进行修正，自2015年7月1日起施行。制定《生产经营单位安全培训规定》的目的是为了加强和规范生产经营单位安全培训工作，提供从业人员安全素质，防范伤亡事故，减轻职业危害。工矿商贸生产经营单位（以下简称生产经营单位）从业人员的安全培训，均应执行本规定。

【生产经营单位负责安全培训】

第三条　生产经营单位负责本单位从业人员安全培训工作。

生产经营单位应当按照安全生产法和有关法律、行政法规和本规定，建立健全安全培训工作制度。

【应开展安全培训的人员类型】

第四条　生产经营单位应当进行安全培训的从业人员包括主要负责人、安全生产管理人员、特种作业人员和其他从业人员。

生产经营单位使用被派遣劳动者的，应当将被派遣劳动者纳入本单位从业人员统一管理，对被派遣劳动者进行岗位安全操作规程和安全操作技能的教育和培训。劳务派遣单位应当对被派遣劳动者进行必要的安全生产教育和培训。

生产经营单位接收中等职业学校、高等学校学生实习的，应当对实习学生进行相应的安全生产教育和培训，提供必要的劳动防护用品。学校应当协助生产经营单位对实习学生进行安全生产教育和培训。

生产经营单位从业人员应当接受安全培训，熟悉有关安全生产规章制度和安全操作规程，具备必要的安全生产知识，掌握本岗位的安全操作技能，了解事故应急处理措施，知悉自身在安全生产方面的权利和义务。

未经安全培训合格的从业人员，不得上岗作业。

【主要负责人、安全生产管理人员的安全培训】

第六条 生产经营单位主要负责人和安全生产管理人员应当接受安全培训，具备与所从事的生产经营活动相适应的安全生产知识和管理能力。

第七条 生产经营单位主要负责人安全培训应当包括下列内容：

（一）国家安全生产方针、政策和有关安全生产的法律、法规、规章及标准；

（二）安全生产管理基本知识、安全生产技术、安全生产专业知识；

（三）重大危险源管理、重大事故防范、应急管理和救援组织以及事故调查处理的有关规定；

（四）职业危害及其预防措施；

（五）国内外先进的安全生产管理经验；

（六）典型事故和应急救援案例分析；

（七）其他需要培训的内容。

第八条 生产经营单位安全生产管理人员安全培训应当包括下列内容：

（一）国家安全生产方针、政策和有关安全生产的法律、法规、规章及标准；

（二）安全生产管理、安全生产技术、职业卫生等知识；

（三）伤亡事故统计、报告及职业危害的调查处理方法；

（四）应急管理、应急预案编制以及应急处置的内容和要求；

（五）国内外先进的安全生产管理经验；

（六）典型事故和应急救援案例分析；

（七）其他需要培训的内容。

第九条 生产经营单位主要负责人和安全生产管理人员初次安全培训时间不得少于32学时。每年再培训时间不得少于12学时。

煤矿、非煤矿山、危险化学品、烟花爆竹、金属冶炼等生产经营单位主要负责人和安全生产管理人员初次安全培训时间不得少于48学时，每年再培训时间不得少于16学时。

第十条 生产经营单位主要负责人和安全生产管理人员的安全培训必须依照安全生

产监管监察部门制定的安全培训大纲实施。

非煤矿山、危险化学品、烟花爆竹、金属冶炼等生产经营单位主要负责人和安全生产管理人员的安全培训大纲及考核标准由国家安全生产监督管理总局统一制定。

煤矿主要负责人和安全生产管理人员的安全培训大纲及考核标准由国家煤矿安全监察局制定。

煤矿、非煤矿山、危险化学品、烟花爆竹、金属冶炼以外的其他生产经营单位主要负责人和安全管理人员的安全培训大纲及考核标准，由省、自治区、直辖市安全生产监督管理部门制定。

【从业人员的安全培训】

第十一条 煤矿、非煤矿山、危险化学品、烟花爆竹、金属冶炼等生产经营单位必须对新上岗的临时工、合同工、劳务工、轮换工、协议工等进行强制性安全培训，保证其具备本岗位安全操作、自救互救以及应急处置所需的知识和技能后，方能安排上岗作业。

第十二条 加工、制造业等生产单位的其他从业人员，在上岗前必须经过厂（矿）、车间（工段、区、队）、班组三级安全培训教育。

生产经营单位应当根据工作性质对其他从业人员进行安全培训，保证其具备本岗位安全操作、应急处置等知识和技能。

第十三条 生产经营单位新上岗的从业人员，岗前安全培训时间不得少于24学时。

煤矿、非煤矿山、危险化学品、烟花爆竹、金属冶炼等生产经营单位新上岗的从业人员安全培训时间不得少于72学时，每年再培训的时间不得少于20学时。

第十四条 厂（矿）级岗前安全培训内容应当包括：

（一）本单位安全生产情况及安全生产基本知识；

（二）本单位安全生产规章制度和劳动纪律；

（三）从业人员安全生产权利和义务；

（四）有关事故案例等。

煤矿、非煤矿山、危险化学品、烟花爆竹、金属冶炼等生产经营单位厂（矿）级安全培训除包括上述内容外，应当增加事故应急救援、事故应急预案演练及防范措施等内容。

第十五条 车间（工段、区、队）级岗前安全培训内容应当包括：

（一）工作环境及危险因素；

（二）所从事工种可能遭受的职业伤害和伤亡事故；

（三）所从事工种的安全职责、操作技能及强制性标准；

（四）自救互救、急救方法、疏散和现场紧急情况的处理；

（五）安全设备设施、个人防护用品的使用和维护；

（六）本车间（工段、区、队）安全生产状况及规章制度；

（七）预防事故和职业危害的措施及应注意的安全事项；

（八）有关事故案例；

（九）其他需要培训的内容。

第十六条 班组级岗前安全培训内容应当包括：

（一）岗位安全操作规程；

（二）岗位之间工作衔接配合的安全与职业卫生事项；

（三）有关事故案例；

（四）其他需要培训的内容。

【转岗、离岗后重新上岗人员的培训要求】

第十七条 从业人员在本生产经营单位内调整工作岗位或离岗一年以上重新上岗时，应当重新接受车间（工段、区、队）和班组级的安全培训。

生产经营单位采用新工艺、新技术、新材料或者使用新设备时，应当对有关从业人员重新进行有针对性的安全培训。

【特种作业人员应持证上岗】

第十八条 生产经营单位的特种作业人员，必须按照国家有关法律、法规的规定接受专门的安全培训，经考核合格，取得特种作业操作资格证书后，方可上岗作业。

特种作业人员的范围和培训考核管理办法，另行规定。

【安全培训的组织实施】

第十九条 生产经营单位从业人员的安全培训工作，由生产经营单位组织实施。

生产经营单位应当坚持以考促学、以讲促学，确保全体从业人员熟练掌握岗位安全生产知识和技能；煤矿、非煤矿山、危险化学品、烟花爆竹、金属冶炼等生产经营单位还应当完善和落实师傅带徒弟制度。

第二十条 具备安全培训条件的生产经营单位，应当以自主培训为主；可以委托具备安全培训条件的机构，对从业人员进行安全培训。

不具备安全培训条件的生产经营单位，应当委托具备安全培训条件的机构，对从业人员进行安全培训。

生产经营单位委托其他机构进行安全培训的，保证安全培训的责任仍由本单位负责。

第二十一条 生产经营单位应当将安全培训工作纳入本单位年度工作计划。保证本单位安全培训工作所需资金。

生产经营单位的主要负责人负责组织制定并实施本单位安全培训计划。

【安全生产教育培训档案】

第二十二条 生产经营单位应当建立健全从业人员安全生产教育和培训档案，由生产经营单位的安全生产管理机构以及安全生产管理人员详细、准确记录培训的时间、内容、参加人员以及考核结果等情况。

【特殊行业主要负责人和安全生产管理人员应经考核合格】

第二十四条 煤矿、非煤矿山、危险化学品、烟花爆竹、金属冶炼等生产经营单位主要负责人和安全生产管理人员，自任职之日起6个月内，必须经安全生产监管监察部门对其安全生产知识和管理能力考核合格。

【主要负责人、安全生产管理人员的定义】

第三十二条 生产经营单位主要负责人是指有限责任公司或者股份有限公司的董事长、总经理，其他生产经营单位的厂长、经理、（矿务局）局长、矿长（含实际控制人）等。

生产经营单位安全生产管理人员是指生产经营单位分管安全生产的负责人、安全生产管理机构负责人及其管理人员，以及未设安全生产管理机构的生产经营单位专、兼职安全生产管理人员等。

生产经营单位其他从业人员是指除主要负责人、安全生产管理人员和特种作业人员以外，该单位从事生产经营活动的所有人员，包括其他负责人、其他管理人员、技术人员和各岗位的工人以及临时聘用的人员。

十一、《用人单位劳动防护用品管理规范》节选

鉴于《劳动防护用品监督管理规定》（国家安全监管总局令第1号）于2015年7月1日废止，为加强用人单位劳动防护用品的管理，保护劳动者的生命安全和职业健康，2015年12月29日国家安全监管总局办公厅制定发布了《用人单位劳动防护用品管理规范》（安监总厅安健〔2015〕124号），2018年1月15日经修订后重新发布（安监总厅安健〔2018〕3号），自印发之日起施行。

【劳动防护用品定义】

第三条 本规范所称的劳动防护用品，是指由用人单位为劳动者配备的，使其在劳动过程中免遭或者减轻事故伤害及职业病危害的个体防护装备。

第四条 劳动防护用品是由用人单位提供的，保障劳动者安全与健康的辅助性、预防性措施，不得以劳动防护用品替代工程防护设施和其他技术、管理措施。

【健全劳动防护用品管理制度】

第五条 用人单位应当健全管理制度，加强劳动防护用品配备、发放、使用等管理工作。

第六条 用人单位应当安排专项经费用于配备劳动防护用品，不得以货币或者其他物品替代。该项经费计入生产成本，据实列支。

【劳动防护用品基本要求】

第七条 用人单位应当为劳动者提供符合国家标准或者行业标准的劳动防护用品。使用进口的劳动防护用品，其防护性能不得低于我国相关标准。

【劳务派遣工、实习生、外来人员的配备】

第九条 用人单位使用的劳务派遣工、接纳的实习学生应当纳入本单位人员统一管理，并配备相应的劳动防护用品。对处于作业地点的其他外来人员，必须按照与进行作业的劳动者相同的标准，正确佩戴和使用劳动防护用品。

【劳动防护用品使用规定】

第八条 劳动者在作业过程中，应当按照规章制度和劳动防护用品使用规则，正确佩戴和使用劳动防护用品。

【劳动保护用品分类】

第十条 劳动防护用品分为以下十大类：

（一）防御物理、化学和生物危险、有害因素对头部伤害的头部防护用品。

（二）防御缺氧空气和空气污染物进入呼吸道的呼吸防护用品。

（三）防御物理和化学危险、有害因素对眼面部伤害的眼面部防护用品。

（四）防噪声危害及防水、防寒等的听力防护用品。

（五）防御物理、化学和生物危险、有害因素对手部伤害的手部防护用品。

（六）防御物理和化学危险、有害因素对足部伤害的足部防护用品。

（七）防御物理、化学和生物危险、有害因素对躯干伤害的躯干防护用品。

（八）防御物理、化学和生物危险、有害因素损伤皮肤或引起皮肤疾病的护肤用品。

（九）防止高处作业劳动者坠落或者高处落物伤害的坠落防护用品。

（十）其他防御危险、有害因素的劳动防护用品。

【劳动保护用品配备标准】

第十一条 用人单位应按照识别、评价、选择的程序（见附件 1），结合劳动者作业方式和工作条件，并考虑其个人特点及劳动强度，选择防护功能和效果适用的劳动防护用品。

（一）接触粉尘、有毒、有害物质的劳动者应当根据不同粉尘种类、粉尘浓度及游离二氧化硅含量和毒物的种类及浓度配备相应的呼吸器（见附件 2）、防护服、防护手套和防护鞋等。具体可参照《呼吸防护用品自吸过滤式防颗粒物呼吸器》（GB 2626）、《呼吸防护用品的选择、使用及维护》（GB/T 18664）、《防护服装化学防护服的选择、使用和维护》（GB/T 24536）、《手部防护防护手套的选择、使用和维护指南》（GB/T 29512）和《个体防护装备足部防护鞋（靴）的选择、使用和维护指南》（GB/T 28409）等标准。

（二）接触噪声的劳动者，当暴露于 $80\text{dB} \leq L_{EX,8h} < 85\text{dB}$ 的工作场所时，用人单位应当根据劳动者需求为其配备适用的护听器；当暴露于 $L_{EX,8h} \geq 85\text{dB}$ 的工作场所时，用人单位必须为劳动者配备适用的护听器，并指导劳动者正确佩戴和使用（见附件 2）。具体可参照《护听器的选择指南》（GB/T 23466）。

（三）工作场所中存在电离辐射危害的，经危害评价确认劳动者需佩戴劳动防护用品的，用人单位可参照电离辐射的相关标准及《个体防护装备配备基本要求》（GB/T 29510）为劳动者配备劳动防护用品，并指导劳动者正确佩戴和使用。

（四）从事存在物体坠落、碎屑飞溅、转动机械和锋利器具等作业的劳动者，用人单位还可参照《个体防护装备选用规范》（GB/T 11651）、《头部防护安全帽选用规范》（GB/T 30041）和《坠落防护装备安全使用规范》（GB/T 23468）等标准，为劳动者配备适用的劳动防护用品。

第十二条　同一工作地点存在不同种类的危险、有害因素的，应当为劳动者同时提供防御各类危害的劳动防护用品。需要同时配备的劳动防护用品，还应考虑其可兼容性。

劳动者在不同地点工作，并接触不同的危险、有害因素，或接触不同的危害程度的有害因素的，为其选配的劳动防护用品应满足不同工作地点的防护需求。

第十三条　劳动防护用品的选择还应当考虑其佩戴的合适性和基本舒适性，根据个人特点和需求选择适合号型、式样。

【应急劳动防护用品配备要求】

第十四条　用人单位应当在可能发生急性职业损伤的有毒、有害工作场所配备应急劳动防护用品，放置于现场临近位置并有醒目标识。

用人单位应当为巡检等流动性作业的劳动者配备随身携带的个人应急防护用品。

【劳动保护用品管理要求】

第十五条　用人单位应当根据劳动者工作场所中存在的危险、有害因素种类及危害程度、劳动环境条件、劳动防护用品有效使用时间制定适合本单位的劳动防护用品配备标准。

第十六条　用人单位应当根据劳动防护用品配备标准制定采购计划，购买符合标准的合格产品。

第十七条　用人单位应当查验并保存劳动防护用品检验报告等质量证明文件的原件或复印件。

第十九条　用人单位应当按照本单位制定的配备标准发放劳动防护用品，并作好登记。

第二十条　用人单位应当对劳动者进行劳动防护用品的使用、维护等专业知识的培训。

第二十一条　用人单位应当督促劳动者在使用劳动防护用品前，对劳动防护用品进行检查，确保外观完好、部件齐全、功能正常。

第二十二条　用人单位应当定期对劳动防护用品的使用情况进行检查，确保劳动者正确使用。

第二十三条　劳动防护用品应当按照要求妥善保存，及时更换，保证其在有效期内。

公用的劳动防护用品应当由车间或班组统一保管，定期维护。

第二十四条　用人单位应当对应急劳动防护用品进行经常性的维护、检修，定期检测劳动防护用品的性能和效果，保证其完好有效。

【劳动保护用品更换与报废】

第二十五条　用人单位应当按照劳动防护用品发放周期定期发放，对工作过程中损坏的，用人单位应及时更换。

第二十六条　安全帽、呼吸器、绝缘手套等安全性能要求高、易损耗的劳动防护用品，应当按照有效防护功能最低指标和有效使用期，到期强制报废。

十二、《工作场所职业卫生监督管理规定》节选

2012 年 4 月 27 日国家安全生产监督管理总局令第 47 号公布《工作场所职业卫生监督管理规定》，自 2012 年 6 月 1 日起施行。2009 年 7 月 1 日国家安全生产监督管理总局公布的《作业场所职业健康监督管理暂行规定》同时废止。

《工作场所职业卫生监督管理规定》是为加强职业卫生监督管理工作，强化用人单位职业病防治的主体责任，预防、控制职业病危害，保障劳动者健康和相关权益，根据《中华人民共和国职业病防治法》等法律、行政法规制定。该规定分为总则、用人单位的职责、监督管理、法律责任、附则共五章六十一条，适用于用人单位的职业病防治和安全生产监督管理部门对其实施监督管理。

【用人单位是职业病防治责任主体】

第四条 用人单位是职业病防治的责任主体，并对本单位产生的职业病危害承担责任。

用人单位的主要负责人对本单位的职业病防治工作全面负责。

【职业卫生管理机构或人员的配置和培训要求】

第八条 职业病危害严重的用人单位，应当设置或者指定职业卫生管理机构或者组织，配备专职职业卫生管理人员。

其他存在职业病危害的用人单位，劳动者超过 100 人的，应当设置或者指定职业卫生管理机构或者组织，配备专职职业卫生管理人员；劳动者在 100 人以下的，应当配备专职或者兼职的职业卫生管理人员，负责本单位的职业病防治工作。

第九条 用人单位的主要负责人和职业卫生管理人员应当具备与本单位所从事的生产经营活动相适应的职业卫生知识和管理能力，并接受职业卫生培训。

用人单位主要负责人、职业卫生管理人员的职业卫生培训，应当包括下列主要内容：

（一）职业卫生相关法律、法规、规章和国家职业卫生标准；

（二）职业病危害预防和控制的基本知识；

（三）职业卫生管理相关知识；

（四）国家安全生产监督管理总局规定的其他内容。

【劳动者上岗前的职业卫生培训】

第十条 用人单位应当对劳动者进行上岗前的职业卫生培训和在岗期间的定期职业卫生培训，普及职业卫生知识，督促劳动者遵守职业病防治的法律、法规、规章、国家职业卫生标准和操作规程。

用人单位应当对职业病危害严重的岗位的劳动者，进行专门的职业卫生培训，经培训合格后方可上岗作业。

因变更工艺、技术、设备、材料，或者岗位调整导致劳动者接触的职业病危害因素发生变化的，用人单位应当重新对劳动者进行上岗前的职业卫生培训。

【建立职业卫生管理制度】

第十一条　存在职业病危害的用人单位应当制定职业病危害防治计划和实施方案，建立、健全下列职业卫生管理制度和操作规程：

（一）职业病危害防治责任制度；

（二）职业病危害警示与告知制度；

（三）职业病危害项目申报制度；

（四）职业病防治宣传教育培训制度；

（五）职业病防护设施维护检修制度；

（六）职业病防护用品管理制度；

（七）职业病危害监测及评价管理制度；

（八）建设项目职业卫生“三同时”管理制度；

（九）劳动者职业健康监护及其档案管理制度；

（十）职业病危害事故处置与报告制度；

（十一）职业病危害应急救援与管理制度；

（十二）岗位职业卫生操作规程；

（十三）法律、法规、规章规定的其他职业病防治制度。

【职业病危害工作场所基本要求】

第十二条　产生职业病危害的用人单位的工作场所应当符合下列基本要求：

（一）生产布局合理，有害作业与无害作业分开；

（二）工作场所与生活场所分开，工作场所不得住人；

（三）有与职业病防治工作相适应的有效防护设施；

（四）职业病危害因素的强度或者浓度符合国家职业卫生标准；

（五）有配套的更衣间、洗浴间、孕妇休息间等卫生设施；

（六）设备、工具、用具等设施符合保护劳动者生理、心理健康的要求；

（七）法律、法规、规章和国家职业卫生标准的其他规定。

【职业病危害项目申报】

第十三条　用人单位工作场所存在职业病目录所列职业病的危害因素的，应当按照《职业病危害项目申报办法》的规定，及时、如实向所在地安全生产监督管理部门申报职业病危害项目，并接受安全生产监督管理部门的监督检查。

【建设项目职业卫生“三同时”制度】

第十四条　新建、改建、扩建的工程建设项目和技术改造、技术引进项目（以下统称建设项目）可能产生职业病危害的，建设单位应当按照《建设项目职业卫生“三同时”监督管理暂行办法》的规定，向安全生产监督管理部门申请备案、审核、审查和竣工验收。

【职业病危害警示标识】

第十五条　产生职业病危害的用人单位，应当在醒目位置设置公告栏，公布有关职业病防治的规章制度、操作规程、职业病危害事故应急救援措施和工作场所职业病危害因素检测结果。

存在或者产生职业病危害的工作场所、作业岗位、设备、设施，应当按照《工作场所职业病危害警示标识》（GBZ 158）的规定，在醒目位置设置图形、警示线、警示语句等警示标识和中文警示说明。警示说明应当载明产生职业病危害的种类、后果、预防和应急处置措施等内容。

存在或产生高毒物品的作业岗位，应当按照《高毒物品作业岗位职业病危害告知规范》（GBZ/T 203）的规定，在醒目位置设置高毒物品告知卡，告知卡应当载明高毒物品的名称、理化特性、健康危害、防护措施及应急处理等告知内容与警示标识。

【职业病防护用品、设施配置】

第十六条 用人单位应当为劳动者提供符合国家职业卫生标准的职业病防护用品，并督促、指导劳动者按照使用规则正确佩戴、使用，不得发放钱物替代发放职业病防护用品。

用人单位应当对职业病防护用品进行经常性的维护、保养，确保防护用品有效，不得使用不符合国家职业卫生标准或者已经失效的职业病防护用品。

第十七条 在可能发生急性职业损伤的有毒、有害工作场所，用人单位应当设置报警装置，配置现场急救用品、冲洗设备、应急撤离通道和必要的泄险区。

现场急救用品、冲洗设备等应当设在可能发生急性职业损伤的工作场所或者临近地点，并在醒目位置设置清晰的标识。

在可能突然泄漏或者逸出大量有害物质的密闭或者半密闭工作场所，除遵守本条第一款、第二款规定外，用人单位还应当安装事故通风装置以及与事故排风系统相连锁的泄漏报警装置。

生产、销售、使用、贮存放射性同位素和射线装置的场所，应当按照国家有关规定设置明显的放射性标志，其入口处应当按照国家有关安全和防护标准的要求，设置安全和防护设施以及必要的防护安全联锁、报警装置或者工作信号。放射性装置的生产调试和使用场所，应当具有防止误操作、防止工作人员受到意外照射的安全措施。用人单位必须配备与辐射类型和辐射水平相适应的防护用品和监测仪器，包括个人剂量测量报警、固定式和便携式辐射监测、表面污染监测、流出物监测等设备，并保证可能接触放射线的工作人员佩戴个人剂量计。

第十八条 用人单位应当对职业病防护设备、应急救援设施进行经常性的维护、检修和保养，定期检测其性能和效果，确保其处于正常状态，不得擅自拆除或者停止使用。

【职业病危害因素监测】

第十九条 存在职业病危害的用人单位，应当实施由专人负责的工作场所职业病危害因素日常监测，确保监测系统处于正常工作状态。

第二十条 存在职业病危害的用人单位，应当委托具有相应资质的职业卫生技术服务机构，每年至少进行一次职业病危害因素检测。

职业病危害严重的用人单位，除遵守前款规定外，应当委托具有相应资质的职业卫生技术服务机构，每三年至少进行一次职业病危害现状评价。

检测、评价结果应当存入本单位职业卫生档案，并向安全生产监督管理部门报告和劳动者公布。

【职业病危害现状评价】

第二十一条　存在职业病危害的用人单位，有下述情形之一的，应当及时委托具有相应资质的职业卫生技术服务机构进行职业病危害现状评价：

（一）初次申请职业卫生安全许可证，或者职业卫生安全许可证有效期届满申请换证的；

（二）发生职业病危害事故的；

（三）国家安全生产监督管理总局规定的其他情形。

用人单位应当落实职业病危害现状评价报告中提出的建议和措施，并将职业病危害现状评价结果及整改情况存入本单位职业卫生档案。

第二十二条　用人单位在日常的职业病危害监测或者定期检测、现状评价过程中，发现工作场所职业病危害因素不符合国家职业卫生标准和卫生要求时，应当立即采取相应治理措施，确保其符合职业卫生环境和条件的要求；仍然达不到国家职业卫生标准和卫生要求的，必须停止存在职业病危害因素的作业；职业病危害因素经治理后，符合国家职业卫生标准和卫生要求的，方可重新作业。

【职业病危害作业不得转移】

第二十六条　任何单位和个人不得将产生职业病危害的作业转移给不具备职业病防护条件的单位和个人。不具备职业病防护条件的单位和个人不得接受产生职业病危害的作业。

【职业病危害告知】

第二十九条　用人单位与劳动者订立劳动合同（含聘用合同，下同）时，应当将工作过程中可能产生的职业病危害及其后果、职业病防护措施和待遇等如实告知劳动者，并在劳动合同中写明，不得隐瞒或者欺骗。

劳动者在履行劳动合同期间因工作岗位或者工作内容变更，从事与所订立劳动合同中未告知的存在职业病危害的作业时，用人单位应当依照前款规定，向劳动者履行如实告知的义务，并协商变更原劳动合同相关条款。

用人单位违反本条规定的，劳动者有权拒绝从事存在职业病危害的作业，用人单位不得因此解除与劳动者所订立的劳动合同。

【职业健康管理】

第三十条　对从事接触职业病危害因素作业的劳动者，用人单位应当按照《用人单位职业健康监护监督管理办法》《放射工作人员职业健康管理办法》《职业健康监护技术规范》（GBZ 188）、《放射工作人员职业健康监护技术规范》（GBZ 235）等有关规定组织上岗前、在岗期间、离岗时的职业健康检查，并将检查结果书面如实告知劳动者。

职业健康检查费用由用人单位承担。

第三十一条 用人单位应当按照《用人单位职业健康监护监督管理办法》的规定，为劳动者建立职业健康监护档案，并按照规定的期限妥善保存。

职业健康监护档案应当包括劳动者的职业史、职业病危害接触史、职业健康检查结果、处理结果和职业病诊疗等有关个人健康资料。

劳动者离开用人单位时，有权索取本人职业健康监护档案复印件，用人单位应当如实、无偿提供，并在所提供的复印件上签章。

第三十二条 劳动者健康出现损害需要进行职业病诊断、鉴定的，用人单位应当如实提供职业病诊断、鉴定所需的劳动者职业史和职业病危害接触史、工作场所职业病危害因素检测结果和放射工作人员个人剂量监测结果等资料。

第三十三条 用人单位不得安排未成年工从事接触职业病危害的作业，不得安排有职业禁忌的劳动者从事其所禁忌的作业，不得安排孕期、哺乳期女职工从事对本人和胎儿、婴儿有危害的作业。

第三十四条 用人单位应当建立健全下列职业卫生档案资料：

（一）职业病防治责任制文件；

（二）职业卫生管理规章制度、操作规程；

（三）工作场所职业病危害因素种类清单、岗位分布以及作业人员接触情况等资料；

（四）职业病防护设施、应急救援设施基本信息，以及其配置、使用、维护、检修与更换等记录；

（五）工作场所职业病危害因素检测、评价报告与记录；

（六）职业病防护用品配备、发放、维护与更换等记录；

（七）主要负责人、职业卫生管理人员和职业病危害严重工作岗位的劳动者等相关人员职业卫生培训资料；

（八）职业病危害事故报告与应急处置记录；

（九）劳动者职业健康检查结果汇总资料，存在职业禁忌证、职业健康损害或者职业病的劳动者处理和安置情况记录；

（十）建设项目职业卫生“三同时”有关技术资料，以及其备案、审核、审查或者验收等有关回执或者批复文件；

（十一）职业卫生安全许可证申领、职业病危害项目申报等有关回执或者批复文件；

（十二）其他有关职业卫生管理的资料或者文件。

【职业危害事故处理】

第三十五条 用人单位发生职业病危害事故，应当及时向所在地安全生产监督管理部门和有关部门报告，并采取有效措施，减少或者消除职业病危害因素，防止事故扩大。对遭受或者可能遭受急性职业病危害的劳动者，用人单位应当及时组织救治、进行健康检查和医学观察，并承担所需费用。

用人单位不得故意破坏事故现场、毁灭有关证据，不得迟报、漏报、谎报或者瞒报职业病危害事故。

【职业病病人报告制度】

第三十六条 用人单位发现职业病病人或者疑似职业病病人时，应当按照国家规定及时向所在地安全生产监督管理部门和有关部门报告。

【有毒物品用人单位应取得职业卫生安全许可证】

第三十七条 工作场所使用有毒物品的用人单位，应当按照有关规定向安全生产监督管理部门申请办理职业卫生安全许可证。

【工作场所、用人单位定义】

第五十八条 本规定下列用语的含义：

（一）工作场所，是指劳动者进行职业活动的所有地点，包括建设单位施工场所；

（二）职业病危害严重的用人单位，是指建设项目职业病危害分类管理目录中所列职业病危害严重行业的用人单位。

建设项目职业病危害分类管理目录由国家安全生产监督管理总局公布。各省级安全生产监督管理部门可以根据本地区实际情况，对分类目录作出补充规定。

十三、《生产安全事故应急预案管理办法》节选

2009 年 4 月 1 日，国家安全生产监督管理总局公布《生产安全事故应急预案管理办法》。2019 年，应急管理部对原国家安全生产监督管理总局发布的《生产安全事故应急预案管理办法》进行修订，修订后的《生产安全事故应急预案管理办法》于 2019 年 7 月 11 日发布，2019 年 9 月 1 日起施行。

现行《生产安全事故应急预案管理办法》共计七章四十九条，是为规范生产安全事故应急预案管理工作，迅速有效处置生产安全事故，依据《中华人民共和国突发事件应对法》《中华人民共和国安全生产法》《生产安全事故应急条例》等法律、行政法规和《突发事件应急预案管理办法》（国办发〔2013〕101 号）制定的。

【适用范围】

第二条 生产安全事故应急预案（以下简称应急预案）的编制、评审、公布、备案、实施及监督管理工作，适用本办法。

第四十八条 对储存、使用易燃易爆物品、危险化学品等危险物品的科研机构、学校、医院等单位的安全事故应急预案的管理，参照本办法的有关规定执行。

【管理原则】

第三条 应急预案的管理实行属地为主、分级负责、分类指导、综合协调、动态管理的原则。

【企业负责制】

第五条 生产经营单位主要负责人负责组织编制和实施本单位的应急预案，并对应急预案的真实性和实用性负责；各分管负责人应当按照职责分工落实应急预案规定的职责。

【应急预案分类】

第六条 生产经营单位应急预案分为综合应急预案、专项应急预案和现场处置方案。

综合应急预案，是指生产经营单位为应对各种生产安全事故而制定的综合性工作方案，是本单位应对生产安全事故的总体工作程序、措施和应急预案体系的总纲。

专项应急预案，是指生产经营单位为应对某一种或者多种类型生产安全事故，或者针对重要生产设施、重大危险源、重大活动防止生产安全事故而制定的专项性工作方案。

现场处置方案，是指生产经营单位根据不同生产安全事故类型，针对具体场所、装置或者设施所制定的应急处置措施。

【应急预案编制基本要求】

第七条 应急预案的编制应当遵循以人为本、依法依规、符合实际、注重实效的原则，以应急处置为核心，明确应急职责、规范应急程序、细化保障措施。

第八条 应急预案的编制应当符合下列基本要求：

（一）有关法律、法规、规章和标准的规定；

（二）本地区、本部门、本单位的安全生产实际情况；

（三）本地区、本部门、本单位的危险性分析情况；

（四）应急组织和人员的职责分工明确，并有具体的落实措施；

（五）有明确、具体的应急程序和处置措施，并与其应急能力相适应；

（六）有明确的应急保障措施，满足本地区、本部门、本单位的应急工作需要；

（七）应急预案基本要素齐全、完整，应急预案附件提供的信息准确；

（八）应急预案内容与相关应急预案相互衔接。

【应急预案评审和论证】

第二十一条 矿山、金属冶炼企业和易燃易爆物品、危险化学品的生产、经营（带储存设施的，下同）、储存、运输企业，以及使用危险化学品达到国家规定数量的化工企业、烟花爆竹生产、批发经营企业和中型规模以上的其他生产经营单位，应当对本单位编制的应急预案进行评审，并形成书面评审纪要。

前款规定以外的其他生产经营单位可以根据自身需要，对本单位编制的应急预案进行论证。

第二十三条 应急预案的评审或者论证应当注重基本要素的完整性、组织体系的合理性、应急处置程序和措施的针对性、应急保障措施的可行性、应急预案的衔接性等内容。

【应急预案发布】

第二十四条 生产经营单位的应急预案经评审或者论证后，由本单位主要负责人签署，向本单位从业人员公布，并及时发放到本单位有关部门、岗位和相关应急救援队伍。

事故风险可能影响周边其他单位、人员的，生产经营单位应当将有关事故风险的性质、影响范围和应急防范措施告知周边的其他单位和人员。

【告知性备案】

第二十五条　地方各级人民政府应急管理部门的应急预案，应当报同级人民政府备案，同时抄送上一级人民政府应急管理部门，并依法向社会公布。

地方各级人民政府其他负有安全生产监督管理职责的部门的应急预案，应当抄送同级人民政府应急管理部门。

第二十六条　易燃易爆物品、危险化学品等危险物品的生产、经营、储存、运输单位，矿山、金属冶炼、城市轨道交通运营、建筑施工单位，以及宾馆、商场、娱乐场所、旅游景区等人员密集场所经营单位，应当在应急预案公布之日起20个工作日内，按照分级属地原则，向县级以上人民政府应急管理部门和其他负有安全生产监督管理职责的部门进行备案，并依法向社会公布。

前款所列单位属于中央企业的，其总部（上市公司）的应急预案，报国务院主管的负有安全生产监督管理职责的部门备案，并抄送应急管理部；其所属单位的应急预案报所在地的省、自治区、直辖市或者设区的市级人民政府主管的负有安全生产监督管理职责的部门备案，并抄送同级人民政府应急管理部门。

本条第一款所列单位不属于中央企业的，其中非煤矿山、金属冶炼和危险化学品生产、经营、储存、运输企业，以及使用危险化学品达到国家规定数量的化工企业、烟花爆竹生产、批发经营企业的应急预案，按照隶属关系报所在地县级以上地方人民政府应急管理部门备案；本款前述单位以外的其他生产经营单位应急预案的备案，由省、自治区、直辖市人民政府负有安全生产监督管理职责的部门确定。

油气输送管道运营单位的应急预案，除按照本条第一款、第二款的规定备案外，还应当抄送所经行政区域的县级人民政府应急管理部门。

海洋石油开采企业的应急预案，除按照本条第一款、第二款的规定备案外，还应当抄送所经行政区域的县级人民政府应急管理部门和海洋石油安全监管机构。

煤矿企业的应急预案除按照本条第一款、第二款的规定备案外，还应当抄送所在地的煤矿安全监察机构。

第四十六条　《生产经营单位生产安全事故应急预案备案申报表》和《生产经营单位生产安全事故应急预案备案登记表》由应急管理部统一制定。

【应急预案教育培训】

第三十条　各级人民政府应急管理部门、各类生产经营单位应当采取多种形式开展应急预案的宣传教育，普及生产安全事故避险、自救和互救知识，提高从业人员和社会公众的安全意识与应急处置技能。

第三十一条　各级人民政府应急管理部门应当将本部门应急预案的培训纳入安全生产培训工作计划，并组织实施本行政区域内重点生产经营单位的应急预案培训工作。

生产经营单位应当组织开展本单位的应急预案、应急知识、自救互救和避险逃生技能的培训活动，使有关人员了解应急预案内容，熟悉应急职责、应急处置程序和措施。

应急培训的时间、地点、内容、师资、参加人员和考核结果等情况应当如实记入本单位的安全生产教育和培训档案。

【应急演练】

第三十三条 生产经营单位应当制定本单位的应急预案演练计划，根据本单位的事故风险特点，每年至少组织一次综合应急预案演练或者专项应急预案演练，每半年至少组织一次现场处置方案演练。

易燃易爆物品、危险化学品等危险物品的生产、经营、储存、运输单位，矿山、金属冶炼、城市轨道交通运营、建筑施工单位，以及宾馆、商场、娱乐场所、旅游景区等人员密集场所经营单位，应当至少每半年组织一次生产安全事故应急预案演练，并将演练情况报送所在地县级以上地方人民政府负有安全生产监督管理职责的部门。

【应急预案评估】

第三十四条 应急预案演练结束后，应急预案演练组织单位应当对应急预案演练效果进行评估，撰写应急预案演练评估报告，分析存在的问题，并对应急预案提出修订意见。

第三十五条 应急预案编制单位应当建立应急预案定期评估制度，对预案内容的针对性和实用性进行分析，并对应急预案是否需要修订作出结论。

矿山、金属冶炼、建筑施工企业和易燃易爆物品、危险化学品等危险物品的生产、经营、储存、运输企业、使用危险化学品达到国家规定数量的化工企业、烟花爆竹生产、批发经营企业和中型规模以上的其他生产经营单位，应当每三年进行一次应急预案评估。

应急预案评估可以邀请相关专业机构或者有关专家、有实际应急救援工作经验的人员参加，必要时可以委托安全生产技术服务机构实施。

第四十条 生产安全事故应急处置和应急救援结束后，事故发生单位应当对应急预案实施情况进行总结评估。

【应急预案修订】

第三十六条 有下列情形之一的，应急预案应当及时修订并归档：

（一）依据的法律、法规、规章、标准及上位预案中的有关规定发生重大变化的；

（二）应急指挥机构及其职责发生调整的；

（三）安全生产面临的风险发生重大变化的；

（四）重要应急资源发生重大变化的；

（五）在应急演练和事故应急救援中发现需要修订预案的重大问题的；

（六）编制单位认为应当修订的其他情况。

第三十七条 应急预案修订涉及组织指挥体系与职责、应急处置程序、主要处置措施、应急响应分级等内容变更的，修订工作应当参照本办法规定的应急预案编制程序进行，并按照有关应急预案报备程序重新备案。

【应急物资及装备管理】

第三十八条 生产经营单位应当按照应急预案的规定，落实应急指挥体系、应急救援队伍、应急物资及装备，建立应急物资、装备配备及其使用档案，并对应急物资、装备进行定期检测和维护，使其处于适用状态。

【应急响应】

第三十九条 生产经营单位发生事故时，应当第一时间启动应急响应，组织有关力量进行救援，并按照规定将事故信息及应急响应启动情况报告事故发生地县级以上人民政府应急管理部门和其他负有安全生产监督管理职责的部门。

十四、《安全生产事故隐患排查治理暂行规定》节选

2007年12月28日国家安全生产监督管理总局令第16号公布《安全生产事故隐患排查治理暂行规定》，自2008年2月1日起施行。

《安全生产事故隐患排查治理暂行规定》是为了建立安全生产事故隐患排查治理的长效机制，强化和落实生产经营单位安全生产主体责任，及时消除安全生产事故隐患，持续改进生产经营单位安全生产条件而制定的。该规定共分总则、生产经营单位的职责、监督管理、罚则、附则五章三十二条，适用于生产经营单位安全生产事故隐患排查治理和安全生产监督管理部门、煤矿安全监察机构（以下统称安全监管监察部门）实施监管监察，

【安全生产事故隐患的定义、分类】

第三条 本规定所称安全生产事故隐患（以下简称事故隐患），是指生产经营单位违反安全生产法律、法规、规章、标准、规程和安全生产管理制度的规定，或者因其他因素在生产经营活动中存在可能导致事故发生的物的危险状态、人的不安全行为和管理上的缺陷。

事故隐患分为一般事故隐患和重大事故隐患。一般事故隐患，是指危害和整改难度较小，发现后能够立即整改排除的隐患。重大事故隐患，是指危害和整改难度较大，应当全部或者局部停产停业，并经过一定时间整改治理方能排除的隐患，或者因外部因素影响致使生产经营单位自身难以排除的隐患。

【事故隐患排查治理责任制】

第四条 生产经营单位应当建立健全事故隐患排查治理制度。

生产经营单位主要负责人对本单位事故隐患排查治理工作全面负责。

第八条 生产经营单位是事故隐患排查、治理和防控的责任主体。

生产经营单位应当建立健全事故隐患排查治理和建档监控等制度，逐级建立并落实从主要负责人到每个从业人员的隐患排查治理和监控责任制。

【实施定期隐患排查】

第十条 生产经营单位应当定期组织安全生产管理人员、工程技术人员和其他相关人员排查本单位的事故隐患。对排查出的事故隐患，应当按照事故隐患的等级进行登记，建立事故隐患信息档案，并按照职责分工实施监控治理。

【建立事故隐患报告和举报奖励制度】

第十一条 生产经营单位应当建立事故隐患报告和举报奖励制度，鼓励、发动职工

发现和排除事故隐患，鼓励社会公众举报。对发现、排除和举报事故隐患的有功人员，应当给予物质奖励和表彰。

【季度统计分析并上报要求】

第十四条 生产经营单位应当每季、每年对本单位事故隐患排查治理情况进行统计分析，并分别于下一季度15日前和下一年1月31日前向安全监管监察部门和有关部门报送书面统计分析表。统计分析表应当由生产经营单位主要负责人签字。

对于重大事故隐患，生产经营单位除依照前款规定报送外，应当及时向安全监管监察部门和有关部门报告。重大事故隐患报告内容应当包括：

（一）隐患的现状及其产生原因；

（二）隐患的危害程度和整改难易程度分析；

（三）隐患的治理方案。

【事故隐患整改治理】

第十五条 对于一般事故隐患，由生产经营单位（车间、分厂、区队等）负责人或者有关人员立即组织整改。

对于重大事故隐患，由生产经营单位主要负责人组织制定并实施事故隐患治理方案。重大事故隐患治理方案应当包括以下内容：

（一）治理的目标和任务；

（二）采取的方法和措施；

（三）经费和物资的落实；

（四）负责治理的机构和人员；

（五）治理的时限和要求；

（六）安全措施和应急预案。

第十六条 生产经营单位在事故隐患治理过程中，应当采取相应的安全防范措施，防止事故发生。事故隐患排除前或者排除过程中无法保证安全的，应当从危险区域内撤出作业人员，并疏散可能危及的其他人员，设置警戒标志，暂时停产停业或者停止使用；对暂时难以停产或者停止使用的相关生产储存装置、设施、设备，应当加强维护和保养，防止事故发生。

第十七条 生产经营单位应当加强对自然灾害的预防。对于因自然灾害可能导致事故灾难的隐患，应当按照有关法律、法规、标准和本规定的要求排查治理，采取可靠的预防措施，制定应急预案。在接到有关自然灾害预报时，应当及时向下属单位发出预警通知；发生自然灾害可能危及生产经营单位和人员安全的情况时，应当采取撤离人员、停止作业、加强监测等安全措施，并及时向当地人民政府及其有关部门报告。

【挂牌督办及恢复】

第十八条 地方人民政府或者安全监管监察部门及有关部门挂牌督办并责令全部或者局部停产停业治理的重大事故隐患，治理工作结束后，有条件的生产经营单位应当组织本单位的技术人员和专家对重大事故隐患的治理情况进行评估；其他生产经营单位应当委托具备相应资质的安全评价机构对重大事故隐患的治理情况进行评估。

经治理后符合安全生产条件的，生产经营单位应当向安全监管监察部门和有关部门提出恢复生产的书面申请，经安全监管监察部门和有关部门审查同意后，方可恢复生产经营。申请报告应当包括治理方案的内容、项目和安全评价机构出具的评价报告等。

十五、《建设项目职业病防护设施“三同时”监督管理办法》节选

2017 年 1 月 10 日国家安全生产监督管理总局令第 90 号公布《建设项目职业病防护设施“三同时”监督管理办法》，自 2017 年 5 月 1 日起施行。该办法根据《中华人民共和国职业病防治法》的相关要求制定，目的是为了预防、控制和消除建设项目可能产生的职业病危害，加强和规范建设项目职业病防护设施建设的监督管理。国家安全生产监督管理总局 2012 年 4 月 27 日公布的《建设项目职业卫生“三同时”监督管理暂行办法》同时废止。

【适用范围】

第二条 安全生产监督管理部门职责范围内、可能产生职业病危害的新建、改建、扩建和技术改造、技术引进建设项目（以下统称建设项目）职业病防护设施建设及其监督管理，适用本办法。煤矿建设项目职业病防护设施“三同时”的监督检查工作按照新修订发布的《煤矿和煤层气地面开采建设项目安全设施监察规定》执行，煤矿安全监察机构按照规定履行国家监察职责。

本办法所称的可能产生职业病危害的建设项目，是指存在或者产生职业病危害因素分类目录所列职业病危害因素的建设项目。

本办法所称的职业病防护设施，是指消除或者降低工作场所的职业病危害因素的浓度或者强度，预防和减少职业病危害因素对劳动者健康的损害或者影响，保护劳动者健康的设备、设施、装置、构（建）筑物等的总称。

【建设单位是责任主体及“三同时”定义】

第三条 负责本办法第二条规定建设项目投资、管理的单位（以下简称建设单位）是建设项目职业病防护设施建设的责任主体。

建设项目职业病防护设施必须与主体工程同时设计、同时施工、同时投入生产和使用（以下统称建设项目职业病防护设施“三同时”）。建设单位应当优先采用有利于保护劳动者健康的新技术、新工艺、新设备和新材料，职业病防护设施所需费用应当纳入建设项目工程预算。

【职业病危害评价和防护设施验收】

第四条 建设单位对可能产生职业病危害的建设项目，应当依照本办法进行职业病危害预评价、职业病防护设施设计、职业病危害控制效果评价及相应的评审，组织职业病防护设施验收，建立健全建设项目职业卫生管理制度与档案。

【与安全设施合并验收】

第五条 建设项目职业病防护设施“三同时”工作可以与安全设施“三同时”工作

一并进行。建设单位可以将建设项目职业病危害预评价和安全预评价、职业病防护设施设计和安全设施设计、职业病危害控制效果评价和安全验收评价合并出具报告或者设计，并对职业病防护设施与安全设施一并组织验收。

【职业病危害分为一般、较重和严重三个类别】

第六条 国家根据建设项目可能产生职业病危害的风险程度，将建设项目分为职业病危害一般、较重和严重3个类别，并对职业病危害严重建设项目实施重点监督检查。

建设项目职业病危害分类管理目录由国家安全生产监督管理总局制定并公布。省级安全生产监督管理部门可以根据本地区实际情况，对建设项目职业病危害分类管理目录作出补充规定，但不得低于国家安全生产监督管理总局规定的管理层级。

【验收评价信息公告规定】

第八条 除国家保密的建设项目外，产生职业病危害的建设单位应当通过公告栏、网站等方式及时公布建设项目职业病危害预评价、职业病防护设施设计、职业病危害控制效果评价的承担单位、评价结论、评审时间及评审意见，以及职业病防护设施验收时间、验收方案和验收意见等信息，供本单位劳动者和安全生产监督管理部门查询。

【职业病危害预评价】

第九条 对可能产生职业病危害的建设项目，建设单位应当在建设项目可行性论证阶段进行职业病危害预评价，编制预评价报告。

第十条 建设项目职业病危害预评价报告应当符合职业病防治有关法律、法规、规章和标准的要求，并包括下列主要内容：

（一）建设项目概况，主要包括项目名称、建设地点、建设内容、工作制度、岗位设置及人员数量等；

（二）建设项目可能产生的职业病危害因素及其对工作场所、劳动者健康影响与危害程度的分析与评价；

（三）对建设项目拟采取的职业病防护设施和防护措施进行分析、评价，并提出对策与建议；

（四）评价结论，明确建设项目的职业病危害风险类别及拟采取的职业病防护设施和防护措施是否符合职业病防治有关法律、法规、规章和标准的要求。

第十二条 职业病危害预评价报告编制完成后，属于职业病危害一般或者较重的建设项目，其建设单位主要负责人或其指定的负责人应当组织具有职业卫生相关专业背景的中级及中级以上专业技术职称人员或者具有职业卫生相关专业背景的注册安全工程师（以下统称职业卫生专业技术人员）对职业病危害预评价报告进行评审，并形成是否符合职业病防治有关法律、法规、规章和标准要求的评审意见；属于职业病危害严重的建设项目，其建设单位主要负责人或其指定的负责人应当组织外单位职业卫生专业技术人员参加评审工作，并形成评审意见。

建设单位应当按照评审意见对职业病危害预评价报告进行修改完善，并对最终的职业病危害预评价报告的真实性、客观性和合规性负责。职业病危害预评价工作过程应当形成书面报告备查。书面报告的具体格式由国家安全生产监督管理总局另行制定。

第十三条　建设项目职业病危害预评价报告有下列情形之一的，建设单位不得通过评审：

（一）对建设项目可能产生的职业病危害因素识别不全，未对工作场所职业病危害对劳动者健康影响与危害程度进行分析与评价的，或者评价不符合要求的；

（二）未对建设项目拟采取的职业病防护设施和防护措施进行分析、评价，对存在的问题未提出对策措施的；

（三）建设项目职业病危害风险分析与评价不正确的；

（四）评价结论和对策措施不正确的；

（五）不符合职业病防治有关法律、法规、规章和标准规定的其他情形的。

第十四条　建设项目职业病危害预评价报告通过评审后，建设项目的生产规模、工艺等发生变更导致职业病危害风险发生重大变化的，建设单位应当对变更内容重新进行职业病危害预评价和评审。

【职业病防护设施设计】

第十六条　建设项目职业病防护设施设计应当包括下列内容：

（一）设计依据；

（二）建设项目概况及工程分析；

（三）职业病危害因素分析及危害程度预测；

（四）拟采取的职业病防护设施和应急救援设施的名称、规格、型号、数量、分布，并对防控性能进行分析；

（五）辅助用室及卫生设施的设置情况；

（六）对预评价报告中拟采取的职业病防护设施、防护措施及对策措施采纳情况的说明；

（七）职业病防护设施和应急救援设施投资预算明细表；

（八）职业病防护设施和应急救援设施可以达到的预期效果及评价。

第十七条　职业病防护设施设计完成后，属于职业病危害一般或者较重的建设项目，其建设单位主要负责人或其指定的负责人应当组织职业卫生专业技术人员对职业病防护设施设计进行评审，并形成是否符合职业病防治有关法律、法规、规章和标准要求的评审意见；属于职业病危害严重的建设项目，其建设单位主要负责人或其指定的负责人应当组织外单位职业卫生专业技术人员参加评审工作，并形成评审意见。

建设单位应当按照评审意见对职业病防护设施设计进行修改完善，并对最终的职业病防护设施设计的真实性、客观性和合规性负责。职业病防护设施设计工作过程应当形成书面报告备查。书面报告的具体格式由国家安全生产监督管理总局另行制定。

第十八条　建设项目职业病防护设施设计有下列情形之一的，建设单位不得通过评审和开工建设：

（一）未对建设项目主要职业病危害进行防护设施设计或者设计内容不全的；

（二）职业病防护设施设计未按照评审意见进行修改完善的；

（三）未采纳职业病危害预评价报告中的对策措施，且未作充分论证说明的；

（四）未对职业病防护设施和应急救援设施的预期效果进行评价的；

（五）不符合职业病防治有关法律、法规、规章和标准规定的其他情形的。

第十九条 建设单位应当按照评审通过的设计和有关规定组织职业病防护设施的采购和施工。

第二十条 建设项目职业病防护设施设计在完成评审后，建设项目的生产规模、工艺等发生变更导致职业病危害风险发生重大变化的，建设单位应当对变更的内容重新进行职业病防护设施设计和评审。

【职业病防护设施试运行】

第二十三条 建设项目完工后，需要进行试运行的，其配套建设的职业病防护设施必须与主体工程同时投入试运行。

试运行时间应当不少于30日，最长不得超过180日，国家有关部门另有规定或者特殊要求的行业除外。

第二十四条 建设项目在竣工验收前或者试运行期间，建设单位应当进行职业病危害控制效果评价，编制评价报告。建设项目职业病危害控制效果评价报告应当符合职业病防治有关法律、法规、规章和标准的要求，包括下列主要内容：

（一）建设项目概况；

（二）职业病防护设施设计执行情况分析、评价；

（三）职业病防护设施检测和运行情况分析、评价；

（四）工作场所职业病危害因素检测分析、评价；

（五）工作场所职业病危害因素日常监测情况分析、评价；

（六）职业病危害因素对劳动者健康危害程度分析、评价；

（七）职业病危害防治管理措施分析、评价；

（八）职业健康监护状况分析、评价；

（九）职业病危害事故应急救援和控制措施分析、评价；

（十）正常生产后建设项目职业病防治效果预期分析、评价；

（十一）职业病危害防护补充措施及建议；

（十二）评价结论，明确建设项目的职业病危害风险类别，以及采取控制效果评价报告所提对策建议后，职业病防护设施和防护措施是否符合职业病防治有关法律、法规、规章和标准的要求。

【职业病防护设施验收】

第二十五条 建设单位在职业病防护设施验收前，应当编制验收方案。验收方案应当包括下列内容：

（一）建设项目概况和风险类别，以及职业病危害预评价、职业病防护设施设计执行情况；

（二）参与验收的人员及其工作内容、责任；

（三）验收工作时间安排、程序等。

建设单位应当在职业病防护设施验收前20日将验收方案向管辖该建设项目的安全生产监督管理部门进行书面报告。

第二十六条　属于职业病危害一般或者较重的建设项目，其建设单位主要负责人或其指定的负责人应当组织职业卫生专业技术人员对职业病危害控制效果评价报告进行评审以及对职业病防护设施进行验收，并形成是否符合职业病防治有关法律、法规、规章和标准要求的评审意见和验收意见。属于职业病危害严重的建设项目，其建设单位主要负责人或其指定的负责人应当组织外单位职业卫生专业技术人员参加评审和验收工作，并形成评审和验收意见。

建设单位应当按照评审与验收意见对职业病危害控制效果评价报告和职业病防护设施进行整改完善，并对最终的职业病危害控制效果评价报告和职业病防护设施验收结果的真实性、合规性和有效性负责。

建设单位应当将职业病危害控制效果评价和职业病防护设施验收工作过程形成书面报告备查，其中职业病危害严重的建设项目应当在验收完成之日起20日内向管辖该建设项目的安全生产监督管理部门提交书面报告。书面报告的具体格式由国家安全生产监督管理总局另行制定。

第二十七条　有下列情形之一的，建设项目职业病危害控制效果评价报告不得通过评审、职业病防护设施不得通过验收：

（一）评价报告内容不符合本办法第二十四条要求的；

（二）评价报告未按照评审意见整改的；

（三）未按照建设项目职业病防护设施设计组织施工，且未充分论证说明的；

（四）职业病危害防治管理措施不符合本办法第二十二条要求的；

（五）职业病防护设施未按照验收意见整改的；

（六）不符合职业病防治有关法律、法规、规章和标准规定的其他情形的。

第二十八条　分期建设、分期投入生产或者使用的建设项目，其配套的职业病防护设施应当分期与建设项目同步进行验收。

第二十九条　建设项目职业病防护设施未按照规定验收合格的，不得投入生产或者使用。

十六、《建设项目安全设施“三同时”监督管理办法》节选

2010年12月14日国家安全生产监管总局令第36号公布《建设项目安全设施“三同时”监督管理办法》，自2011年1月1日起施行；2015年4月2日安监总局令第77号修订，自2015年5月1日起施行。制定该办法的目的是为了加强建设项目安全管理，预防和减少生产安全事故，保障从业人员生命和财产安全，促进安全生产。

【适用范围】

第二条 经县级以上人民政府及其有关主管部门依法审批、核准或者备案的生产经营单位新建、改建、扩建工程项目（以下统称建设项目）安全设施的建设及其监督管理，适用本办法。

法律、行政法规及国务院对建设项目安全设施建设及其监督管理另有规定的，依照其规定。

第三条 本办法所称的建设项目安全设施，是指生产经营单位在生产经营活动中用于预防生产安全事故的设备、设施、装置、构（建）筑物和其他技术措施的总称。

【安全设施“三同时”规定】

第四条 生产经营单位是建设项目安全设施建设的责任主体。建设项目安全设施必须与主体工程同时设计、同时施工、同时投入生产和使用（以下简称“三同时”）。安全设施投资应当纳入建设项目概算。

【执行安全预评价的建设项目】

第七条 下列建设项目在进行可行性研究时，生产经营单位应当按照国家规定，进行安全预评价：

（一）非煤矿矿山建设项目；

（二）生产、储存危险化学品（包括使用长输管道输送危险化学品，下同）的建设项目；

（三）生产、储存烟花爆竹的建设项目；

（四）金属冶炼建设项目；

（五）使用危险化学品从事生产并且使用量达到规定数量的化工建设项目（属于危险化学品生产的除外，以下简称化工建设项目）；

（六）法律、行政法规和国务院规定的其他建设项目。

第八条 生产经营单位应当委托具有相应资质的安全评价机构，对其建设项目进行安全预评价，并编制安全预评价报告。

建设项目安全预评价报告应当符合国家标准或者行业标准的规定。

生产、储存危险化学品的建设项目和化工建设项目安全预评价报告除符合本条第二款的规定外，还应当符合有关危险化学品建设项目的规定。

第九条 本办法第七条规定以外的其他建设项目，生产经营单位应当对其安全生产条件和设施进行综合分析，形成书面报告备查。

【建设项目安全设施设计审查】

第十条 生产经营单位在建设项目初步设计时，应当委托有相应资质的初步设计单位对建设项目安全设施同时进行设计，编制安全设施设计。

安全设施设计必须符合有关法律、法规、规章和国家标准或者行业标准、技术规范的规定，并尽可能采用先进适用的工艺、技术和可靠的设备、设施。本办法第七条规定的建设项目安全设施设计还应当充分考虑建设项目安全预评价报告提出的安全对策措施。

安全设施设计单位、设计人应当对其编制的设计文件负责。

第十二条　本办法第七条第一项、第二项、第三项、第四项规定的建设项目安全设施设计完成后，生产经营单位应当按照本办法第五条的规定向安全生产监督管理部门提出审查申请，并提交下列文件资料：

（一）建设项目审批、核准或者备案的文件；

（二）建设项目安全设施设计审查申请；

（三）设计单位的设计资质证明文件；

（四）建设项目安全设施设计；

（五）建设项目安全预评价报告及相关文件资料；

（六）法律、行政法规、规章规定的其他文件资料。

安全生产监督管理部门收到申请后，对属于本部门职责范围内的，应当及时进行审查，并在收到申请后5个工作日内作出受理或者不予受理的决定，书面告知申请人；对不属于本部门职责范围内的，应当将有关文件资料转送有审查权的安全生产监督管理部门，并书面告知申请人。

第十四条　建设项目安全设施设计有下列情形之一的，不予批准，并不得开工建设：

（一）无建设项目审批、核准或者备案文件的；

（二）未委托具有相应资质的设计单位进行设计的；

（三）安全预评价报告由未取得相应资质的安全评价机构编制的；

（四）设计内容不符合有关安全生产的法律、法规、规章和国家标准或者行业标准、技术规范的规定的；

（五）未采纳安全预评价报告中的安全对策和建议，且未作充分论证说明的；

（六）不符合法律、行政法规规定的其他条件的。

建设项目安全设施设计审查未予批准的，生产经营单位经过整改后可以向原审查部门申请再审。

第十五条　已经批准的建设项目及其安全设施设计有下列情形之一的，生产经营单位应当报原批准部门审查同意；未经审查同意的，不得开工建设：

（一）建设项目的规模、生产工艺、原料、设备发生重大变更的；

（二）改变安全设施设计且可能降低安全性能的；

（三）在施工期间重新设计的。

第十六条　本办法第七条第一项、第二项、第三项和第四项规定以外的建设项目安全设施设计，由生产经营单位组织审查，形成书面报告备查。

【建设项目安全设施的施工】

第十七条　建设项目安全设施的施工应当由取得相应资质的施工单位进行，并与建设项目主体工程同时施工。

施工单位应当在施工组织设计中编制安全技术措施和施工现场临时用电方案，同时对危险性较大的分部分项工程依法编制专项施工方案，并附具安全验算结果，经施工单位技术负责人、总监理工程师签字后实施。

施工单位应当严格按照安全设施设计和相关施工技术标准、规范施工，并对安全设施的工程质量负责。

【建设项目试运行】

第二十一条 本办法第七条规定的建设项目竣工后，根据规定建设项目需要试运行（包括生产、使用，下同）的，应当在正式投入生产或者使用前进行试运行。

试运行时间应当不少于30日，最长不得超过180日，国家有关部门有规定或者特殊要求的行业除外。

生产、储存危险化学品的建设项目和化工建设项目，应当在建设项目试运行前将试运行方案报负责建设项目安全许可的安全生产监督管理部门备案。

【建设项目安全设施竣工验收评价】

第二十二条 本办法第七条规定的建设项目安全设施竣工或者试运行完成后，生产经营单位应当委托具有相应资质的安全评价机构对安全设施进行验收评价，并编制建设项目安全验收评价报告。

建设项目安全验收评价报告应当符合国家标准或者行业标准的规定。

生产、储存危险化学品的建设项目和化工建设项目安全验收评价报告除符合本条第二款的规定外，还应当符合有关危险化学品建设项目的规定。

第二十三条 建设项目竣工投入生产或者使用前，生产经营单位应当组织对安全设施进行竣工验收，并形成书面报告备查。安全设施竣工验收合格后，方可投入生产和使用。

第二十四条 建设项目的安全设施有下列情形之一的，建设单位不得通过竣工验收，并不得投入生产或者使用：

（一）未选择具有相应资质的施工单位施工的；

（二）未按照建设项目安全设施设计文件施工或者施工质量未达到建设项目安全设施设计文件要求的；

（三）建设项目安全设施的施工不符合国家有关施工技术标准的；

（四）未选择具有相应资质的安全评价机构进行安全验收评价或者安全验收评价不合格的；

（五）安全设施和安全生产条件不符合有关安全生产法律、法规、规章和国家标准或者行业标准、技术规范规定的；

（六）发现建设项目试运行期间存在事故隐患未整改的；

（七）未依法设置安全生产管理机构或者配备安全生产管理人员的；

（八）从业人员未经过安全生产教育和培训或者不具备相应资格的；

（九）不符合法律、行政法规规定的其他条件的。

第二十五条 生产经营单位应当按照档案管理的规定，建立建设项目安全设施“三同时”文件资料档案，并妥善保存。

十七、《对安全生产领域失信行为开展联合惩戒的实施办法》节选

《对安全生产领域失信行为开展联合惩戒的实施办法》(以下简称《实施办法》)已于2017年经国家安全监管总局第4次局长办公会议研究通过，2017年5月9日印发并施行。2017年5月22日国务院安委会办公室发文，自即日起废止《国务院安委会办公室关于印发〈生产经营单位安全生产不良记录“黑名单”管理暂行规定〉的通知》(安委办〔2015〕14号，以下简称《暂行规定》)。

建立健全社会信用体系，惩戒失信、褒扬诚信，是党的十八大和十八届三中、四中、五中、六中全会持续作出的重要决策部署。安监总局将安全生产诚信体系建设作为提升安全生产领域治理体系和治理能力现代化水平的有效途径，并将诚信建设的相关规定首次纳入《安全生产法》和安全生产巡查、考核的重要内容。2017年5月出台的《实施办法》共12条，明确对10类安全生产失信行为进行联合惩戒，基本涵盖了2015年7月发布的《暂行规定》的5项情形，并且更科学、更合理也更具操作性。同时将“黑名单”作为需要实施联合惩戒行为中失信程度最高、导致后果最严重的一部分进行单列，实施比一般联合惩戒对象更加严格、严厉的惩戒措施，对于落实企业安全生产主体责任，提升安全监管监察水平，加快实现安全生产状况的根本好转，具有重要意义。

【目的依据】

第一条　为认真贯彻落实《中共中央国务院关于推进安全生产领域改革发展的意见》和国家发改委等18部门联合印发的《关于对安全生产领域失信生产经营单位及其有关人员开展联合惩戒的合作备忘录》(发改财金〔2016〕1001号，以下简称《备忘录》)，对失信生产经营单位及其有关人员实施有效惩戒，督促生产经营单位严格履行安全生产主体责任、依法依规开展生产经营活动，制定本办法。

【10种失信行为】

第二条　生产经营单位及其有关人员存在下列失信行为之一的，纳入联合惩戒对象：

(一)发生较大及以上生产安全责任事故，或1年内累计发生3起及以上造成人员死亡的一般生产安全责任事故的；

(二)未按规定取得安全生产许可，擅自开展生产经营建设活动的；

(三)发现重大生产安全事故隐患，或职业病危害严重超标，不及时整改，仍组织从业人员冒险作业的；

(四)采取隐蔽、欺骗或阻碍等方式逃避、对抗安全监管监察的；

(五)被责令停产停业整顿，仍然从事生产经营建设活动的；

(六)瞒报、谎报、迟报生产安全事故的；

(七)矿山、危险化学品、金属冶炼等高危行业建设项目安全设施未经验收合格即投入生产和使用的；

(八)矿山生产经营单位存在超层越界开采、以探代采行为的；

(九)发生事故后，故意破坏事故现场，伪造有关证据资料，妨碍、对抗事故调查，

或主要负责人逃逸的；

（十）安全生产和职业健康技术服务机构出具虚假报告或证明，违规转让或出借资质的。

【严重违法违规行为纳入“黑名单”管理】

第三条 存在严重违法违规行为，发生重特大生产安全责任事故，或1年内累计发生2起较大生产安全责任事故，或发生性质恶劣、危害性严重、社会影响大的典型较大生产安全责任事故的联合惩戒对象，纳入安全生产不良记录“黑名单”管理。

【“谁采集、谁负责”和“属地管理”原则】

第四条 各省级安全监管监察部门要落实主要负责人责任制，建立联合惩戒信息管理制度，严格规范信息的采集、审核、报送和异议处理等相关工作，经主要负责人审签后，于每月10日前将本地区上月拟纳入联合惩戒对象和“黑名单”管理的信息及开展联合惩戒情况报送国家安全监管总局。

【信息分类、审核、公布等】

第五条 国家安全监管总局办公厅对各地区报送的信息进行分类，会同有关业务司局审核后，报请总局局长办公会审议。审议通过后，通过全国信用信息共享平台和全国企业信用信息公示系统向各有关部门通报，并在国家安全监管总局政府网站和《中国安全生产报》向社会公布。

国家安全监管总局办公厅和有关司局也可通过事故接报系统，以及安全生产巡查、督查、检查等渠道获取有关信息，经严格会审后，报请总局局长办公会审议。审议通过后，直接纳入联合惩戒对象和“黑名单”管理。

【管理期限1年】

第六条 联合惩戒和“黑名单”管理的期限为1年，自公布之日起计算。有关法律法规对管理期限另有规定的，依照其规定执行。

【期满移出】

第七条 联合惩戒和“黑名单”管理期满，被惩戒对象须在期满前30个工作日内向所在地县级（含县级）以上安全监管监察部门提出移出申请，经省级安全监管监察部门审核验收，报国家安全监管总局。国家安全监管总局办公厅会同有关司局严格审核，报总局领导审定后予以移出，同时通报相关部门和单位，向社会公布。

【落实惩戒措施】

第八条 各级安全监管监察部门要会同有关部门对纳入联合惩戒对象和“黑名单”管理的生产经营单位及其有关人员，按照《备忘录》和国务院关于社会信用体系建设的有关规定，依法依规严格落实各项惩戒措施。

【管理职责】

第九条 国家安全监管总局建立联合惩戒的跟踪、监测、统计、评估、问责和公开机制，把各地区开展联合惩戒工作情况纳入对各地区年度安全生产工作考核的重要内容。

第十条 各级安全监管监察部门要加强对安全生产领域失信联合惩戒工作的组织领

导，严格落实责任，依法依规开展工作。对弄虚作假、隐瞒不报或迟报的，要严肃问责。

十八、《生产安全事故应急条例》节选

《生产安全事故应急条例》（以下简称《条例》）经2018年12月5日国务院第33次常务会议通过，2019年2月17日以中华人民共和国国务院令第708号予以公布，自2019年4月1日起施行。

【明确应急工作体制】

第三条　国务院统一领导全国的生产安全事故应急工作，县级以上地方人民政府统一领导本行政区域内的生产安全事故应急工作。生产安全事故应急工作涉及两个以上行政区域的，由有关行政区域共同的上一级人民政府负责，或者由各有关行政区域的上一级人民政府共同负责。

县级以上人民政府应急管理部门和其他对有关行业、领域的安全生产工作实施监督管理的部门（以下统称负有安全生产监督管理职责的部门）在各自职责范围内，做好有关行业、领域的生产安全事故应急工作。

县级以上人民政府应急管理部门指导、协调本级人民政府其他负有安全生产监督管理职责的部门和下级人民政府的生产安全事故应急工作。

乡、镇人民政府以及街道办事处等地方人民政府派出机关应当协助上级人民政府有关部门依法履行生产安全事故应急工作职责。

第四条　生产经营单位应当加强生产安全事故应急工作，建立、健全生产安全事故应急工作责任制，其主要负责人对本单位的生产安全事故应急工作全面负责。

【应急预案编制及修订】

第五条　县级以上人民政府及其负有安全生产监督管理职责的部门和乡、镇人民政府以及街道办事处等地方人民政府派出机关，应当针对可能发生的生产安全事故的特点和危害，进行风险辨识和评估，制定相应的生产安全事故应急救援预案，并依法向社会公布。

生产经营单位应当针对本单位可能发生的生产安全事故的特点和危害，进行风险辨识和评估，制定相应的生产安全事故应急救援预案，并向本单位从业人员公布。

第六条　生产安全事故应急救援预案应当符合有关法律、法规、规章和标准的规定，具有科学性、针对性和可操作性，明确规定应急组织体系、职责分工以及应急救援程序和措施。

有下列情形之一的，生产安全事故应急救援预案制定单位应当及时修订相关预案：

（一）制定预案所依据的法律、法规、规章、标准发生重大变化；

（二）应急指挥机构及其职责发生调整；

（三）安全生产面临的风险发生重大变化；

（四）重要应急资源发生重大变化；

（五）在预案演练或者应急救援中发现需要修订预案的重大问题；

（六）其他应当修订的情形。

【应急预案备案】

第七条 县级以上人民政府负有安全生产监督管理职责的部门应当将其制定的生产安全事故应急救援预案报送本级人民政府备案；易燃易爆物品、危险化学品等危险物品的生产、经营、储存、运输单位，矿山、金属冶炼、城市轨道交通运营、建筑施工单位，以及宾馆、商场、娱乐场所、旅游景区等人员密集场所经营单位，应当将其制定的生产安全事故应急救援预案按照国家有关规定报送县级以上人民政府负有安全生产监督管理职责的部门备案，并依法向社会公布。

【应急演练】

第八条 县级以上地方人民政府以及县级以上人民政府负有安全生产监督管理职责的部门，乡、镇人民政府以及街道办事处等地方人民政府派出机关，应当至少每2年组织1次生产安全事故应急救援预案演练。

易燃易爆物品、危险化学品等危险物品的生产、经营、储存、运输单位，矿山、金属冶炼、城市轨道交通运营、建筑施工单位，以及宾馆、商场、娱乐场所、旅游景区等人员密集场所经营单位，应当至少每半年组织1次生产安全事故应急救援预案演练，并将演练情况报送所在地县级以上地方人民政府负有安全生产监督管理职责的部门。

县级以上地方人民政府负有安全生产监督管理职责的部门应当对本行政区域内前款规定的重点生产经营单位的生产安全事故应急救援预案演练进行抽查；发现演练不符合要求的，应当责令限期改正。

【应急救援队伍及人员】

第十条 易燃易爆物品、危险化学品等危险物品的生产、经营、储存、运输单位，矿山、金属冶炼、城市轨道交通运营、建筑施工单位，以及宾馆、商场、娱乐场所、旅游景区等人员密集场所经营单位，应当建立应急救援队伍；其中，小型企业或者微型企业等规模较小的生产经营单位，可以不建立应急救援队伍，但应当指定兼职的应急救援人员，并且可以与邻近的应急救援队伍签订应急救援协议。

工业园区、开发区等产业聚集区域内的生产经营单位，可以联合建立应急救援队伍。

第十一条 应急救援队伍的应急救援人员应当具备必要的专业知识、技能、身体素质和心理素质。

应急救援队伍建立单位或者兼职应急救援人员所在单位应当按照国家有关规定对应急救援人员进行培训；应急救援人员经培训合格后，方可参加应急救援工作。

应急救援队伍应当配备必要的应急救援装备和物资，并定期组织训练。

第十二条 生产经营单位应当及时将本单位应急救援队伍建立情况按照国家有关规定报送县级以上人民政府负有安全生产监督管理职责的部门，并依法向社会公布。

县级以上人民政府负有安全生产监督管理职责的部门应当定期将本行业、本领域的应急救援队伍建立情况报送本级人民政府，并依法向社会公布。

【应急救援装备和物资】

第十三条 县级以上地方人民政府应当根据本行政区域内可能发生的生产安全事故的特点和危害，储备必要的应急救援装备和物资，并及时更新和补充。

易燃易爆物品、危险化学品等危险物品的生产、经营、储存、运输单位，矿山、金属冶炼、城市轨道交通运营、建筑施工单位，以及宾馆、商场、娱乐场所、旅游景区等人员密集场所经营单位，应当根据本单位可能发生的生产安全事故的特点和危害，配备必要的灭火、排水、通风以及危险物品稀释、掩埋、收集等应急救援器材、设备和物资，并进行经常性维护、保养，保证正常运转。

【应急值班制度】

第十四条 下列单位应当建立应急值班制度，配备应急值班人员：

（一）县级以上人民政府及其负有安全生产监督管理职责的部门；

（二）危险物品的生产、经营、储存、运输单位以及矿山、金属冶炼、城市轨道交通运营、建筑施工单位；

（三）应急救援队伍。

规模较大、危险性较高的易燃易爆物品、危险化学品等危险物品的生产、经营、储存、运输单位应当成立应急处置技术组，实行24小时应急值班。

【应急教育培训】

第十五条 生产经营单位应当对从业人员进行应急教育和培训，保证从业人员具备必要的应急知识，掌握风险防范技能和事故应急措施。

【应急救援信息管理】

第十六条 国务院负有安全生产监督管理职责的部门应当按照国家有关规定建立生产安全事故应急救援信息系统，并采取有效措施，实现数据互联互通、信息共享。

生产经营单位可以通过生产安全事故应急救援信息系统办理生产安全事故应急救援预案备案手续，报送应急救援预案演练情况和应急救援队伍建设情况；但依法需要保密的除外。

【应急救援】

第十七条 发生生产安全事故后，生产经营单位应当立即启动生产安全事故应急救援预案，采取下列一项或者多项应急救援措施，并按照国家有关规定报告事故情况：

（一）迅速控制危险源，组织抢救遇险人员；

（二）根据事故危害程度，组织现场人员撤离或者采取可能的应急措施后撤离；

（三）及时通知可能受到事故影响的单位和人员；

（四）采取必要措施，防止事故危害扩大和次生、衍生灾害发生；

（五）根据需要请求邻近的应急救援队伍参加救援，并向参加救援的应急救援队伍提供相关技术资料、信息和处置方法；

（六）维护事故现场秩序，保护事故现场和相关证据；

（七）法律、法规规定的其他应急救援措施。

第十八条　有关地方人民政府及其部门接到生产安全事故报告后，应当按照国家有关规定上报事故情况，启动相应的生产安全事故应急救援预案，并按照应急救援预案的规定采取下列一项或者多项应急救援措施：

（一）组织抢救遇险人员，救治受伤人员，研判事故发展趋势以及可能造成的危害；

（二）通知可能受到事故影响的单位和人员，隔离事故现场，划定警戒区域，疏散受到威胁的人员，实施交通管制；

（三）采取必要措施，防止事故危害扩大和次生、衍生灾害发生，避免或者减少事故对环境造成的危害；

（四）依法发布调用和征用应急资源的决定；

（五）依法向应急救援队伍下达救援命令；

（六）维护事故现场秩序，组织安抚遇险人员和遇险遇难人员亲属；

（七）依法发布有关事故情况和应急救援工作的信息；

（八）法律、法规规定的其他应急救援措施。

有关地方人民政府不能有效控制生产安全事故的，应当及时向上级人民政府报告。上级人民政府应当及时采取措施，统一指挥应急救援。

第十九条　应急救援队伍接到有关人民政府及其部门的救援命令或者签有应急救援协议的生产经营单位的救援请求后，应当立即参加生产安全事故应急救援。

应急救援队伍根据救援命令参加生产安全事故应急救援所耗费用，由事故责任单位承担；事故责任单位无力承担的，由有关人民政府协调解决。

第二十一条　现场指挥部实行总指挥负责制，按照本级人民政府的授权组织制定并实施生产安全事故现场应急救援方案，协调、指挥有关单位和个人参加现场应急救援。

参加生产安全事故现场应急救援的单位和个人应当服从现场指挥部的统一指挥。

第二十四条　现场指挥部或者统一指挥生产安全事故应急救援的人民政府及其有关部门应当完整、准确地记录应急救援的重要事项，妥善保存相关原始资料和证据。

第三节　国家认证认可法规、规章要求和国家认证认可体系

认证认可是国际上通行的提高产品、服务的质量和管理水平，促进经济发展的重要手段。近年来，我国认证认可工作不断发展。目前，认证已由过去单纯地对产品质量进行认证，拓展到服务和管理体系领域。

为了适应认证认可行业发展和监管体制调整的要求，促进认证认可行业的健康、有序发展，以及履行我国政府加入世贸组织的有关承诺，国务院明确要求建立全国统一的国家认可制度和强制性认证与自愿性认证相结合的认证制度。据此，2003 年 9 月 3 日中华人民共和国国务院令第 390 号，颁布《中华人民共和国认证认可条例》（以下简称《认

证认可条例》)，于2003年11月1日施行；根据2016年1月13日国务院第119次常务会议通过的《国务院关于修改部分行政法规的决定》进行第一次修改，于2016年2月6日施行。

《认证认可条例》分总则、认证机构、认证、认可、监督管理、法律责任、附则共七章七十八条。

一、基本管理制度

《认证认可条例》确立的我国认证认可基本管理制度包括：

（一）国家实行统一的认证认可监督管理制度；

（二）国家实行统一的认可制度；

（三）对认证机构的设立实行许可制度；

（四）对认证机构、实验室、检查机构的能力实行能力认可制度，以保证其认证、检查、检测能力持续、稳定地符合认可条件；

（五）实行自愿性认证和一定范围内产品必须通过强制性认证相结合的制度；

（六）允许外资进入并加强监督管理的制度。

二、《认证认可条例》主要内容

【认证、认可的定义】

第二条　本条例所称认证，是指由认证机构证明产品、服务、管理体系符合相关技术规范、相关技术规范的强制性要求或者标准的合格评定活动。

本条例所称认可，是指由认可机构对认证机构、检查机构、实验室以及从事评审、审核等认证活动人员的能力和执业资格，予以承认的合格评定活动。

【适用范围】

第三条　在中华人民共和国境内从事认证认可活动，应当遵守本条例。

【对认证培训、咨询机构实施监督管理】

第五条　国务院认证认可监督管理部门应当依法对认证培训机构、认证咨询机构的活动加强监督管理。

【机构和人员的保密义务】

第八条　从事认证认可活动的机构及其人员，对其所知悉的国家秘密和商业秘密负有保密义务。

【认证机构应取得资质和批准范围】

第九条　取得认证机构资质，应当经国务院认证认可监督管理部门批准，并在批准范围内从事认证活动。

未经批准，任何单位和个人不得从事认证活动。

【认证机构应符合的条件】

第十条　取得认证机构资质，应当符合下列条件：

（一）取得法人资格；

（二）有固定的场所和必要的设施；

（三）有符合认证认可要求的管理制度；

（四）注册资本不得少于人民币 300 万元；

（五）有 10 名以上相应领域的专职认证人员。

从事产品认证活动的认证机构，还应当具备与从事相关产品认证活动相适应的检测、检查等技术能力。

第十一条 外商投资企业取得认证机构资质，除应当符合本条例第十条规定的条件外，还应当符合下列条件：

（一）外方投资者取得其所在国家或者地区认可机构的认可；

（二）外方投资者具有 3 年以上从事认证活动的业务经历。

外商投资企业取得认证机构资质的申请、批准和登记，还应当符合有关外商投资法律、行政法规和国家有关规定。

【认证人员只能在一家机构执业】

第十五条 认证人员从事认证活动，应当在一个认证机构执业，不得同时在两个以上认证机构执业。

第六十三条 认证人员从事认证活动，不在认证机构执业或者同时在两个以上认证机构执业的，责令改正，给予停止执业 6 个月以上 2 年以下的处罚，仍不改正的，撤销其执业资格。

【认证活动应符合认证规范、认证规则】

第十八条 认证机构应当按照认证基本规范、认证规则从事认证活动。认证基本规范、认证规则由国务院认证认可监督管理部门制定；涉及国务院有关部门职责的，国务院认证认可监督管理部门应当会同国务院有关部门制定。

属于认证新领域，前款规定的部门尚未制定认证规则的，认证机构可以自行制定认证规则，并报国务院认证认可监督管理部门备案。

【认证信息公开】

第二十一条 认证机构应当公开认证基本规范、认证规则、收费标准等信息。

【认证活动规范性要求】

第二十二条 认证机构以及与认证有关的检查机构、实验室从事认证以及与认证有关的检查、检测活动，应当完成认证基本规范、认证规则规定的程序，确保认证、检查、检测的完整、客观、真实，不得增加、减少、遗漏程序。

认证机构以及与认证有关的检查机构、实验室应当对认证、检查、检测过程作出完整记录，归档留存。

【认证结论及认证证书】

第二十三条 认证机构及其认证人员应当及时作出认证结论，并保证认证结论的客观、真实。认证结论经认证人员签字后，由认证机构负责人签署。

认证机构及其认证人员对认证结果负责。

第二十四条　认证结论为产品、服务、管理体系符合认证要求的，认证机构应当及时向委托人出具认证证书。

【认证周期内的监督规定】

第二十七条　认证机构应当对其认证的产品、服务、管理体系实施有效的跟踪调查，认证的产品、服务、管理体系不能持续符合认证要求的，认证机构应当暂停其使用直至撤销认证证书，并予公布。

【强制性产品认证】

第二十八条　为了保护国家安全、防止欺诈行为、保护人体健康或者安全、保护动植物生命或者健康、保护环境，国家规定相关产品必须经过认证的，应当经过认证并标注认证标志后，方可出厂、销售、进口或者在其他经营活动中使用。

第二十九条　国家对必须经过认证的产品，统一产品目录，统一技术规范的强制性要求、标准和合格评定程序，统一标志，统一收费标准。

统一的产品目录（以下简称目录）由国务院认证认可监督管理部门会同国务院有关部门制定、调整，由国务院认证认可监督管理部门发布，并会同有关方面共同实施。

第三十条　列入目录的产品，必须经国务院认证认可监督管理部门指定的认证机构进行认证。

列入目录产品的认证标志，由国务院认证认可监督管理部门统一规定。

第三十一条　列入目录的产品，涉及进出口商品检验目录的，应当在进出口商品检验时简化检验手续。

第三十二条　国务院认证认可监督管理部门指定的从事列入目录产品认证活动的认证机构以及与认证有关的检查机构、实验室（以下简称指定的认证机构、检查机构、实验室），应当是长期从事相关业务、无不良记录，且已经依照本条例的规定取得认可、具备从事相关认证活动能力的机构。国务院认证认可监督管理部门指定从事列入目录产品认证活动的认证机构，应当确保在每一列入目录产品领域至少指定两家符合本条例规定条件的机构。

国务院认证认可监督管理部门指定前款规定的认证机构、检查机构、实验室，应当事先公布有关信息，并组织在相关领域公认的专家组成专家评审委员会，对符合前款规定要求的认证机构、检查机构、实验室进行评审；经评审并征求国务院有关部门意见后，按照资源合理利用、公平竞争和便利、有效的原则，在公布的时间内作出决定。

第三十三条　国务院认证认可监督管理部门应当公布指定的认证机构、检查机构、实验室名录及指定的业务范围。

未经指定，任何机构不得从事列入目录产品的认证以及与认证有关的检查、检测活动。

第三十四条　列入目录产品的生产者或者销售者、进口商，均可自行委托指定的认证机构进行认证。

第三十五条 指定的认证机构、检查机构、实验室应当在指定业务范围内，为委托人提供方便、及时的认证、检查、检测服务，不得拖延，不得歧视、刁难委托人，不得牟取不当利益。

指定的认证机构不得向其他机构转让指定的认证业务。

第三十六条 指定的认证机构、检查机构、实验室开展国际互认活动，应当在国务院认证认可监督管理部门或者经授权的国务院有关部门对外签署的国际互认协议框架内进行。

【机构的能力认可要求】

第三十八条 认证机构、检查机构、实验室可以通过认可机构的认可，以保证其认证、检查、检测能力持续、稳定地符合认可条件。

【认证人员注册制度】

第三十九条 从事评审、审核等认证活动的人员，应当经认可机构注册后，方可从事相应的认证活动。

第四十五条 认可机构应当按照国家标准和国务院认证认可监督管理部门的规定，对从事评审、审核等认证活动的人员进行考核，考核合格的，予以注册。

第七十三条 认证人员自被撤销执业资格之日起5年内，认可机构不再受理其注册申请。

【认可证书和认可标志使用】

第四十七条 取得认可的机构应当在取得认可的范围内使用认可证书和认可标志。取得认可的机构不当使用认可证书和认可标志的，认可机构应当暂停其使用直至撤销认可证书，并予公布。

第五十条 境内的认证机构、检查机构、实验室取得境外认可机构认可的，应当向国务院认证认可监督管理部门备案。

第六章　职业健康安全管理体系审核及认证

什么是审核？什么是认证？GB/T 27000—2006《合格评定　词汇和通用原则》中对“认证”的定义是：“与产品、过程、体系或人员有关的第三方证明。”根据这一定义，管理体系认证（如对组织的环境管理体系、质量管理体系或信息安全管理体系的认证）是一种保证方法，用以确保组织已实施了与其方针及相关国际管理体系标准的要求相一致的，用以管理其活动、产品和服务相关方面的体系。

管理体系认证是独立地证明组织的管理体系：

（1）符合规定要求；

（2）能够自始至终实现其声明的方针和目标；

（3）得到有效实施。

管理体系认证是认证机构对被认证组织的管理体系做出的第三方证明，证明被认证组织的管理体系符合相应的管理体系标准。国际标准 ISO/IEC 17021-1《合格评定 管理体系审核与认证机构的要求 第 1 部分：要求》包含了对所有类型的管理体系审核与认证机构的能力、一致性和公正性的原则与要求。

中国合格评定国家认可委员会（CNAS）等同采用国际标准 ISO/IEC 17021-1 制定了 CNAS-CC01《管理体系认证机构要求》，该文件规定了对管理体系审核和对认证机构的要求，对从事管理体系审核与认证的机构提出了通用要求。CNAS-CC01 是 CNAS 对管理体系认证机构的基本认可准则，并与其他适用的 CNAS 专用认可准则以及认可方案的相应部分共同构成对特定管理体系认证机构的认可准则。

管理体系审核是确定管理体系与相应的管理体系标准的符合程度的过程，只有在组织的管理体系满足了相应的管理体系标准的要求，并同时满足认证的其他要求时，认证机构才能证明该组织的管理体系满足了相应的管理体系标准。因此，可以说，审核是认证过程的组成部分。

ISO 19011:2018《管理体系审核指南》提供了管理体系审核的指南，包括审核原则、审核方案的管理和管理体系审核的实施，也对参与管理体系审核过程的人员的能力提供了评价指南。该标准适用于需要实施管理体系内部审核、外部审核或需要管理审核方案的所有组织。适用于开展管理体系内部审核（第一方审核）、外部审核（第二方审核）的审核人员。

管理体系认证是一种第三方合格评定活动，因此实施这种活动的机构是第三方合格评定机构（通常称为“认证机构”）。作为第三方审核（认证机构）的审核员，除了熟悉理解 ISO 19011:2018《管理体系审核指南》外，还应熟悉理解 CNAS-CC01《管理体系认证机构要求》中的相关要求。

第一节 管理体系审核术语和定义

一、术语和定义

在 ISO 19011:2018《管理体系审核指南》中，共给出了 26 个术语和定义，与 ISO 19011:2011 相比，增加了术语客观证据、要求、过程、绩效、有效性，并将结合审核、联合审核独立出来成为术语，删除了向导术语。以下就其中 18 个重要术语进行讲解。

【标准条款】

3.1 审核 audit

为获取客观证据并客观地评价它，以确定审核准则的满足程度的系统、独立和形成文件的过程。

注 1：内部审核，有时称为第一方审核，是由组织本身或代表组织本身进行的。

注 2：外部审核包括通常称为第二方和第三方审核的审核。第二方审核由与组织有利害关系的各方（如客户）或由代表他们的其他人员进行。第三方审核由独立的审核组织进行，例如提供认证注册的机构或政府机构。

【理解要点】

审核对象可以是产品、过程、体系等，根据不同的审核对象，审核可分为产品审核、过程审核、质量管理体系审核、环境管理体系审核、职业健康安全管理体系审核、能源管理体系审核、“资产管理体系审核”等。

审核目标是获得审核证据并对其进行客观地评价，以确定满足审核准则的程度。

审核证据可以是与审核准则有关的经证实的记录、事实陈述或其他信息。

审核准则可以是方针、程序或要求。

根据审核实施方的不同，审核类型通常分为：

第一方审核用于内部目的，由组织自己或以组织的名义进行，可作为组织自我合格声明的基础；

第二方审核由组织的相关方（如顾客）或由其他人以相关方的名义进行；

第三方审核由外部独立的审核组织进行，这类组织通常提供符合审核准则（如 GB/T 45001）要求的认证或注册。

“系统”“独立”“形成文件”反映了审核过程的方式和特点：“系统”是指审核是一项正式、有序的活动。“正式”是指外部审核按合同进行，内部审核需经授权；“有序”是指有组织、有计划按规定程序进行。“独立”是指审核是一项客观、公正的活动。“客观”是指以审核准则为依据进行审核，尊重事实和证据；“公正”是指不屈服于任何压力，不迁就任何不合理的要求；“客观、公正”还表现在审核由“对被审核客体不承担责任的人员”进行，在第三方审核的情况下不应对受审核方既提供咨询又进行审核等方面。“形成文件”是指审核过程是一项形成文件的活动，包括审核计划、检查表、审核记录、不符合报告、审核报告等。

【标准条款】

3.2　结合审核 combined audit

在两个或多个管理体系上对一个受审核方一起进行的审核。

注 1：当两个或多个不同领域的管理体系合成到一个管理体系中时，这称为整合管理体系。

【理解要点】

较常见的结合审核如认证机构对同一受审核方的质量、环境、职业健康安全管理体系一起进行的审核。

【标准条款】

3.3　联合审核 joint audit

两个或两个以上审核机构对一个受审核方进行的审核。

【理解要点】

联合审核是两个或两个以上的审核机构在同一时间对同一受审核方进行的审核，联合审核应关注各机构之间以及与受审核方之间的沟通协调。

【标准条款】

3.4　审核方案 audit programme

针对特定的时间段和特定的目的策划一组或多组审核的安排。

【理解要点】

审核方案是策划的结果。其范围与程度可以发生变化，并受被审核组织的规模、性质、复杂程度及诸多因素的影响。

审核方案是一组（一次或多次）审核安排，但不是若干次审核安排的简单累加，而是一组有关联的审核安排。

审核方案包括与审核相关的所有活动，也可称其为一组审核及其相关活动的集合。

审核方案具有以下特点：

——“特定时间段”。一个审核方案包括在某一时间段内发生的一次或多次审核安排，这个审核方案所覆盖的是这一时间段内的一组审核安排；

——“特定目的”。特定时间段的一组审核可以有不同的审核目的，也可以包括联合审核和结合审核，一个审核方案要考虑的是针对特定时间段的一组审核的总目的。

对于内部审核而言，审核方案可能是年度内审的安排；对第三方认证机构而言，对某一受审核方的审核方案包括在三年内进行一次职业健康安全管理体系初审、二次监督审核的审核安排。

【标准条款】

3.5 审核范围 audit scope

审核的内容和界限。

注 1：审核范围一般包括物理和虚拟场所、功能、组织单元、活动和过程以及所覆盖的时间段的描述。

注 2：虚拟场所是指组织使用在线环境执行工作或提供服务的场所，该在线环境允许个人执行过程，而不管物理位置如何。

【理解要点】

所谓“审核的内容和界限”是指审核所覆盖的对象，与受审核方的需求、目标、规模、性质及产品、过程或活动等有关。

“物理场所”是指受审核方所在的地理位置，或受审核活动所处的位置。如受审核方坐落在某省某市某街某号，受审核活动发生在某车间或某场所，包括固定的和流动的位置等。

“虚拟场所”是指组织使用网络，在线上开展的工作或提供服务。

“功能”是指对象能够满足某种现实或潜在需求的属性。

“组织单元”是指受审核体系涉及组织的部门、职能或岗位，如组织的管理层、生产单位，组织驻各地的办事处、连锁店，或某一具体项目部或分公司等。

“活动和过程”是指受审核体系涉及的活动和过程，特别是管理体系所涉及的过程或活动，如危险源辨识、风险评价及控制等。

“覆盖的时间段”是指体系实施或运行的时间段，如初次审核所覆盖的时期通常是管理手册实施之日至初次审核这一时间段。审核范围所覆盖的是这一时期管理体系实施或运行所涉及的组织单元、活动和过程以及所在的实际位置。

与审核范围相关的另外的两个概念是管理体系范围以及认证范围，注意审核范围和认证范围是两个不同的概念。

管理体系是组织内部建立的、为实现管理目标所必需的、系统的管理模式，是组织的一项战略决策。建立职业健康安全管理体系时应确定管理体系覆盖范围，在确定体系覆盖范围时需要考虑以下因素：组织的产品或服务边界，包括不同现场及活动；基于已识别的内外部相关事宜的影响、组织能力、相关方及法律法规要求，对已搜集的信息进行分析；管理体系的基础设施；外包及由外部供应商提供的相关过程；组织所选择的管理体系标准（如 ISO 45001）的要求等因素。

认证范围是认证机构为受审核方的产品、服务或体系提供信用担保的范围，表明被认证的受审核方管理体系所覆盖的范围，通常体现在认证证书上，以审核地址、证书覆盖产品范围来表述。

【标准条款】

3.6　审核计划 audit plan

审核活动和安排的描述。

【理解要点】

审核计划的对象是一次具体的审核。

审核计划的内容是对审核活动以及审核安排的描述。

审核计划与审核方案不同，审核计划是对某一次审核的现场审核活动做出的具体安排，与审核方案是局部与总体的关系。审核方案通常由认证机构或企业审核方案管理者编制，而审核计划由该次审核的审核组长编制。审核计划与审核方案的区别参见表 6–1。

表 6–1　审核计划与审核方案的比较

项目	审核计划	审核方案
定义	对审核活动和安排的描述	针对特定时间段所策划，并具有特定目标的一组（一次或多次）审核
性质	对一次具体审核的策划，包括日程、分组等	对一个项目一组审核的总体策划
编制	审核组长	审核方案管理者
内容	规定实施某次审核的审核活动安排	对审核计划的制定和实施的管理所必要的活动，包括为实施这一次审核进行策划、提供资源、制定程序所必要的所有活动
文件化信息的要求	应形成文件化信息	有的内容未必要形成文件化信息
审核员的选用、培训和提高	审核员的一次实践机会	审核方案的重要内容之一

【标准条款】

3.7　审核准则 audit criteria

用于与客观证据进行比较的一组要求。

注 1：如果审核准则是法律的（包括法定的或监管的）要求，则审核结果中经常使用“合规”或“不合规”这两个词。注 2：要求可以包括方针、程序、工作指令、法律要求、合同义务等。

【理解要点】

审核准则就是用于与客观证据进行比较的依据。

如果审核准则是法律的（包括法定的或监管的）要求，则审核结果中经常使用“合规”或“不合规”这两个词。

审核准则可包括方针、程序和要求，要求可以是标准要求、法律法规要求、管理体系要求、合同要求或行业规范等。

针对一次具体的审核，审核准则应形成文件。

【标准条款】

3.8 客观证据 objective evidence

支持某物存在或真实的数据。

注 1：可通过观察、测量、测试或其他手段获得客观证据。

注 2：用于审核目的的客观证据通常由记录、事实陈述或其他与审核准则相关且可核实的信息组成。

【理解要点】

审核组可通过观察、测量、测试或其他手段获得客观证据。

用于审核目的的客观证据通常由记录、事实陈述或其他与审核准则相关且可核实的信息组成。

【标准条款】

3.9 审核证据 audit evidence

与审核准则相关且可核查的记录、事实或其他信息的陈述。

【理解要点】

审核证据包括记录、事实陈述或其他信息，这些信息可以通过成文信息的方式（如各种记录）获取，也可以用通过陈述的方式（如面谈）或通过现场观察等方式获取。

审核证据是能够被核查的信息，不能核查的信息不能作为审核证据。

审核证据是与审核准则有关的信息。

审核证据可以是定性的或定量的。所谓定性的，如员工的安全意识；定量的，如具体的安全指标。

【标准条款】

3.10 审核发现 audit findings

收集的审核证据对照审核准则的评价结果。

注 1：审核结果表明符合或不符合。

注 2：审核结果可引导识别风险、改进机会或记录良好实践。

注 3：在英语中，如果审核准则是从法定要求或法规要求中选择的，则审核结果称为合规或不合规。

【理解要点】

审核发现是将审核证据与审核准则进行比较、评价的结果。

评价的依据是审核准则，不能是其他，如某人的个人看法或某组织的经验。

评价结果可能符合，也可能不符合。

通过评价还可以发现组织的管理体系中哪些过程和活动需要改进。当审核目的有规定时，审核发现能指出改进的机会。如通过组织的内部审核而获得的审核发现，能为组织指出哪些部门和过程需要改进，并提出具体的改进建议。

【标准条款】

3.11 审核结论 audit conclusion

考虑了审核目标和所有审核发现后的审核结果。

【理解要点】

审核结论是审核组得出的结果，而不是由某个审核员得出的审核结果。

审核结论与审核目标有关，审核目标不同，审核结论也不同。

审核结论是通过对所有审核发现汇总后进行分析后得出的，审核结论通常是定性的评价结果。

【标准条款】

3.12 审核委托方 audit client

要求审核的组织或人员。

注 1：在内部审核的情况下，审核委托方也可以是被审核方或审核方案管理人员。外部审核的要求可以来自监管机构、合同方或潜在客户或现有客户等来源。

【理解要点】

对于内部审核，审核委托方可以是受审核方或审核方案管理人员。

对于外部审核审核委托方可以是监管机构、合同方或潜在用户或现有客户等来源。

审核委托方可以是组织，也可以是个人。

审核委托方可以是受审核方自己，如组织进行内部审核时，组织要求某审核组织（或组织内部的审核组）对该组织的管理体系进行审核，在该情况下，该组织就是审核委托方；组织的相关方要求某审核组织对该组织的管理体系审核时，相关方就是审核委托方；为使组织的管理体系获得认证 / 注册，被指定的（或授权）的认证机构就是审核委托方。

审核委托方委托的事项是审核。

【标准条款】

3.13 受审核方 auditee

整体或部分被审核的组织。

【理解要点】

被审核的组织称作受审核方。受审核方可能是一个完整的组织，也可能是一个较大组织的一部分，如某工厂或其中的部分车间、分厂；一个公司或其中的分公司；施工组织的某一项目等。

对于第三方认证 / 注册，申请认证 / 注册的一方可能是受审核方，也可能不是受审核方。例如，某组织向认证机构提出申请，对其内部的某一个分支机构进行审核，则该组织是申请认证的一方，其分支机构是受审核方。

【标准条款】

3.14 审核组 audit team

实施审核的一个或多个人，需要时由技术专家支持。

注 1：审核组中的一名审核员被任命为审核组长。

注 2：审核组可包括实习审核员。

【理解要点】

审核组中应至少有一名审核员。审核组长是审核组中的一名审核员，当审核组只有一名审核员时，这名审核员就是审核组长。

审核组内可包括实习审核员，实习审核员的首要任务是学习，在审核期间接受培训，因此，实习审核员不能在没有指导和帮助的情况下单独审核。

需要时，提供技术支持的技术专家可参加审核组，技术专家的作用是在有需要时提供技术支持，向审核组提供与所审核的组织、过程活动有关的特定知识或专业意见。

【标准条款】

3.15 审核员 auditor

实施审核的人员。

【理解要点】

审核员不仅仅是实施审核的人员，而且是应该有能力实施审核的人员。

审核员可分为组织内部从事内部审核的内审员，以及认证机构的注册审核员。内审员及注册审核员均应满足相关的能力要求。目前我国尚无内审核员注册制度；认证机构的审核员必须取得注册审核员资格。

【标准条款】

3.16 技术专家 technical expert

向审核组提供特定知识或专业技术的〈审核〉人员。

注1：特定知识或专业技术与被审核的组织、活动、过程、产品、服务、法纪、语言和文化有关。

注2：在审核组中技术专家不作为审核员。

【理解要点】

技术专家是向审核组提供技术支持的人员。技术专家应在审核员的指导下工作，但不能作为审核员实施审核。

技术专家提供技术支持的内容是与受审核的组织、活动、过程、产品、服务、法纪、语言和文化有关的知识或技术，如产品专业方面的技术、语言翻译方面的支持等。

【标准条款】

3.17 观察员 observer

陪同审核组但不作为审核员的人员。

【理解要点】

观察员可以是实施见证的认可机构人员、认证监管人员、客户组织的成员、咨询人员或其他有合理理由的人员。

认证机构与客户应在实施审核前就审核活动中观察员的到场及理由达成一致。审核组应确保观察员不对审核过程或审核结果造成不当影响或干预。

【标准条款】

3.22 能力 competence

运用知识和技能实现预期结果的本领。

【理解要点】

能力应得到证实，包括个人素质以及应用知识和技能的本领。审核员的能力应通过评价和不断地参加审核来加以证实。

所有职业健康安全管理体系注册审核员都应具备 ISO/IEC 17021-1:2015《合格评定 管理体系审核与认证机构的要求 第 1 部分：要求》（CNAS-CC01:2015）所述的通用能力，以及 ISO/IEC TS17021-10:2018《职业健康安全管理体系审核及认证的能力要求》（CNAS-

CC125:2018）所述的职业健康安全管理体系特定知识。

二、与审核有关的术语之间的关系

审核是一组过程。有输入、输出和活动。与审核有关的术语包括：

审核方案、审核计划、审核活动、审核证据、审核准则、审核发现和审核结论。它们之间的关系是：审核方案是对审核策划的结果，审核方案包括与审核相关的所有活动，也可称其为一组审核及其相关活动的集合；审核计划是对某一次具体审核的现场审核活动及时间的安排，与审核方案是局部与总体的关系；审核组按照审核计划，安排通过现场审核收集与审核准则有关的审核证据，并依据审核准则对审核证据进行评价获得审核发现，在考虑了审核目标并综合汇总分析所有审核发现的基础上做出最终的审核结论。由此可见，审核证据是获得审核发现的基础，审核发现是做出审核结论的输入。

图 6-1 所示的图例表示了与审核有关的术语之间的关系。

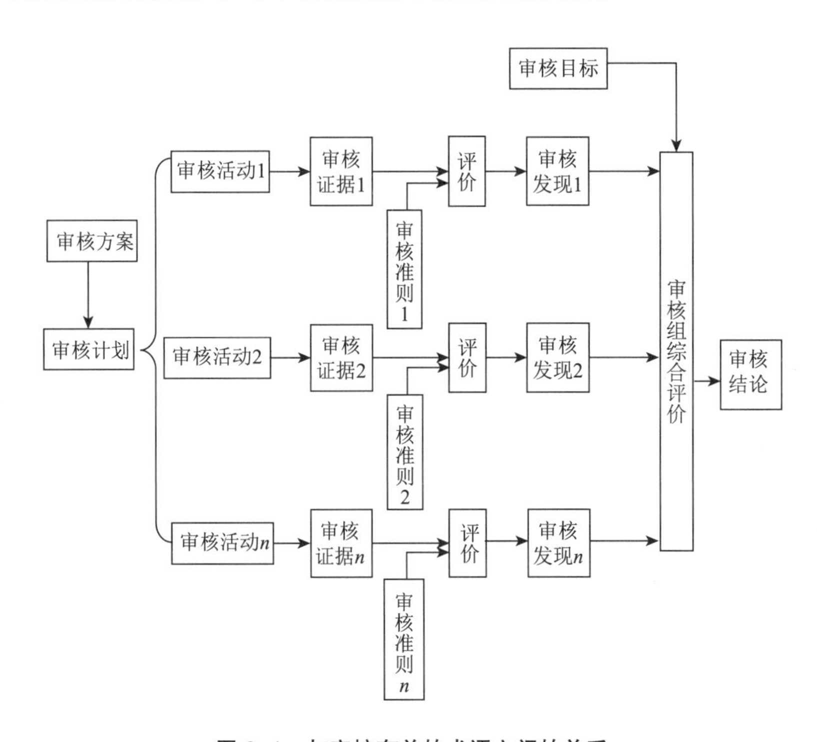

图 6-1 与审核有关的术语之间的关系

第二节 管理体系审核、认证原则

一、审核原则

审核的特征在于其遵循若干原则。这些原则应有助于使审核成为支持管理方针和控制的有效和可靠的工具，并为组织提供可以改进其绩效的信息。坚持这些原则是提供相关和充分的审核结论的前提，也是使审核员能够彼此独立地在类似情况下得出类似结论的前提。

ISO 19011:2018《管理体系审核指南》第5章至第7章所给出的指导原则基于下列7项原则：

（一）诚信：职业精神的基础

审核员和审核方案管理人员应：

（1）诚实、负责地履行自己的工作；

（2）只从事能力范围内的审核活动；

（3）以公正的方式从事工作，即在所有事务中保持公正和无偏见；

（4）对实施审核时可能对其判断产生的任何影响保持警觉。

【理解要点】

（1）审核是提供产品、管理体系或服务满足标准和技术法规等特定要求的信用证明，其核心是“传递信任、服务发展”。自觉遵守社会公德、商业道德和行业自律要求，以公平、公正、客观的方式开展认证活动，以真诚的态度和规范的做法对待认证相关方，通过科学的手段、严谨的作风、规范的程序、专业的能力、优质的服务和可靠的结果取得社会信任是对认证的基本要求。审核是认证的重要环节，是传递信任的具体过程，审核活动由审核员完成，审核员的职业基础是诚实正直。

（2）“诚实”就是言行一致、不虚假，“正直”就是公正坦白、襟怀坦荡。

（3）审核员要在审核实践中按照审核委托方的要求和程序从事审核活动，有一说一，有二说二，绝来不得半点虚假。既不能阿谀奉承，又不能以势压人，且不能隐瞒个人的认识和观点。

（4）诚实正直是对审核员品德的要求，优秀的道德品质需要在长期的工作和家庭生活环境中教育、积累和培养，不是经过几天的审核员培训就能形成的。审核员要加强个人学习，提高自身修养，改进不良习惯，养成良好的道德品质。

（二）公正表达：真实、准确地报告的义务

审核结果、审核结论和审核报告应当真实、准确地反映审核活动。应当报告审核过程中遇到的重大障碍以及审核组与受审核方之间尚未解决的意见分歧。沟通要真实、准确、客观、及时、清晰、完整。

【理解要点】

（1）审核发现、审核结论和审核报告应真实和准确地反映审核活动。审核员应报告在审核过程中遇到的重大障碍以及在审核组和受审核方之间没有解决的分歧意见。沟通必须真实、准确、客观、及时、清楚、完整。

（2）“公正”是“公平正直，没有偏私”的意思。作为审核员，“公正”是最根本的要求。不论是收集客观证据还是形成审核发现，审核员的言行均要公正，一切“以客观证据为依据，以审核准则为尺度”，不受任何外界干扰。

（3）准确报告的形式可以是口头的，也可以是书面的；对表达报告的要求是真实、准确。

（4）审核结论对审核委托方和被审核方都至关重要。审核报告主要是提供给不在审核现场的人们使用，失真的报告不但会误导被审核方采取纠正措施与改进的方向，还会导致错误的审核决定。

（5）审核过程中，可能会遇到妨碍公正性或使审核不能继续下去的障碍，以及审核的双方对审核发现和（或）审核结论持有不同意见的情况。这些障碍和未解决的分歧意见一定要在报告中予以体现。

（三）应有的职业素养：勤奋与判断力在审核中的运用

审核员应当珍视其所执行任务的重要性以及审核委托方和其他利益相关方对其的信任。审核员职业素养的一个重要因素是能够在所有审核情况下作出合理的判断。

【理解要点】

（1）审核员要珍视他们所执行的任务的重要性以及审核委托方和其他相关方对他们的信任。

（2）审核这一职业要求审核员勤奋并具有判断力。

（3）作为审核员首先要敬业，要把审核工作作为一项自己为之奋斗的事业。

（4）审核员要不断学习新知识，要辩证地观察事物，做出判断；审核员要平等待人、善于交往，要避免盛气凌人、固执己见、墨守成规。

（5）审核员需具备多方面能力。首先，准确的判断力最为重要。审核中会面对大量的信息，审核员应有识别分析的能力，以做出正确判断；其次，要做到敏锐观察、具有感知力，能够主动认识周围环境和活动，本能地了解和理解环境；再次，要具有足够的知识与技能，才能对观察和收集到的信息进行分析。另外，诸如与人交往的能力、排除干扰的能力、严峻或突发情况下做出有效反应的能力等也是审核员所必需的。

（四）保密性：信息安全

审核员应审慎使用和保护其在履行职责过程中获得的信息。审核信息不应被审核员或审核委托方为了个人利益而滥用，或者以损害被审核方合法利益的方式使用。这个概念包括正确处理敏感的或机密的信息。

【理解要点】

（1）为了获取审核所需的有效和必要信息，审核员在审核过程中必须承担为受审核方的专有信息进行保密的义务。审核涉及的范围很广，会涉及组织的商业和技术秘密。在审核活动中，如果发生泄密，就会影响“客户”的安全和利益，客户也会以保密为由，不提供审核所需的全部信息，影响审核目的的实现。因此，保密工作的普遍性、审核的目的性决定了审核的保密性。为了享有获取充分评价管理体系符合性所需信息的特权，认证机构和审核员必须对任何关于客户的专有信息予以保密。

（2）任何组织和个人有权提出保护其专有信息（指未公开的信息的要求）作为审核员必须满足客户的要求。尤其是涉及国家安全和利益、军事工程、高科技的客户，除法定要求外，客户有保密要求时，审核员应予以满足。

（3）认证机构实施保密能够减少或回避了自身的风险，不影响“客户”的安全和利益。相关方得到了合格评定的增值服务，增强了对认证机构的信任，增强了对合格评定价值的认同。同时认证也为社会公众提供信任，体现了认证的有效性。

（五）独立性：审核的公正性和审核结论的客观性的基础

审核员应当在可行的情况下独立于受审核的活动，并且在所有情况下都应当以没有偏见和利益冲突的方式行事。对于内部审核，适用时审核员应独立于被审核的职能。审核员应当在整个审核过程中保持客观性，以确保审核结果和结论仅基于审核证据。

对于小型组织，内部审核员可能不可能完全独立于被审核的活动，但是应该尽一切努力消除偏见并鼓励客观性。

【理解要点】

（1）审核员应独立于受审核的活动，并且在任何情况下都应不带偏见，没有利益上的冲突。审核员在审核过程中应保持客观的心态，以保证审核发现和审核结论仅建立在审核证据的基础上。

（2）内审员应独立于被审核职能的运行管理人员，即他们本身不是受审核活动的实施者，也不对受审核活动直接负责；不论审核结论如何，都不会对审核员造成影响。对于小型组织，内审员也许不可能完全独立于被审核的活动，但是应尽一切努力消除偏见并体现客观。

（3）审核发现和审核结论是建立在审核证据的基础上的。审核员在审核过程中要客观地看问题，不受任何干扰，始终以获得客观事实为己任，不以个人好恶判别是非。

（4）保证认证审核活动公正、独立的要求，不但适用于审核员的选择，也适用于同为审核组成员的实习审核员和技术专家的选派。

（六）基于证据的方法：在系统性的审核过程中获得可靠的和可再现的审核结论的合理方法

审核证据应是能够验证的。一般来说，它应该基于可用信息的样本，因为审核是在有限的时间段和有限的资源条件下进行的。应当适当使用抽样，因为这与审核结论的置信度密切相关。

【理解要点】

（1）审核证据应是能够证实的。由于审核是在有限的时间内并在有限的资源条件下进行的，因此审核证据是建立在可获得信息的样本的基础上的。抽样的合理性与审核结论的可信性密切相关。

（2）审核员绝不能凭臆想和推测下结论，应在审核证据的基础上获得审核发现。

（3）审核是一项系统的形成文件的验证过程，审核员在现场审核活动中的主要工作时间和主要精力应用于收集和分析审核证据。掌握了充分可靠的审核证据，才能得出真实可信的结论。审核证据应具有可重现性，即由另一审核员参照同一审核准则，独立地对同样的过程进行审核，应能取得相似的审核发现和审核结论。

（4）证据应是能够证实的，不能证实的信息不能成为证据。证实的方式可以是多样的，如对某一事实另一审核员进行再观察和确认、对其中数据可通过审核记录追溯重现、在审核活动中的陪同人员加以证明等。因此为做到"可证实"，就应保证审核记录的准确与完整。

（5）任何一种审核由于受到时间、资源和条件的限制，不可能对受审核体系覆盖的所有活动都审核到，因此只能采用抽样的方式。由于是抽样，就存在合理性的问题。为使抽样合理，应在审核前确定抽样方案，并在检查表中加以体现。随着审核活动的进程，若出现与审核准则有关但事先未考虑到的情况时，原定的抽样方案也需进行调整，以获得比较充分和比较全面的证据，减少风险。

（七）基于风险的方法：考虑风险和机遇的审核方法

基于风险的方法应当对审核的策划、实施和报告产生实质性影响，以确保审核集中在对审核委托方来说重要的事项上，并且实现审核方案的目标。

【理解要点】

（1）审核组应通过深入了解组织的战略计划和行动计划，结合组织所处行业特点，识别与组织密切相关的主要风险，使得管理体系的设计能够持续得到评估，从而确保设计时考虑并处理这些风险，并确保体系现在是、将来也是完整的、有力的和适当的。

（2）审核应将组织最为重要和关键的区域确立为主题，并仔细检查这些区域，以确定管理体系的有效性。这种方式包含了基于风险的方法，能够确保审核活动是围绕最关键的问题和人物展开的。

二、认证原则

ISO/IEC 17021-1:2015《合格评定 管理体系审核与认证机构的要求 第1部分：要求》第4章中给出了认证的原则：

（一）公正性

公正，并被认为公正，是认证机构提供可建立信任的认证的必要条件。重要的是所有内部和外部人员都意识到公正性的必要性。

对公正性的威胁可能包括，但不限于：

（1）自身利益：此类威胁源于个人或机构依其自身利益行事。在认证中，财务方面的自身利益是一种对公正性的威胁。

（2）自我评审：此类威胁源于个人或机构评审自己所做的工作。认证机构对由其进行管理体系咨询的客户实施管理体系审核属于此类威胁。

（3）熟识（或信任）：此类威胁源于个人或机构对另外一人过于熟悉或信赖，而不去寻找审核证据。

（4）胁迫：此类威胁源于个人或机构察觉受到公然或暗中的强迫，如威胁用他人取而代之或向主管告发。

（二）能力

认证活动涉及的所有职能的认证机构人员的能力是认证提供信任的必要条件。

能力需要由认证机构的管理体系来支撑。认证机构应建立能力准则，并按照准则对参与审核和其他认证活动的人员实施评价。

（三）责任

始终一致地达到实施管理体系标准的预期结果并符合认证要求的责任，在于获证客户而不是认证机构。认证机构有责任对足够的客观证据进行评价，并在此基础上做出认证决定。根据审核结论，如果符合性的证据充分，认证机构做出授予认证的决定；如果符合性的证据不充分，则不授予认证。

（四）公开性

公开性是获得或公布适当信息的一项原则。

为获得对认证的诚信性与可信性的信任，认证机构需要提供公开渠道以获取有关审核过程、认证过程和所有组织认证状态（即认证的授予、保持，认证范围的扩大或缩小，认证的更新、暂停、恢复或者撤销）的适当、及时的信息，或公布这些信息。

（五）保密性

为了享有获取充分评价管理体系符合性所需信息的特权，认证机构不透露任何保密信息是至关重要的。

（六）对投诉的回应

认证机构应当使依赖认证的各方相信，经查明投诉有效时，认证机构将对这些投诉进行适当的处理，并为解决这些投诉做出适当的努力。当投诉表明出现错误、疏忽或不合理行为时，对投诉做出有效回应是保护认证机构及其客户和其他认证使用方的重要手段。对投诉进行适当处理将维护对认证活动的信任。

（七）基于风险的方法

审核派出机构需要考虑与提供有能力的、一致的和公正的审核结论相关的风险。

风险可能与下列方面有关（但不限于）：

（1）审核目的；

（2）审核过程中的抽样；

（3）真正的和被感知到公正性；

（4）法律法规问题和责任问题；

（5）所审核的客户组织及其运行环境；

（6）审核对客户及其活动的影响；

（7）审核组的健康和安全；

（8）有关相关方的认知；

（9）获证客户做出的误导性声明；

（10）标志的使用。

第三节　审核方案的管理

一、总则

实施审核的组织应建立审核方案，以便确定受审核方管理体系的有效性。审核方案中可包括针对一个或多个管理体系标准或其他要求的审核，审核可单独实施或合并实施（结合审核）。

最高管理者应确保建立审核方案的目标，并指定一个或多个胜任的人员负责管理审核方案。审核方案的范围应考虑审核对象的规模、性质、功能、复杂性、风险和机遇的类型以及所审核的管理体系的成熟程度。

应优先配置审核方案所确定的资源，以审核管理体系的重大事项。这些重大事项可能包括产品质量的关键特性、与健康和安全相关的危险源或重要环境因素及其控制措施。

审核方案应包括使审核能够在规定的时限内有效和高效地进行的信息和资源。信息应包括：

（1）审核方案的目标；

（2）与审核方案有关的风险和机遇及其解决措施；

（3）审核方案内每项审核的范围（地域、边界、地点）；

（4）审核的时间表（数量 / 持续时间 / 频率）；

（5）审核类型，如内部或外部；

（6）审核准则；

（7）拟采用的审核方法；

（8）选择审核组成员的准则；

（9）相关的文件信息。

应不断监视和测量审核方案的执行情况，以确保实现其目标。应审查审核方案，以便确定变化的需要和可能的改进机会。

二、审核方案管理流程

图 6–2 给出了审核方案的管理流程。

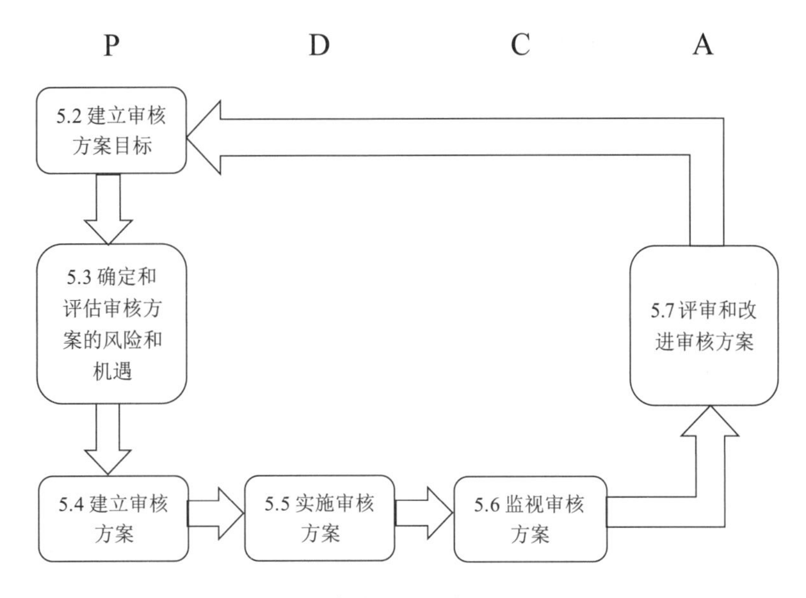

注 1：本图表述了 PDCA 循环在审核方案管理中的应用。

注 2：图中的条款号与 ISO 19011:2018 中的条款号相对应。

图 6-2 审核方案的管理流程

三、建立审核方案目标

审核委托方应确保建立审核方案目标以指导审核的策划与实施，并确保审核方案得到有效执行。审核方案的目标应与审核委托方的战略方向相一致，并支持管理体系的方针和目标。

这些目标可以基于以下考虑：

（1）有关利益相关方的需要和期望，包括外部的和内部的；

（2）过程、产品、服务和项目的特点和要求，以及对它们的任何改变；

（3）管理制度要求；

（4）对外部供应商进行评估的需要；

（5）受审核方的绩效水平和管理体系的成熟程度，如相关绩效指标（如 KPIs）、不合格或事故的发生或利益相关方的投诉；

（6）识别受审核方的风险和机遇；

（7）以前审核的结果。

审核方案目标的示例可以包括：

（1）识别改进管理体系及其绩效的机会；

（2）评估受审核方确定其环境的能力；

（3）评估受审核方确定风险和机遇以及确定和实施有效行动以应对这些风险和机遇的能力；

（4）符合所有相关要求，例如法定和规章要求、合规承诺、对管理体系标准的认证要求；

（5）获得并保持对外部供应商能力的信任；

（6）确定受审核方管理体系的持续适用性、充分性和有效性；

（7）评估管理体系目标与组织战略方向的兼容性和一致性。

四、确定和评估审核方案的风险和机遇

与受审核方相关的风险和机遇的存在，能够影响审核方案的制定，并且可以影响其目标的实现。审核方案管理人员应确定并向审核委托方提出在策划审核方案和配备资源时所考虑的风险和机遇，以便能够适当地解决这些问题。

可能存在与以下诸项相关的风险：

（1）策划，例如未能确定相关的审核目标，并确定审核的范围、数量、持续时间、地点和时间表；

（2）资源，例如允许开发审核方案或实施审核的时间、设备和 / 或培训不足；

（3）审核组的选择，例如有效地实施审核的整体能力不足；

（4）沟通，例如无效的外部 / 内部沟通过程 / 渠道；

（5）实施，例如审核方案内的审核工作协调不力，或未考虑信息安全和保密性；

（6）成文信息的控制，例如未能将有关利益相关方的要求形成必要的成文信息，未能对用于证明审核方案的有效性的审核记录予以充分保护；

（7）监督、审查和改进审核方案，如对审核方案结果的无效监控；

（8）受审核方的协助与配合以及抽样的证据的有效性。

改进审核方案的机会可以包括：

（1）允许在一次访问中进行多个审核；

（2）最小化到达场地的时间和距离；

（3）将审核组的能力与达到审核目标所需的能力水平相匹配；

（4）根据受审核方关键人员的可用性调整审核日期。

五、建立审核方案

审核方案管理人员应具有有效和高效地管理方案及其相关风险和机遇以及外部和内部问题的必要能力，并应根据受审核方环境信息确定审核方案的范围。在确定审核方案的资源时，应考虑：

（1）制定、实施、管理和改进审核活动所需的财政和时间资源；

（2）审核方法；

（3）单个或全体审核员和技术专家的能力能够胜任特定审核方案目标。

（4）审核方案的范围和审核方案的风险和机遇；

（5）行程时间和费用、住宿及其他审核需求；

（6）不同时区的影响；

（7）信息和通信技术的可用性（例如，利用支持远程协作的技术来建立远程审核所

需的技术资源）；

（8）任何工具、技术和设备的可用性；

（9）在建立审核方案期间确定的必要成文信息的获得；

（10）与设施有关的要求，包括任何安全许可和设备（例如环境检查、个人防护装备、无尘服装）。

六、实施审核方案

一旦建立了审核方案并确定了相关资源，就需要实施作业计划和协调方案内的所有活动。

每次审核都应基于明确的审核目标、范围和准则。这些应该与整个审核方案的目标相一致。

审核范围应与审核方案和审核目标相一致，包括要审核的场所、职能、活动和过程以及审核所涵盖的时间段等因素。

审核准则是确定符合性的依据。

如果审核目标、范围或准则有任何变化，应根据需要修改审核方案，并通知有关各方，以酌情批准。

当同时对多个领域进行审核时，审核目标、范围和准则必须与每个领域的相关审核方案相一致。一些领域可能反映整个组织的范围，而另一些领域可能反映组织的部分范围。

审核方案管理人员应根据确定的审核目标、范围和准则，选择并确定有效和高效地进行审核的方法。

审核可以现场实施、远程实施或组合实施。这些方法的使用，应考虑相关的风险和机遇，适当平衡。

审核方案管理人员应指定审核组成员，包括审核组长和特定审核所需要的任何技术专家。

选择审核组应考虑在限定的范围内实现每次审核目标所需的能力。如果只有一名审核员，该审核员应履行审核组长的所有适用职责。

在适当情况下，审核方案管理人员应就审核组的组成与组长协商。

如果审核组中的审核员没有涵盖必要的能力，可选用具有相应能力的技术专家支持审核组。

实习审核员可以包括在审核组中，但应在审核员的指导下参与审核。

在审核期间，可能需要改变审核组的组成，例如当出现利益冲突或权限问题时。如果出现这种情况，应在作出任何改变之前，与适当的各方（例如审核组长、审核方案管理人员、审核委托方或受审核方）讨论该问题。

管理审核方案的人员应确保审核记录的形成、管理和保持，以表明审核方案的实施情况。应当建立过程以确保与审核记录相关的任何信息安全和保密需求得到满足。

记录的形式和详略应表明已经实现审核方案的目标。

七、评审和改进审核方案

管理审核方案的人员和审核委托方应评审审核方案，以评估其目标是否已经实现。从审核方案评审中吸取的教训应作为改进方案的输入。

审核方案评审应考虑以下事项：

（1）审核方案监视的结果和趋势；

（2）审核方案流程和相关文件信息的符合性；

（3）有关相关方的需求和期望的演变；

（4）审核方案记录；

（5）可替代的或新的审核方法；

（6）可替代的或新的审核员评价方法；

（7）处置与审核方案有关的风险和机遇以及内部和外部因素的措施的有效性；

（8）与审核方案有关的保密和信息安全问题。

八、认证周期的审核方案

对第三方认证机构而言，对某一受审核方的初次认证审核方案应包括两阶段初次审核、认证决定之后的第一年与第二年的监督审核和第三年在认证到期前进行的再认证审核。应对整个认证周期制定审核方案，以清晰地识别所需的审核活动，这些审核活动用以证实客户的管理体系符合认证所依据标准或其他规范性文件的要求。认证周期的审核方案应覆盖全部的管理体系要求。

第一个三年的认证周期从初次认证决定算起，以后的周期从再认证决定算起。审核方案的确定和任何后续调整应考虑客户的规模，其管理体系、产品和过程的范围与复杂程度，以及经过证实的管理体系有效性水平和以前审核的结果。

监督审核应至少每个日历年（应进行再认证的年份除外）进行一次。初次认证后的第一次监督审核应在认证决定日期起 12 个月内进行。

如果客户已由另一认证机构实施了审核，则应获取并保留充足的证据，例如报告和对不符合采取的纠正措施的文件，认证机构应根据获取的信息证明对审核方案的任何调整的合理性，并予以记录，并对以前不符合的纠正措施的实施进行跟踪。

如果客户采用轮班作业，应在建立审核方案和编制审核计划时考虑在轮班工作中发生的活动。

认证机构应针对每个客户确定策划和完成对其管理体系进行完整有效审核所需的时间。在确定审核时间时，应符合 CNAS-CC105:2016《确定管理体系审核时间（QMS、EMS、OHSMS）》的规定，同时认证机构应考虑（但不限于）以下方面：

（1）相关管理体系标准的要求；

（2）客户及其管理体系的复杂程度；

（3）技术和法规环境；

（4）管理体系范围内活动的分包情况；

（5）以前审核的结果；

（6）场所的数量和规模、地理位置以及对多场所的考虑；

（7）与组织的产品、过程或活动相关联的风险；

（8）是否是结合审核、联合审核或一体化审核。

往返于审核场所之间所花费的时间、审核组成员中非正式审核员（即技术专家、翻译人员、观察员和实习审核员）所花费的时间不应计入上面所确定的审核时间。

当客户管理体系包含在多个地点进行的相同活动时，如果认证机构在审核中使用多场所抽样，则应制定抽样方案以确保对该管理体系的正确审核。认证机构应针对每个客户将抽样计划的合理性形成文件。当多场所活动不相同时，不能抽样。抽样应符合CNAS-CC11:2018/（IAF MD1:2018）《多场所组织的管理体系审核与认证》的要求。

图 6-3 代表了一个典型的审核和认证过程。

第四节　管理体系审核流程

典型的管理体系审核可分为 6 个阶段：

（1）审核的启动；

（2）审核活动的准备；

（3）审核活动的实施；

（4）审核报告的准备和分发；

（5）审核的完成；

（6）审核后续活动的实施。

图 6-4 给出了典型的审核活动概述，其适用程度取决于特定审核的目标和范围。

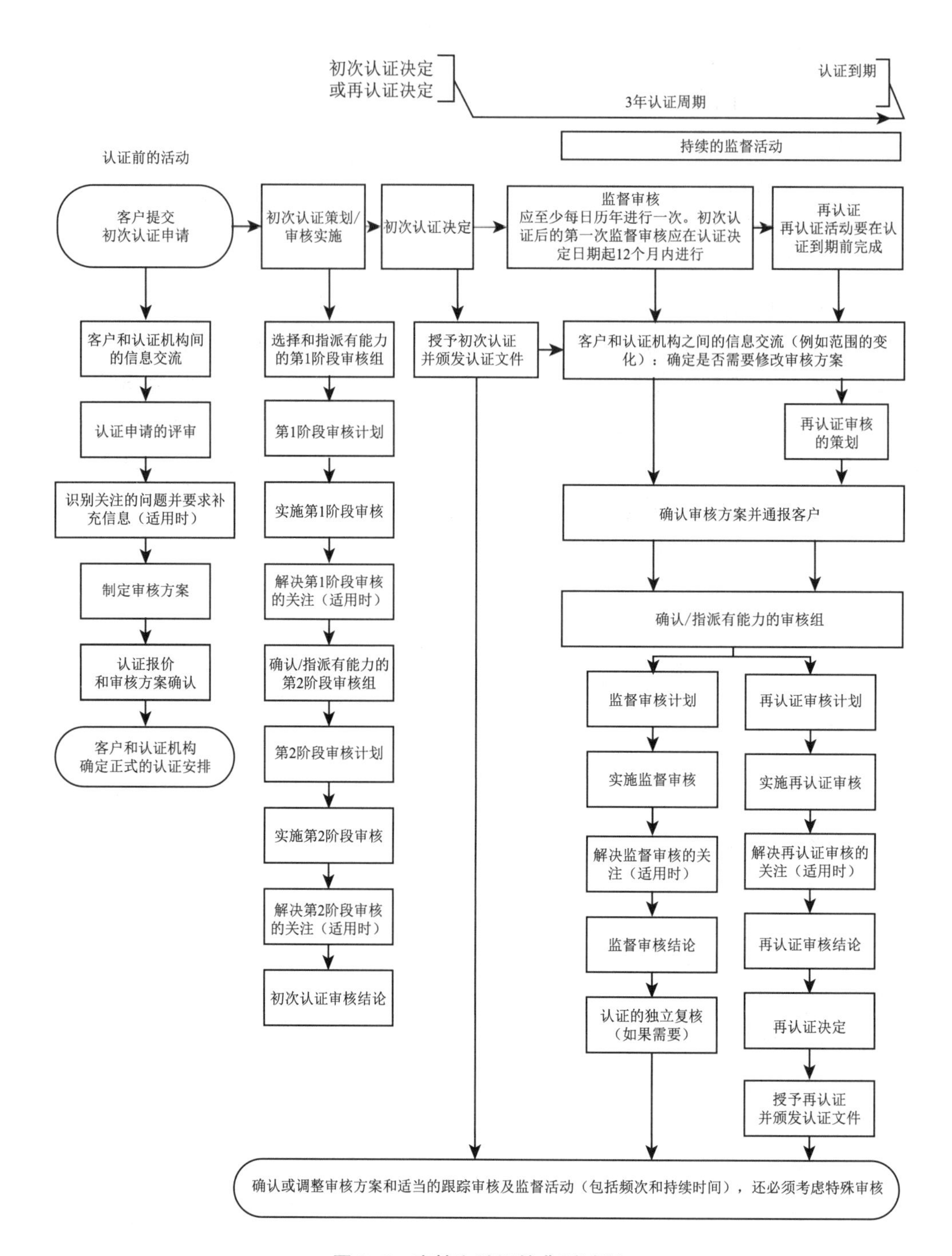

图 6–3 审核和认证的典型过程

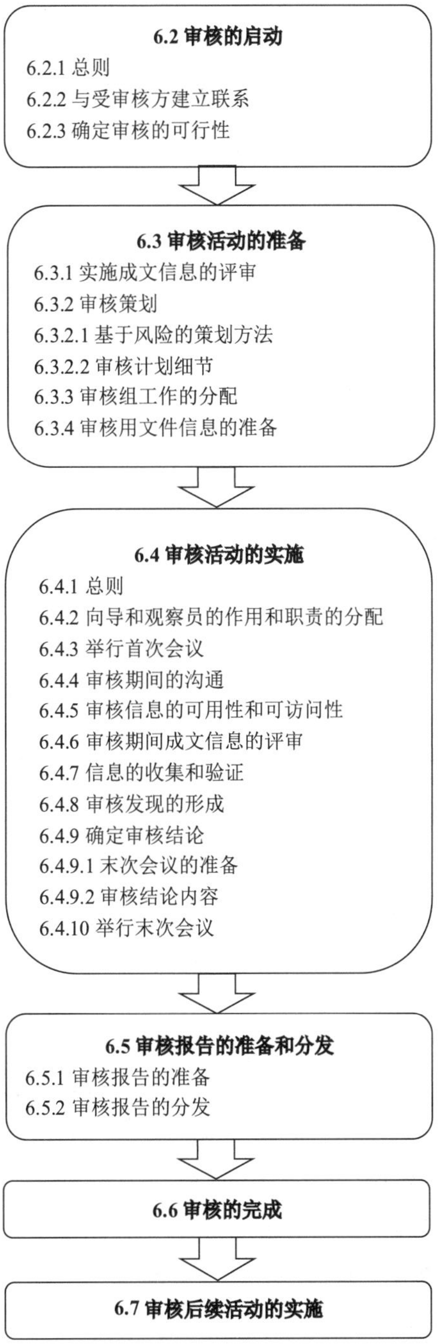

6.2 审核的启动

6.2.1 总则

6.2.2 与受审核方建立联系

6.2.3 确定审核的可行性

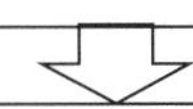

6.3 审核活动的准备

6.3.1 实施成文信息的评审

6.3.2 审核策划

6.3.2.1 基于风险的策划方法

6.3.2.2 审核计划细节

6.3.3 审核组工作的分配

6.3.4 审核用文件信息的准备

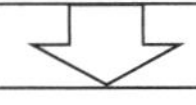

6.4 审核活动的实施

6.4.1 总则

6.4.2 向导和观察员的作用和职责的分配

6.4.3 举行首次会议

6.4.4 审核期间的沟通

6.4.5 审核信息的可用性和可访问性

6.4.6 审核期间成文信息的评审

6.4.7 信息的收集和验证

6.4.8 审核发现的形成

6.4.9 确定审核结论

6.4.9.1 末次会议的准备

6.4.9.2 审核结论内容

6.4.10 举行末次会议

6.5 审核报告的准备和分发

6.5.1 审核报告的准备

6.5.2 审核报告的分发

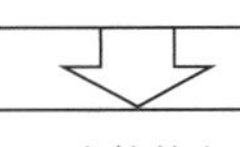

6.6 审核的完成

6.7 审核后续活动的实施

注：图中的条款号与 ISO 19011:2018 中的条款号相对应。

图 6–4　典型的审核活动

一、审核的启动

（一）指定审核组长，确定并根据审核目的、范围、准则选择审核组

1. 审核组长的职责

（1）协助组成审核组；

（2）负责组织管理体系文件的审核；

（3）制定审核计划；

（4）合理分配审核组成员的工作任务；

（5）指导编制审核检查表；

（6）主持现场审核并对审核过程实施有效的控制；

（7）及时与受审核方领导沟通；

（8）提交审核报告；

（9）验证关闭不符合报告。

2. 审核组成员的职责

（1）服从审核组长的指导，支持审核组长开展工作；

（2）在审核组长指导下编制工作文件；

（3）独立完成分工范围内的现场审核任务，收集审核证据，编制不符合报告，进行审核组内部交流，向组长报告审核结果；

（4）完成审核组长交待的其他工作，如整理、归档审核文件、协助编写审核报告等。

3. 审核组的组成

在决定审核组的规模和组成时，应考虑下列因素：

（1）审核目的、范围、准则和预计的审核时间；

（2）是否是结合、联合或一体化审核；

（3）实现审核目的所需的审核组整体能力；

（4）认证要求（包括任何适用的法律、法规或合同要求）；

（5）语言和文化。

（二）与受审核方建立联系

审核组长应确保与受审核方进行联系：

（1）确认受审核方代表的沟通渠道；

（2）确认进行审核的权限；

（3）提供有关审核目标、范围、准则、方法和审核组组成的相关信息，包括任何技术专家；

（4）请求获得用于策划的目的的相关信息，包括关于组织已确定的风险和机遇以及如何应对这些风险和机遇的信息；

（5）确定适用的法律法规要求以及与受审核方的活动、过程、产品和服务有关的其他要求；

（6）确认与受审核方关于保密信息披露的程度和处理的协议；

（7）对审核进行安排，包括日程表；

（8）确定任何特定地点的访问、健康和安全、防护、保密等安排；

（9）同意观察员的出席及审核组对向导或翻译人员的需求；

（10）确定与具体审核有关的受审核方利益、关注或风险的任何领域；

（11）与受审核方或审核委托方解决审核组的组成问题。

（三）确定审核的可行性

应确定审核的可行性，为审核目标的实现提供合理的信心。

可行性的确定应考虑以下可用因素：

（1）用于策划和实施审核的充分和适当的信息；

（2）受审核方的充分合作；

（3）有足够的时间和资源进行审核。

注：资源包括有权使用充分和适当的信息及通信技术。

在审核不可行的情况下，应与受审核方达成协议，向审核委托方提出替代方案。

二、审核活动的准备

（一）实施成文信息的评审

应评审受审核方的相关管理体系成文信息，以便：

（1）收集信息，了解受审核方的运行情况，准备审核活动和适用的审核工作文件，例如过程、职能；

（2）了解成文信息范围和程度的概览，以确定是否符合审核准则，并发现可能存在的问题，如缺陷、遗漏或冲突。

成文信息应包括但不限于：管理体系文件和记录，以及以前的审核报告。评审应考虑受审核方组织的范围，包括其规模、性质和复杂性，以及相关风险和机遇。它还应考虑审核范围、准则和目标。

（二）审核策划

1. 基于风险的策划方法

审核组长应根据审核方案中的信息和受审核方提供的成文信息，采用基于风险的方法来策划审核。

审核策划应考虑审核活动对受审核方过程的风险，为审核委托方、审核组和受审核方就审核行为达成协议提供依据。策划应促进审核活动的有效调度和协调，以便有效地实现目标。

审核计划的详细程度应反映审核的范围和复杂性，以及未实现审核目标的风险。在进行审核计划时，审核组长应考虑以下事项：

（1）审核组的构成及其整体能力；

（2）适当的抽样技术；

（3）提高审核活动的有效性和效率的机会；

（4）由于无效的审核策划所造成的无法实现审核目标的风险；

（5）由审核计划造成的受审核方的风险。

审核组成员的存在可能对受审核方的健康和安全、环境和质量及其产品、服务、人员或基础设施（例如洁净室设施中的污染）的安排产生不利影响，从而对受审核方造成风险。

对于结合审核，应特别关注不同管理体系的运作过程与相互抵触的目标以及优先事项之间的相互作用。

2. 审核计划的细节

审核组长应根据审核方案和受审核方提供的文件中包含的信息编制审核计划，为审核委托方、审核组和受审核方之间就审核的实施达成一致提供依据。审核计划应当便于有效地安排和协调审核活动，以达到目标。

审核计划的详细程度应当反映审核的范围和复杂程度，以及实现审核目标的不确定因素。例如对于初次审核和监督审核对于内部审核和外部审核，内容的详细程度可以有所不同。

编制审核计划时审核组长应考虑被审核部门所涉及的活动的多少、重要性和复杂程度，适当的抽样技术、审核员的独立性、审核组的组成及其整体能力、审核对组织造成的风险等。审核对组织造成的风险可以来自审核组成员的到来对于组织的健康安全、环境和质量方面的影响，以及他们的到来对受审核方的产品、服务、人员或基础设施（例如对洁净室设施的污染）产生的威胁。

审核计划应有充分的灵活性，以便随着现场审核活动的进展或受审核方有异议时进行必要的调整。

审核计划应包括或涉及：

1）审核目的；

2）审核准则和引用文件；

3）审核范围，包括受审核方的组织单元和职能单元及过程；

4）现场审核活动的日期、地点和日程安排，包括与受审核方管理层的会议；

5）使用的审核方法，包括所需的抽样范围，适用时还可包括抽样方案的设计；

6）审核组成员、向导和观察员的作用和职责；

7）为审核的关键区域配置适当的资源。

适当时，审核计划还可以包括：

1）明确本次审核受审核方的代表；

2）审核工作和审核报告所用的语言；

3）审核报告的主题；

4）针对实现审核目标的不确定性因素而采取的特定措施；

5）沟通及后勤安排（交通、现场设施等）；

6）保密和信息安全事宜；

7）来自以往审核的后续措施和所策划审核的后续活动；

8）联合审核情况下对审核活动的协调。

在现场审核活动开始前，审核计划应当经审核委托方评审和接受，并提交给受审核方。受审核方的任何异议应当在审核组长、受审核方和审核委托方之间予以解决。任何经修改的审核计划应当在继续审核前征得各方的同意。

（1）确定审核时间

应考虑的因素有：

1）受审核组织的规模（包括在组织的控制下进行活动的全部场所及所属的员工数量）、产品和过程的复杂程度等。

2）审核范围；

3）技术和法规环境；

4）以往审核的结果；

5）需要审核的场所、现场及布局；

6）审核时使用的语言。

对于第三方审核，CNAS-CC105:2016《确定管理体系审核时间（QMS、EMS、OHSMS）》给出了审核时间要求。

（2）确定审核路线

应考虑的因素有：

1）取决于审核方式：顺向、逆向、按过程、按部门；

2）路线策划应有利于追踪和追溯。

（3）确定审核方式

1）按审核计划所列单元划分

①按要素（或过程）审核：这种方式是以要素（或过程）为中心来展开审核，一个要素（或过程）往往涉及多个部门，因此要到不同部门去审核才能掌握要素（或过程）实施的情况。按要素（或过程）审核时，负责该要素（或过程）的主管部门必查，配合参加该要素（或过程）的相关部门可以选查。

其优点是目标集中，易与标准及体系文件对照，能较好把握全过程的运行情况。

其缺点是审核一个完整的过程往往要涉及许多部门，各部门重复接受多次审核，对生产经营影响较大，审核效率低。

②按部门审核：这种方式是以部门为中心来展开审核。一个部门往往负责许多要素（或过程），因此审核时，对该部门负责的主管要素（或过程）重点审核不能遗漏，该部门配合实施的相关要素（或过程）选查。

其优点是审核时间比较集中，审核效率高，减少一个部门的往返次数，对正常的生产经营影响小。

其缺点是审核内容比较分散，要素（或过程）的接口易遗漏，要素覆盖可能不全面。

应加强审核小组间的沟通。

2）按审核路线划分

①顺向追踪，即按从计划到实施到结果的顺序审核。这种方式是按体系运作的顺序进行审核，例如：从危险源查到的风险控制效果；从危险源控制单位查到主管处理部门；从上层获得信息，再逐级追踪。

其优点是系统性强、可观察接口、信息量大。

其缺点是可能费时。

②逆向追溯，即按从结果到实施到计划的顺序审核。这种方式是按体系运作的反向进行审核，例如从某个风险控制结果（来自监视或检测结果）到管理部门查危险源辨识。

其优点是针对性强，有利于发现问题。

其缺点是问题复杂时不易清理，信息量小，对审核员能力要求高，应慎用。

3）其他

结合组织实际可采用混合方式。

（4）审核计划示例

认证机构安排对某设备制造有限公司职业健康安全管理体系进行初次审核，该企业为一离心泵生产企业，其组织结构图见图 6–5，其职业健康安全职能分配表见表 6–2。

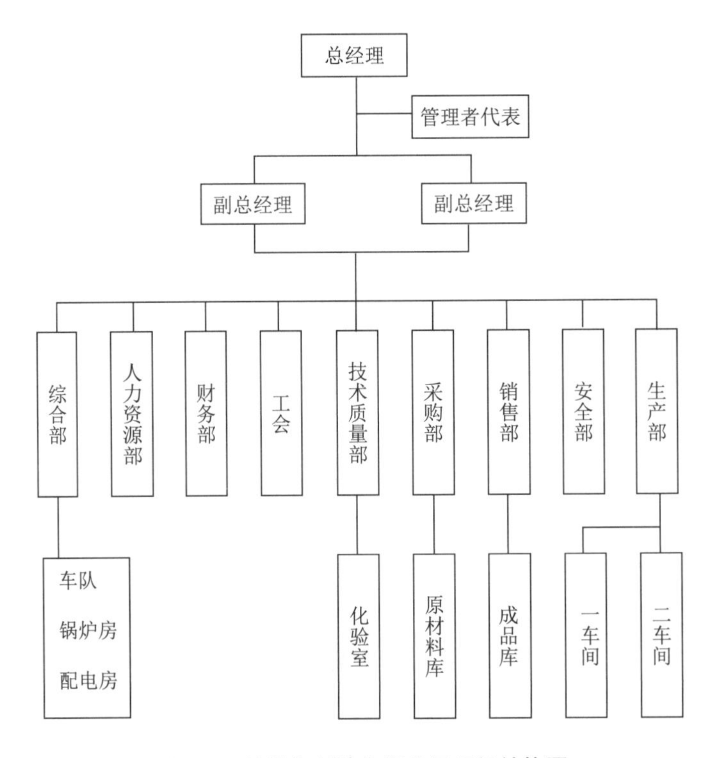

图 6–5 某设备制造有限公司组织结构图

表 6-2　某设备制造有限公司职业健康安全职能分配表

职业健康安全管理体系要求（ISO 45001:2018）	部门									
	管理层	综合部	人力资源部	财务部	工会	技术质量部	采购部	销售部	安全部	生产部
4 组织环境										
4.1 理解组织及其所处的环境	★	△	△	△	△	△	△	△	★	△
4.2 理解工作人员和其他相关方的需求和期望	★	△	△	△	△	△	△	△	★	△
4.3 确定职业健康安全管理体系的范围	★	★							△	
4.4 职业健康安全管理体系	★	★	△	△	△	★	△	△	△	△
5 领导作用和工作人员参与										
5.1 领导作用与承诺	★	△								
5.2 职业健康安全方针	★	△	△	△	△	△	△	△	△	△
5.3 组织角色、职责和权限	★	△	★	△	△	△	△	△	△	△
5.4 员工的协商与参与	★	△	△	△	★	△	△	△	△	△
6 策划										
6.1 应对风险和机遇的措施	★	△	△	△	△	△	△	△	★	△
6.2 职业健康安全目标及其实现的策划	★	△	△	△	△	△	△	△	★	△
7 支持										
7.1 资源	★									
7.2 能力	△	△	★	△	△	△	△	△	△	△
7.3 意识	△	★	△	△	△	△	△	△	△	△
7.4 沟通										
7.4.1 总则	△									
7.4.2 内部沟通		★							★	
7.4.3 外部沟通							★	★		
7.5 文件化信息	★	★	△	△	△	△	△	△	△	△
8 运行										
8.1 运行策划和控制										
8.1.1 总则	△	△	△	△	△	△	△	△	★	△
8.1.2 消除危险源和降低职业健康安全风险		△	△	△	△	△	△	△	★	△

表 6-2（续）

职业健康安全管理体系要求（ISO 45001:2018）	部门									
	管理层	综合部	人力资源部	财务部	工会	技术质量部	采购部	销售部	安全部	生产部
8.1.3 变更管理		△	△						★	△
8.1.4 采购							★			
8.2 应急准备和响应	△	△	△	△	△	△	△	△	★	△
9 绩效评价										
9.1 监视、测量、分析和绩效评价										
9.1.1 总则	★	★	△	△	△	△	△	△	★	△
9.1.2 合规性评价	△	△	△	△	△	△	△	△	★	△
9.2 内部审核	★	★	△	△	△	△	△	△	△	△
9.3 管理评审	★	★	△	△	△	△	△	△	△	△
10 改进										
10.1 总则	★	★	△	△	△	△	△	△	△	△
10.2 事件、不符合和纠正措施	△	△	△	△	△	△	△	△	★	△
10.3 持续改进	★	★	△	△	△	△	△	△	△	△

注：★为主管部门；△为协同部门。

根据认证机构审核策划安排，第一阶段安排 2 位审核员（其中 1 人为实习审核员），审核时间为 2018 年 11 月 15 日 ~2018 年 11 月 16 日上午（1.5 天）；二阶段安排 3 位审核员（其中 1 人为实习审核员），审核时间为 2018 年 12 月 13 日 ~2018 年 12 月 14 日（2 天），审核组长编制了第一阶段审核计划（见表 6–3）和第二阶段审核计划（见表 6–4）。

表 6–3 第一阶段审核计划

受审核组织名称	×××× 设备制造有限公司	联系人	朱 ×
地 址	×× 省 ×× 市 ×× 区 ×× 路 ×× 号	电话	
审核依据	■ ISO 45001:2018 ■相关的法律、法规及其他要求 ■管理体系文件及其他文件		
审核类型	■第一阶段		
审核目的	■收集组织管理体系的基本信息，确认其管理体系是否满足第二阶段审核的条件，为第二阶段审核做准备		

表 6-3（续）

审核范围		离心泵的生产所涉及的职业健康安全管理			
审核时间		2018 年 11 月 15 日 ~2018 年 11 月 16 日上午		审核及报告语言	中文
审核组成员	姓名 / 代码	组内职务	资格	专业范围	联系方式
	陈 ×/A	组长	审核员	18.01.03	
	刘 × ×/B	组员	实习审核员		

时间		受审核部门 / 场所	审核条款	审核员
2018.11.14		审核组抵达，审核组准备会议		AB
11.15	8：00~8：20	首次会议		AB
	8：30~9：30	领导层	组织基本情况，体系范围、体系策划、运行和变更情况；应对风险和机遇的措施；职业健康安全方针和目标建立情况、组织机构设置和职责落实情况；监视、测量、分析和绩效评价及改进的策划；核实法律地位和有关资质证明、守法情况、内部审核和管理评审的策划、实施情况	
	9：30~12：00	综合部、办公区巡视	管理体系文件化结构策划情况，覆盖申请的认证范围情况；适用的法律法规获取和遵循情况；内部审核和管理评审情况； 现场巡视：组织机构、人员、车辆、后勤管理、安全设施配置情况；危险源辨识和风险评价控制控制情况；有无重大失控的情况	
	13：30~17：30	厂区（含车间、库房、锅炉房、配电房、化验室、车队等）巡视	现场巡视：了解现场控制；组织机构、现场人员配置情况、生产情况、生产设备及安全设施配备情况、主要风险实际控制情况；有无重大失控的情况；监测方式、监测设备配备状态以及职业健康安全状况	
11.16	8：00~11：00	安全部	危险源辨识充分性及风险评价情况；应急预案策划情况、监控手段、绩效监测情况、相关方投诉情况及事故的处理情况；改进的策划等	AB
	11：00~12：00	领导层及相关人员沟通、末次会议	确认审核范围、交流发现的问题及整改要求、初步确定二阶段审核时间安排等事宜	

审核组长 / 专业人员：陈 ×　　　　日期：2018 年 11 月 6 日

审核计划审查人员：杨 ×　　　　日期：2018 年 11 月 6 日

受审核方确认：朱 ×　　　　日期：2018 年 11 月 7 日

表 6-4 第二阶段审核计划

受审核组织名称		××××设备制造有限公司		联系人	张×
地 址		××省××市××区××路××号		电话	
审核准则		■ ISO 45001:2018 ■相关的法律、法规及其他要求 ■管理体系文件及其他文件			
审核类型		■第二阶段			
审核目的		■确认组织管理体系认证注册的范围，评定组织管理体系满足审核准则的程度及能否被推荐认证注册			
审核范围		离心泵的生产所涉及的职业健康安全管理			
审核时间		2018 年 12 月 13 日 ~2018 年 12 月 14 日		审核及报告语言	中文
审核组成员	姓名 / 代码	组内职务	资格	专业范围	联系方式
	陈 ×/A	组长	审核员	18.01.03	
	徐 ×/B	组员	审核员		
	刘 ××/C	组员	实习审核员	18.01.03	

时间		受审核部门 / 场所	审核条款	审核员
2018.12.12		审核组抵达，审核组准备会议		ABC
12.13	8：00~8：30	首次会议		ABC
	8：30~10：00	领导层	4.1~4.4；5.1~5.3；6.1；6.2；7.1；9.1~9. 3；10	
	10：00~12：00	采购部及库房	6.1.2；8.1；8.2；7.4	A
	10：00~12：00	销售部及库房	6.1.2；8.1；8.2；7.4	BC
	13：30~17：30	综合部（含办公区域、锅炉房、车队、配电房）	7.5；9.2；9.3；10；6.1.2；8.1；8.2；7.4	A
	13：30~15：30	技术质量部（含化验室）	6.1.2；8.1；8.2；9.1.1	BC
	15：30~17：30	人力资源部	5.3；7.2；7.3；6.1.2；8.1	
12.14	8：00~11：30	安全部	4.1；4.2；6.1；6.2；7.4；7.5；8.1.1~8.1.3；8.2；9.1；10.2	A
	8：00~11：30	生产部（含一车间、二车间）	6.1.2；8.1；8.2；9.1.1；10.2	BC
	13：30~14：30	财务部	6.1.2；8.1	A
	13：30~14：30	工会	5.4	BC
	14：30~16：00	审核组内部沟通		ABC
	16：00~17：00	与受审核方领导沟通		ABC
	17：00~17：30	末次会议		ABC

注 1：本计划所安排的审核内容及涉及条款为相应职能 / 过程主要审核内容，在审核过程中，审核

员根据现场各职能管理的实际情况可能涉及其他与各职能管理更多内容的审核。

注 2：每日审核结束后，审核组进行内部沟通（约在 0.5~1.0h）。

审核组长 / 专业人员：陈 ×　　日 期：2018 年 12 月 3 日

审核计划审查人员：杨 ×　　日 期：2018 年 12 月 3 日

受审核方确认：朱 ×　　日 期：2018 年 12 月 4 日

第一阶段审核和第二阶段审核的比较见表 6-5。

表 6-5　第一阶段审核和第二阶段审核的比较

	第一阶段	第二阶段
目的	初评体系策划的充分、有效性，了解组织体系运行情况，为第二阶段审核做准备	评价组织管理体系的建立、运行的符合性及有效性，以确定是否推荐认证注册
范围	现场巡视组织的所有场所；组织的主要职能部门	所有现场和部门
审核人日	较少	较多
审核报告	第一阶段审核结论，初评体系策划的充分性、有效性，评价体系文件的符合性	整个审核的结论，对体系的符合性和有效性进行全面评价。 提出是否推荐认证注册的建议意见
主要审核内容	1. 适用的法规识别和满足的基本情况； 2. 危险源辨识、风险评价及控制方法策划的充分性； 3. 方针、目标的关联性，适宜性； 4. 对实现方针目标的策划合理性； 5. 文件（审查）与体系标准要求的符合性； 6. 内部审核与管理评审的实施情况； 7. 沟通、参与和协商； 8. 机构职责和资源配备	1. 危险源辨识、风险评价的充分性、合理性；风险控制措施的有效性； 2. 与法律法规及其他要求的符合性； 3. 对确定的危险源控制措施实施的有效性； 4. 不符合的识别和纠正措施； 5. 监视、测量、报告和评审； 6. 内部审核和管理评审的有效性； 7. 方针和目标的制定和管理职责； 8. 各要素之间的接口关系。 9. 运行控制活动的实施情况及其有效性； 10. 事件调查、不符合处理、纠正措施、预防措施实施情况有效性； 11. 持续改进情况

3. 审核组工作的分配

审核组长应将具体的过程、职能、场所、区域或活动的审核职责分配给审核组成员。分配审核工作时应考虑审核员的独立性和能力、资源的有效利用，以及审核员、实习审核员和技术专家的不同作用和职责。

涉及专业过程的应安排具有专业能力的审核员进行审核。

审核组成员应了解审核计划和日程安排。适当时审核组长应召开审核组会议，沟通工作分配信息。为确保实现审核目的，可随着审核的进展适当调整所分配的工作。

4. 审核用文件信息的准备

审核组成员应按审核任务分工准备必要的工作文件，用于审核过程的参考和记录审核证据。这些工作文件可包括：

1）检查表；

2）审核抽样方案；

3）记录信息（如支持性证据、审核发现和会议记录）的表格。

检查表是审核组具体策划审核过程所形成的文件，描述了具体需要审核的内容、方法及抽样的方式，是审核员的工作提纲 / 参考文件。

检查表通常由审核员按审核计划分工编制，审核组长应对所有检查表进行审查并总体协调。

（1）检查表的作用

1）保持审核目标清晰和明确。审核员根据检查表进行审核不致偏离审核目标和审核主题，检查表可起到提醒和警示作用。

2）保持审核内容周密和完整。由于审核的内容较为繁杂，单凭经验或记忆，难免有遗漏之处。审核员通过对审核对象的策划将审核内容逐一列出，可以确保审核内容的周密和完整。

3）保持审核节奏和连续性。审核是一项高节奏而紧张的活动，由于审核时间的限制，不允许在某一过程或部门逗留过长时间，因此，事先按审核计划中的时间安排和要求将审核内容列成检查表，可起到备忘录的作用，有助于保持审核的节奏和连续性。

4）减少审核员的偏见和随意性。按照事先编制好的检查表进行审核，可以减少由于审核员的兴趣、偏好、情绪、感情等因素对现场审核造成的影响，减少可能出现的偏见和随意性。

（2）检查表的基本内容

1）“查什么？”即列出审核项目和要点；

2）“在哪查？”即针对审核项目列出审核的区域；

3）“怎么查？”即针对审核项目列出审核步骤和方法；

4）抽样方案。

由于审核时间的限制，审核员通常不可能检查到审核范围内的所有活动、操作、文件或记录，只能通过抽样的方式来收集审核证据，证实相应的审核对象是否符合要求。

既然是抽样，就会具有一定的局限性。通过抽样发现了不合格并不能表示整个体系都不合格，在样本中没有发现不合格也并不说明不存在问题，这就是抽样风险。为降低这种抽样风险，就要求审核员在策划具体的审核步骤和方法时，必须考虑如何进行科学的抽样，包括保证一定的抽样量，同时选定的样本应该具有代表性，以保证审核的系统性和完整性。审核可采取基于判断的抽样（见 ISO 19011:2018 附录 A. 6.2）或者统计抽样（见 ISO 19011:2018 附录 A.6.3）。

在现场审核时审核员应随机抽样，这样的抽样才更具有代表性。随机抽样有三个方面的含义：

一是要保证一定数量，根据受审核对象的规模大小和审核时间，通常抽取的样本量在3~12个。有时按策划的样本量抽样发现不合格时，为减少审核的风险，可考虑适当增加抽样量，以确认所发现的不合格是属于偶然的个别问题，还是系统性问题。

二是要做到分层抽样，可以按产品、活动、设备、生产线、岗位或记录等分层。

三是要适度均衡，不可对一个部门或过程抽样过多，而对另一个部门或过程抽样过少。

同时，审核员应坚持亲自抽取样本，而不应让受审核方“随意”挑选样本提供给审核员。

必须注意，在初次审核时，职业健康安全管理体系过程和与职业健康安全管理的主责部门和有关的部门都应进行审核，不能抽样。

特别要注意的是，对重要危险源的审核不能抽样，而应全覆盖。

审核员对抽样调查的结果应该有信心。有的审核员按抽样方案对选定的样本调查后，没有发现不合格，就对样本产生怀疑，认为样本选得不对或数量太少，于是一次又一次地扩大样本的数量，直到发现不合格，这是一种不正确的态度。审核所收集的是审核证据而不是专门寻找不合格。样本选定后，应按样本去寻找审核证据，如果找到的是合格的证据，就应相信结果就是合格的，如果找到的是不合格的证据，就可以认为这是一项不合格，这才是正确的态度。

（3）检查表编写方法

编写检查表应考虑以下因素：

1）职业健康安全管理体系标准、组织职业健康安全管理体系文件、适用的职业健康安全法律法规的要求；

2）体系文件对所审核部门的要求，并对重要岗位和职责及涉及的体系要素进行重点审核；

3）针对重大危险源和风险控制的有效性；

4）组织的职业健康安全方针、目标的完成情况，各部门应完成的要求。

（4）检查表的使用

检查表通常是审核员在实施现场审核之前编制的，虽然检查表可以使审核工作按计划进行，但也可能会给审核带来一定的风险和局限。例如，在现场审核时发现所审核的职能有所调整、所审核的过程有所变化、过程或活动的要求发生了调整等，而这时审核员如果一味按照原来检查表的内容实施审核，就有可能使审核活动不全面、不客观，从而增加审核的风险。所以，有经验的审核员在按照检查表审核的同时，十分注意灵活应用并及时调整检查表以达到审核的目的。

在使用检查表时应注意以下方面的问题：

1）检查表是审核员的工作文件，没必要向受审核方披露；

2）在现场审核过程中，如发现未列入检查表的情况或线索，可对检查表进行适当的修改和调整，不要过于局限于检查表，但也不要完全抛开检查表进行“随心所欲”式的审核；

3）在审核过程中，应避免按检查表中所列的问题一个个按顺序宣读而变成我问你答的检查过程，而应综合运用观察、提问、查阅文件和记录、核实、追踪等方法，审核检查表中的审核项目和要点。

（5）检查表实例

审核员可以按照审核计划所列单元划分、按照审核路线划分以及其他方式等思路编写审核检查表，也可以结合组织实际采用混合方式。

以下是根据审核计划的安排，审核员按部门（或按过程）编制的检查表。表 6–6 是按照部门编写的化验室第二阶段检查表，表 6–7 是按照过程编写的 7.5.3 成文信息的控制检查表。

表 6–6　第二阶段化验室检查表

受审核单位：××××设备制造有限公司　　　　受审核部门：化验室

审核员：徐×、刘××　　　　审核组长：陈×　　　　审核时间：2018.12.13

序号	审核依据		检查方法	检查记录
	要素过程	检查内容		
1	5.3	岗位设置、管理职责的合理性、充分性	1）询问化验室负责人岗位设置、职责和权限，设施及状况； 2）提问相关人员是否了解本岗位职责； 查阅岗位职责文件	
2	6.1.2	危险源辨识、风险评价、确定风险控制措施的充分性	1）询问并查阅化验室危险源辨识、风险评价和确定控制措施的程序及方法； 2）查阅化验室危险源辨识、风险评价形成的文件化信息，是否有遗漏、评价是否合理？包括可能引发泄漏、火灾、爆炸、人的行为、能力和其他人的因素、变更活动等方面的危险源，辨识是否有遗漏，评价是否合理，措施是否充分？如火灾、触电、化学品中毒、化学品烧伤和腐蚀等，查相应文件	
3	6.2	目标及完成情况	是否制定职业健康安全目标；目标的监测、完成情况	
4	7.2，7.3	化验室人员的能力和意识	1）确认对化验室人员能力的要求；确定化验室的相关人员是否满足规定的能力要求，如教育、培训和经历、操作技能及持证上岗； 2）抽 2~3 名人员，查其资格证书的有效性；查培训证明，查其是否接受了应急准备与相应的培训； 3）询问其是否知晓职业健康安全方针，是否知晓所处岗位相关的危险源及其带来的风险，是否熟悉控制措施？观察其操作是否具备能力	

表 6-6（续）

序号	审核依据		检查方法	检查记录
	要素过程	检查内容		
5	8.1.1，8.1.2	运行控制实施情况	1）确认化验室危险源控制措施执行情况：是否收集齐全了所用化学品的安全技术说明书； 2）查化验室运行控制，人员操作是否符合安全操作规程等，确认化验室化学品管理、防止化学品泄漏、防火防爆等运行准则是否规定合理，执行是否合规，人员劳动及安全防护等要求； 3）观察化验室现场：通风、化学品标签及摆放的安全性、情况、人员劳动及安全防护、消防设备设施管理及完好情况等； 4）现场观察和查阅运行记录 3~5 份，确定运行准则的执行情况	
6	8.2	应急准备和响应安排及有效性	1）查化验室是否针对化学品泄漏、火灾爆炸、人员灼伤等潜在紧急情况制定了应急预案。确认应急预案内容的正确性，应急预案是否考虑了相关方的需求和能力？ 2）应急预案是否进行过培训、评价和测试演练，查培训、测试演练及评价记录； 3）现场观察应急物资和设施的完好性，确认化验室的消防通道、消防栓、灭火器、消防泵、消防砂等消防设施是否符合要求； 4）现场观察应对化学品烧伤灼伤的应对设施和物资是否完好齐全，如：冲洗水龙头和冲洗剂（对照应急预案）。询问是否发生过紧急情况及响应情况，响应后对预案的评价	
7	9.1.1，9.1.2	绩效监测实施情况及有效性、合规性评价	1）查化验室绩效监视和测量的规定； 2）查化验室空气监测情况； 3）查目标管理方案实施情况； 4）查员工体检情况； 5）查 2~3 份化验室的日常检查记录； 6）查 2~3 件压力表、温度计等监测设备的校准维护情况； 7）合规性评价的要求，合规性评价的结果，结果的处理	
8	10.2	事件、不符合和纠正措施	1）查化验室对事故、事件、不符合和纠正措施是否有控制要求； 2）查对化验室发生的事故、事件、不符合，是否按要求采取了纠正，是否在分析原因后采取了纠正措施以及措施的有效性如何； 3）有否引起文件的更改，是否对采取措施所带来的风险进行评价	

表 6-7 7.5 文件化信息检查表

受审核单位：×××× 设备制造有限公司　　受审核过程：文件化信息的控制

审核员：陈 ×　　审核组长：陈 ×　　审核时间：2018.12.13

条款	审核要点	审核方法	涉及部门	记录
7.5 文件化信息的控制	1. 文件控制的策划： 过程识别；职责；规定	1.1 询问综合部领导： 公司职业健康安全管理体系文件的构成是否符合标准要求？ 各类文件控制的职责是否分配？ 形成了哪些文件和规定。 1.2 查受控文件目录，落实有关文件（内容是否符合要求）。 1.3 查记录清单	综合部	
	2. 文件化信息控制的实施（综合部门分管部分） a）文件的审批； b）文件的标识； c）文件的更改； d）文件的评审； e）作废文件是否标识	2.1 从分管的受控文件目录中抽 3~5 份文件（含表格）： a）查文件评审和批准以及发放控制； b）查是否按规定进行了版本状态标识；文件是否现行有效；是否清晰； 2.2 抽 3~5 份文件的更改，查经评审批准的证据，按规定方式更改的证据，作废文件的标识， 2.3 查文件的评审、更新和再批准的证据； 2.4 查外来文件的识别、发放及有效版本控制的证据； 2.5 查综合部形成的记录控制的证据：标识、存储、检索、保留和处置		
	3. 文件化信息控制过程的检查 a）符合性检查； b）适宜性和充分性评审	3.1 是否按规定对文件化信息控制进行了符合性检查，存在什么问题； 3.2 是否按规定对文件的适宜性和充分性进行了评审，存在什么问题		
	4. 文件化信息控制的改进	4.1 对检查出来的问题，采取了哪些纠正措施，能否提供证据		
	5. 文件化信息控制的实施	5.1 查安全部文件清单，抽取其编制的职业健康安全管理体系文件 3~5 份文件（含表格）： 5.2 查文件评审和批准以及发放控制； 5.3 查是否按规定进行了版本状态标识，文件是否现行有效，是否清晰； 5.4 抽 3~5 份文件的更改，查：是否经评审批准；按规定方式更改的证据；作废文件的标识；评审、更新和再批准的证据。 5.5 查外来文件的识别、发放及有效版本控制的证据； 5.6 查安全部形成的记录控制的证据：标识、存储、检索、保留和处置	安全部	

表 6-6（续）

条款	审核要点	审核方法	涉及部门	记录
7.5 文件化信息的控制	6. 文件化信息控制的实施	6.1 查部门文件清单，抽取 3~5 份文件： 6.2 查文件是否现行有效，是否清晰，是否按规定进行版本状态标识； 6.3 查作废文件的标识； 6.4 抽查对外来文件的识别、发放及有效版本的控制的证据； 6.5 查部门形成的记录的控制的证据；标识、存储、检索、保留和处置	其他部门	

三、审核活动的实施

（一）总则

审核活动通常按照图 6-4 所示的定义顺序进行。这个顺序可以根据具体审核的情况而改变。

（二）向导和观察员的作用和职责的分配

如有需要，向导和观察员（例如，来自监管机构或其他相关方的人员）获得审核组长、审核委托方和 / 或受审核方的批准，可陪同审核组。向导和观察员可以与审核组同行，但不是审核组成员，不应当影响或干扰审核的实施，否则，审核组长有权拒绝观察员参加特定的审核活动。

受审核方指派的向导应协助审核组并且根据审核组长的要求行动。他们的职责可包括：

（1）联系面谈人员并确认面谈时间；

（2）安排对特定场所的访问；

（3）确保审核组成员知道并遵守现场安全规则和安全程序；

（4）代表受审核方对审核进行见证；

（5）在收集信息的过程中，应审核员请求作出澄清或提供帮助。

（三）举行首次会议

现场审核开始时，审核组应与受审核方的管理层召开正式的首次会议。首次会议的参加者可包括受审核职能、过程的负责人。在会议期间，应提供询问的机会。首次会议的详略程度应与受审核方对审核过程的熟悉程度相一致。在许多情况下，例如小型组织的内部审核，首次会议可简单地包括对即将实施的审核的沟通和对审核性质的解释。对于其他审核情况，会议应当是正式的，会议由审核组长主持，并保存会议签到表。

首次会议的目的是：

（1）确认审核计划安排；

（2）介绍审核组成员；

（3）确保所策划的审核活动能够实施。

首次会议的内容包括：

（1）介绍与会者并概述其职责；

（2）确认审核目标、范围和准则；

（3）与受审核方确认审核日程以及相关的其他安排，例如：末次会议的日期和时间，审核组和受审核方管理者之间的沟通会议以及任何新的变动；

（4）介绍审核所用的方法，包括告知受审核方审核证据是基于可获得信息的样本，因此，在审核中存在不确定因素；

（5）介绍由于审核组成员的到场对组织可能形成的风险的管理方法；

（6）确认审核组和受审核方之间的正式沟通渠道；

（7）确认审核所使用的语言；

（8）确认在审核中将及时向受审核方通报审核的进展情况；

（9）确认已具备审核组所需的资源和设施；

（10）确认有关保密及信息安全事宜；

（11）确认审核组工作时的健康安全事项、应急和安全程序；

（12）报告审核发现的方法，包括不符合的分级；

（13）审核可能被提前终止的条件；

（14）有关末次会议的信息；

（15）如何处理审核期间可能的审核发现的信息；

（16）介绍受审核方对于审核的实施或结论（包括抱怨和申诉）的反馈渠道；

（17）对于外部审核确认向导的安排、作用和身份。

（四）审核期间的沟通

1. 审核中沟通的必要性

根据审核的范围和复杂程度，在审核中可能有必要对审核组内部、审核组与受审核方、审核委托方、外部监管机构（特别是当法律法规要求需要对不符合项进行强制性报告时）之间的沟通作出正式安排，以确保审核顺利进行。

2. 审核组内部沟通

审核组应定期讨论、交换意见。通常可采用审核组内部会议以及其他适宜的方式。审核组内部沟通的目的在于审核组成员之间交换信息，评定审核进展情况，以及需要时重新分配审核组成员的工作任务。

审核组内部沟通的内容包括：

（1）审核组成员从不同渠道所获得信息的汇总以及相互补充印证，以获得审核证据和形成审核发现；

（2）评审审核发现，包括不符合；

（3）提出需要审核组其他成员进一步追踪的问题；

（4）审核是否按照审核计划，完成了预期的进展；

（5）审核计划是否需要调整，以适应实际情况；

（6）审核组成员工作任务分工是否适宜，是否需要重新分配；

（7）讨论审核过程中出现的异常情况。

3. 审核组与受审核方的沟通

在审核中，适当时，审核组长应定期向受审核方、审核委托方通报审核进展及相关情况。如果审核中收集的证据显示受审核方存在有紧急和重大风险，应立即报告受审核方，适当时，向审核委托方报告。对于超出审核范围之外的引起关注的问题，应记录并向审核组长报告，以便可能时向审核委托方和受审核方通报。

当获得的审核证据表明不能达到审核目标时，审核组长应向审核委托方和受审核方报告理由以确定适当的措施。措施可包括重新确认或修改审核计划、改变审核目标、审核范围或终止审核。

随着现场审核的进展，若出现需要改变审核计划的需求都要机构评审，适当时，应经审核方案管理人员和受审核方批准。

（五）审核信息的可用性和可访问性

为审核所选择的审核方法取决于所确定的审核目标、范围和准则，以及持续时间和场所。该场所是审核组可以使用特定审核活动所需信息的场所。可能包括物理场所和虚拟场所。

在何处、何时以及如何访问审核信息，对审核至关重要。这与创建、使用和/或存储信息的位置无关。基于这些问题，需要确定审核方法。审核可以使用多种方法。此外，审核环境可能意味着在审核期间需要变更方法。

当组织执行工作或使用在线环境提供服务、允许人员不考虑物理位置执行过程时（例如公司内部网、“计算云”），会进行虚拟审核。对虚拟场所的审核有时被称为虚拟审核。远程审核是指在“面对面”的方法不可能或不需要时，用于收集信息、访问受审核方的技术。

虚拟审核遵循标准审核过程，同时使用技术来验证客观证据。受审核方和审核组应获得虚拟审核的适当技术要求，其可包括：

（1）确保审核组使用约定的远程访问协议，包括所需的设备、软件等；

（2）在审核前进行技术检查，解决技术问题；

（3）确保应急计划可用和得到沟通（如中断访问、使用替代技术），包括在必要时提供额外审核时间。

审核员能力应包括：

（1）在审核时使用适当的电子设备和其他技术的技术技能；

（2）有助于会议实际进行远程审核的经验。

审核员在首次会议或审核时，应考虑以下事项：

（1）与虚拟审核或远程审核相关的风险；

（2）使用远程场所的平面图/示意图来参考或映射电子信息；

（3）促进防止背景噪音干扰及中断；

（4）事先申请许可拍摄文件或任何类型记录的屏幕截图，并考虑保密和安全事项；

（5）确保在审核中断期间的机密和隐私，例如麦克风静音、摄像暂停。

（六）审核期间文件化信息的评审

文件评审贯穿审核的全过程，以确定文件所述的体系与审核准则的符合性，并且作为能够支持审核活动的证据之一。如果在审核计划规定的时间内文件不适宜、不充分，审核组长应告知审核方案管理人员和受审核方，根据审核目标和范围决定是否继续进行审核或暂停，直到问题得到解决。

审核员应关注文件中所提供的信息是否：

（1）完整（文件中包含所有期望的内容）；

（2）正确（内容符合标准和法规等可靠的来源）；

（3）一致（文件本身以及与相关文件都是一致的）；

（4）现行有效（内容是最新的）；

（5）所评审的文件是否覆盖审核的范围并提供足够的信息来支持审核目标。

（七）信息的收集和验证

在审核过程中，应通过适当抽样收集与审核目标、范围和准则有关的信息，包括与职能、活动和过程之间的接口有关的信息，并应尽可能加以验证。

只有经过某种程度验证的信息才能被接受为审核证据。在验证程度较低的情况下，审核员应使用其专业判断来确定可将其作为证据的可信度。应记录导致审核发现的审核证据。如果在收集客观证据的过程中，审核组意识到任何新的或改变的情况，或风险或机遇，审核组应相应地予以处理。

图 6-6 提供了一个从收集信息到得出审核结论的典型过程的概述。

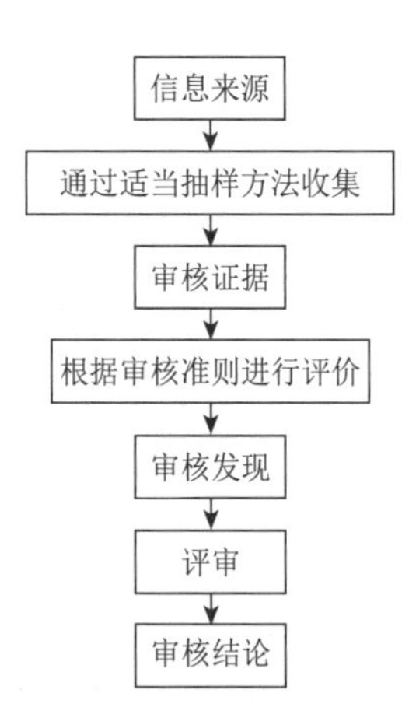

图 6-6　收集和验证信息的典型过程概述

1. 抽样

在审核过程中，与审核目标、范围和准则有关的信息，包括与职能、活动和过程间接口有关的信息，应当通过适当的抽样进行收集并验证。只有可证实的信息方可作为审核证据。应记录收集到的审核证据。在收集证据的过程中，审核组如果发现了新的、变化的情况或风险，应予以关注。

审核抽样的目的是提供信息，以使审核员确认能够实现审核目标。抽样的风险是从总体中抽取的样本也许不具有代表性，从而可能导致审核员的结论出现偏差。其他风险可能源于抽样总体内部的变异和所选择的抽样方法。

典型的审核抽样步骤如下：

（1）明确抽样方案的目标；

（2）选择抽样总体的范围和组成；

（3）选择抽样方法；

（4）确定样本量；

（5）进行抽样活动；

（6）收集评价和报告，结果并形成文件。

抽样时，应考虑可用数据的质量，因为抽样数量不足或数据不准确，将不能提供有用的结果。应根据抽样方法和所要求的数据类型选择适当的样本。

审核可以采用判断抽样或者统计抽样方法，具体方法见 ISO 19011:2018 标准 A. 6。

审核证据基于可获得的信息样本。因此，在审核中存在不确定因素，审核员应提醒受审核方注意这种不确定性。

2. 信息源

在审核中所收集信息的代表性、相关性、充分性与真实性将影响审核实施的有效性。

所选择的信息源可以根据审核的范围和复杂程度而不同，可包括：

（1）与员工及其他人员面谈；

（2）对活动、周围工作环境和条件的观察；

（3）文件，例如方针、目标、计划、程序、标准、指导书、执照和许可证、规范、图样、合同和订单；

（4）记录，例如检验记录、会议纪要、审核报告、方案监视的记录和测量结果；

（5）数据的汇总、分析和绩效指标；

（6）其他方面的报告，例如：顾客反馈、来自外部和供方等级的相关信息；

（7）计算机数据库和网站。

3. 面谈

面谈是收集信息的一个重要手段，面谈时审核员应当考虑：

（1）面谈人员应当来自审核范围内承担管理职责或实施活动的责任人；

（2）面谈应当在被面谈人正常工作时间和正常工作地点（可行时）进行；

（3）在面谈前和面谈过程中应当努力使被面谈人放松；

（4）应当解释面谈和作记录的原因；

（5）面谈可通过请对方描述其工作开始；

（6）应当避免提出有倾向性答案的问题（如诱导性提问）；

（7）应当与对方总结和评审面谈的结果；

（8）应当感谢对方的参与和合作。

4. 审核过程的控制

审核组长控制审核的全过程：

（1）审核计划的控制，确保计划得到实施，必要时根据现场情况进行调整；

（2）审核进度的控制，不得无故拖延和过于提前；

（3）审核气氛的控制，保持宽松、和谐，避免过于紧张或不严肃；

（4）客观性的控制，提醒审核员始终保持客观性，并及时纠正偏差，切忌先入为主、主观臆断；

（5）审核纪律的控制，确保审核组成员遵守行为规范，如守时、礼貌和公正等；

（6）审核范围的控制，不遗漏任何规定范围内的事项，不随意超出规定的范围；

（7）不符合项的控制，应确认每一个不符合事实；

（8）审核结果的控制，在审核组充分讨论和分析的基础上，对职业健康安全管理体系作出评价结论。

5. 审核技巧

（1）面谈技巧包括：

1）得当的提问；

2）说要少，听要多；

3）保持融洽的关系；

4）选择适当的面谈对象。

（2）提问的技巧包括：

1）识别面谈对象的性格特征；

2）开放式提问；

3）封闭式提问；

4）思考式提问。

（3）聆听技巧包括：

1）少讲多听；

2）避免沉默；

3）排除干扰；

4）多鼓励讲话者；

5）表现出善意的态度。

（4）验证的技巧包括：

1）有没有；

2）做没做；

3）做的怎样；

4）联想与追溯。

6. 审核记录

审核员应记录审核活动和审核证据，审核记录的作用主要体现在：

（1）提供依照审核计划的要求完成审核任务的客观证据；

（2）提供适当的审核证据，为审核报告的编制提供基础信息；

（3）为认证决定提供支持性的客观证据；

（4）获证组织发生申、投诉或重大事故时，提供可追溯的信息；

（5）需要时，向相关方（例如认可机构或监管部门）证实认证机构执行认证审核的能力。

审核记录应反映以下内容：

（1）审核日期、接受审核的场所/部门、活动/过程、人员等；

（2）使用的审核方法，例如面谈交流、现场观察、查阅文件记录、查询电子信息系统等；

（3）抽样情况，如：

1）样本总量和抽样数量；

2）样本状况，可包括名称、规格、型号、时间、批次、编号以及指标、参数等；

3）所记录的审核证据应与审核目的、审核范围和审核准则有关，并能够被证实。

审核记录宜覆盖管理体系的以下重要方面：

（1）根据关键绩效目标和指标对绩效进行监视、测量、报告和评价的证据；

（2）遵守法律法规方面的证据；

（3）过程的运作和控制方面的证据；

（4）人员能力和设施资源提供方面的证据；

（5）内部审核和管理评审有效策划和实施的证据；

（6）方针、目标的策划和实施情况；

（7）管理职责的落实情况；

（8）重要的顾客反馈信息，包括顾客投诉及采取纠正措施的有关证据；

（9）在产品、过程、体系改进方面的主要证据；

（10）事故的处理及采取纠正措施的相关信息；

（11）有关重大的风险信息及风险管理的信息等。

应适度强化对以下方面的记录：

（1）法律法规符合性信息的记录；

（2）组织关键场所或重点区域的现场调查记录；

（3）组织现场运行控制的记录；

（4）面谈、现场/实地观察的记录；

（5）直接用于支持审核范围和审核结论的记录。

审核记录的详略程度应与审核证据的复杂程度和重要性相适应，对于正面和负面信息的记录程度可有一定的差异性，如：潜在的或可能导致不符合的负面信息，宜有足够详细的事实予以支持，以便于追溯；正面信息在具有可追溯性的基础上可适当简略说明。

审核记录必要时可采用其他形式的记录（如电子数码图像、照片、复印件、扫描件等）作为辅助记录。

审核组长应对审核员提交的现场审核记录进行审查，并签字确认。

（八）审核发现的形成

1. 审核发现

审核员应对照审核准则评价所收集的审核证据以确定审核发现。审核发现能表明符合或不符合审核准则。当审核目的有规定时，具体的审核发现应包括具有证据支持的符合事项和良好实践、改进机会以及对受审核方的建议。

与法律法规要求或其他要求相关的审核准则的符合性或不符合性，有时被称为合规性或不合规。

审核员应记录不符合及支持不符合的审核证据。可以对不符合进行分级。应当与受审核方一起评审不符合，以确认审核证据的准确性，并使受审核方理解不符合。应努力解决对审核证据或审核发现有分歧的问题，并记录尚未解决的问题。

审核组根据需要在审核的适当阶段共同评审审核发现。

2. 不符合的判定

ISO 19011:2018标准中对“不符合”的定义是“未满足要求”。

从上面的定义可知只要未满足要求即构成不符合。在职业健康安全管理体系审核过程中，发现的不符合通常称作不符合项。

在职业健康安全管理体系审核中，“要求”是指审核准则，可以包括：职业健康安全管理体系标准、适用的法律法规及其他要求、受审核方的职业健康安全管理体系文件、相关方要求和惯例等。

不符合项可以由以下任一种情况形成：

（1）体系性不符合：职业健康安全管理体系文件不符合ISO 45001:2018或法律法规的要求，即文件规定不符合要求。

（2）实施性不符合：职业健康安全管理体系现状未按职业健康安全管理体系文件实施或执行，即现状不符合文件规定。

（3）效果性不符合：职业健康安全管理体系运行的结果未达到预定的目标，即效果未达到预定目标。

3. 不符合项性质的判定

通常，根据不符合性质的严重程度，可分为：严重不符合、一般不符合、观察项。与体系的要求严重不符，导致体系失效，出现以下情况之一可判定为严重不符合：

（1）未能满足管理体系标准的一项或多项要求；

（2）对管理体系实现预期结果的能力造成严重后果的情况；

（3）造成系统性或区域性严重失效的不符合。

除严重不符合项以外的任何不符合项均为一般不符合项。

对证据稍有不足、估计存在问题、需提醒的，或发现的问题尚未构成不符合，发展下去可能构成不符合的情况等，可根据需要定义为观察项。

4. 不符合报告的内容

编写好不符合报告是审核员必须掌握的基本技巧。不符合报告的内容一般包括：

（1）受审核的部门或问题发生的地点；

（2）审核员；

（3）审核日期；

（4）不符合事实的描述；

（5）不符合的标准、文件的名称和条款；

（6）不符合的性质；

（7）审核员签字、审核组长认可和受审核部门负责人确认；

（8）不符合项的原因分析；

（9）纠正措施计划及预计完成日期；

（10）纠正措施实施情况的说明；

（11）纠正措施的完成情况及验证记录。

5. 编写不符合报告的要求

对于一个审核员来说，写好不符合报告中的不符合事实的描述、不符合的条款和不符合的性质极为关键：

（1）不符合事实描述应准确具体，具有可重查性和可追溯性，文字表述力求简明精炼；

（2）尽可能使用行业或专业术语；

（3）不符合的条款应力求判断得比较确切；

（4）不符合的性质主要是判断不符合项是严重不符合还是一般不符合，性质的判定应能客观地反映不符合项的实际影响或后果；

（5）判定不符合时应注意不能偏离审核准则的要求，应注重以过程的有效性为原则；

（6）发现不符合时要调查研究，不符合事实要与受审核方共同确认。

6. 不符合项报告实例

不符合项报告实例见表 6-8。

表 6-8　不符合项报告

编号：01

<table>
<tr><td>受审核方名称</td><td>××××设备制造有限公司</td><td>审核日期</td><td>2018.12.13</td></tr>
<tr><td>发现问题地点</td><td colspan="3">技术质量部（化验室）</td></tr>
<tr><td colspan="4">不符合事实描述
在公司技术质量部化验室审核应急响应时发现，虽针对化学品烧伤灼伤制定了应急预案，但未提供对预案按规定进行演练的证据，不符合 GD 015《应急预案控制程序》6.1 条规定，也不符合 ISO 45001:2018《职业健康安全管理体系　要求及使用指南》8.2 c）组织应“定期测试和演练所策划的响应能力”的要求。
严重程度　□严重不符合　■一般不符合

审核员：徐×、刘××　　　　受审核方确认：谢×　　　　受审核方代表：朱×</td></tr>
<tr><td colspan="4">不符合原因分析及纠正措施：

责任部门　　　　　　　　受审核方代表　　　　　　　　日期</td></tr>
<tr><td colspan="4">纠正措施验证：

验证人　　　　　　　　日期</td></tr>
</table>

（九）确定审核结论

1. 末次会议的准备

审核组应在末次会议前进行协商，以便：

（1）根据审核目标，评审审核发现以及在审核过程中所收集的其他适当信息；

（2）考虑审核过程中固有的不确定因素，对审核结论达成一致；

（3）如果审核目的有规定，准备建议性的意见；

（4）讨论审核后续活动（适用时）。

2. 审核结论内容

审核结论应解决以下问题：

（1）符合审核准则的程度和管理体系的稳健性，包括管理体系在满足预期结果方面的有效性、风险的识别以及受审核方为应对风险而采取的行动的有效性；

（2）管理体系的有效实施、保持和改进；

（3）审核目标的实现、审核范围的覆盖和审核准则的履行；

（4）为确定趋势，从其他联合审核或以前的审核中获得的类似审核发现。

如果审核计划中有规定，审核结论可提出改进的建议或今后审核活动的建议。

具体包括：

（1）不符合项的汇总分析

确定并开具了不符合报告后，审核组应对不符合项进行统计，包括：不符合项的数量和不符合项性质情况的统计。

根据不符合项的性质和实际情况分析这些不符合项对职业健康安全管理体系整体有效性的影响；根据不符合项的分布情况来分析职业健康安全管理体系的哪些过程和哪些部门是有效运行的，哪些过程和部门是重点改进的对象。

（2）职业健康安全管理体系综合评价分析

审核组应综合所有的审核证据和审核发现（包括符合审核准则的审核发现和不符合审核准则的审核发现），针对以下综合评价项目进行分析：

1）职业健康安全管理体系文件与标准的符合性

根据文件评审的结果并综合现场审核中对职业健康安全管理体系文件的检查结果，评价职业健康安全管理体系文件与标准的符合程度，是否体现了组织及其产品的特点并具有可操作性。

2）职业健康安全方针和目标的适宜性和实现情况，以及资源满足要求的能力

组织制定的职业健康安全方针和目标是否适宜，实现程度如何；组织现有的资源是否适宜和充分，是否能对职业健康安全管理体系有效运行起到基础的支持性作用。组织的职业健康安全管理体系的实施和改进是否能实现职业健康安全方针和目标等。

3）法律法规的符合性

依据审核发现评价受审核方的职业健康安全管理行为及安全绩效是否符合相关的法律法规的要求。

4）主要风险控制和关键活动达到预期结果的情况

主要依据对职业健康安全管理体系评价出的主要风险和关键活动的策划、实施、监测、改进情况，综合评价这些过程和活动是否得到有效控制，是否能起到促进职业健康安全管理体系有效运行的作用，是否能为实现组织的职业健康安全目标、控制风险起到促进作用。

5）管理者和员工的安全意识

受审核方高层管理者和广大员工是否认识到建立、实施、保持和改进职业健康安全管理体系的重要性。

6）职业健康安全管理体系持续改进机制

内审、管理评审、纠正措施和运用数据分析决策改进等活动是否促进了组织的职业健康安全管理体系的自我完善和改进。

（十）举行末次会议

应召开一次末次会议，以提交审核发现和结论。

末次会议应由审核组长主持，并有受审核方的管理者出席，并酌情包括：

（1）受审核的职能或程序的负责人；

（2）审核委托方；

（3）审核组其他成员；

（4）审核委托方和 / 或受审核方确定的其他相关方。

如果适用，审核组长应当向受审核方告知在审核过程中遇到的可能降低对审核结论的可信程度的情况。如果在管理体系中或与审核委托方的协议中有规定，则参与者应当就解决审核发现的行动计划的时间框架达成一致。

会议的详略程度应该考虑管理体系在实现受审核方目标方面的有效性，包括考虑其环境以及风险和机遇。

在末次会议期间，还应考虑受审核方对审核过程的熟悉程度，以确保向与会者提供适当的细节。

对于一些审核情况，会议可以是正式的，应保持会议记录（包括出席记录）。在其他情况下，例如内部审核，末次会议可能不那么正式，而仅由传达审核发现和审核结论组成。

在会议结束时，应适当地向受审核方解释下列事项：

（1）告知所收集的审核证据是基于可获得的信息样本，并且不一定充分代表受审核方过程的总体有效性；

（2）报告的方法；

（3）如何根据商定的过程处置审核发现；

（4）未充分处置审核发现的可能后果；

（5）以受审核方管理者理解和承认的方式提出审核发现和结论；

（6）任何相关的审核后续活动（例如，实施和评审纠正措施，处理审核投诉、申诉的程序）。

关于审核组和受审核方之间的审核发现或结论的任何分歧意见都应当讨论，如果可能的话，应当予以解决。如果没有解决，应该被记录下来。

如果审核目标有规定，可提出改进机会的建议。应该强调的是，建议并不具有约束力。

四、审核报告的准备和分发

（一）审核报告的准备

审核组长应根据审核方案报告审核结论。审核报告应提供完整、准确、简洁和明确的审核记录，并应包括或引用下列内容：

（1）审核目标；

（2）审核范围，特别是明确受审核的组织（受审核方）及其职能或过程；

（3）明确审核委托方；

（4）明确审核组和受审核方参与者；

（5）进行审核活动的日期和地点；

（6）审核准则；

（7）审核发现和相关证据；

（8）审核结论；

（9）对审核准则遵循程度的声明；

（10）审核组与受审核方之间未解决的分歧意见；

（11）审核本质上是抽样运作；因此，审核证据存在不具代表性的风险。

审核报告也可酌情包括或引用以下内容：

（1）包括时间安排的审核计划；

（2）审核过程摘要，包括可能降低审核结论可靠性的任何障碍；

（3）确认审核目标已根据审核计划在审核范围内实现；

（4）审核范围内未包括的任何领域，包括任何证据、资源或机密性问题，并附有相关理由；

（5）概述审核结论和支持审核结论的主要审核发现；

（6）已确定的良好实践；

（7）商定的后续活动计划，如果有的话；

（8）内容的保密性声明；

（9）对审核计划或后续审核的任何启示。

（二）审核报告的分发

审核报告应当在商定的时间期限内提交。如果不能完成，应当向审核委托方通报延误的理由，并就新的提交日期达成一致。

审核报告应当根据审核方案程序的规定注明日期，并经评审和批准。

经批准的审核报告应当分发给审核委托方指定的接收者。

审核报告属审核委托方所有，审核组成员和审核报告的所有接收者都应当尊重并保持审核的保密性。

五、审核完成

当审核计划中的所有活动已完成，并分发了经过批准的审核报告时，审核即告结束。

审核的相关文件应当根据参与各方的协议，并按照审核方案程序、适用的法律法规和合同要求予以保存或销毁。

除非法律要求，审核组和负责管理审核方案的人员若没有得到审核委托方和（适当时）受审核方的明确批准，不应当向任何其他方泄露文件的内容以及审核中获得的其他信息或审核报告。如果需要披露审核文件的内容，应当尽快通知审核委托方和受审核方。

从审核中获得的经验教训应作为审核方案和受审核方确定风险和机遇并改进的输入。

六、审核后续活动的实施

根据审核目标，审核结论可以指出采取纠正、预防和改进措施的需要。此类措施通常由受审核方确定并在商定的期限内实施。适当时，受审核方应当将这些措施的状态告知审核方案管理人员和审核组。

应当对纠正措施的完成情况及有效性进行验证。验证可以是后续审核活动的一部分。

结果应报告给管理审核方案的人员，并报告给审核委托方进行管理评审。

（一）纠正措施跟踪的重要性

（1）受审核方通过对出现的不符合进行原因分析和总结，根治过去出现的不符合项和尚未在审核中查出的不符合，防止这种不符合给相关方和员工在职业健康安全方面带来的影响；

（2）通过实施纠正措施，可以使该类不符合今后不再发生；

（3）强化了受审核方的“预防为主”意识。

（二）纠正措施要求的提出

审核组在末次会议上提交不符合项报告，向受审核方正式提出采取纠正措施的要求，明确提交纠正措施计划和完成纠正措施的期限。

（三）纠正措施计划的制定

受审核方应针对不符合项制定纠正措施计划，其内容包括：

（1）评审发生的不符合项；

（2）举一反三，自查是否存在类似不符合项，以便一并解决；

（3）发生不符合项的原因，可能包括：

1）有关人员缺乏必要的培训和技能，以致工作中出现失误；

2）文件本身存在不足，如缺乏可操作性、有漏洞、有错误，或缺乏必要的文件。

（4）可行时，制定处置措施，以纠正不符合或消除不良影响，但这不意味着要对历史记录缺陷进行修补，因为这种做法于事无补，且可能使人们误解纠正措施的真正意义。

（5）制定纠正措施，包括制定新文件，或对原有文件进行修改，以消除发生不符合项的原因，避免将来再次发生类似问题。

（6）明确步骤、职责、进度和期限。

受审核部门的负责人应对纠正措施计划的制定和实施负责。

（四）纠正措施的验证

审核员对纠正措施的完成情况进行验证。验证内容包括：

（1）纠正措施是否合理，是否针对不符合的原因；

（2）计划是否已按规定的日期完成；

（3）计划中的各项措施是否都已完成；

（4）完成后的效果如何，是否有同类不合格再发生；

（5）实施情况的证据是否充分有效；

（6）如果纠正措施引发了对新文件化信息的制定或对原有文件化信息的修改，是否按相关控制程序的规定办理了修改、批准和发放手续并加以记录？这些文件化信息是否已得到贯彻执行。

第五节 职业健康安全管理体系认证

职业健康安全管理体系认证活动包括：

（1）初次审核与认证，包括：

1）申请和申请评审；

2）初次认证审核，包括：

①第一阶段审核；

②第二阶段审核；

3）初次认证的审核结论；

4）初次认证的授予；

（2）监督活动（包括监督审核及其他监督活动）；

（3）特殊审核；

（4）再认证。

审核是认证过程的组成部分，是确定管理体系与相应的管理体系标准的符合程度的过程。只有在组织的管理体系满足了相应的管理体系标准的要求，并同时满足认证的其他要求时，认证机构才能证明该组织的管理体系满足相应的管理体系标准。

ISO 17021-1 给出了所有类型管理体系审核与认证机构的能力、一致性和公正性的原则与要求。

一、初次审核与认证

（一）申请和申请评审

1. 申请

申请认证的组织应提供必要的信息，以使认证机构确定：

（1）申请认证的范围；

（2）申请组织的相关情况，包括组织名称、地址、过程和运作情况、人力资源与技术资源、职能、关系以及任何相关的法律义务；

（3）申请组织采用的所有影响符合性的外包过程；

（4）申请组织寻求认证的标准或其他要求；

（5）是否接受过与拟认证的管理体系有关的咨询，如果接受过，由谁提供的咨询。

2. 申请评审

在实施审核前，认证机构应对认证申请及补充信息进行评审，以确保：

（1）申请组织及其管理体系的信息充分，足以编制审核方案；

（2）已解决认证机构与申请组织之间任何已知的理解差异；

（3）认证机构有能力并能够实施认证活动，包括有能力的审核组成员和有能力的认证决定人员；

（4）考虑了申请的认证范围、申请组织的运作场所、完成审核需要的时间和任何其他影响认证活动的因素，包括语言、安全条件、对公正性的威胁等。

在对申请进行评审后，认证机构应接受或拒绝认证申请。当认证机构基于申请评审的结果拒绝认证申请时，应记录拒绝申请的原因并使客户清楚拒绝的原因。

（二）初次认证审核

职业健康安全管理体系的初次认证审核分为两个阶段实施：第一阶段和第二阶段。

1. 第一阶段审核

第一阶段审核的目的有两个方面：

（1）确认受审核方已按 ISO 45001:2018 建立了职业健康安全管理体系，并已正常运行；

（2）为第二阶段审核做好准备。

第一阶段审核的内容包括：

（1）审核客户的管理体系文件；

（2）评价客户的运作场所和现场的具体情况，并与客户沟通，以确定第二阶段审核的准备情况；

（3）审查客户理解和实施标准要求的情况，特别是职业健康安全管理体系的安全绩效，主要危险源辨识，风险评价，风险控制措施的策划合理性、有效性及实施情况，不容许风险评价是否合理、充分，目标和运作的识别与控制情况；

（4）收集关于客户的职业健康安全管理体系范围的必要信息，包括过程、场所以及相关的法律法规要求和遵守情况（如运作中的危险源、法律法规，相关的风险等）；

（5）审查第二阶段审核所需资源的配置情况，并与客户商定第二阶段审核的细节；

（6）结合职业健康安全管理体系标准或其他规范性文件，充分了解客户的管理体系和现场运作，以便为策划第二阶段审核提供关注点；

（7）评价客户是否策划和实施了合规性评价、内部审核与管理评审，以及管理体系的实施程度能否证明客户已为第二阶段审核做好准备。

为实现上述目标，大多数职业健康安全管理体系第一阶段审核活动（至少部分活动）应在客户的现场所进行。不必所有条款、部门均审核，可在有限时间内审核主要条款、部门和活动。

认证机构应将第一阶段审核发现形成文件（包括问题清单）并告知客户，包括所识别的任何引起关注的、在第二阶段审核中可能被判定为不符合的问题，其改进情况可在第二阶段验证。如有严重不符合，则需改进后经验证合格，才可进行二阶段审核。

认证机构在确定第一阶段审核和第二阶段审核的间隔时间时，应考虑客户解决第一阶段审核中识别的任何需关注问题所需的时间。认证机构也可能需要调整第二阶段审核的安排。

在以下特定情况下，第一阶段审核可不进行现场审核：

（1）受审核方组织规模及现场范围很小，危险源明确、类型简单、危害轻微；

（2）审核组长已充分了解受审核方的现场及其过程运行特点，认为具备认证审核的条件；

（3）审核组有充分的资源保证，在受审核方的配合下，可确保一个阶段的审核能满足审核的全部要求。

2. 第二阶段审核

第二阶段审核的目的是评价受审核方职业健康安全管理体系的实施情况，与ISO 45001:2018 标准的符合性、有效性，确认受审核方的职业健康安全管理体系是否能够认证注册。

第二阶段审核应在受审核方的现场进行，“现场”审核可以包括对包含管理体系审核相关信息的电子化场所的远程访问，也可以考虑使用电子手段实施审核。

第二阶段审核至少覆盖以下方面：

（1）与适用的管理体系标准或其他规范性文件的所有要求的符合情况及证据；

（2）依据关键绩效目标和指标（与适用的管理体系标准或其他规范性文件的期望一致），对绩效进行的监视、测量、报告和评审；

（3）受审核方的管理体系绩效中与遵守法律有关的方面；

（4）受审核方过程的运作控制；

（5）内部审核和管理评审；

（6）受审核方方针的管理职责；

（7）规范性要求、方针、绩效目标和指标（与适用的管理体系标准或其他规范性文件的期望一致）、适用的法律要求、职责、人员能力、运作、程序、绩效数据和内部审核发现及结论之间的联系。

3. 两个阶段审核之间的关系

第一阶段审核与第二阶段审核加在一起是职业健康安全管理体系初次审核的完整审核。两个阶段审核的审核准则、认证范围和审核方法是相同的，但它们的审核目的、审核内容和审核结论是不同的。第一阶段审核的结论是能否进行第二阶段审核，什么时候可以进行第二阶段审核；第二阶段审核的结论是能否推荐认证注册。按照中国合格评定国家认可委员会《管理体系认证机构要求》（CNAS-CC01）的规定，职业健康安全管理体系的初次审核必须分为两个阶段进行。

（三）初次认证的审核结论

审核组应对在第一阶段和第二阶段审核中收集的所有信息和证据进行分析，以评审审核发现并就审核结论达成一致。

（四）认证决定

认证机构应确保做出授予或拒绝认证、扩大或缩小认证范围、暂停或恢复认证、撤销认证或更新认证的决定的人员或委员会不是实施审核的人员。被指定进行认证决定的人员应具有适宜的能力。认证机构指定的认证决定人员应为认证机构的雇员，或者是一个处于认证机构组织控制下的实体的雇员；或者与认证机构或上述实体具有在法律上有强制实施力的安排。认证机构应记录每项认证决定，包括从审核组或其他来源获得的任何补充信息或澄清。

认证机构在做出授予或拒绝认证、扩大或缩小认证范围、更新、暂停或恢复或者撤销认证的决定前，应有过程对下列方面进行有效的审查：

（1）审核组提供的信息足以确定认证要求的满足情况和认证范围；

（2）对于所有严重不符合，认证机构已审查、接受和验证了纠正和纠正措施；

（3）对于所有轻微不符合，认证机构已审查和接受了客户对纠正和纠正措施的计划。

（五）授予初次认证所需的信息

为使认证机构做出认证决定，审核组至少应向认证机构提供以下信息：

（1）审核报告；

（2）对不符合的意见，适用时，还包括对客户采取的纠正和纠正措施的意见；

（3）对提供给认证机构用于申请评审的信息的确认；

（4）对是否授予认证的推荐性意见及附带的任何条件或评论。

认证机构应在评价审核发现和结论及任何其他相关信息（如公共信息、客户对审核报告的意见）的基础上做出认证决定。

如果认证机构不能在第二阶段结束后 6 个月内验证对严重不符合实施的纠正和纠正措施，则应在推荐认证前再实施一次第二阶段审核。

当认证从一个认证机构转换到另一个认证机构时，接受认证机构应有过程获取充分的信息以做出认证决定。

二、监督活动

认证机构应对其监督活动进行设计，以便定期对管理体系范围内有代表性的区域和职能进行监视，并应考虑获证客户及其管理体系的变更情况。监督活动除对获证客户管理体系满足认证标准规定要求情况的现场审核（即监督审核）外，还可包括：

（1）认证机构就认证的有关方面询问获证客户；

（2）审查获证客户对其运作的说明（如宣传材料、网页）；

（3）要求获证客户提供文件和记录（纸质或电子介质）；

（4）其他监视获证客户绩效的方法。

（一）监督审核

监督审核是现场审核，但不一定是对整个体系的审核（一般是初次认证总时间的三分之一），并应与其他监督活动一起策划。监督审核应使认证机构能对获证管理体系在认证周期内持续满足要求保持信任。监督审核方案至少应包括对以下方面的审查：

（1）内部审核和管理评审；

（2）对上次审核中确定的不符合所采取的措施；

（3）对投诉的处理；

（4）管理体系在实现获证客户目标方面的有效性；

（5）为持续改进而策划的活动的进展；

（6）持续的运作控制；

（7）任何变更；

（8）标志的使用和（或）任何其他对认证资格的引用。

监督审核应至少每个日历年进行一次（应进行再认证的年份除外）。初次认证后的第一次监督审核应在认证决定日期起 12 个月内进行。

（二）保持认证

认证机构应在证实获证组织持续满足管理体系标准要求后保持对其的认证。

满足下列前提条件时，认证机构可以根据审核组长的肯定性结论保持对获证组织的认证，而无需对这一结论进行独立复核：

（1）对于任何可能导致暂停或撤销认证的不符合或其他情况，审核组长应向认证机构报告，并由具备适宜能力且未实施该审核的人员进行复核，以确定能否保持认证；

（2）具备能力的认证机构人员对认证机构的监督活动进行监视，包括对审核员的报告活动进行监视，以确认认证活动在有效地运作。

三、再认证审核

（一）再认证审核的策划

认证机构应策划和实施再认证审核，以评价获证组织是否持续满足相关管理体系标准或其他规范性文件的所有要求。再认证审核的目的是确认管理体系作为一个整体的持续符合性与有效性，以及与认证范围的持续相关性和适宜性。

再认证审核应考虑管理体系在认证周期内的绩效，包括调阅以前的监督审核报告。

当管理体系、获证组织或管理体系的运作环境（如法律的变更）有重大变更时，再认证审核活动可能需要有第一阶段审核。

对于多场所认证或依据多个管理体系标准进行的认证，再认证审核的策划应确保现场审核具有足够的覆盖范围，以提供对认证的信任。

（二）再认证审核的实施

再认证审核应包括针对下列方面的现场审核：

（1）结合内部和外部变更来看的整个管理体系的有效性，以及认证范围的持续相关性和适宜性；

（2）经证实的、对保持管理体系有效性并改进管理体系的承诺；

（3）获证管理体系的运行是否促进了组织方针和目标的实现。

在再认证审核中发现不符合或缺少符合性的证据时，认证机构应规定在认证终止前实施纠正与纠正措施的时限。

（三）授予再认证所需的信息

认证机构应根据再认证审核的结果，以及认证周期内的体系评价结果和认证使用方的投诉，做出是否更新认证的决定。

四、特殊审核

（一）扩大认证范围

对于已授予的认证，认证机构应对扩大认证范围的申请进行评审，并确定任何必要的审核活动，以做出是否可予扩大的决定。这类审核活动可以和监督审核同时进行。

（二）提前较短时间通知的审核

认证机构为调查投诉、对变更做出回应或对被暂停的组织进行追踪，可能需要在提前较短时间通知获证组织后对其进行审核。此时：

（1）认证机构应说明并使获证组织提前了解将在何种条件下进行此类审核；

（2）由于获证组织缺乏对审核组成员的任命表示反对的机会，认证机构应在指派审核组时给予更多的关注。

五、暂停、撤销或缩小认证范围

（一）暂停认证资格

发生以下情况（但不限于）时，认证机构应暂停获证客户的认证资格：

（1）客户的获证管理体系持续地或严重地不满足认证要求，包括对管理体系有效性的要求；

（2）获证客户不允许按要求的频次实施监督或再认证审核；

（3）获证客户主动请求暂停。

暂停不应超过 6 个月。在暂停期间，客户的管理体系认证暂时无效。认证机构应与其客户做出具有强制实施力的安排，以确保暂停期间避免客户继续宣传认证资格。认证机构应使认证资格的暂停信息可公开获取，并采取其认为适当的任何其他措施。

在任何一方提出请求时，认证机构应正确说明客户的管理体系认证被暂停的情况。

（二）撤销或缩小认证范围

如果客户未能在认证机构规定的时限内解决造成暂停的问题，认证机构应撤销或缩小其认证范围。如果客户在认证范围的某些部分持续地或严重地不满足认证要求，认证机构应缩小其认证范围，以排除不满足要求的部分。认证范围的缩小应与认证标准的要求一致。

认证机构应与获证客户就撤销认证时的要求做出具有强制实施力的安排，以确保获证客户接到撤销认证的通知时，立即停止使用任何引用认证资格的广告材料。

在任何一方提出请求时，认证机构应正确说明客户的管理体系认证被撤销或缩小的情况。

第七章　审核实战案例分析

第一节　建设工程施工企业审核要点

一、建筑业职业健康安全管理现状

（一）概念导读

（1）建筑业是专门从事土木工程、房屋建设和设备安装以及工程勘察设计工作的生产部门，其产品是各种工厂、矿井、铁路、桥梁、港口、道路、管线、住宅以及公共设施的建筑物、构筑物和设施。

（2）建筑活动是指各类房屋建筑及其附属设施的建造和与其配套的线路、管道、设备的安装活动。

国务院建设行政主管部门对全国的建筑活动实施统一监督管理，建设行政主管部门负责建筑安全生产的管理，并依法接受劳动行政主管部门对建筑安全生产的指导和监督。

（3）建设工程是指土木工程、建筑工程、线路管道和设备安装工程及装修工程。建设单位、勘察单位、设计单位、施工单位、工程监理单位依法对建设工程质量负责。

（4）建筑工程是指房屋建筑和市政基础设施工程及其附属设施和与其配套的线路、管道、设备安装工程。

（5）公路水运工程是指经依法审批、核准或者备案的公路、水运基础设施的新建、改建、扩建等建设项目。

交通运输部负责全国公路水运工程安全生产的监督管理工作。

长江航务管理局承担长江干线航道工程安全生产的监督管理工作。

县级以上地方人民政府交通运输主管部门按照规定的职责负责本行政区域内的公路水运工程安全生产监督管理工作。

（6）《建筑法》第二十六条规定：承包建筑工程的单位应当持有依法取得的资质证书，并在其资质等级许可的业务范围内承揽工程。禁止建筑施工企业超越本企业资质等级许可的业务范围或者以任何形式用其他建筑施工企业的名义承揽工程。禁止建筑施工企业以任何形式允许其他单位或者个人使用本企业的资质证书、营业执照，以本企业的名义承揽工程。

（7）住房和城乡建设部2014年11月6日发布了《建筑业企业资质标准》，其中规定，建筑业企业资质分为施工总承包、专业承包和施工劳务三个序列，其中施工总承包序列设有12个类别，分为特级、一级、二级、三级四个等级；专业承包序列设有36个类别，分为一级、二级、三级三个等级；施工劳务序列不分类别和等级。建筑业等级设置见表 7–1。

表 7–1 建筑业等级设置

序号	施工总承包序列	专业承包序列	施工劳务序列
1	建筑工程施工总承包	地基基础工程专业承包	
2	公路工程施工总承包	起重设备安装工程专业承包	
3	铁路工程施工总承包	预拌混凝土专业承包	
4	港口与航道工程施工总承包	电子与智能化工程专业承包	
5	水利水电工程施工总承包	消防设施工程专业承包	
6	电力工程施工总承包	防水防腐保温工程专业承包	
7	矿山工程施工总承包	桥梁工程专业承包	
8	冶金工程施工总承包	隧道工程专业承包	
9	石油化工工程施工总承包	钢结构工程专业承包	
10	市政公用工程施工总承包	模板脚手架专业承包	
11	通信工程施工总承包	建筑装饰装修工程专业承包	
12	机电工程施工总承包	建筑机电安装工程专业承包	
13		建筑幕墙工程专业承包	
14		古建筑工程专业承包	
15		城市及道路照明工程专业承包	
16		公路路面工程专业承包	
17		公路路基工程专业承包	
18		公路交通工程专业承包	
19		铁路电务工程专业承包	
20		铁路铺轨架梁工程专业承包	
21		铁路电气化工程专业承包	
22		机场场道工程专业承包	
23		民航空管工程及机场弱电系统工程专业承包	
24		机场目视助航工程专业承包	
25		港口与海岸工程专业承包	
26		航道工程专业承包	
27		航道建筑物工程专业承包	
28		港航设备安装及水上交管工程专业承包	

表 7-1（续）

序号	施工总承包序列	专业承包序列	施工劳务序列
29		水工金属结构制作与安装工程专业承包	
30		水利水电机电安装工程专业承包	
31		河湖整治工程专业承包	
32		输变电工程专业承包	
33		核工程专业承包	
34		海洋石油工程专业承包	
35		环保工程专业承包	
36		特种工程专业承包	

（8）2017 年 11 月 7 日住房城乡建设部办公厅发布了《关于征求〈关于培育新时期建筑产业工人队伍的指导意见〉（征求意见稿）意见的函》（建办市函〔2017〕763 号），其中提出“取消建筑施工劳务资质审批，设立专业作业企业资质，实行告知备案制”，2018 年 11 月 9 日起在河南、四川两省开展“培育新时期建筑产业工人队伍”试点工作。

（二）建筑业职业健康安全管理现状

建设工程施工大多露天作业，气象条件多变，不同工程的建筑物结构、规模、施工工艺也不同，大量建筑材料、作业人员、施工机具、施工工序汇聚，存在立体交叉作业多、管理层次复杂、人员流动性大、作业技能参差不齐等问题，导致生产安全事故时有发生。

2018 年 7 月 19 日，国务院安委会办公室发布了《关于 2018 年上半年全国建筑业安全生产形势的通报》（安委办函〔2018〕67 号），对 2018 年上半年建筑业安全生产形势进行了汇总、分析，明确指出：建筑业安全生产形势总体稳定，但事故总量同比增加，安全生产形势依然严峻复杂，主要表现在：

1. 事故总量持续保持在高位

上半年全国建筑业共发生生产安全事故 1 732 起、死亡 1 752 人，同比分别上升 7.8% 和 1.4%，事故总量已连续 9 年排在工矿商贸事故第一位，事故起数和死亡人数自 2016 年起连续“双上升”；较大事故发生 32 起、死亡 113 人，同比分别下降 17.9% 和 26.1%；重大事故发生 1 起，同比持平。

2. 部分地区和行业领域较大事故多发

上半年共有 18 个省份发生建筑业较大以上事故，其中 9 个省份发生 2 起及以上较大事故。房屋建筑及市政工程领域的较大事故占比最大，其余较大事故主要发生在交通建设工程、电力建设工程领域。

3. 高处坠落和坍塌是事故主要类型

在一般事故中，高处坠落事故占全部事故总数的 48.2%，物体打击占 13.6%，其他分别为坍塌、触电、机械伤害等。在较大事故中，坍塌事故起数占总数的 45.1%，其余分别为高处坠落、中毒窒息、物体打击等。唯一的 1 起重大事故为坍塌事故。

4. 中央企业较大以上事故多发

上半年共有 6 家中央企业发生了 8 起较大事故和 1 起重大事故，其中有 5 起发生在公路、铁路、地铁工程建设领域，有 7 起发生在中西部地区，有 5 起发生在施工风险较大的地下工程。

5. 复杂地质条件下施工重大事故风险较高

部分复杂地质地区的隧道工程及地铁工程施工安全风险较高，上半年的广东佛山“2・7”地铁坍塌重大事故发生在深厚富水粉砂层且临近强透水的中粗砂层，隧道透水涌砂涌泥坍塌的风险高。此外，2017 年的建筑业 1 起隧道瓦斯爆炸重大事故和 2 起各被困 9 人的隧道坍塌重大涉险事故，也均发生在不良地质和特殊岩土地质隧道施工过程中。

6. 企业主体责任不落实仍是事故发生的主要原因

部分施工单位安全生产红线意识不牢，存在侥幸心理，大部分的事故中施工单位总承包、专业承包、劳务分包关系界限不清、职责不明，现场管理混乱，以包代管、包而不管，安全技术交底和培训教育流于形式，不按专项方案施工，施工现场违规违章行为普遍，直接导致事故发生；建设、监理等单位未严格对工程项目进行监督管理，对施工现场安全隐患督促、整改不力。

建筑业受行业特点所限，安全管理与传统的产品生产制造企业有所不同，所以，对建设工程施工企业职业健康安全管理体系进行审核时，宜采用系统思维，应用安全生产技术，重点从过程管控、风险预控的角度实施审核。

二、建设工程施工企业项目部审核要点及审核提示

下面以公路工程施工企业为例，简要介绍项目部现场审核应关注的要点。当条款中所列内容与我国现行的法律法规、标准规范等存有差异时，应以现行有效的法律法规、标准规范及相关要求为准。

（一）案例场景

某路桥建设开发总公司为国有交通建设施工企业，具有公路工程施工总承包一级资质，路基、路面、桥梁、隧道四个专业一级资质。公司注册资金 2 亿元，拥有大型设备 200 多台套，现有职工 550 人，其中专业技术人员占 85%，年产值已超过 10 亿元。公司先后承建一大批国家、省、市重点工程建设项目，累计完成高等级公路路基 180km，路面 360km，大中桥 51.8km，隧道 37.5km，有近 20 项工程分别荣获国家级、部级、省级、市级优质工程奖。

本次选取该公司目前在建的 1 个高速公路项目部进行审核。该项目合同段路基全长 9.9km，路面全长 56.17km，桥梁 1 座（桥长 137m），隧道 1 座（左线 2 790m，右线 2

842m），合同工期 30 个月。

（二）获取审核证据的方式

审核员到项目部现场时，可采用以下方式获取审核证据：

（1）与项目负责人、技术负责人、安全生产管理人员、岗位作业人员以及相关职能管理人员、技术人员进行沟通、交流；

（2）查阅文件化信息，包括但不限于：安全生产责任制、安全生产管理制度、安全生产操作规程、生产安全事故应急救援预案、施工组织设计文件、安全生产合同和协议、与施工安全管理有关的资料和档案等；

（3）现场查看项目部驻地、试验室、取弃土场、物料堆场、设备物资库、拌和站、预制场、钢筋加工场、特种设备、临时用电设备、电气线路、在施项目现场等；

（4）现场关注人员的安全作业行为，包括但不限于：劳动防护用品佩戴、岗位操作、交叉作业、相关方管控等。

（三）审核项目基本情况及合同段工程概况

1. 审核要点

在现场审核前，应首先了解项目基本情况，为后续审核提供基础信息，包括但不限于：项目名称、地理位置、业主单位、设计单位、施工单位、监理单位、合同工期、工程造价、施工许可、开（复）工令、主要施工阶段、目前施工状态、夜间施工情况、员工工伤保险及团体意外伤害险缴费情况等。

2. 审核提示

（1）《建筑法》中规定：建设单位应当自领取施工许可证之日起三个月内开工。因故不能按期开工的，应当向发证机关申请延期；延期以两次为限，每次不超过三个月。既不开工又不申请延期或者超过延期时限的，施工许可证自行废止。

在建的建筑工程因故中止施工的，建设单位应当自中止施工之日起一个月内，向发证机关报告，并按照规定做好建筑工程的维护管理工作。建筑工程恢复施工时，应当向发证机关报告；中止施工满一年的工程恢复施工前，建设单位应当报发证机关核验施工许可证。

按照国务院有关规定批准开工报告的建筑工程，因故不能按期开工或者中止施工的，应当及时向批准机关报告情况。因故不能按期开工超过六个月的，应当重新办理开工报告的批准手续。

（2）《水上水下活动通航安全管理规定》（交通运输部令 2019 年 第 2 号）中明确规定："在内河通航水域或者岸线上进行下列水上水下活动，应当经海事管理机构批准：

1）勘探、港外采掘、爆破；

2）构筑、设置、维修、拆除水上水下构筑物或者设施；

3）架设桥梁、索道；

4）铺设、检修、拆除水上水下电缆或者管道；

5）设置系船浮筒、浮趸、缆桩等设施；

6）航道建设施工、码头前沿水域疏浚；

7）举行大型群众性活动、体育比赛；

8）打捞沉船、沉物；

在管辖海域进行调查、勘探、开采、测量、建筑（包括构筑、设置、维修、拆除水上水下构筑物或者设施，架设桥梁、索道，铺设、检修、拆除水上水下电缆或者管道，设置系船浮筒、浮趸、缆桩等设施，航道建设）、疏浚（航道养护疏浚除外）、爆破、打捞沉船沉物、拖带、捕捞、养殖、科学试验和其他水上水下施工，应当经海事管理机构批准。

在取得海事管理机构颁发的《中华人民共和国水上水下活动许可证》（以下简称“许可证”）后，方可进行相应的水上水下活动。

在港口进行可能危及港口安全的采掘、爆破等活动，建设单位、施工单位应当报经港口行政管理部门批准。港口行政管理部门应当将审批情况及时通报海事管理机构。”

（四）审核条款 5.3“组织的角色、职责和权限”

1. 概念导读

（1）施工单位主要负责人：指对本企业日常生产经营活动和安全生产工作全面负责、有生产经营决策权的人员，包括企业法定代表人、企业安全生产工作的负责人等。

（2）项目部：指实施或参与项目管理工作，且有明确职责、权限和相互关系的人员及设施的集合部门。

（3）项目负责人：指取得相应注册执业资格，由企业法定代表人授权，负责具体工程项目管理的人员，包括项目经理、项目副经理和项目总工。

（4）安全生产管理机构：指企业设置的负责安全生产管理工作的职能部门。

（5）专职安全生产管理人员：指在企业专职从事安全生产管理工作的人员，包括企业安全生产管理机构负责人及其工作人员和工程项目专职从事安全生产管理工作的人员。

（6）安全生产责任制：安全生产责任体系的重要载体，企业应依据安全生产法律法规要求，在生产经营活动中，根据企业岗位性质、特点和具体工作内容，明确所有层级、各类岗位从业人员的安全生产责任，通过加强教育培训、强化管理考核和严格奖惩等方式，建立安全生产工作“层层负责、人人有责、各负其责”的工作体系。

2. 审核要点和审核提示

审核要点 1

查阅项目部安全生产管理机构设置文件，了解项目部安全生产组织架构。

审核提示 1

项目部应成立安全生产领导小组，组长由项目经理担任，副组长由安全总监、副经理、总工程师担任，成员由各部门负责人、分包单位负责人组成。

安全生产领导小组下设办公室，主任由安全生产管理部门负责人兼任。

审核要点 2

确认专职安全生产管理人员配备的合规性。

审核提示 2

1）本案例中的企业为公路工程建设单位，其专职安全员的配备应符合《公路水运工程安全生产监督管理办法》要求，即：施工单位应当根据工程施工作业特点、安全风险以及施工组织难度，按照年度施工产值配备专职安全生产管理人员，不足 5 000 万元的至少配备 1 名；5 000 万元以上、不足 2 亿元的按每 5 000 万元不少于 1 名的比例配备；2 亿元以上的不少于 5 名，且按专业配备。

2）住房和城乡建设部 2008 年 5 月 13 日发布了《建筑施工企业安全生产管理机构设置及专职安全生产管理人员配备办法》，规定了从事土木工程、建筑工程、线路管道和设备安装工程及装修工程的新建、改建、扩建和拆除等活动的建筑施工企业专职安全生产管理人员的配备要求，见表 7–2 和表 7–3。

表 7–2 建筑施工企业安全生产管理机构专职安全生产管理人员配备标准

<table>
<tr><th>序号</th><th>资质</th><th>专职安全生产管理人员配备标准</th><th>备注</th></tr>
<tr><td>1</td><td>总承包</td><td>特级资质不少于 6 人；一级资质不少于 4 人；二级和二级以下资质企业不少于 3 人</td><td rowspan="4">根据企业经营规模、设备管理和生产需要予以增加</td></tr>
<tr><td>2</td><td>专业承包</td><td>一级资质不少于 3 人；二级和二级以下资质企业不少于 2 人</td></tr>
<tr><td>3</td><td>劳务分包</td><td>不少于 2 人</td></tr>
<tr><td>4</td><td>分公司、区域公司等较大的分支机构</td><td>依据实际生产情况配备不少于 2 人</td></tr>
</table>

表 7–3 建筑施工企业项目专职安全生产管理人员配备标准

<table>
<tr><th>序号</th><th>资质</th><th>类别</th><th colspan="2">专职安全生产管理人员配备标准</th><th>备注</th></tr>
<tr><td rowspan="3">1</td><td rowspan="6">总承包</td><td rowspan="3">建筑工程、装修工程按建筑面积及专业配备</td><td>1 万 m^2 以下的工程</td><td>不少于 1 人</td><td rowspan="11">采用新技术、新工艺、新材料或致害因素多、施工作业难度大的工程项目，根据施工实际情况，在配备标准上增加</td></tr>
<tr><td>1 万 ~ 5 万 m^2 的工程</td><td>不少于 2 人</td></tr>
<tr><td>5 万 m^2 及以上的工程</td><td>不少于 3 人</td></tr>
<tr><td rowspan="3">2</td><td rowspan="3">土木工程、线路管道、设备安装工程按工程合同价及专业配备</td><td>5 000 万元以下的工程</td><td>不少于 1 人</td></tr>
<tr><td>5 000 万 ~ 1 亿元的工程</td><td>不少于 2 人</td></tr>
<tr><td>1 亿元及以上的工程</td><td>不少于 3 人</td></tr>
<tr><td>2</td><td>专业承包</td><td colspan="3">至少 1 人，根据所承担的分部分项工程的工程量和施工危险程度增加</td></tr>
<tr><td rowspan="3">3</td><td rowspan="3">劳务分包</td><td rowspan="3">施工人数</td><td>50 人以下</td><td>1 名</td></tr>
<tr><td>50 人 ~200 人</td><td>2 名</td></tr>
<tr><td>200 人以上</td><td>3 名及以上，根据施工危险实际情况增加，不得少于工程施工人员总人数的 5‰</td></tr>
</table>

审核要点 3

查阅安全生产责任制，确认安全生产职责与法规要求和项目实际是否一致。

审核提示 3

1）国务院安委会办公室2017年10月10日下发了《关于全面加强企业全员安全生产责任制工作的通知》（安委办〔2017〕29号），明确要求企业要按照《安全生产法》《职业病防治法》等法律法规，参照《企业安全生产标准化基本规范》（GB/T 33000—2016）和《企业安全生产责任体系五落实五到位规定》（安监总办〔2015〕27号）等有关要求，结合自身实际，明确从主要负责人到一线从业人员（含劳务派遣人员、实习学生等）的安全生产责任、责任范围和考核标准。安全生产责任制应覆盖企业所有组织和岗位，其责任内容、范围、考核标准要简明扼要、清晰明确、便于操作、适时更新。

2）项目部应落实"党政同责""一岗双责""属地管理"要求，细化各岗位，包括项目负责人、技术负责人、专职安全生产管理人员、班组长、施工员、岗位操作人员等各类人员的安全生产职责。

3）现场审核时，应关注法规中有关项目负责人、专职安全生产管理人员的职责规定（见表7-4和表7-5）。

表7-4 项目负责人职责

序号	法规、规范名称	职责
1	《建筑施工企业主要负责人、项目负责人和专职安全生产管理人员安全生产管理规定》	第十七条 项目负责人对本项目安全生产管理全面负责，应当建立项目安全生产管理体系，明确项目管理人员安全职责，落实安全生产管理制度，确保项目安全生产费用有效使用。 第十八条 项目负责人应当按规定实施项目安全生产管理，监控危险性较大分部分项工程，及时排查处理施工现场安全事故隐患，隐患排查处理情况应当记入项目安全管理档案；发生事故时，应当按规定及时报告并开展现场救援。 工程项目实行总承包的，总承包企业项目负责人应当定期考核分包企业安全生产管理情况
2	《公路水运工程安全生产监督管理办法》	第三十五条 施工单位应当书面明确本单位的项目负责人，代表本单位组织实施项目施工生产。 项目负责人对项目安全生产工作负有下列职责： （一）建立项目安全生产责任制，实施相应的考核与奖惩； （二）按规定配足项目专职安全生产管理人员； （三）结合项目特点，组织制定项目安全生产规章制度和操作规程； （四）组织制定项目安全生产教育和培训计划； （五）督促项目安全生产费用的规范使用； （六）依据风险评估结论，完善施工组织设计和专项施工方案； （七）建立安全预防控制体系和隐患排查治理体系，督促、检查项目安全生产工作，确认重大事故隐患整改情况； （八）组织制定本合同段施工专项应急预案和现场处置方案，并定期组织演练； （九）及时、如实报告生产安全事故并组织自救

表7-5 专职安全生产管理人员职责

序号	法规、规范名称	职责
1	《建筑施工企业主要负责人、项目负责人和专职安全生产管理人员安全生产管理规定》	第二十条 项目专职安全生产管理人员应当每天在施工现场开展安全检查，现场监督危险性较大的分部分项工程安全专项施工方案实施。对检查中发现的安全事故隐患，应当立即处理；不能处理的，应当及时报告项目负责人和企业安全生产管理机构。项目负责人应当及时处理。检查及处理情况应当记入项目安全管理档案
2	《公路水运工程安全生产监督管理办法》	第三十六条 施工单位的专职安全生产管理人员履行下列职责： （一）组织或者参与拟订本单位安全生产规章制度、操作规程，以及合同段施工专项应急预案和现场处置方案； （二）组织或者参与本单位安全生产教育和培训，如实记录安全生产教育和培训情况； （三）督促落实本单位施工安全风险管控措施； （四）组织或者参与本合同段施工应急救援演练； （五）检查施工现场安全生产状况，做好检查记录，提出改进安全生产标准化建设的建议； （六）及时排查、报告安全事故隐患，并督促落实事故隐患治理措施； （七）制止和纠正违章指挥、违章操作和违反劳动纪律的行为

审核要点4

项目部各岗位职责和权限在所有层级沟通的方式及有效性。

审核提示4

1）沟通的方式包括但不限于发布文件、公示、培训等。

2）《关于全面加强企业全员安全生产责任制工作的通知》要求，企业要在适当位置对全员安全生产责任制进行长期公示，公示的内容主要包括：所有层级、所有岗位的安全生产责任、安全生产责任范围、安全生产责任考核标准等；企业要将全员安全生产责任制教育培训工作纳入安全生产年度培训计划并组织实施等。

（五）审核条款6.1.1“应对风险和机遇的措施——总则”

1. 审核要点

项目部在职业健康安全管理体系建立、实施、保持过程中，是否关注了内外部环境变化对体系运行的影响，是否根据变化情况确定和实施了应对风险和机遇的措施。

2. 审核提示

在现场审核时，应重点关注行业特点导致的风险及所采取的应对措施。

（1）建筑业的风险包括但不限于：

1）施工现场不固定，外部环境（如地理位置、地质特征、气象自然条件、交通治安状况、人文社会环境等因素）多变，有可能引发职业健康安全事故。

2）建筑业从业人员，尤其是专业承包、劳务分包人员流动性较大，人员素质参差不齐，给体系运行带来一定影响。

3）工程施工涉及的专业、工序、立体交叉作业多，施工工艺、设施设备、建筑材料也会发生变化，大量的人员、施工机具、施工工序汇聚会带来管理和运行风险。

（2）施工前，应识别周边环境固有的风险，如当施工项目毗邻学校、医院、居民区、文物保护区、有地下构造物（电缆、管道等）等敏感区域时，应对工程施工可能造成损害的建筑物、构筑物和地下管线等进行安全风险论证，并采取专项防护措施，提前做好预评、预判和预控。

（3）项目部要识别法律法规变化、行业监管日趋严格、施工所在地特定要求等，结合内、外部环境变化，动态识别风险和机遇，并快速应对。

（六）审核条款 6.2.1“职业健康安全目标”

1. 审核要点

（1）项目部应建立职业健康安全总目标，总目标不得低于公司、业主单位及地方监管部门的要求；

（2）目标应在相关职能和层次分解，体现风险和机遇评价、与员工及其代表协商的结果以及持续改进要求等；

（3）应明确绩效评价准则，并实施定期监视、测量；

（4）及时传达并适时更新。

2. 审核提示

（1）项目部应制定安全生产总目标，工程参建单位根据总目标，分解制定分项目标和考核指标。

（2）安全生产考核指标可包含以下几类：

1）管理类：各类人员履职情况、培训教育覆盖率、设备设施完好率、内业资料完好率、档案归档及时率等；

2）事故类：各类（如生产安全、消防、交通、设备、职业健康安全等）事故起数、受伤人数、死亡人数、事故率等；

3）隐患类：事故隐患整改率、重大事故隐患比例等。

（3）建议采取以下措施，对安全生产目标完成情况进行跟踪管控，以实现预期效果：

1）制定实施计划，分解总目标。根据法规要求、施工环境、气象条件、工程进度、业主及相关方要求等，制定年度、季度、月度分项目标和考核指标，分解到各参建单位、各类管理人员、作业队、作业班组，制订管控措施计划并组织实施。

2）落实主体责任，实现分级考核。在目标实施前和实施过程中，应严格落实主体责任，制定考核实施细则，将各级领导、各部门、各岗位的安全生产考核指标与经济利益和评优奖先挂钩，建立自主管理、自我控制、分级负责、奖惩兑现的考核机制。

3）定期监督检查，实现改进提升。加强对分目标实施情况的定期监督检查、考核评价，及时发现薄弱环节，按照责任到人、时限明确、措施严密、复查确认的原则进行闭环管理，做到认真考核、严格验收、整改到位，不断实现改进提升。

4）建议制定目标、分解考核时，将“平安工地”、地方监管部门要求等融入其中。

（七）审核条款 6.1.2“危险源辨识及风险和机遇的评价”、6.1.4“措施的策划”

1. 审核要点

（1）文件审核

1）是否建立了《危险源辨识与评价程序》，明确辨识了评价范围、职责、程序、方法、评价规则、成果提交形式等；

2）评价范围是否包含了项目部管控范围和可施加影响范围的全部常规和非常规活动、潜在的紧急情况、变更等因素；

3）评价方法是否适宜，评价规则是否合理并具有可操作性；

4）是否明确了评价结果的提交方式，如危险源清单、不可接受风险清单、风险评估报告等；

5）了解评价结果的应用方式，如：在编制施工组织设计方案、专项施工方案、安全生产管理制度、安全操作规程、生产安全事故应急预案、隐患排查清单、开展安全教育培训等活动时，是否考虑了危险源辨识和评价的结果等。

（2）现场审核

1）查阅危险源辨识评价记录，判定辨识的全面性、评价的合理性和评价结果的准确性；

2）现场观察确认危险源辨识工作的充分性、完整性以及不可接受风险评价结果的准确性；

3）确认是否根据变化情况及时更新。

2. 审核提示

现场审核时，应关注安全生产领域构建双重预防控制体系的要求。

双重预防机制建设是企业安全生产管理的重要内容，也是企业主要负责人的职责之一，是企业自我约束、自我纠正、自我提升、预防事故发生的根本途径。

（1）2016 年 4 月 28 日国务院安委会办公室印发了《标本兼治遏制重特大事故工作指南》（安委办〔2016〕3 号），2016 年 10 月 9 日国务院安委会办公室发布了《关于实施遏制重特大事故工作指南 构建双重预防机制的意见》（安委办〔2016〕11 号），提出构建双重预防机制的要求，包括：

1）全面开展安全风险辨识。针对本企业类型和特点，制定科学的安全风险辨识程序和方法，全面开展安全风险辨识。企业要组织专家和全体员工，采取安全绩效奖惩等有效措施，全方位、全过程辨识生产工艺、设备设施、作业环境、人员行为和管理体系等方面存在的安全风险，做到系统、全面、无遗漏，并持续更新完善。

2）科学评定安全风险等级。安全风险评估过程要突出遏制重特大事故，高度关注暴露人群，聚焦重大危险源、劳动密集型场所、高危作业工序和受影响的人群规模。

企业要对辨识出的安全风险进行分类梳理，参照（GB/T 6441）《企业职工伤亡事故分类》，综合考虑起因物、引起事故的诱导性原因、致害物、伤害方式等，确定安全风险类别。对不同类别的安全风险，采用相应的风险评估方法确定安全风险等级。

安全风险等级从高到低划分为重大风险、较大风险、一般风险和低（或较小）风险，分别用红、橙、黄、蓝四种颜色标示。其中，重大安全风险应填写清单、汇总造册，按照职责范围报告属地负有安全生产监督管理职责的部门。要依据安全风险类别和等级建立企业安全风险数据库，绘制企业“红橙黄蓝”四色安全风险空间分布图。

3）有效管控安全风险。企业要根据风险评估的结果，针对安全风险特点，从组织、制度、技术、应急等方面对安全风险进行有效管控。要通过隔离危险源、采取技术手段、实施个体防护、设置监控设施等措施，达到回避、降低和监测风险的目的。

要对安全风险分级、分层、分类、分专业进行管理，逐一落实企业、车间、班组和岗位的管控责任，尤其要强化对重大危险源和存在重大安全风险的生产经营系统、生产区域、岗位的重点管控。企业要高度关注运营状况和危险源变化后的风险状况，动态评估、调整风险等级和管控措施，确保安全风险始终处于受控范围内。

（2）2016年12月9日，中共中央、国务院发布了《关于推进安全生产领域改革发展的意见》，明确提出企业要建立安全预防控制体系，强化预防措施，定期开展风险评估和危害辨识，针对高危工艺、设备、物品、场所和岗位，建立分级管控制度。

构建双重预防控制体系是落实党中央、国务院关于建立风险管控和隐患排查治理预防机制的重大决策部署，是实现纵深防御、关口前移、源头治理的有效手段。

（3）交通运输部2017年4月27日印发了《公路水路行业安全生产风险管理暂行办法》，其中规定：“生产经营单位针对本单位生产经营活动范围及其生产经营环节，按照相关法规、标准要求，编制风险辨识手册，明确风险辨识范围、方式和程序。”

风险辨识应针对影响发生安全生产事故及其损失程度的致险因素进行，致险因素一般包含：

1）从业人员安全意识、安全与应急技能、安全行为或状态；

2）生产经营基础设施、运输工具、工作场所等设施设备的安全可靠性；

3）影响安全生产外部要素的可知性和应对措施；

4）安全生产的管理机构、工作机制及安全生产管理制度合规和完备性。

（4）安全生产风险辨识分为全面辨识和专项辨识。全面辨识是生产经营单位为全面掌握本单位安全生产风险，全面、系统地对本单位生产经营活动开展的风险辨识；专项辨识是生产经营单位为及时掌握本单位重点业务、工作环节或重点部位、管理对象的安全生产风险，对本单位生产经营活动范围内部分领域开展的安全生产风险辨识。全面辨识应每年不少于1次，专项辨识应在生产经营环节或其要素发生重大变化或管理部门有特殊要求时及时开展。风险辨识结束后应形成风险清单。

生产经营单位应依据风险等级判定指南，对风险清单中所列风险进行逐项评估，确定风险等级以及主要致险因素和控制范围。风险致险因素发生变化、超出控制范围的，生产经营单位应及时组织重新评估并确定等级。

风险等级按照可能导致安全生产事故的后果和概率，由高到低依次分为重大、较大、一般和较小 4 个等级：

a）重大风险是指一定条件下易导致特别重大安全生产事故的风险；

b）较大风险是指一定条件下易导致重大安全生产事故的风险；

c）一般风险是指一定条件下易导致较大安全生产事故的风险；

d）较小风险是指一定条件下易导致一般安全生产事故的风险。

同时满足两个以上条件的，按最高等级确定风险等级。

（5）2018 年 11 月，交通运输部安全与质量监督管理司发布了《公路水路行业安全生产风险辨识评估基本规范（试行）》，明确了风险辨识范围、作业单元划分、确定风险事件、分析致险因素、编制风险辨识手册、确定风险评估指标体系、风险等级评估标准、风险等级的调整与变更、风险管控等内容。

本审核案例中的企业为公路水路行业中的交通运输工程建设单位，建议参照此规范，结合所在地主管部门要求，按照以下步骤及方法，有针对性地开展安全生产风险辨识评估工作。

1）确定辨识范围

根据业务经营范围，综合考虑不同业务范围风险事件发生的独立性，以及历史风险事件发生情况，研究确定风险辨识范围。

2）划分作业单元

根据业务范围、生产区域、管理单元、作业环节、流程工艺等进行作业单元划分。

3）确定风险事件

针对不同作业单元，结合日常安全生产管理实际，综合考虑历史风险事件发生情况，研究确定各作业单元可能发生的风险事件。

4）分析致险因素

针对不同作业单元，按照人、设施设备（含货物或物料）、环境、管理四要素进行主要致险因素分析。

5）进行风险评估

风险评估指标主要由风险事件发生的可能性（L）、后果严重程度（C）决定，其中风险事件发生的可能性、后果严重程度分级及风险等级评估标准见表 7–6 和表 7–7。

表 7–6　可能性判断标准表

序号	可能性（L）	可能性级别	发生的可能性
1	$9 < L \leq 10$	极高	极易
2	$6 < L \leq 9$	高	易
3	$3 < L \leq 6$	中等	可能
4	$1 < L \leq 3$	低	不大可能
5	$0 < L \leq 1$	极低	极不可能

表 7–7 后果严重程度（C）判断标准表

后果严重程度	取值	后果严重程度判断标准
特别严重	10	（1）人员伤亡：可能发生的人员伤亡数量达到国务院《生产安全事故报告和调查处理条例》中特别重大事故伤亡标准； （2）经济损失：可能发生的经济损失达到国务院《生产安全事故报告和调查处理条例》中特别重大事故经济损失标准； （3）环境污染：可能造成特别重大生态环境灾害或公共卫生事件； （4）社会影响：可能对国家或区域的社会、经济、外交、军事、政治等产生特别重大影响
严重	5	（1）人员伤亡：可能发生的人员伤亡数量达到国务院《生产安全事故报告和调查处理条例》中重大事故伤亡标准； （2）经济损失：可能发生的经济损失达到国务院《生产安全事故报告和调查处理条例》中重大事故经济损失标准； （3）环境污染：可能造成重大生态环境灾害或公共卫生事件； （4）社会影响：可能对国家或区域的社会、经济、外交、军事、政治等产生重大影响
较严重	2	（1）人员伤亡：可能发生的人员伤亡数量达到国务院《生产安全事故报告和调查处理条例》中较大事故伤亡标准； （2）经济损失：可能发生的经济损失达到国务院《生产安全事故报告和调查处理条例》中较大事故经济损失标准； （3）环境污染：可能造成较大生态环境灾害或公共卫生事件； （4）社会影响：可能对国家或区域的社会、经济、外交、军事、政治等产生较大影响
不严重	1	（1）人员伤亡：可能发生的人员伤亡数量达到国务院《生产安全事故报告和调查处理条例》中一般事故伤亡标准； （2）经济损失：可能发生的经济损失达到国务院《生产安全事故报告和调查处理条例》中一般事故经济损失标准； （3）环境污染：可能造成一般生态环境灾害或公共卫生事件； （4）社会影响：可能对国家或区域的社会、经济、外交、军事、政治等产生较小影响

注：表中同一等级的不同后果之间为“或”关系，即满足条件之一即可。

风险等级大小（D）由风险事件发生的可能性（L）、后果严重程度（C）两个指标决定，风险等级分值（D）= 可能性（L）× 后果严重程度（C）。风险等级分值及对应的风险等级见表 7–8。

表 7–8 风险等级分值及对应的风险等级表

风险等级分值（D）	风险等级	颜色标识
$55 < D \leq 100$	重大风险	红
$20 < D \leq 55$	较大风险	橙
$5 < D \leq 20$	一般风险	黄
$0 < D \leq 5$	低风险	蓝

6）编制风险辨识手册

企业应针对本单位生产经营活动范围及其生产经营环节，按照相关法规标准等要求，编制风险辨识手册。安全生产风险辨识流程见图 7–1。

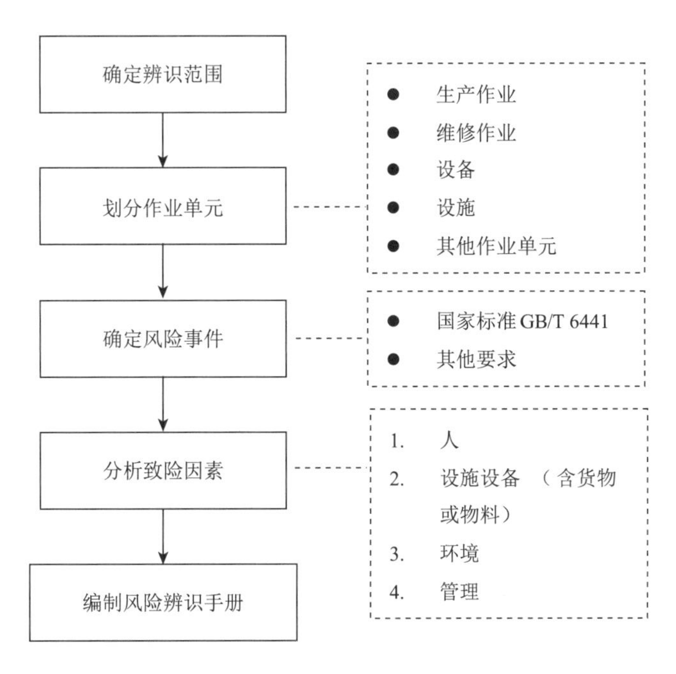

图 7–1　安全生产风险辨识流程

7）其他企业可根据行业特点，选取适宜的风险评价方法。风险评价方法具体可参见“第四章 危险源辨识、风险评价和风险控制”中“第二节 危险源辨识和风险评价方法”。

（6）在开展风险辨识评估时，应关注建筑业易发事故类型。对近年来全国建设工程施工导致的伤害进行总结，发现主要有十种典型类型，其中高处坠落、坍塌事故占 65% 以上，而建筑业所称“五大伤害”（即高处坠落、坍塌、物体打击、触电、起重伤害）占比高达 90% 以上，所以，在项目施工过程中，应针对易发事故的重点环节，进行风险辨识和预防预控（见表 7–9）。

表 7–9　施工过程可能导致的伤亡事故类型及存在的主要作业环节统计表

<table>
<tr><th>序号</th><th>事故类型</th><th>存在的主要作业环节</th><th colspan="2">按死亡人数占比统计</th></tr>
<tr><td>1</td><td>高处坠落</td><td>建筑业各专业及相关作业环节</td><td rowspan="2">65%</td><td rowspan="5">“五大伤害”90%以上</td></tr>
<tr><td>2</td><td>坍塌</td><td>脚手架、模板、基坑、沟漕、房屋建设等专业及相关作业环节</td></tr>
<tr><td>3</td><td>物体打击</td><td>建筑业各专业及相关作业环节</td><td rowspan="3">35%</td></tr>
<tr><td>4</td><td>触电（包括雷击）</td><td>接触电气（电器）的专业及相关作业环节</td></tr>
<tr><td>5</td><td>起重伤害</td><td>进行垂直运输、起重作业的专业及相关作业环节</td></tr>
</table>

表 7-9（续）

<table>
<tr><th>序号</th><th>事故类型</th><th>存在的主要作业环节</th><th colspan="2">按死亡人数占比统计</th></tr>
<tr><td>6</td><td>机械伤害</td><td>使用机械设备的专业及相关作业环节</td><td rowspan="5">35%</td><td rowspan="5">10%</td></tr>
<tr><td>7</td><td>中毒和窒息</td><td>接触毒害物质、存在有害气体的密闭的空间中施工的专业及相关作业环节</td></tr>
<tr><td>8</td><td>车辆伤害</td><td>车辆驾驶、装卸、指挥等专业及相关作业环节</td></tr>
<tr><td>9</td><td>火灾和爆炸（包括火药爆炸、瓦斯爆炸、容器爆炸等）</td><td>使用炸药爆破、瓦斯突出隧道内施工、压力容器安装试验等专业及相关作业环节</td></tr>
<tr><td>10</td><td>淹溺</td><td>井下、水上、水下施工等专业及相关作业环节</td></tr>
</table>

（7）施工过程可能导致的职业病

施工作业过程大量使用建筑材料，且部分工序具有特定的作业特点，如果施工安排不合理、从业人员劳动防护不当有导致职业危害的风险。施工过程可能导致的职业病类型及存在的主要作业环节统计表见表 7-10。

表 7-10 施工过程可能导致的职业病类型及存在的主要作业环节统计表

序号	职业病类型	存在的主要作业环节
1	水泥尘肺	水泥运输、投料、拌和、浇捣等作业
2	电焊工尘肺 / 电光性眼炎	手工电弧焊、气体保护焊、氩弧焊、碳弧气刨、气焊作业
3	锰及其化合物中毒	手工电弧焊、气体保护焊、碳弧气刨作业
4	苯中毒	油漆作业
5	噪声聋	搅拌机、空压机、打桩机械、木工机械、砼振动棒、风钻等施工机具及模板安装与拆除等专业及相关作业环节
6	光敏性皮炎	筑路
7	黑变病、痤疮	筑路（沥青）
8	手臂振动病	砼振动棒、风钻作业等专业及相关作业环节
9	中暑	水泥制品湿热养护
10	高原病	高原作业

注：具体参见《职业病分类和目录》《职业病危害因素分类目录》。

（8）对交通建设工程项目部进行危险源辨识和评价时，可结合以下施工阶段划分作业单元。表 7-11 为阶段划分提供了参考，企业应根据实际情况添加或删减。

表 7-11 交通建设工程项目部危险源辨识阶段划分表

序号	主过程	子过程
1	施工准备	驻地和场站建设
		施工便道
		临时码头和栈桥
		临时用电（变配电系统、接地与防雷、照明等）
		生产生活用水
		施工机械设备（起重机械、压力容器、施工电梯、厂内机动车等）
2	通用作业	拌和站
		预制场
		测量作业
		模板、支架和脚手架作业
		钢筋作业
		混凝土作业
		电焊与气焊
		起重吊装
		高处作业
		水上作业
		潜水作业
		爆破作业
		涂装作业
3	路基工程	场地清理
		土方工程
		石方工程
		防护工程
		排水工程
		软基处理
		特殊路基
		取、弃土场
4	路面工程	基层与底基层
		沥青面层
		水泥混凝土面层

表 7-11（续）

序号	主过程	子过程
5	桥涵工程	预应力与混凝土工程
		钻（挖）孔灌注桩
		沉入桩
		沉井
		地下连续墙
		围堰
		明挖地基
		承台与墩台、墩柱、盖梁
		砌体
		梁板预制、安装
		钢筋混凝土与预应力梁式桥
		拱桥
		斜拉桥
		悬索桥
		钢桥
		桥面及附属工程
		涵洞与通道
6	隧道工程	洞口与明洞
		开挖
		装渣与运输
		支护
		衬砌
		辅助坑道
		防水和排水
		通风、防尘及防有害气体
		风、水、电供应
		不良地质和特殊岩土地段
		盾构施工
		水下隧道
		特殊地段
		小净距及连续隧道
		附属设施工程
		超前地质预报和监控量测
		逃生与救援

表 7-11（续）

序号	主过程	子过程
7	改扩建工程	拆除
		加固
8	特殊季节与特殊环境施工	冬季施工
		雨季施工
		夜间施工
		高温施工
		台风季节施工
		汛期施工
		能见度不良施工
		沙漠地区施工
		高海拔地区施工
		跨线施工
		边通车边施工

（9）施工过程危险源示例

1）物的不安全状态：例如临边洞口安全防护不到位，脚手架搭设不达标、拉结缺失、超载失稳，基坑围护支撑存在质量缺陷，施工机具安全装置失效、临时用电系统设置不规范、防雷装置不符合规范要求、易燃易爆危险品化学放置不当等。

2）人的不安全行为：例如违章操作、违章指挥、无证上岗、不按规定佩戴劳动防护用品、无安全防护措施强令工人冒险作业等。

3）管理缺陷：例如安全管理和技术措施的策划、组织、实施、验收、监督、检查、整改等管理环节存在问题。

4）环境影响：例如施工作业现场照度不足、视线不良，存在风、雨、雪、雾、冰冻、滑坡、泥石流、地震等不利气象地质条件，施工作业过程存在噪声、粉尘、振动、高温、低温等因素。

（八）审核条款 6.1.3“法律法规要求和其他要求的确定”

1. 审核要点

（1）是否建立了识别和获取适用的职业健康安全生产法律法规、标准规范及其他要求的机制并予以实施；

（2）是否建立了法律法规和其他要求的文件化信息，如清单、电子文本或纸质文档等，法律法规和其他要求识别是否充分、全面并及时更新，是否关注了地方法规要求等；

（3）识别的法律法规和其他要求如何传达，是否已发放至相关部门、岗位，是否组织了培训等；

（4）法律法规和其他要求如何应用，在编制安全生产责任制、安全生产规章制度、安全生产操作规程、应急预案，开展危险源辨识、风险预防控制体系建设、隐患排查、应急演练等工作时，是否考虑了法律法规、标准规范要求。

2. 审核提示

法律法规、标准规范及其他要求是合规性评价的基础，企业应及时跟踪、识别、获取适用的法律法规、标准规范，并跟踪更新、修订、废止等情况，将适用要求转化为本单位的规章制度，对从业人员进行宣贯、培训，以确保有效贯彻实施。

各部门和人员应关注与本专业有关的法律法规、标准规范的变化情况，及时将信息传递至主责部门，形成动态识别、获取、更新、应用的合规管理机制。

（九）审核条款 5.4“工作人员的协商和参与”、7.4“沟通”

1. 审核要点

（1）是否建立了协商和参与机制，明确了内、外部沟通所需程序、沟通渠道、信息获取和沟通参与方式等；

（2）是否存在协商和参与的障碍或屏障。

2. 审核提示

（1）项目部为施工企业负责项目实施的主体，在施工准备、现场施工、竣工验收等阶段，与发包方、设计单位、业主委托的项目管理单位、监理机构、政府主管部门等会进行信息交流和沟通。主要沟通方式包括但不限于：图纸会审、工程例会、监理例会、变更指令、工程签证，接受主管机关、业主、项目管理单位、监理机构的检查等。

（2）员工是项目实施的主体，项目部应明确员工的主体责任，努力营造员工积极参与安全管理的良好氛围，调动员工参与和协商的积极性，实现职业健康安全的自主管理。

项目实施过程主要采取以下方式进行职业健康安全信息沟通：

1）会议：包括但不限于公司级安全会议、项目部安全会议、项目部及施工班组安全例会等；

2）安全教育培训：公司级、项目部级、施工班组级、日常安全教育培训等；

3）员工参与安全生产责任制、安全生产规章制度、安全生产操作规程、应急预案的编制、评审，参与危险源辨识、风险预防控制体系建设等；

4）项目实施前和实施过程中的安全技术交底；

5）在项目部及施工现场设置宣传栏、宣传展牌、展板等；

6）其他：包括但不限于开展合理化建议、案例讲评、经验分享、安全生产举报投诉活动等。

（3）施工现场进口处一般按照企业、业主或项目所在地行业主管部门的要求，设置“五牌二图”或“七牌二图”。

“五牌”包括工程概况牌、管理人员名单及监督电话牌、消防保卫牌、安全生产牌、文明施工牌。

“七牌”包括施工标志牌、安全措施牌、文明施工牌、入场须知牌、消防保卫牌、管理人员及监督单位电话牌、建筑工人维权须知牌。

“二图”包括施工现场平面图、项目管理人员结构图，有的地方要求设置施工总平面布置图、工程效果图或施工总平面布置图、施工进度计划图。

（十）审核条款 7.1“资源”

1. 审核要点

（1）现场确认为确保项目有效实施所需的人力资源、基础设施、技术和财务资源等的配置情况，如项目部驻地及临时设施、施工机具、监测设备、信息技术与通信系统、安全生产投入等。

（2）现场应查阅：

1）设备设施、台账档案；

2）设备、临时建（构）筑物安装、拆除方案、记录以及验收记录；

3）设备进场前、出场后验收记录；

4）设备检维修、巡检、点检、维保记录；

5）定期检验检测记录，如特种设备定期检验报告、防雷装置检测报告、手持电动工具绝缘电阻检查检测记录等；

6）安全生产费用提取使用情况等。

（3）对此条款进行现场审核时，部分内容可与条款 8.1 运行策划和控制合并取证。

2. 审核提示

（1）审核项目部驻地及临时设施时应关注：

1）施工现场办公、生活区与作业区应分开设置，并保持安全距离，选址应符合安全性要求，不得在尚未竣工的建筑物内设置员工集体宿舍，员工的膳食、饮水、休息场所等应符合卫生标准。办公区、生活区不得存放易燃易爆危险品，不得将项目部选在拌和站料场的下风口。

2）场站选址应避开雷电高发区、高压线路、高大树木、取土和弃土场地，建设时应采取防雷避雷措施。施工现场的临时设施应设在水文地质、地基良好的地段，避开泥沼、悬崖、危岩、陡坡、低洼地以及易发生塌方、落石、滑坡、泥石流、洪水、雪崩等危险区域和易受风暴潮、台风等自然气候影响的地区。

3）现场临时搭建的建筑物应满足功能及安全使用要求，应保留装配式房屋生产厂家资质证书、产品合格证、材质证明、检测报告、安全施工说明、使用说明书和验收记录。

4）消防设施应符合《建设工程施工现场消防安全技术规范》（GB 50720）要求，场站内的临时用电应符合《施工现场临时用电安全技术规范》（JGJ 46）的要求。

5）施工作业区应当根据施工安全风险辨识结果，确定不同风险等级的管理要求，合理布设。在风险等级较高的区域应当设置警戒区和风险告知牌。

施工作业点应设置明显的安全警示标志，按规定设置安全防护设施。施工便道便桥、临时码头应当满足通行和安全作业要求，施工便桥和临时码头还应当提供临边防护和水上救生等设施。

（2）审核施工机具管理时应关注：

1）施工中使用的施工机械、设施、机具以及安全防护用品、用具和配件等应由专人管理，登记建档，定期检查、维修、保养和更新。在工程中使用整体提升式脚手架、翻模、滑（爬）模等自升式架设设施，以及自行设计、组装或者改装的施工挂（吊）篮、移动模架等设施，在投入使用前，施工单位应当组织有关单位进行验收，或者委托具有相应资质的检验检测机构进行验收，并保留验收合格证明文件，验收合格后方可使用。

使用起重机械等特种设备，在验收前应经具有相应资质的检验检测机构监督检验合格；使用承租的机械设备和施工机具及配件的，由承租单位、出租单位和安装单位共同验收，验收合格方可使用。

2）采购、租赁的安全防护用具、机械设备、施工机具及配件应具有产品合格证、生产（制造）许可证（适用时），在进入施工现场前应进行查验。使用承租的机械设备、施工机具及配件的，应由施工总承包单位、分包单位、出租单位和安装单位共同验收合格方可使用。

3）为项目部提供施工机械设备、设施和产品的单位，应提供安全操作说明，并确保设备保险、限位等安全装置配备齐全有效，产品质量和安全性能达标。所提供的机械设备、设施和产品应具有产品合格证、生产（制造）许可证（适用时）、法定检验检测合格证明（适用时）等。对于尚无相关国家标准或行业标准的设备和设施，应保障其质量和安全性能。大型模板、承重支架及未列入国家特种设备目录的非标准设备投入使用前，应组织验收并保留验收记录。

（3）审核安全生产投入时应关注：

1）《企业安全生产费用提取和使用管理办法》（财企〔2012〕16号）规定：安全生产费用是指企业按照规定标准提取，在成本中列支，专门用于完善和改进企业或者项目安全生产条件的资金。安全生产费用按照“企业提取、政府监管、确保需要、规范使用”的原则进行管理。

2）建设工程施工企业以建筑安装工程造价为计提依据，提取标准如下（国家对基本建设投资概算另有规定的，从其规定）：

①矿山工程为2.5%；

②房屋建筑工程、水利水电工程、电力工程、铁路工程、城市轨道交通工程为2.0%；

③市政公用工程、冶炼工程、机电安装工程、化工石油工程、港口与航道工程、公路工程、通信工程为1.5%。

3）建设工程施工企业提取的安全费用列入工程造价，在竞标时不得删减，列入标外管理。

总包单位应将安全费用按比例直接支付分包单位并监督使用，分包单位不再重复提取。

4）建设工程施工企业的安全费用应在以下范围使用：

①完善、改造和维护安全防护设施设备支出（不含“三同时”要求初期投入的安全设施），包括施工现场临时用电系统、洞口、临边、机械设备、高处作业防护、交叉作业防护、防火、防爆、防尘、防毒、防雷、防台风、防地质灾害、地下工程有害气体监测、通风、临时安全防护等设施设备支出；

②配备、维护、保养应急救援器材、设备支出和应急演练支出；

③开展重大危险源和事故隐患评估、监控和整改支出；

④安全生产检查、评价（不包括新建、改建、扩建项目安全评价）、咨询和标准化建设支出；

⑤配备和更新现场作业人员安全防护用品支出；

⑥安全生产宣传、教育、培训支出；

⑦安全生产适用的新技术、新标准、新工艺、新装备的推广应用支出；

⑧安全设施及特种设备检测检验支出；

⑨其他与安全生产直接相关的支出。

企业提取的安全费用应当专户核算，按规定范围安排使用，不得挤占、挪用。年度结余资金结转下年度使用，当年计提安全费用不足的，超出部分按正常成本费用渠道列支。

（4）施工总承包单位依法将部分工程进行专业分包时，分包合同中应明确专业分包工程安全生产专项费用及支付条款，根据分包单位的投入使用情况专款专用，及时支付。

工程发生重大设计变更、合同总金额发生较大变化的，应按合同中安全生产专项费用变更的相关约定处理。若合同无相关约定的，应由施工单位与建设单位协商解决。

（十一）审核条款 7.2“能力”、7.3“意识”

1. 概念导读

（1）特种设备作业人员：锅炉、压力容器（含气瓶）、压力管道、电梯、起重机械、客运索道、大型游乐设施、场（厂）内专用机动车辆等特种设备的作业人员及其相关管理人员统称为特种设备作业人员。

——参见《特种设备作业人员监督管理办法》（国家质量监督检验检疫总局令第 140 号）

（2）特种作业：指容易发生事故，对操作者本人、他人的安全健康及设备、设施的安全可能造成重大危害的作业。

特种作业人员：指直接从事特种作业的从业人员。

——参见《特种作业人员安全技术培训考核管理规定》（国家安全生产监督管理总局令第 30 号）

2. 审核要点

（1）查阅岗位适任能力规定文件，如岗位说明书或岗位能力要求与任职条件等；

（2）了解对员工能力初次评价、定期评价的方法，查阅学历教育证明、从业资格证明、工作经历证明、面谈及评价记录等；

（3）了解能力保持、持续提升方式，并查阅：

1）培训记录（包括但不限于：培训计划、培训通知、签到表、影像资料、教材、课件、考核、效果评价记录、教育培训档案等）；

2）人员聘用、晋升、调动、解聘记录等；

（4）现场询问员工岗位应知应会，如对职业健康安全方针、目标、危险源及风险管控措施、安全操作规程、职业危害因素、应急措施、紧急避险要求等的掌握情况。

3. 审核提示

（1）岗位适任条件规定应符合法律法规要求

《建筑施工企业主要负责人、项目负责人和专职安全生产管理人员安全生产管理规定实施意见》中规定，专职安全生产管理人员应当具备下列条件：

1）年龄已满 18 周岁未满 60 周岁，身体健康；

2）具有中专（含高中、中技、职高）及以上文化程度或初级及以上技术职称；

3）与所在企业确立劳动关系，从事施工管理工作两年以上；

4）经所在企业年度安全生产教育培训合格。

《特种设备作业人员监督管理办法》《特种作业人员安全技术培训考核管理规定》中对特种设备作业人员、特种作业人员应具备的基本条件也做出了明确规定。

（2）项目经理应取得建造师资格

2003 年 2 月 27 日《国务院关于取消第二批行政审批项目和改变一批行政审批项目管理方式的决定》（国发〔2003〕5 号）规定："取消建筑施工企业项目经理资质核准，由注册建造师代替，并设立过渡期（五年）。"过渡期满后，大、中型工程项目施工的项目经理必须由取得建造师注册证书的人员担任，但取得建造师注册证书的人员是否担任工程项目施工的项目经理，由企业自主决定。在全面实施建造师执业资格制度后仍然要坚持落实项目经理岗位责任制。

（3）特种作业人员和特种设备作业人员应持证上岗

1）特种作业操作证有效期为 6 年，在全国范围内有效。特种作业操作证每 3 年复审 1 次。特种作业人员在特种作业操作证有效期内，连续从事本工种 10 年以上，严格遵守有关安全生产法律法规的，经原考核发证机关或者从业所在地考核发证机关同意，特种作业操作证的复审时间可以延长至每 6 年 1 次。特种作业共分为 11 个作业类别，涉及 51 个工种，详见《特种作业目录》。

根据《国务院关于取消一批行政许可事项的决定》（国发〔2017〕46 号），国家安全监管总局制定印发了《关于做好特种作业（电工）整合工作有关事项的通知》（安监总局人事〔2018〕18 号），取消电工进网作业许可证核发行政许可事项，由安全监管部门考核发放"特种作业操作证（电工）"，将电工作业目录调整为 6 个操作项目，减少低压电工作业、高压电工作业重复取证。

与建设工程有关的特种作业类别见表 7–12。

表 7-12　与建设工程有关的特种作业类别

序号	作业类别		
1	电工作业：指对电气设备进行运行、维护、安装、检修、改造、施工、调试等作业（不含电力系统进网作业）	1.1 高压电工作业	指对 1kV 及以上的高压电气设备进行运行、维护、安装、检修、改造、施工、调试、试验及绝缘工、器具进行试验的作业
		1.2 低压电工作业	指对 1 kV 以下的低压电器设备进行安装、调试、运行操作、维护、检修、改造施工和试验的作业
		1.3 电力电缆作业	指对电力电缆进行安装、检修、试验、运行、维护等作业
		1.4 继电保护作业	指对电力系统中的继电保护及自动装置进行运行、维护、调试及检验的作业
		1.5 电气试验作业	对电力系统中的电气设备专门进行交接试验及预防性试验等的作业
		1.6 防爆电气作业	指对各种防爆电气设备进行安装、检修、维护的作业，适用于除煤矿井下以外的防爆电气作业
2	焊接与热切割作业：指运用焊接或者热切割方法对材料进行加工的作业（不含《特种设备安全监察条例》规定的有关作业）	2.1 熔化焊接与热切割作业	指使用局部加热的方法将连接处的金属或其他材料加热至熔化状态而完成焊接与切割的作业。 适用于气焊与气割、焊条电弧焊与碳弧气刨、埋弧焊、气体保护焊、等离子弧焊、电渣焊、电子束焊、激光焊、氧熔剂切割、激光切割、等离子切割等作业
		2.2 压力焊作业	指利用焊接时施加一定压力而完成的焊接作业。 适用于电阻焊、气压焊、爆炸焊、摩擦焊、冷压焊、超声波焊、锻焊等作业
		2.3 钎焊作业	指使用比母材熔点低的材料作钎料，将焊件和钎料加热到高于钎料熔点，但低于母材熔点的温度，利用液态钎料润湿母材，填充接头间隙并与母材相互扩散而实现连接焊件的作业。 适用于火焰钎焊作业、电阻钎焊作业、感应钎焊作业、浸渍钎焊作业、炉中钎焊作业，不包括烙铁钎焊作业
3	高处作业：指专门或经常在坠落高度基准面 2m 及以上有可能坠落的高处进行的作业	3.1 登高架设作业	指在高处从事脚手架、跨越架架设或拆除的作业
		3.2 高处安装、维护、拆除作业	指在高处从事安装、维护、拆除的作业。 适用于利用专用设备进行建筑物内外装饰、清洁、装修，电力、电信等线路架设，高处管道架设，小型空调高处安装、维修，各种设备设施与户外广告设施的安装、检修、维护以及在高处从事建筑物、设备设施拆除作业

2）从事特种设备作业的人员必须经过培训考核合格，取得《特种设备作业人员证》方可从事相应的作业，《特种设备作业人员证》每 4 年复审一次。但应注意《特种设备作业人员监督管理办法》不适用于从事房屋建筑工地和市政工程工地起重机械、场（厂）内专用机动车辆作业及其相关管理的人员。

2011 年 6 月 30 日，国家质检总局发布了《关于公布〈特种设备作业人员作业种类与项目〉目录的公告》（国家质检总局 2011 年第 95 号），自 2011 年 7 月 1 日起施行。

表 7-13 摘自 2011 年发布的《特种设备作业人员作业种类与项目》。

表 7-13 特种设备作业人员作业种类与项目

序号	种类	作业项目	项目代号
01	特种设备相关管理	特种设备安全管理负责人	A1
		特种设备质量管理负责人	A2
		锅炉压力容器压力管道安全管理	A3
		电梯安全管理	A4
		起重机械安全管理	A5
		客运索道安全管理	A6
		大型游乐设施安全管理	A7
		场（厂）内专用机动车辆安全管理	A8
02	锅炉作业	一级锅炉司炉	G1
		二级锅炉司炉	G2
		三级锅炉司炉	G3
		一级锅炉水质处理	G4
		二级锅炉水质处理	G5
		锅炉能效作业	G6
03	压力容器作业	固定式压力容器操作	R1
		移动式压力容器充装	R2
		氧舱维护保养	R3
04	气瓶作业	永久气体气瓶充装	P1
		液化气体气瓶充装	P2
		溶解乙炔气瓶充装	P3
		液化石油气瓶充装	P4
		车用气瓶充装	P5
05	压力管道作业	压力管道巡检维护	D1
		带压封堵	D2
		带压密封	D3
06	电梯作业	电梯机械安装维修	T1
		电梯电气安装维修	T2
		电梯司机	T3

表 7-13（续）

序号	种类	作业项目	项目代号
07	起重机械作业	起重机械安装维修	Q1
		起重机械电气安装维修	Q2
		起重机械指挥	Q3
		桥门式起重机司机	Q4
		塔式起重机司机	Q5
		门座式起重机司机	Q6
		缆索式起重机司机	Q7
		流动式起重机司机	Q8
		升降机司机	Q9
		机械式停车设备司机	Q10
08	客运索道作业	客运索道安装	S1
		客运索道维修	S2
		客运索道司机	S3
		客运索道编索	S4
09	大型游乐设施作业	大型游乐设施安装	Y1
		大型游乐设施维修	Y2
		大型游乐设施操作	Y3
		水上游乐设施操作与维修	Y4
10	场（厂）内专用机动车辆作业	车辆维修	N1
		叉车司机	N2
		搬运车牵引车推顶车司机	N3
		内燃观光车司机	N4
		蓄电池观光车司机	N5
11	安全附件维修作业	安全阀校验	F1
		安全阀维修	F2
12	特种设备焊接作业	金属焊接操作	按照《特种设备焊接操作人员考核细则》规定执行
		非金属焊接操作	

3）2019 年 1 月 16 日，国家市场监管总局发布了《关于特种设备行政许可有关事项的公告》（2019 年 第 3 号），对现行特种设备生产许可项目、特种设备作业人员和检验检

测人员资格认定项目进行了精简整合，制定了《特种设备生产单位许可目录》《特种设备作业人员资格认定分类与项目》《特种设备检验检测人员资格认定项目》，自 2019 年 6 月 1 日起实施。主要变化如下：

①作业项目大大减少：新规定将原有 12 个种类 55 个作业项目合并为 11 个种类 20 个作业项目，压力管道巡检维护、固定式压力容器操作等 35 个项目无须再取证；

②合并项目更加合理：新规定将 8 个特种设备相关管理项目合并为"特种设备安全管理"一个项目，5 个气瓶作业项目合并为"气瓶充装"一个项目，减少了人员重复取证。

2019 年 6 月 1 日起实施的特种设备作业人员资格认定分类与项目见表 7–14。

表 7–14　2019 年 6 月 1 日起实施的特种设备作业人员资格认定分类与项目

序号	种类	作业项目	项目代号
1	特种设备安全管理	特种设备安全管理	A
2	锅炉作业	工业锅炉司炉	G1
		电站锅炉司炉（注 1）	G2
		锅炉水处理	G3
3	压力容器作业	快开门式压力容器操作	R1
		移动式压力容器充装	R2
		氧舱维护保养	R3
4	气瓶作业	气瓶充装	P
5	电梯作业	电梯修理（注 2）	T
6	起重机作业	起重机指挥	Q1
		起重机司机（注 3）	Q2
7	客运索道作业	客运索道修理	S1
		客运索道司机	S2
8	大型游乐设施作业	大型游乐设施修理	Y1
		大型游乐设施操作	Y2
9	场（厂）内专用机动车辆作业	叉车司机	N1
		观光车和观光列车司机	N2
10	安全附件维修作业	安全阀校验	F
11	特种设备焊接作业	金属焊接操作	（注 4）
		非金属焊接操作	

注 1：资格认定范围为 300MW 以下（不含 300MW）的电站锅炉司炉人员，300MW 电站锅炉司炉

人员由使用单位按照电力行业规范自行进行技能培训。

注2：电梯修理作业项目包括修理和维护保养作业。

注3：可根据报考人员的申请需求进行范围限制，具体明确限制为桥式起重机司机、门式起重机司机、塔式起重机司机、门座式起重机司机、缆索式起重机司机、流动式起重机司机、升降机司机。如“起重机司机（限桥门式起重机）”等。

注4：特种设备焊接作业人员代号按照《特种设备焊接操作人员考核规则》的规定执行。

2017年6月12日修订的《公路水运工程安全生产监督管理办法》（交通运输部令2017年第25号）中规定：公路水运工程从业人员中的特种作业人员，应当按照国家有关规定取得相应资格，方可上岗作业。

现场审核时，应根据项目类型和相关法规，查验人员持证情况。

（4）应关注施工单位开展的安全教育培训是否符合法规要求

1）《生产经营单位安全培训规定》（国家安全生产监督管理总局令第3号）规定，生产经营单位主要负责人安全培训应当包括下列内容：

①国家安全生产方针、政策和有关安全生产的法律、法规、规章及标准；

②安全生产管理基本知识、安全生产技术、安全生产专业知识；

③重大危险源管理、重大事故防范、应急管理和救援组织以及事故调查处理的有关规定；

④职业危害及其预防措施；

⑤国内外先进的安全生产管理经验；

⑥典型事故和应急救援案例分析；

⑦其他需要培训的内容。

2）生产经营单位安全生产管理人员安全培训应当包括下列内容：

①国家安全生产方针、政策和有关安全生产的法律、法规、规章及标准；

②安全生产管理、安全生产技术、职业卫生等知识；

③伤亡事故统计、报告及职业危害的调查处理方法；

④应急管理、应急预案编制以及应急处置的内容和要求；

⑤国内外先进的安全生产管理经验；

⑥典型事故和应急救援案例分析；

⑦其他需要培训的内容。

3）三级安全教育应包含下列内容：

——厂（矿）级岗前安全培训内容：

①本单位安全生产情况及安全生产基本知识；

②本单位安全生产规章制度和劳动纪律；

③从业人员安全生产权利和义务；

④有关事故案例等。

——车间（工段、区、队）级岗前安全培训内容：

①工作环境及危险因素；

②所从事工种可能遭受的职业伤害和伤亡事故；

③所从事工种的安全职责、操作技能及强制性标准；

④自救互救、急救方法、疏散和现场紧急情况的处理；

⑤安全设备设施、个人防护用品的使用和维护；

⑥本车间（工段、区、队）安全生产状况及规章制度；

⑦预防事故和职业危害的措施及应注意的安全事项；

⑧有关事故案例；

⑨其他需要培训的内容。

——班组级岗前安全培训内容：

①岗位安全操作规程；

②岗位之间工作衔接配合的安全与职业卫生事项；

③有关事故案例；

④其他需要培训的内容。

从业人员在本生产经营单位内调整工作岗位或离岗一年以上重新上岗时，应当重新接受车间（工段、区、队）和班组级的安全培训。

4）生产经营单位主要负责人和安全生产管理人员初次安全培训时间不得少于 32 学时。每年再培训时间不得少于 12 学时。生产经营单位新上岗的从业人员，岗前培训时间不得少于 24 学时。

5）《公路水运工程安全生产监督管理办法》规定，施工单位应当依法对从业人员进行安全生产教育和培训，未经安全生产教育和培训合格的从业人员，不得上岗作业。施工单位应当将专业分包单位、劳务合作单位的作业人员及实习人员纳入本单位统一管理，新进人员和作业人员进入新的施工现场或者转入新的岗位前，施工单位应当对其进行安全生产培训考核。采用新技术、新工艺、新设备、新材料的，应当对作业人员进行相应的安全生产教育培训，生产作业前还应当开展岗位风险提示。

6）《施工企业安全生产管理规范》（GB 50656—2011）的条文说明中指出，施工企业从业人员每年应接受一次安全培训，其中企业法定代表人、生产经营负责人、项目经理不少于 30 学时，专职安全管理人员不少于 40 学时，其他管理人员和技术人员不少于 20 学时，特殊工种作业人员不少于 20 学时，其他从业人员不少于 15 学时，待岗复工、转岗、换岗人员重新上岗前不少于 20 学时，新进场工人三级安全教育（公司、项目、班组）分别不少于 15 学时、15 学时、20 学时。

审核员在现场审核时，应根据生产经营单位和项目类型，按照适用法规要求进行审核取证。

（十二）审核条款 7.5“文件化信息”

1. 审核要点

（1）关注文件化信息的管理要求，包括但不限于：文件化信息的主要内容、标识规则、管控流程以及创建、修订、更新、作废、保留和处置等要求；

（2）现场查看文件化信息的管控情况。

2. 审核提示

（1）文件化信息可分为制度层面信息和实施层面信息。

制度层面的文件化信息主要包括：安全生产责任制（参见 5.3 条款审核提示）、安全生产规章制度、安全生产操作规程、生产安全事故应急预案（参见 8.2 审核提示）等。

（2）安全生产管理制度是安全生产工作的行为准则，制度中应明确施工各阶段安全管理的内容、职责与程序要求等。

安全生产管理制度包括但不限于：安全生产会议制度、安全生产专项费用使用制度、安全生产教育培训制度、施工安全风险评估制度、专项施工方案的编制和审核制度、安全技术交底制度、设施设备施工机具安全管理制度、劳动防护用品配备和管理制度、危险品安全管理制度、施工现场消防安全管理制度、特种作业人员管理制度、项目部主要负责人值班带班制度、相关方管理制度、安全事故隐患排查治理制度、生产安全事故报告制度、安全生产奖惩制度等。

（3）安全操作规程是指在生产活动中，为消除能导致人身伤亡或造成设备、财产损失的危害因素而制定的具体技术要求和实施程序。

项目部应根据施工特点，针对设备、岗位组织制定安全操作规程。操作规程中应明确：操作前检查及准备工作的程序和方法；操作中严格禁止的行为；必需的操作步骤和方法；操作注意事项；正确使用劳动防护用品要求；出现异常情况时的应急措施等。

项目部应将评审后的操作规程发放至相关岗位，保证有效实施。

（4）安全生产管理资料是安全管理活动的真实记录，是总结安全生产经验和教训的主要依据，也是考核工程参建单位安全生产管理和安全责任的重要载体。工程参建单位应按职责分工落实安全生产管理资料的编制、填写、审核、审批、收集、保管责任。

安全生产资料管理应遵循以下原则：

1）全面完整、真实准确、字迹清楚、签章规范，已形成的资料具有一致性和可追溯性，不得随意涂改；

2）资料应随工程施工同步形成，分类收集保管，及时归档；

3）可将信息化管理技术应用于项目管理。

（5）现场审核时，应关注法律法规、标准规范中明确提出的文件化信息要求。如：

1）《建设工程安全生产管理条例》和《公路水运工程安全生产监督管理办法》中均规定，施工单位应当根据施工规模和现场消防重点建立施工现场消防安全责任制度，确定消防安全责任人，制定消防管理制度和操作规程，设置消防通道，配备相应的消防设施、物资和器材，对施工现场临时用火、用电的重点部位及爆破作业各环节应加强消防安全检查。

2)《特种设备安全法》中规定，特种设备使用单位应当建立特种设备安全技术档案，安全技术档案应当包括以下内容：

①特种设备的设计文件、产品质量合格证明、安装及使用维护保养说明、监督检验证明等相关技术资料和文件；

②特种设备的定期检验和定期自行检查记录；

③特种设备的日常使用状况记录；

④特种设备及其附属仪器仪表的维护保养记录；

⑤特种设备的运行故障和事故记录。

3)《生产安全事故应急预案管理办法》(中华人民共和国应急管理部令第 2 号)中规定，编制应急预案前，编制单位应当进行事故风险辨识、评估和应急资源调查。

生产经营单位应急预案应当包括向上级应急管理机构报告的内容、应急组织机构和人员的联系方式、应急物资储备清单等附件信息。附件信息发生变化时，应当及时更新，确保准确有效。

生产经营单位应当在编制应急预案的基础上，针对工作场所、岗位的特点，编制简明、实用、有效的应急处置卡，规定重点岗位、人员的应急处置程序和措施，以及相关联络人员和联系方式，便于从业人员携带。

(十三)审核条款 8.1.1“运行策划和控制—总则”、8.1.3“变更管理”

1. 概念导读

(1)施工组织设计：以施工项目为对象编制的，用以指导施工的技术、经济和管理的综合性文件。施工组织设计按编制对象，可分为施工组织总设计、单位工程施工组织设计和施工方案。

(2)施工组织总设计：以若干单位工程组成的群体工程或特大型项目为主要对象编制的施工组织设计，对整个项目的施工过程起统筹规划、重点控制的作用。

(3)单位工程施工组织设计：以单位(子单位)工程为主要对象编制的施工组织设计，对单位(子单位)工程的施工过程起指导和制约作用。

(4)施工方案：以分部(分项)工程或专项工程为主要对象编制的施工技术与组织方案，用以具体指导其施工过程。

(5)施工组织设计的动态管理：在项目实施过程中，对施工组织设计的执行、检查和修改的适时管理活动。

(6)施工进度计划：为实现项目设定的工期目标，对各项施工过程的施工顺序、起止时间和相互衔接关系所作的统筹策划和安排。

(7)质量管理计划：保证实现项目施工目标的管理计划，包括制定、实施所需的组织机构、职责、程序以及采取的措施和资源配置等。

(8)安全管理计划：保证实现项目施工职业健康安全目标的管理计划，包括制定、实施所需的组织机构、职责、程序以及采取的措施和资源配置等。

（9）环境管理计划：保证实现项目施工环境目标的管理计划，包括制定、实施所需的组织机构、职责、程序以及采取的措施和资源配置等。

（10）成本管理计划：保证实现项目施工成本目标的管理计划，包括成本预测、实施、分析、采取的必要措施和计划变更等。

（11）危险性较大的分部分项工程（简称“危大工程”）：指建筑工程在施工过程中存在的、可能导致作业人员群死群伤或造成重大不良社会影响的分部分项工程。

危险性较大的分部分项工程安全专项施工方案：指施工单位在编制施工组织（总）设计的基础上，针对危险性较大的分部分项工程单独编制的安全技术措施文件。

2. 审核要点

（1）施工组织设计、专项施工方案等的策划、编制、审批及动态管理；

（2）施工组织设计、专项施工方案等内容是否符合法规及项目管理、施工要求，内容的适用性和实用性等。

3. 审核提示

（1）与施工组织设计有关的法规主要包括但不限于GB/T 50502—2009《建筑施工组织设计规范》、GB/T 50903—2013《市政工程施工组织设计规范》、NB/T 31113—2017《陆上风电场工程施工组织设计规范》、QCR 9004—2018《铁路工程施工组织设计规范》、SL 303—2017《水利水电工程施工组织设计规范》等，分别用于规范相关行业工程施工组织设计的编制与管理。

以下审核提示参照GB/T 50502—2009《建筑施工组织设计规范》编制，现场审核时应根据项目特点，选择性应用。

（2）施工组织设计编制的依据主要包括：

1）与工程建设有关的法律、法规和文件；

2）国家现行有关标准和技术经济指标；

3）工程所在地区行政主管部门的批准文件，建设单位对施工的要求；

4）工程施工合同或招标投标文件；

5）工程设计文件；

6）工程施工范围内的现场条件，工程地质及水文地质、气象等自然条件；

7）与工程有关的资源供应情况；

8）施工企业的生产能力、机具设备状况、技术水平等。

（3）施工组织设计按编制对象，可分为施工组织总设计、单位工程施工组织设计和施工方案：

1）施工组织设计应包括编制依据、工程概况、施工部署、施工进度计划、施工准备与资源配置计划、主要施工方法、施工现场平面布置及主要施工管理计划等基本内容。

2）施工组织总设计应包括：工程概况、总体施工部署、施工总进度计划、总体施工准备与主要资源配置计划、主要施工方法、施工总平面布置。

3）单位工程施工组织设计应包括：工程概况、施工部署、施工进度计划、施工准备与资源配置计划、主要施工方案、施工现场平面布置。

（4）施工方案主要包括：

1）工程概况

包括工程主要情况、设计简介和工程施工条件等。

工程主要情况应包括分部（分项）工程或专项工程名称，工程参建单位的相关情况，工程的施工范围，施工合同、招标文件或总承包单位对工程施工的重点要求等。

设计简介应主要介绍施工范围内的工程设计内容和相关要求。

工程施工条件应重点说明与分部（分项）工程或专项工程相关的内容。

2）施工安排

包括工程施工目标、施工顺序、重点难点、工程管理组织机构及职责。

工程施工目标包括进度质量、安全、环境和成本等目标，各项目标应满足施工合同、招标文件和总承包单位对工程施工的要求。

工程施工顺序及施工流水段应在施工安排中确定。

针对工程的重点和难点，进行施工安排并简述主要管理和技术措施。

工程管理的组织机构及岗位职责应在施工安排中确定并应符合总承包单位的要求。

3）施工进度计划

分部（分项）工程或专项工程施工进度计划应按照施工安排，并结合总承包单位的施工进度计划进行编制，可采用网络图或横道图表示，并附必要说明。

4）施工准备与资源配置计划

①施工准备包括：

——技术准备：包括施工所需技术资料的准备、图纸深化和技术交底的要求、试验检验和测试工作计划、样板制作计划以及与相关单位的技术交接计划等；

——现场准备：包括生产、生活等临时设施的准备以及与相关单位进行现场交接的计划等；

——资金准备：编制资金使用计划等。

②资源配置计划包括：

——劳动力配置计划：确定工程用工量并编制专业种劳动力计划表；

——物资配置计划：包括工程材料和设备配置计划、周转材料和施工机具配置计划以及计量、测量和检验仪器配置计划等。

5）施工方法及工艺要求

明确分部（分项）工程或专项工程施工方法并进行必要的技术核算，对主要分项工程（工序）明确施工工艺要求。

对易发生质量通病、易出现安全问题、施工难度大、技术含量高的分项工程（工序）等应做出重点说明。

对开发和使用的新技术、新工艺以及采用的新材料、新设备应通过必要的试验或论证并制定计划。

对季节性施工应提出具体要求。

（5）安全管理计划应包括：

1）确定项目重要危险源，制定项目职业健康安全管理目标；

2）建立有管理层次的项目安全管理组织机构并明确职责；

3）根据项目特点，进行职业健康安全方面的资源配置；

4）建立具有针对性的安全生产管理制度和职工安全教育培训制度；

5）针对项目重要危险源，制定相应的安全技术措施；对达到一定规模的危险性较大的分部（分项）工程和特殊工种的作业应制定专项安全技术措施的编制计划；

6）根据季节、气候的变化制定相应的季节性安全施工措施；

7）建立现场安全检查制度，并对安全事故的处理做出相应规定。

（6）危险性较大的分部分项工程

1）为加强对房屋建筑和市政基础设施工程中危险性较大的分部分项工程安全管理，2018 年 3 月 8 日住房城乡建设部发布了《危险性较大的分部分项工程安全管理规定》（住房和城乡建设部令〔2018〕第 37 号），2018 年 5 月 17 日住房城乡建设部办公厅发布了《关于实施〈危险性较大的分部分项工程安全管理规定〉有关问题的通知》（建办质〔2018〕31 号），明确了房屋建筑和市政基础设施工程中危险性较大的分部分项工程的安全管理要求。

2）房屋建筑和市政基础设施施工过程中危险性较大的分部分项工程范围：

①基坑工程：

——开挖深度超过 3m（含 3m）的基坑（槽）的土方开挖、支护、降水工程；

——开挖深度虽未超过 3m，但地质条件、周边环境和地下管线复杂，或影响毗邻建、构筑物安全的基坑（槽）的土方开挖、支护、降水工程。

②模板工程及支撑体系：

——各类工具式模板工程：包括滑模、爬模、飞模、隧道模等工程；

——混凝土模板支撑工程：搭设高度 5m 及以上，或搭设跨度 10m 及以上，或施工总荷载（荷载效应基本组合的设计值，以下简称设计值）$10kN/m^2$ 及以上，或集中线荷载（设计值）15kN/m 及以上，或高度大于支撑水平投影宽度且相对独立无联系构件的混凝土模板支撑工程；

——承重支撑体系：用于钢结构安装等满堂支撑体系。

③起重吊装及起重机械安装拆卸工程：

——采用非常规起重设备、方法，且单件起吊重量在 10kN 及以上的起重吊装工程；

——采用起重机械进行安装的工程；

——起重机械安装和拆卸工程。

④脚手架工程：

——搭设高度 24m 及以上的落地式钢管脚手架工程（包括采光井、电梯井脚手架）；

——附着式升降脚手架工程；

——悬挑式脚手架工程；

——高处作业吊篮；

——卸料平台、操作平台工程；

——异型脚手架工程。

⑤拆除工程：

可能影响行人、交通、电力设施、通信设施或其他建、构筑物安全的拆除工程。

⑥暗挖工程：

采用矿山法、盾构法、顶管法施工的隧道、洞室工程。

⑦其他：

——建筑幕墙安装工程；

——钢结构、网架和索膜结构安装工程；

——人工挖孔桩工程；

——水下作业工程；

——装配式建筑混凝土预制构件安装工程；

——采用新技术、新工艺、新材料、新设备可能影响工程施工安全，尚无国家、行业及地方技术标准的分部分项工程。

3）施工单位应当在危大工程施工前组织工程技术人员编制专项施工方案。实行施工总承包的，专项施工方案应当由施工总承包单位组织编制。危大工程实行分包的，专项施工方案可以由相关专业分包单位组织编制。

4）危险性较大的分部分项工程专项施工方案的主要内容应包括：

①工程概况：危大工程概况和特点、施工平面布置、施工要求和技术保证条件；

②编制依据：相关法律、法规、规范性文件、标准、规范及施工图设计文件、施工组织设计等；

③施工计划：包括施工进度计划、材料与设备计划；

④施工工艺技术：技术参数、工艺流程、施工方法、操作要求、检查要求等；

⑤施工安全保证措施：组织保障措施、技术措施、监测监控措施等；

⑥施工管理及作业人员配备和分工：施工管理人员、专职安全生产管理人员、特种作业人员、其他作业人员等；

⑦验收要求：验收标准、验收程序、验收内容、验收人员等；

⑧应急处置措施；

⑨计算书及相关施工图纸。

5）超过一定规模的危险性较大的分部分项工程范围：

①深基坑工程：

开挖深度超过5m（含5m）的基坑（槽）的土方开挖、支护、降水工程。

②模板工程及支撑体系：

——各类工具式模板工程：包括滑模、爬模、飞模、隧道模等工程；

——混凝土模板支撑工程：搭设高度 8m 及以上，或搭设跨度 18m 及以上，或施工总荷载（设计值）15kN/m^2 及以上，或集中线荷载（设计值）20kN/m 及以上；

——承重支撑体系：用于钢结构安装等满堂支撑体系，承受单点集中荷载 7kN 及以上。

③起重吊装及起重机械安装拆卸工程：

——采用非常规起重设备、方法，且单件起吊重量在 100kN 及以上的起重吊装工程；

——起重量 300kN 及以上，或搭设总高度 200m 及以上，或搭设基础标高在 200m 及以上的起重机械安装和拆卸工程。

④脚手架工程：

——搭设高度 50m 及以上的落地式钢管脚手架工程；

——提升高度在 150m 及以上的附着式升降脚手架工程或附着式升降操作平台工程；

——分段架体搭设高度 20m 及以上的悬挑式脚手架工程。

⑤拆除工程：

——码头、桥梁、高架、烟囱、水塔或拆除中容易引起有毒有害气（液）体或粉尘扩散、易燃易爆事故发生的特殊建、构筑物的拆除工程；

——文物保护建筑、优秀历史建筑或历史文化风貌区影响范围内的拆除工程。

⑥暗挖工程：

采用矿山法、盾构法、顶管法施工的隧道、洞室工程。

⑦其他：

——施工高度 50m 及以上的建筑幕墙安装工程；

——跨度 36m 及以上的钢结构安装工程，或跨度 60m 及以上的网架和索膜结构安装工程；

——开挖深度 16m 及以上的人工挖孔桩工程；

——水下作业工程；

——重量 1 000kN 及以上的大型结构整体顶升、平移、转体等施工工艺；

——采用新技术、新工艺、新材料、新设备可能影响工程施工安全，尚无国家、行业及地方技术标准的分部分项工程。

6）对于超过一定规模的危大工程，施工单位应当组织召开专家论证会对专项施工方案进行论证。实行施工总承包的，由施工总承包单位组织召开专家论证会。专家论证前专项施工方案应当通过施工单位审核和总监理工程师审查。

专家论证会的参会人员应包括：专家、建设单位项目负责人、有关勘察、设计单位项目技术负责人及相关人员、总承包单位和分包单位技术负责人或授权委派的专业技术人员、项目负责人、项目技术负责人、专项施工方案编制人员、项目专职安全生产管理人员及相关人员、监理单位项目总监理工程师及专业监理工程师。专家应从地方人民政府住房城乡建设主管部门建立的专家库中选取，符合专业要求且人数不得少于 5 名。与本工程有利害关系的人员不得以专家身份参加专家论证会。

7）对于超过一定规模的危大工程专项施工方案，专家论证的主要内容应包括：

①专项施工方案内容是否完整、可行；

②专项施工方案计算书和验算依据、施工图是否符合有关标准规范；

③专项施工方案是否满足现场实际情况，并能够确保施工安全。

经专家论证后结论为“通过”的，施工单位可参考专家意见自行修改完善；结论为“修改后通过”的，专家意见要明确具体修改内容，施工单位应当按照专家意见进行修改，并履行有关审核和审查手续后方可实施，修改情况应及时告知专家。

8）2017 年 6 月 12 日修订的《公路水运工程安全生产监督管理办法》（交通运输部令 2017 年第 25 号）中规定：公路水运工程建设应当实施安全生产风险管理，按规定开展设计、施工安全风险评估。

设计单位应当依据风险评估结论，对设计方案进行修改完善。

施工单位应当依据风险评估结论，对风险等级较高的分部分项工程编制专项施工方案，并附安全验算结果，经施工单位技术负责人签字后报监理工程师批准执行。

必要时，施工单位应当组织专家对专项施工方案进行论证、审核。

9）在审核水利工程、铁路工程、民航工程、核工程、海洋石油工程等项目时，审核员应关注相关行业的特定要求。

（7）施工组织设计的审批

1）施工组织总设计应由总承包单位技术负责人审批；单位工程施工组织设计应由施工单位技术负责人或技术负责人授权的技术人员审批，施工方案应由项目技术负责人审批。

2）专项方案应由施工单位技术部门组织本单位施工技术、安全、质量等部门的专业技术人员进行审核，审核合格的，由施工单位技术负责人签字。

实行施工总承包的，专项方案应由总承包单位技术负责人及相关专业承包单位技术负责人签字。专业承包单位施工的分部（分项）工程或专项工程的施工方案，应由专业承包单位技术负责人或技术负责人授权的技术人员审批；有总承包单位时，应由总承包单位项目技术负责人核准备案。

不需专家论证的专项方案，经施工单位审核合格后报监理单位，由项目总监理工程师审核签字。

3）《危险性较大的分部分项工程安全管理规定》（住房和城乡建设部令［2018］第 37 号）规定：专项施工方案应当由施工单位技术负责人审核签字、加盖单位公章，并由总监理工程师审查签字、加盖执业印章后方可实施。危大工程实行分包并由分包单位编制专项施工方案的，专项施工方案应由总承包单位技术负责人及分包单位技术负责人共同审核签字并加盖单位公章。

4）对于超过一定规模的危大工程，施工单位应当组织召开专家论证会对专项施工方案进行论证。实行施工总承包的，由施工总承包单位组织召开专家论证会。专家论证前专项施工方案应当通过施工单位审核和总监理工程师审查。

5）专家论证会后，应当形成论证报告，对专项施工方案提出通过、修改后通过或者不通过的一致意见。

专项施工方案经论证需修改后通过的，施工单位应当根据论证报告修改完善后，重新履行序号 3）中规定的程序。

专项施工方案经论证不通过的，施工单位修改后应当按照本规定的要求重新组织专家论证。

（8）设计变更及洽商管理

施工组织设计应实行动态管理，发生以下情况之一时，应及时修改或补充并重新审批后实施：

1）工程设计有重大修改

如地基基础或主体结构的形式发生变化、装修材料或做法发生重大变化、机电设备系统发生大的调整等，需要对施工组织设计进行修改。

对工程设计图纸的一般性修改，视变化情况对施工组织设计进行补充；对工程设计图纸的细微修改或更正，施工组织设计则不需调整。

2）有关法律、法规、规范和标准实施、修订和废止

当有关法律、法规、规范和标准开始实施或发生变更，并涉及工程的实施、检查或验收时，施工组织设计需要进行修改或补充。

3）主要施工方法有重大调整

由于主客观条件的变化，施工方法有重大变更，原来的施工组织设计已不能正确地指导施工，需要对施工组织设计进行修改或补充。

4）主要施工资源配置有重大调整

当施工资源的配置有重大变更，并且影响到施工方法的变化或对施工进度、质量、安全，环境、造价等造成潜在的重大影响时，需对施工组织设计进行修改或补充。

5）施工环境有重大改变

当施工环境发生重大改变时（如施工延期造成季节性施工方法变化、施工场地变化造成现场布置和施工方式改变等），致使原来的施工组织设计已不能正确地指导施工的，需对施工组织设计进行修改或补充。

6）经修改或补充的施工组织设计

施工组织设计是对施工活动进行扩项管理的重要手段，项目部可根据具体工程特点、危险有害因素等，拟定施工方案，确定施工顺序、方法、安全技术措施，合理安排施工顺序，确保安全、文明施工。

（9）关注交通工程风险评估要求

2010 年交通运输部针对交通工程设计和建设期提出了风险评估要求，以此作为编制和完善施工组织设计和专项施工方案的依据之一，并陆续出台了相关文件和指南，主要有：

1）《关于在初步设计阶段实行公路桥梁和隧道工程安全风险评估制的通知》（交公路发［2010］175号），2010年4月8日印发，要求在初步设计阶段建立公路桥梁和隧道工程安全风险评估制度，并发布了《公路桥梁和隧道工程设计安全风险评估指南（试行）》，自2010年9月1日起施行。

2）《关于开展公路桥梁和隧道工程施工安全风险评估试行工作的通知》（交质监发［2011］217号），2011年5月5日发布，要求建立施工阶段公路桥梁和隧道工程安全风险评估制度，并发布了《公路桥梁和隧道工程施工安全风险评估指南（试行）》，自2011年8月1日起施行。

3）《关于发布高速公路路堑高边坡工程施工安全风险评估指南（试行）的通知》（交安监发［2014］266号），2014年12月30日印发，要求建立高速公路路堑高边坡工程施工安全风险评估制度，并发布了《高速公路路堑高边坡工程施工安全风险评估指南（试行）》，自2015年3月1日起施行。

4）施工安全风险评估分为总体风险评估和专项风险评估：

总体风险评估应在施工图设计完成后、项目开工前完成，应根据工程地质环境条件、建设规模、结构特点等孕险环境与致险因子，评估整体风险，属于静态评估，评估结论可作为制定施工组织设计的依据。

专项风险评估贯穿施工整个过程，可分为施工前专项风险评估和施工过程专项风险评估，是指将总体风险的高度风险及以上的施工作业活动作为评估对象，以施工作业活动为评估对象，根据其安全风险特点，进行风险辨识、分析、估测；并针对其中的重大风险源进行量化评估，划分风险等级，提出风险控制措施。属于动态评估。

评估对象包括：

——桥梁工程：

①多跨或跨径大于40m的石拱桥，跨径大于或等于150m的钢筋混凝土拱桥，跨径大于或等于350m的钢箱拱桥、钢桁架、钢管混凝土拱桥；

②跨径大于或等于140m的梁式桥，跨径大于400m的斜拉桥，跨径大于1 000m的悬索桥；

③墩高或净空大于100m的桥梁工程；

④用新材料、新结构、新工艺、新技术的特大桥、大桥工程；

⑤特殊桥型或特殊结构桥梁的拆除或加固工程；

⑥施工环境复杂、施工工艺复杂的其他桥梁工程。

——隧道工程：

①穿越高地应力区、岩溶发育区、区域地质构造、煤系地层、采空区等工程地质或水文地质条件复杂的隧道，黄土地区、水下或海底隧道工程；

②浅埋、偏压、大跨度、变化断面等结构受力复杂的隧道工程；

③长度3 000m及以上的隧道工程，Ⅴ、Ⅵ级围岩连续长度超过50m或合计长度占隧道全长的30%及以上的隧道工程；

④连拱隧道和小净距隧道工程；

⑤采用新技术、新材料、新设备、新工艺的隧道工程；

⑥隧道改扩建工程；

⑦施工环境复杂、施工工艺复杂的其他隧道工程。

——高速公路路堑高边坡工程：

①高于 20m 的土质边坡、高于 30m 的岩质边坡；

②老滑坡体、岩堆体、老错落体等不良地质体地段开挖形成的不足 20m 的边坡；

③膨胀土、高液限土、冻土、黄土等特殊岩土地段开挖形成的不足 20m 的边坡；

④城乡居民居住区、民用军用地下管线分布区、高压铁塔附近等施工场地周边环境复杂地段开挖形成的不足 20m 的边坡。

5）其他内容参见上述文件及指南。

（10）施工单位应根据风险评估结论，完善施工组织设计和专项施工方案，对项目施工过程实施预警预控。

4. 与施工组织设计有关的事故案例

2016 年 11 月 24 日，某发电厂扩建工程发生冷却塔施工平台坍塌特别重大事故，造成 73 人死亡、2 人受伤，直接经济损失 10 197.2 万元。

经调查认定，事故的直接原因是施工单位在冷却塔第 50 节筒壁混凝土强度不足的情况下，违规拆除第 50 节模板，致使第 50 节筒壁混凝土失去模板支护，不足以承受上部荷载，从底部最薄弱处开始坍塌，造成第 50 节及以上筒壁混凝土和模架体系连续倾塌坠落。坠落物冲击与筒壁内侧连接的平桥附着拉索，导致平桥也整体倒塌。

经调查，在冷却塔施工过程中，施工单位为完成工期目标，施工进度不断加快，导致拆模前混凝土养护时间减少，混凝土强度发展不足；在气温骤降的情况下，没有采取相应的技术措施加快混凝土强度发展速度；筒壁工程施工方案存在严重缺陷，未制定针对性的拆模作业管理控制措施；对试块送检、拆模的管理失控，在实际施工过程中，劳务作业队伍自行决定拆模。图 7–2 和图 7–3 为事故现场鸟瞰图及第 49 节筒壁顶部残留钢筋图。

按照某电力设计院与河北某公司签订的施工合同，冷却塔施工工期为 2016 年 4 月 15 日到 2017 年 6 月 25 日，共 437 天。2016 年 4 月 1 日，施工单位项目部编制了施工组织设计，冷却塔施工工期调整为 2016 年 4 月 15 日到 2017 年 4 月 30 日，其中筒壁工程工期为 2016 年 10 月 1 日至 2017 年 4 月 30 日，共 212 天实际施工中，冷却塔基础、人字柱、环梁部分基本按照施工组织设计进度计划施工。但在 7 月 28 日的调整中，筒壁工程工期由 2016 年 10 月 1 日至 2017 年 4 月 30 日调整为 2016 年 10 月 1 日至 2017 年 1 月 18 日，工期由 212 天调整为 110 天，压缩了 102 天。冷却塔工期调整后，建设单位、监理单位、总承包单位项目部均没有对缩短后的工期进行论证、评估，也未提出相应的施工组织措施和安全保障措施。存在的主要问题：

（1）不符合 ISO 45001:2018 条款 8.1.1 的要求，安全技术措施存在严重漏洞。项目部未将筒壁工程作为危险性较大分部分项工程进行管理；筒壁工程施工方案存有重大缺陷，未按要求在施工方案中制定拆模管理控制措施，未辨识出拆模作业中存在的重大风险。

（2）不符合 ISO 45001:2018 条款 8.1.3 对变更管理的要求。在 2016 年 11 月 22 日气温骤降、外部施工条件已发生变化的情况下，项目部未采取相应技术措施。在上级公司提出加强冬期施工管理的要求后，项目部未按要求制定冬期施工方案。

（3）不符合 ISO 45001:2018 条款 8.1.4.3 对外包管理的要求，对分包施工单位缺乏有效管控。履行总承包施工管理职责缺位，未按规定要求施工单位项目部将筒壁工程作为危险性较大分部分项工程进行管理。对筒壁工程施工方案审查不严格，未发现筒壁工程施工方案中存在的重大缺陷。当地气温骤降后，未督促施工单位项目部及时采取相应的技术措施。组织安全检查不认真、不深入，未发现和制止施工单位项目部违规拆模和浇筑混凝土等不按施工技术标准施工的行为。

图 7–2　事故现场鸟瞰图

图 7–3　第 49 节筒壁顶部残留钢筋图

（十四）审核条款 8.1.2“消除危险源和降低职业健康安全风险”、8.1.3“变更管理”

1. 审核要点

现场审核时，应按照施工工序进行审核取证，包括但不限于项目部驻地、试验室、取弃土场、物料堆场、设备物资库、拌和站、预制场、钢筋加工场、临时用电设备及线路、施工机具、在施项目现场等，同时关应注项目现场门禁管理、现场交通管理、员工劳动防护用品佩戴、安全警示标志标识、职业危害告知、安全技术交底、相关方管理等。

2. 审核提示

因项目施工工序多、作业过程复杂，无法逐一叙述，故以下仅选取部分场所、活动、过程，参照法规要求予以提示。

（1）安全技术交底

1)《建设工程安全生产管理条例》规定，建设工程施工前，施工单位负责项目管理的技术人员应对有关安全施工的技术要求向施工作业班组、作业人员作出详细说明，并由双方签字确认。

安全交底由施工单位项目部技术负责人负责实施，实行逐级交底制度，横向涵盖项目部内各职能部门，纵向延伸到施工班组全体作业人员，任何人未经安全技术交底不准作业。安全技术交底应包括工程概况、施工方法、施工程序、安全技术措施等内容。

2）安全技术交底类型及方式

①分部分项工程开工前，施工方案（施工专项方案）的编制人员应向项目部管理人员、分包单位或作业班组负责人进行安全技术交底。

②危险性较大的分部分项工程施工前，应由专项施工方案编制人会同施工员，将安全技术措施、施工方法、施工工艺、施工中可能出现的风险因素、安全施工注意事项和紧急避险措施等，向参加施工的全体管理人员（包括分包单位现场负责人、安全管理员）、作业人员进行交底。

③各工种安全技术交底采用层级交底制，主要工序和特殊工序由项目技术负责人对主管施工员进行交底，主管施工员再向施工班组负责人进行交底；班组负责人应对作业人员进行交底；一般工序由施工技术员直接向各施工班组进行交底。

3）班组交底

施工技术人员应向施工作业班组负责人和作业人员进行安全技术交底，班（组）长（工区施工负责人）每天根据当天施工要求、作业环境等，分部位、分工种进行班前安全技术交底并做好记录，履行签字手续。重点部位的施工安全技术交底宜由施工单位技术人员组织。

施工班组安全技术交底应突出以下内容：

①告知施工过程中的作业危险特点、重大危险源及危害因素；

②针对危险点和重大风险源制订具体的预防措施；

③作业过程中应注意的安全事项；

④特殊工序的操作方法和相应的安全操作规程和标准要求；

⑤发生安全生产事故后应采取的自救方法、紧急避险和紧急救援措施等。

（2）安全警示标志

施工单位应在施工现场出入口、沿线各交叉口、施工起重机械所在处、拌和场、临时用电设施所在处、爆破物及有害危险气体和液体存放处，以及孔洞口、隧道口、基坑边沿、脚手架边沿、码头边沿、桥梁边沿等危险部位，设置明显的符合国家标准的安全警示标志或者必要的安全防护设施。

（3）拌和站、预制场、钢筋加工场

拌和站、预制场和钢筋加工场选址应符合安全、环保要求，区域划分合理，标识明显。完善周边排水系统，做好地面硬化，构件存放层数和间距应符合规定，并应采取有效的防倾覆措施。

拌和站进、出口宜分开设置，临时用房与沥青、导热油存放区域间距应符合标准要求，油罐周围应采用围墙或通透式围栏进行隔离。

预制场应合理划分为办公生活区、制梁区、存梁区，作业区域油库与临时用房间距应符合标准要求。

钢筋加工场应合理划分为加工区、成品区、材料堆放区、运输及安全通道等功能区，乙炔库、氧气库应分开设置，乙炔库、氧气库的间距应符合标准要求。

（4）临时用电

施工现场临时用电工程专用电源中性点直接接地的220V/380V三相四线制低压电力系统，必须符合下列规定：

1）采用三级配电系统；

2）采用TN-S接零保护系统；

3）采用二级漏电保护系统。

现场临时用电工程的安装、验收、检查、维修、拆除等，必须符合（JGJ 46）《施工现场临时用电安全技术规范》的要求。

（5）电动机械和手持电动工具

电动机械接地、漏电保护应符合《施工现场临时用电安全技术规范》（JGJ 46）的要求，塔式起重机、外用电梯、滑升模板的金属操作平台及需要设置避雷装置的物料提升机时，除应连接PE线外，还应做重复接地，设备的金属结构件之间应保证电气连接。

应按照《手持式电动工具的管理、使用、检查和维修安全技术规程》（GB/T 3787）要求，对手持式电动工具进行日常管理。

（6）安全防护及员工职业健康管理

1）存在粉尘的作业场所，应配备符合防护等级要求的防尘口罩；

2）高处或高空作业人员，应根据不同的作业条件，选取适用的安全带并正确佩戴，作业前必须戴好安全帽，穿好防滑鞋；

3）混凝土工进行振捣作业时，应佩戴耳塞，在进行混凝土凿毛作业时，应佩戴防尘口罩；

4）沥青作业人员在进行沥青搅拌和摊铺作业时，应穿棉质工作服、戴帆布长手套、防尘口罩、护目镜等；

5）隧道钻爆作业人员进洞钻孔和清渣时，必须戴防尘口罩，在富含有害气体和瓦斯隧道或深井作业时，应佩戴自给式空气呼吸器或长管面具；

6）接触危险化学品、民爆物品人员，或在瓦斯隧道作业人员，必须穿防静电工作服、防静电鞋和防静电手套；

7）进行水上施工作业人员，必须按规定穿戴救生衣；

8）对眼部可能受到杂物飞溅伤害的工种，应佩戴护目镜。

（7）对各专业施工过程进行审核时，应依据法规要求进行审核取证，以下所列标准规范仅供参考：

1）GB 50016—2014《建筑防火设计规范》

2）GB 50140—2005《建筑灭火器配置设计规范》

3）GB 50720—2011《建筑工程施工现场消防安全技术规范》

4）GB 50656—2011《建筑施工企业安全生产管理规范》

5）GB 5144—2006《塔式起重机安全规程》

6）GB 10055—2007《施工升降机安全规程》

7）GB 16909—1997《密目式安全立网》

8）GB 6722—2014《爆破安全规程》

9）GB/T 50502—2009《建筑施工组织设计规范》

10）JGJ 80—2016《建筑施工高处作业安全技术规范》

11）JGJ 59—2011《建筑施工安全检查标准》

12）JGJ 195—2018《液压爬升模板工程技术标准》

13）JGJ 80—2016《建筑施工高处作业安全技术规程》

14）JGJ 147—2016《建筑拆除工程技术规范》

15）JGJ 166—2016《建筑施工碗扣式钢管脚手架安全技术规范》

16）JCJ 128—2019《建筑施工门式钢管脚手架安全技术标准》

17）JGJ 46—2005《施工现场临时用电安全技术规范》

18）JGJ 130—2011《建筑施工扣件式钢管脚手架安全技术规范》

19）JTG F40—2004《公路沥青路面施工技术规范》

20）JTG F60—2009《公路隧道施工技术规范》

21）JTG/T F50—2011《公路桥涵施工技术规范》

22）JGJ 120—2012《建筑基坑支护技术规程》

23）JGJ 33—2012《建筑机械使用安全技术规程》

24）JGJ 46—2005《施工现场临时用电安全技术规范》

25）JTS 205-1—2008《水运工程施工安全防护技术规范》

26）JTG/T 3610—2019《公路路基施工技术规范》

27）JTJ 034—2000《公路路面基层施工技术规范》

28）JGJ 74—2017《建筑工程大模板技术标准》

29）JGJ 276—2012《建筑施工起重吊装工程安全技术规范》

30）JGJ 162—2008《建筑施工模板安全技术工程》

31）JGJ 88—2010《龙门架及井架物料提升机安全技术规范》

32）JTG/T F30—2014《公路水泥混凝土路面施工技术细则》

33）JTG F90—2015《公路工程施工安全技术规范》

34）《危险性较大的分部分项工程安全管理规定》（住房和城乡建设部令第 47 号）

35）《公路工程施工分包管理办法》（交公路发〔2011〕685 号）。

（十五）审核条款 8.1.4“采购”

1. 概念导读

（1）建设项目工程总承包：发包方将工程设计、施工、采购等工作全部发包给一家承包单位，由该承包单位作为总包单位统一负责设计、施工、材料及设备采购等工作。

项目总承包模式可分为：

①D+B 模式：设计——施工模式，总承包单位按照合同约定，承担工程设计与施工任务，并对承包工程的质量、安全、工期和造价全面负责。

②EPC 模式：设计——采购——施工模式，总承包单位按照合同约定，承担工程项目的设计、采购、施工、试运行服务等工作，并对承包工程的质量、安全、工期和造价全面负责。

（2）施工总承包：发包方将全部施工任务发包给一个施工单位或者多个施工单位组成的联合体和合作体，施工总承包单位根据需要再委托其他施工单位作为分包方配合施工（详见《建筑业企业资质标准》中的施工总承包序列）。

（3）分包：承包人在承包工程后，将其承包范围内的部分工程项目交给第三人完成的行为。

建筑业存在的主要分包类型为劳务分包、专业工程承包（详见《建筑业企业资质标准》中的专业承包序列）。

常见的分包管理业务流程为：确定分包范围→选择分包模式→分包方采购（资格预审、准入、招投标、合同谈判、签约等）→实施分包项目管理→定期 / 年度 / 分包结束绩效评价→续用管理等。

2. 审核要点

（1）现场审核时，应查阅以下文件化信息，包括但不限于：

1）相关方管理制度；

2）相关方名录及准入资料（包括但不限于外来施工（作业）方、租赁单位、分包单位、供应商等）；

3）安全生产管理协议。

（2）现场检查安全职责落实情况以及对相关方的管控情况。

3. 审核提示

（1）《建筑法》中对承包管理做出了明确规定：承包建筑工程的单位应当持有依法取得的资质证书，并在其资质等级许可的业务范围内承揽工程。禁止建筑施工企业超越本企业资质等级许可的业务范围或者以任何形式用其他建筑施工企业的名义承揽工程。禁止建筑施工企业以任何形式允许其他单位或者个人使用本企业的资质证书、营业执照，以本企业的名义承揽工程。

大型建筑工程或者结构复杂的建筑工程，可以由两个以上的承包单位联合共同承包。共同承包的各方对承包合同的履行承担连带责任。两个以上不同资质等级的单位实行联合共同承包的，应当按照资质等级低的单位的业务许可范围承揽工程。

禁止承包单位将其承包的全部建筑工程转包给他人，禁止承包单位将其承包的全部建筑工程肢解以后以分包的名义分别转包给他人。

建筑工程总承包单位可以将承包工程中的部分工程发包给具有相应资质条件的分包单位；但是，除总承包合同中约定的分包外，必须经建设单位认可。施工总承包的，建筑工程主体结构的施工必须由总承包单位自行完成。建筑工程总承包单位按照总承包合同的约定对建设单位负责；分包单位按照分包合同的约定对总承包单位负责。总承包单位和分包单位就分包工程对建设单位承担连带责任。禁止总承包单位将工程分包给不具备相应资质条件的单位。禁止分包单位将其承包的工程再分包。

（2）住房和城乡建设部发布了 GB/T 50358—2017《建设项目工程总承包管理规范》，2018 年 1 月 1 日起实施，以规范建设项目工程总承包管理。

（3）2019 年 1 月 3 日，住房和城乡建设部印发了《建筑工程施工发包与承包违法行为认定查处管理办法》（建市规〔2019〕1 号），对违法发包、转包、挂靠及违法分包进行了明确界定：

1）违法发包：指建设单位将工程发包给个人或不具有相应资质的单位、肢解发包、违反法定程序发包及其他违反法律法规规定发包的行为。存在下列情形之一的，属于违法发包：

①建设单位将工程发包给个人的；

②建设单位将工程发包给不具有相应资质的单位的；

③依法应当招标未招标或未按照法定招标程序发包的；

④建设单位设置不合理的招标投标条件，限制、排斥潜在投标人或者投标人的；

⑤建设单位将一个单位工程的施工分解成若干部分发包给不同的施工总承包或专业承包单位的。

2）转包：指承包单位承包工程后，不履行合同约定的责任和义务，将其承包的全部工程或者将其承包的全部工程肢解后以分包的名义分别转给其他单位或个人施工的行为。存在下列情形之一的，应当认定为转包，但有证据证明属于挂靠或者其他违法行为的除外：

①承包单位将其承包的全部工程转给其他单位（包括母公司承接建筑工程后将所承

接工程交由具有独立法人资格的子公司施工的情形）或个人施工的；

②承包单位将其承包的全部工程肢解以后，以分包的名义分别转给其他单位或个人施工的；

③施工总承包单位或专业承包单位未派驻项目负责人、技术负责人、质量管理负责人、安全管理负责人等主要管理人员，或派驻的项目负责人、技术负责人、质量管理负责人、安全管理负责人中一人及以上与施工单位没有订立劳动合同且没有建立劳动工资和社会养老保险关系，或派驻的项目负责人未对该工程的施工活动进行组织管理，又不能进行合理解释并提供相应证明的；

④合同约定由承包单位负责采购的主要建筑材料、构配件及工程设备或租赁的施工机械设备，由其他单位或个人采购、租赁，或施工单位不能提供有关采购、租赁合同及发票等证明，又不能进行合理解释并提供相应证明的；

⑤专业作业承包人承包的范围是承包单位承包的全部工程，专业作业承包人计取的是除上缴给承包单位“管理费”之外的全部工程价款的；

⑥承包单位通过采取合作、联营、个人承包等形式或名义，直接或变相将其承包的全部工程转给其他单位或个人施工的；

⑦专业工程的发包单位不是该工程的施工总承包或专业承包单位的，但建设单位依约作为发包单位的除外；

⑧专业作业的发包单位不是该工程承包单位的；

⑨施工合同主体之间没有工程款收付关系，或者承包单位收到款项后又将款项转拨给其他单位和个人，又不能进行合理解释并提供材料证明的。

两个以上的单位组成联合体承包工程，在联合体分工协议中约定或者在项目实际实施过程中，联合体一方不进行施工也未对施工活动进行组织管理的，并且向联合体其他方收取管理费或者其他类似费用的，视为联合体一方将承包的工程转包给联合体其他方。

3）挂靠：指单位或个人以其他有资质的施工单位的名义承揽工程的行为。承揽工程包括参与投标、订立合同、办理有关施工手续、从事施工等活动。存在下列情形之一的，属于挂靠：

①没有资质的单位或个人借用其他施工单位的资质承揽工程的；

②有资质的施工单位相互借用资质承揽工程的，包括资质等级低的借用资质等级高的，资质等级高的借用资质等级低的，相同资质等级相互借用的；

③转包中第③至⑨项规定的情形，有证据证明属于挂靠的。

4）违法分包，指承包单位承包工程后违反法律法规规定，把单位工程或分部分项工程分包给其他单位或个人施工的行为。存在下列情形之一的，属于违法分包：

①承包单位将其承包的工程分包给个人的；

②施工总承包单位或专业承包单位将工程分包给不具备相应资质单位的；

③施工总承包单位将施工总承包合同范围内工程主体结构的施工分包给其他单位的，钢结构工程除外；

④专业分包单位将其承包的专业工程中非劳务作业部分再分包的；

⑤专业作业承包人将其承包的劳务再分包的；

⑥专业作业承包人除计取劳务作业费用外，还计取主要建筑材料款和大中型施工机械设备、主要周转材料费用的。

（4）2017 年 9 月 4 日，全国人大常委会法制工作委员会办公室以《对建筑施工企业母公司承接工程后交由子公司实施是否属于转包以及行政处罚两年追溯期认定法律适用问题的意见》（法工办发〔2017〕223 号），对以下问题予以函复：

1）关于母公司承接建筑工程后将所承接工程交由其子公司实施的行为是否属于转包问题：

建筑法第二十八条规定，禁止承包的全部建筑工程转包给他人，禁止承包单位将其承包的全部建筑工程肢解以后以分包的名义分别转包给他人。

合同法第二百七十二条规定，发包人不得将应当由一个承包人完成的建设工程肢解成若干部分发包给几个承包人。承包人不得将其承包的全部建设工程转包给第三人或者将其承包的全部建设工程肢解以后以分包的名义分别转包给第三人。禁止承包人将工程分包给不具备相应资质条件的单位，禁止分包单位将其承包的工程再分包。建设工程主体结构的施工必须由承包人自行完成。

招标投标法第四十八条规定，中标人不得向他人转让中标项目，也不得将中标项目肢解后分别向他人转让。中标人按照合同约定或者经招标人同意，可以将中标项目的部分非主体，非关键性工作分包给他人完成，接受分包的人应当具备相应的资质条件，并不得再次分包。

上述法律对建设工程转包的规定是明确的，这一问题属于法律执行问题，应当根据实际情况依法认定、处理。

2）关于建筑市场中违法发包，转包，分包，挂靠等行为的行政处罚追溯期限问题。

对于违法发包、转包、分包，挂靠等行为的行政处罚追溯期限，应当从违法发包、转包、分包、挂靠的建筑工程竣工验收之日起计算。合同工程量未全部完成而解除或暂时终止履行合同的，为合同解除或终止之日。

（5）有关责任划分的规定

《建筑法》中明确规定：建设单位与承包单位应严格依法签订合同，明确双方权利、义务、责任，严禁违法发包、转包、违法分包和挂靠，确保工程质量和施工安全。施工现场安全由建筑施工企业负责。实行施工总承包的，由总承包单位负责。分包单位向总承包单位负责，服从总承包单位的安全生产管理。分包单位不服从管理导致生产安全事故的，由分包单位承担主要责任。

《建设工程安全生产管理条例》规定：建设工程实行施工总承包的，总承包单位应当自行完成建设工程主体结构的施工，并对施工现场的安全生产负总责。

总承包单位依法将建设工程分包给其他单位的，分包合同中应当明确各自的安全生产方面的权利、义务。总承包单位和分包单位对分包工程的安全生产承担连带责任。

（6）安全生产管理协议

1）《安全生产法》规定：两个以上生产经营单位在同一作业区域内进行生产经营活动，可能危及对方生产安全的，应当签订安全生产管理协议，明确各自的安全生产管理职责和应当采取的安全措施，并指定专职安全生产管理人员进行安全检查与协调。生产经营项目、场所发包或者出租给其他单位的，生产经营单位应当与承包单位、承租单位签订专门的安全生产管理协议，或者在承包合同、租赁合同中约定各自的安全生产管理职责。

2）施工企业应在专门安全生产管理协议或者承包、租赁合同中，依法对各自的安全生产管理职责以及生产安全事故报告、调查处理、应急救援等安全生产事项作出明确约定。各方应建立沟通协调机制，明确分工和责任，避免互相推诿、逃避安全责任。

3）在现场审核过程中，应关注施工企业在制度文件和实际操作中，相关职责界定是否明确，对专业承包、劳务分包方等是否实施了全过程的有效管理。

（十六）审核条款 8.2“应急准备和响应”

1. 审核要点

（1）现场审核时，应查阅以下文件化信息，包括但不限于：

1）生产安全事故应急预案，包括综合预案、专项预案和现场处置方案及报备记录；

2）重点岗位应急处置卡；

3）建立应急管理组织机构或专兼职应急救援队伍的文件及职责规定；

4）应急物资台账及购置、更新、发放、维护记录；

5）应急培训情况；

6）应急训练、演练情况，包括但不限于：应急训练、演练计划、方案、签到表、训练、演练过程记录及影像资料、应急训练、演练总结、评估及采取的改进措施记录；

7）发生事故的应急处置及总结评估资料等。

（2）现场检查：

1）应急物资、装备储备、维护情况，关注应急物资配备的适用性和有效性；

2）现场询问，了解从业人员是否具备必要的应急知识，是否已掌握风险防范技能和事故应急措施。

（3）为解决生产安全事故应急实践中存在的应急救援预案实效性不强、应急救援队伍能力不足、应急资源储备不充分、事故现场救援机制不够完善、救援程序不够明确、救援指挥不够科学等问题，2019 年 2 月 17 日，国务院发布《生产安全事故应急条例》（国务院令第 708 号），2019 年 7 月 11 日应急管理部发布了《关于修改〈生产安全事故应急预案管理办法〉的决定》（应急管理部令第 2 号）以进一步规范指导生产安全事故应急工作，提高应急能力，切实减少事故灾难造成的人员伤亡和财产损失。

《生产安全事故应急条例》对建筑施工企业提出了特定要求，现场审核时应重点关注。

2. 审核提示

（1）施工生产安全事故多具有突发性、群体性等特点，项目部应根据施工具体情况，针对可能发生事故的类型、性质、特点、范围等，制定应急措施，做好应急救援准备工作，降低事故发生的可能性。一旦发生事故，可以在短时间内快速应对，防止事故扩大，减少人员伤亡和财产损失。

（2）应急预案的编制

1）《建设工程安全生产管理条例》规定，施工单位应当根据建设工程施工的特点、范围，对施工现场易发生重大事故的部位、环节进行监控，制定本单位生产安全事故应急救援预案，建立应急救援组织或者配备应急救援人员，配备必要的应急救援器材、设备，并定期组织演练。

实行施工总承包的，由总承包单位统一组织编制建设工程生产安全事故应急救援预案，工程总包单位和分包单位按照应急救援预案，各自建立应急救援组织或者配备应急救援人员，配备救援器材、设备，并定期组织演练。

2）《职业病防治法》要求用人单位采取职业病防治管理措施，建立、健全职业病危害事故应急救援预案。

3）《特种设备安全法》规定，特种设备使用单位制定特种设备事故应急专项预案，并定期进行应急演练，编制的特种设备应急预案应符合 GB/T 33942—2017《特种设备事故应急预案编制导则》的要求。

4）《生产安全事故应急条例》规定，生产经营单位应当针对本单位可能发生的生产安全事故的特点和危害，进行风险辨识和评估，制定相应的生产安全事故应急救援预案，并向本单位从业人员公布。

生产经营单位应急预案分为综合应急预案、专项应急预案和现场处置方案。

综合应急预案是指生产经营单位为应对各种生产安全事故而制定的综合性工作方案，是本单位应对生产安全事故的总体工作程序、措施和应急预案体系的总纲。

专项应急预案是指生产经营单位为应对某一种或者多种类型生产安全事故，或者针对重要生产设施、重大危险源、重大活动防止生产安全事故而制定的专项性工作方案。

现场处置方案是指生产经营单位根据不同生产安全事故类型，针对具体场所、装置或者设施所制定的应急处置措施。

施工企业应根据项目具体情况，组织编制应急预案，完善应急救援体系，防范事故风险。

5）在编制应急预案基础上，应针对工作场所、岗位的特点，编制简明、实用、有效的应急处置卡。应急处置卡应当规定重点岗位、人员的应急处置程序和措施，以及相关联络人员和联系方式，便于从业人员携带。

（3）对应急救援人员和装备的要求

《生产安全事故应急预案管理办法》规定，生产经营单位应当按照应急预案的规定，落实应急指挥体系、应急救援队伍、应急物资及装备，建立应急物资、装备配备及其使用档案，并对应急物资、装备进行定期检测和维护，使其处于适用状态。

《生产安全事故应急条例》规定，应急救援队伍的应急救援人员应当具备必要的专业知识、技能、身体素质和心理素质。应急救援队伍建立单位或者兼职应急救援人员所在单位应按照国家有关规定对应急救援人员进行培训；应急救援人员经培训合格后，方可参加应急救援工作。应急救援队伍应当配备必要的应急救援装备和物资，并定期组织训练。

生产经营单位应及时将本单位应急救援队伍建立情况按照国家有关规定报送县级以上人民政府负有安全生产监督管理职责的部门，并依法向社会公布。

应根据本单位可能发生的生产安全事故的特点和危害，配备必要的灭火、排水、通风以及危险物品稀释、掩埋、收集等应急救援器材、设备和物资，并进行经常性维护、保养，保证正常运转。

（4）对应急值班的要求

《生产安全事故应急条例》规定，建筑施工单位应建立应急值班制度，配备应急值班人员。

（5）应急预案的评审和备案

《生产安全事故应急预案管理办法》规定，建筑施工企业应当对本单位编制的应急预案进行评审，并形成书面评审纪要。参加应急预案评审的人员应当包括有关安全生产及应急管理方面的专家。评审人员与所评审应急预案的生产经营单位有利害关系的，应当回避。

应急预案经评审或者论证后，由本单位主要负责人签署，向本单位从业人员公布，并及时发放到本单位有关部门、岗位和相关应急救援队伍。

事故风险可能影响周边其他单位、人员的，生产经营单位应当将有关事故风险的性质、影响范围和应急防范措施告知周边的其他单位和人员。

应急预案公布之日起20个工作日内，应按照分级属地原则，向县级以上人民政府应急管理部门和其他负有安全生产监督管理职责的部门进行备案，并依法向社会公布。中央企业其总部（上市公司）的应急预案，报国务院主管的负有安全生产监督管理职责的部门备案，并抄送应急管理部；其所属单位的应急预案报所在地的省、自治区、直辖市或者设区的市级人民政府主管的负有安全生产监督管理职责的部门备案，并抄送同级人民政府应急管理部门。

（6）培训

生产经营单位应当组织开展本单位的应急预案、应急知识、自救互救和避险逃生技能的培训活动，使有关人员了解应急预案内容，熟悉应急职责、应急处置程序，掌握风险防范技能和事故应急措施。应急培训的时间、地点、内容、师资、参加人员和考核结果等情况应当如实记入本单位的安全生产教育和培训档案。

（7）应急预案演练

生产经营单位应当制定本单位的应急预案演练计划，根据本单位的事故风险特点，每年至少组织一次综合应急预案演练或者专项应急预案演练，每半年至少组织一次现场处置方案演练。应急预案演练结束后，应急预案演练组织单位应当对应急预案演练效果进行评估，撰写应急预案演练评估报告，分析存在的问题，并对应急预案提出修订意见。

《生产安全事故应急条例》规定，建筑施工单位应当至少每半年组织 1 次生产安全事故应急救援预案演练，并将演练情况报送所在地县级以上地方人民政府负有安全生产监督管理职责的部门。

（8）应急响应与应急处置

发生生产安全事故后，生产经营单位应第一时间应急响应，立即启动应急救援预案，组织有关力量进行救援，采取下列一项或者多项应急救援措施：

1）迅速控制危险源，组织抢救遇险人员；

2）根据事故危害程度，组织现场人员撤离或者采取可能的应急措施后撤离；

3）及时通知可能受到事故影响的单位和人员；

4）采取必要措施，防止事故危害扩大和次生、衍生灾害发生；

5）根据需要请求邻近的应急救援队伍参加救援，并向参加救援的应急救援队伍提供相关技术资料、信息和处置方法；

6）维护事故现场秩序，保护事故现场和相关证据；

7）法律、法规规定的其他应急救援措施。

生产经营单位应按照规定将事故信息及应急响应启动情况报告安全生产监督管理部门和其他负有安全生产监督管理职责的部门。生产安全事故应急处置和应急救援结束后，事故发生单位应对应急预案实施情况进行总结评估。

应急救援队伍接到有关人民政府及其部门的救援命令或者签有应急救援协议的生产经营单位的救援请求后，应当立即参加生产安全事故应急救援。

（9）应急预案的修订

应急预案编制单位应建立应急预案定期评估制度，对预案内容的针对性和实用性进行分析，并对应急预案是否需要修订作出结论。建筑施工企业应当每 3 年进行一次应急预案评估。

有下列情形之一的，应急预案应当及时修订并归档：

1）依据的法律、法规、规章、标准及上位预案中的有关规定发生重大变化的；

2）应急指挥机构及其职责发生调整的；

3）安全生产面临的事故风险发生重大变化的；

4）重要应急资源发生重大变化的；

5）预案中的其他重要信息发生变化的；

6）在应急演练或者应急救援中发现需要修订预案的重大问题的；

7）编制单位认为应当修订的其他情况。

（十七）审核条款 9.1.1“监视、测量、分析和绩效评价—总则”

1. 概念导读

安全生产事故隐患（以下简称事故隐患）是指生产经营单位违反安全生产法律、法规、规章、标准、规程和安全生产管理制度的规定，或者因其他因素在生产经营活动中存在可能导致事故发生的物的危险状态、人的不安全行为和管理上的缺陷。

事故隐患分为一般事故隐患和重大事故隐患。

一般事故隐患，指危害和整改难度较小，发现后能够立即整改排除的隐患。

重大事故隐患，指危害和整改难度较大，应当全部或者局部停产停业，并经过一定时间整改治理方能排除的隐患，或者因外部因素影响致使生产经营单位自身难以排除的隐患。

2. 审核要点

现场审核时，应查阅以下形成文件的信息，包括但不限于：

（1）隐患排查方案、隐患排查清单；

（2）隐患等级判定标准；

（3）隐患台账及重大事故隐患清单；

（4）重大事故隐患向属地负有安全生产监督管理职责的交通运输管理部门备案记录；

（5）专项隐患治理整改方案和记录。

3. 审核提示

（1）项目部应依据《安全生产事故隐患排查治理暂行规定》（国家安全生产监督管理总局令第 16 号）、《公路水路行业安全生产隐患治理管理暂行办法》（交安监发〔2017〕60 号）等要求，组织制定各部门、岗位、场所、设备设施的隐患排查治理标准或排查清单，明确隐患排查的时限、范围、内容和要求，并组织开展相应的培训。

（2）隐患排查的范围应包括所有与生产经营相关的场所、人员、设备设施和活动，包括承包商和供应商等相关服务范围。应当建立健全隐患排查、告知（预警）、整改、评估验收、报备、奖惩考核、建档等制度，逐级明确隐患治理责任，落实到具体岗位和人员。应定期开展安全检查评价和隐患治理工作，实行从隐患排查、记录、监控、治理、销账到报告的闭环管理，消除安全事故隐患。

（3）专职安全员应按规定每日巡查施工现场安全生产，并做好检查记录，发现安全事故隐患时，应及时向项目安全管理机构负责人报告；对违章指挥、违章操作的，应立即制止；一时难以消除的事故隐患，施工单位应制订治理方案，明确治理的措施、时限、资金、验收和责任人等安全内容。

（4）主要安全检查方式

1）开（复）工前安全检查：新项目开工前和在建项目停工后复工前，应进行全面检查。

2）定期检查：重点检查危险区域和场所安全防范技术措施及现场安全防护措施的落实情况。建设单位组织的检查宜每季度不少于 1 次，施工单位组织的检查宜每月不少于 1 次，施工班组每日应对施工生产进行检查。

3）专项检查：分为内业检查和外业检查。其中，内业检查可分为保证项检查和一般项检查。

①保证项检查包括：安全生产责任制，施工组织设计及专项施工方案，安全生产专项费用，风险评估管理，安全技术交底，安全检查评价，安全教育培训，应急管理等。

②一般项检查包括：对分包单位管理情况，员工持证上岗，生产安全事故处理等。

③外业检查包括：安全防护，施工用电，消防安全，设备安全，危险性较大分部分项工程专项施工方案执行情况，安全标志等。

④专项检查由安全管理部门组织，应针对工程建设的关键环节、关键部位安全状况等进行重点检查，宜对照专项施工方案进行检查，以发现并解决在施工前及施工中存在的问题。

4）经常性检查：由施工单位安全管理人员根据施工作业进度适时安排，应针对当日作业分布情况，重点检查安全生产关键部位和事故易发环节，经常性检查应覆盖施工全过程。

5）季节性检查：可根据施工安全敏感时间段（如冬季、雨季、放假时间较长的节假日等）确定，重点针对该时段的安全措施（如防滑、防冻、防坍塌、防火、防中毒、防坠落、防疲劳、防思想松懈等）等进行检查。

（5）重大隐患的判定

《公路水路行业安全生产隐患治理管理暂行办法》（交安监发〔2017〕60号）中规定：公路水路行业企业应制定企业重大隐患判定标准，对发现或排查出的事故隐患进行判定，确定事故隐患等级并进行登记，形成事故隐患清单。

2015年10月28日，交通运输部印发了《公路水运工程建设重大事故隐患清单管理制度》（交安监发〔2015〕156号），适用于列入国家和地方基本建设计划的公路、水运基础设施新建、改建、扩建等工程项目相关单位实施重大事故隐患清单管理等工作，其中规定：施工单位在承建的公路水运工程项目开工前，依据工程实际，参照清单，制定工程项目的重大事故隐患清单（简称“工程项目清单”），由施工单位项目负责人审核发布，并向施工企业法人单位备案。要将工程项目清单纳入岗前教育培训，并在相应作业区域公示。当工程建设条件、施工环境、施工作业内容等发生变化，施工单位应对工程项目清单及时调整，并经审核重新备案。

公路工程重大事故隐患清单（行业基础版）见表7–15。

表7–15 公路工程重大事故隐患清单（行业基础版）

工程类别	施工环节	隐患编号	隐患内容	易引发事故类型	判定依据
工程管理	方案管理	GG–001	未按规定编制或未按程序审批危险性较大工程或新工艺、新工法的专项施工方案；超过一定规模的危险性较大工程的专项施工方案未组织专家论证、审查；未按审批的专项施工方案施工	坍塌等	JTG F90–3.0.2

表 7-15（续）

工程类别	施工环节	隐患编号	隐患内容	易引发事故类型	判定依据
辅助施工	工地建设	GF-001	施工驻地及场站设置在滑坡、塌方、泥石流、崩塌、落石、洪水、雪崩等危险区域	坍塌	JTG F90-3.0.8、4.1.1、4.1.2、4.1.3、4.4
		GF-002	施工现场、生产区、生活区、办公区等防火或临时用电未按规范实施	火灾	
	围堰施工	GF-003	未按设计或方案要求施工围堰；未定期开展围堰监测监控，工况发生变化时未及时采取措施	坍塌、淹溺	JTG F90-5.8.22、8.7；JTG/T F50-12.2.1、12.2.2、13.3.4、13.3.8；77 号文件
		GF-004	碰撞、随意拆除、擅自削弱围堰内部支撑杆件或在其上堆放重物		
		GF-005	土石围堰无防排水和防汛措施；钢围堰无防撞措施；侧壁随意驻泊施工船舶		
	挂篮施工	GF-006	采用挂篮法施工未平衡浇筑；挂篮拼装后未预压、锚固不规范；混凝土强度未达到要求或恶劣天气移动挂篮	坍塌	JTG F90-8.11.4；JTG/T F50-16.5.1、16.5.4
通用作业	模板作业	GT-001	未按规范或方案要求安装或拆除模板（包括翻模、爬（滑）模、移动模架等）；各类模板使用的螺栓安装数量不足	坍塌	JTG F90-5.2.13、5.2.14、8.9.4、8.9.5、8.11.2；JTG/T F50-5.3、5.5
	支架作业	GT-002	未处置支架基础；支架未按规范或方案要求搭设、预压、验收	坍塌	JTG F90-5.2.1 ~ 5.2.7；JTG/T F50-5.4、5.5
		GT-003	支架搭设使用无产品合格证、未经检验或检验不合格的管材、构件		
	特种设备设施作业	GT-004	使用未经检验或验收不合格的起重机械	起重伤害	JTG F90-5.6.1、5.6.9、5.6.16、5.6.17
		GT-005	未按规范或方案要求安装拆除桥式、臂架式或缆索式等起重机械		
		GT-006	使用吊车、塔吊等起重机械吊运人员		
路基工程	高边坡施工	GL-001	含岩堆、松散岩石或滑坡地段的高边坡开挖、排险、防护措施不足	坍塌	JTG F90-6.8.1、6.8.2
	爆破施工	GL-002	未设置警戒区；爆破后未排险立即施工	爆炸	JTG F90-5.10
桥梁工程	深基坑施工	GQ-001	深基坑施工防护措施不足	坍塌	JTG F90-8.8.4
	墩柱施工	GQ-002	桥墩施工未搭设施工作业平台		JTG F90-8.9.2
	梁板施工	GQ-003	梁板安装未采取防倾覆措施		JTG F90-8.11.3
	拱桥施工	GQ-004	拱架支撑体系搭设、拆除不规范；拱圈施工工序、工艺或材料不符合规范		JTG F90-8.12.2；JTG/T F50-15.2.2、15.2.3、15.3

表 7-15（续）

工程类别	施工环节	隐患编号	隐患内容	易引发事故类型	判定依据
隧道工程	洞口边、仰坡施工	GS-001	雨季、融雪季节边、仰坡施工排险、防护措施不足；边、仰坡开挖未施做排水系统	坍塌	JTG F90-9.2.5；JTG/ F60-5.1.1、5.1.4、5.1.7；JTG/T F60-5.1.3
		GS-002	含岩堆、松散岩石或滑坡地段的边坡开挖、排险、防护措施不足		JTG F90-9.2.5；JTG F60-16.7、16.8；JTG/T F60-15.7、15.8
	洞内施工	GS-003	雨季、融雪季节，浅埋或地表径流地段未开展地表监测	坍塌	JTG F90-9.2.8；JTG F60-5.1.8
		GS-004	未按规范或方案要求开展超前地质预报、监控量测		JTG F90-9.17；JTG F60-10.2；JTG/T F60-9.2、10.2；104 号文件
		GS-005	开挖方法不符合设计或方案要求；开挖前未对掌子面及其临近的拱顶、拱腰围岩进行排险		JTG F90-9.3；104 号文件
		GS-006	未按规范或方案要求初喷及支护；拱架、锚杆等材质不符合设计要求		JTG F90-9.4 ~ 9.6；104 号文件
		GS-007	仰拱一次开挖长度不符合方案要求；Ⅲ级围岩仰拱距掌子面的距离大于 90m；Ⅳ级围岩仰拱距掌子面的距离大于 50m；Ⅴ级及以上围岩仰拱距掌子面的距离大于 40m；仰拱拱架未闭合		JTG F90-9.3.13；104 号文件
		GS-008	Ⅳ级围岩二衬距掌子面的距离大于 90m，Ⅴ级及以上围岩二衬距掌子面的距离大于 70m		JTG F90-9.11.10
	瓦斯隧道施工	GS-009	工区任意位置瓦斯浓度达到限值；瓦斯检测与防爆设施不符合方案要求	瓦斯爆炸	JTG F90-9.11.8，9.11.10；JTG F60-16.6.6、16.6.7
	防火防爆	GS-010	隧道内土工布、防水板等易燃材料存在火灾隐患	火灾、爆炸	JTG F90-9.1.17；104 号文件
		GS-011	隧道内存放、加工、销毁民用爆炸物品；使用非专用车辆运输民用爆炸物品或人药混装运输		

注：1. JTG F90：《公路工程施工安全技术规范》（JTG F90—2015）；

2. JTG/T F50：《公路桥涵施工技术规范》（JTG/T F50—2011）；

3. JTG F60：《公路隧道施工技术规范》（JTG F60—2009）；

4. JTG/T F60：《公路隧道施工技术细则》（JTG/T F60—2009）；

5. 77 号文件：交通运输部办公厅关于转发重庆市交通委员会关于加强桥梁工程双壁钢围堰施工安全管理工作的通知（交办安监〔2015〕77 号）；

6. 104 号文件：国家安全监管总局 交通运输部 国务院国资委 国家铁路局关于印发《隧道施工安全九条规定》的通知（安监总管二〔2014〕104 号）。

（6）隐患整改

对排查出的隐患立即组织整改，隐患整改情况应当依法如实记录，并向从业人员通报。

对于一般事故隐患，企业应按照职责分工立即组织整改，做到定治理措施、定负责人、定资金来源、定治理期限、定预案，确保及时进行治理。一般隐患整改完成后，应由生产经营单位组织验收，出具整改验收结论，并由验收主要负责人签字确认。

重大事故隐患应向属地负有安全生产监督管理职责的交通运输管理部门备案，并制定专项方案，专项方案应包括以下内容：

1）整改的目标和任务；

2）整改技术方案和整改期的安全保障措施；

3）经费和物资保障措施；

4）整改责任部门和人员；

5）整改时限及节点要求；

6）应急处置措施；

7）跟踪督办及验收部门和人员。

重大隐患整改验收通过的，生产经营单位应将验收结论向属地负有安全生产监督管理职责的交通运输管理部门报备，并申请销号。重大隐患整改验收完成后，生产经营单位应对隐患形成原因及整改工作进行分析评估，及时完善相关制度和措施，依据有关规定和制度对相关责任人进行处理，并开展有针对性的培训教育。

（7）《公路水运工程建设重大事故隐患清单管理制度》规定：建设过程中，施工单位应参照工程项目清单开展事故隐患排查，对发现存在重大事故隐患的作业区域应立即停止相关作业。根据重大事故隐患建立治理台账，台账应在工程项目清单的基础上明确治理负责人、治理时限及治理措施。按照治理措施进行隐患消除，治理完成后，由治理责任人签认并将治理台账存档。

施工企业法人单位、工程项目监理、建设单位应对施工单位的工程项目清单管理工作进行检查，督促施工单位及时排查治理重大事故隐患。

（十八）审核条款 10.2“事件、不符合和纠正措施”

1. 审核要点

现场审核时，应查阅以下文件化信息，包括但不限于：

（1）安全生产事故（包括未遂事故）档案、台账；

（2）事故报告及现场处置记录；

（3）隐患排查或外部检查发现的不符合及采取的纠正措施记录。

2. 审核提示

（1）施工生产安全事故报告的基本要求《建设工程安全生产管理条例》规定，施工单位发生生产安全事故，应按照国家有关伤亡事故报告和调查处理的规定，及时、如实地向负责安全生产监督管理的部门、建设行政主管部门或者其他有关部门报告；特种设备发生事故的，还应同时向特种设备安全监督管理部门报告。实行施工总承包的建设工程，由总承包单位负责上报事故。

《安全生产法》规定，生产经营单位发生生产安全事故后，事故现场有关人员应当立即报告本单位负责人。单位负责人接到事故报告后，应当迅速采取有效措施，组织抢救，防止事故扩大，减少人员伤亡和财产损失，并按照国家有关规定立即如实报告当地负有安全生产监督管理职责的部门，不得隐瞒不报、谎报或者迟报，不得故意破坏事故现场、毁灭有关证据。

（2）事故报告的时间要求

《生产安全事故报告和调查处理条例》规定，事故发生后，事故现场有关人员应当立即向本单位负责人报告；单位负责人接到报告后，应当于1小时内向事故发生地县级以上人民政府安全生产监督管理部门和负有安全生产监督管理职责的有关部门报告。情况紧急时，事故现场有关人员可以直接向事故发生地县级以上人民政府安全生产监督管理部门和负有安全生产监督管理职责的有关部门报告。

在一般情况下，事故现场有关人员应当先向本单位负责人报告事故。但是，事故是人命关天的大事，在情况紧急时允许事故现场有关人员直接向安全生产监督管理部门和负有安全生产监督管理职责的有关部门报告。事故报告应当及时、准确、完整。任何单位和个人对事故不得迟报、漏报、谎报或者报。

（3）事故报告的内容要求

《生产安全事故报告和调查处理条例》规定，报告事故应当包括下列内容：

1）事故发生单位概况；

2）事故发生的时间、地点以及事故现场情况；

3）事故的简要经过；

4）事故已经造成或者可能造成的伤亡人数（包括下落不明的人数）和初步估计的直接经济损失；

5）已经采取的措施；

6）其他应当报告的情况。

（4）事故补报的要求

《生产安全事故报告和调查处理条例》规定，事故报告后出现新情况的，应当及时补报。

自事故发生之日起30日内，事故造成的伤亡人数发生变化的，应当及时补报。道路交通事故、火灾事故自发生之日起7日内，事故造成的伤亡人数发生变化的，应当及时补报。

（5）发生生产安全事故后应采取的措施

1)《安全生产法》规定，生产经营单位发生生产安全事故时，单位的主要负责人应当立即组织抢救，并不得在事故调查处理期间擅离职守。

2）《建设工程安全生产管理条例》规定，发生生产安全事故后，施工单位应当采取措施防止事故扩大，保护事故现场。需要移动现场物品时，应当做出标记和书面记录妥善保管有关证物。

3）《生产安全事故报告和调查处理条例》规定，事故发生单位负责人接到事故报告后，应当立即启动事故相应应急预案，或者采取有效措施，组织抢救，防止事故扩大，减少人员伤亡和财产损失。

4）《生产安全事故报告和调查处理条例》规定，事故发生后，有关单位和人员应当妥善保护事故现场以及相关证据，任何单位和个人不得破坏事故现场、毁灭相关证据。因抢救人员、防止事故扩大以及疏通交通等原因，需要移动事故现场物件的，应当做出标志，绘制现场简图并做出书面记录，并妥善保存现场重要痕迹，物证。

确因特殊情况需要移动事故现场物件的，须同时满足以下条件：

①抢救人员、防止事故扩大以及疏通交通的需要；

②经事故单位负责人或者组织事故调查的安全生产监督管理部门和负有安全生产监督管理职责的有关部门同意；

③做出标志，绘制现场简图，拍摄现场照片，对被移动物件贴上标签，并做出书面记录；

④尽量使现场少受破坏。

（6）不符合和纠正措施

项目部应针对事件和日常发现的不符合，采取有针对性的纠正措施，对事故和事件，应按照“四不放过”（事故原因未查清不放过，责任人员未处理不放过，整改措施未落实不放过，有关人员未受到教育不放过）原则进行整改。项目经理对隐患治理工作全面负责，应部署、督促、检查职责范围内的隐患治理工作，及时消除隐患。项目部应保障隐患治理投入，做到责任、措施、资金、时限、预案“五到位”。

（7）事故信息通报要求

审核员在现场审核时，应关注企业事故管理情况，并明确告知企业，获证后如发生安全生产等级事故，应及时、如实向认证机构进行信息通报。

第二节 事故案例分析

一、某建筑施工企业塔吊坍塌事故案例分析

2017 年 7 月 22 日，某项目发生建筑工地塔吊坍塌较大事故，造成 7 人死亡、2 人重伤，直接经济损失 847.73 万元。

发生事故塔吊于 2016 年 6 月 30 日在该工地首次安装使用，在 2017 年 7 月 19 日前

共进行了两次顶升作业，共安装顶升 11 个标准节。第三次顶升作业时间为 2017 年 7 月 20 日至 22 日，7 月 20 日完成了第一道附着装置的安装，21 日完成了 3 个标准节（第 12~14 个标准节）的安装；7 月 22 日完成了 3 个标准节（第 15~17 个标准节）的安装，塔身高度 104m，事故发生在第 4 个标准节（第 18 个标准节）与顶升套架连接的状态下内塔身顶升过程中，塔吊处于加完标准节已顶起内塔身第 2 个步距的状态，由顶升环节正转换至换步环节，左换步销轴已处于工作位置，右换步销轴处于非工作位置，此时塔身高度约 110m。

根据现场监控录像记录，事故发生前顶升作业的主要过程如下：

（1）22 日上午 05：59，塔吊司机到达塔吊司机室，开始吊运建筑材料。

（2）07：42，8 名顶升作业人员抵达现场。6 名登塔准备作业，2 名在地面准备安全警戒及挂钩工作。

（3）10：11，地面工作人员卸下吊钩，装上顶升专用吊具。

（4）11：11，开始吊装第 15 个（22 日第一个标准节）标准节的 1/2 组件。

（5）12：53，2 名增援的顶升作业人员抵达现场，登塔参与顶升作业。

（6）18：03~18：07，当第 18 个标准节完成加节，内塔身顶升 4min 左右时发生了本起事故。

塔吊倾覆过程中上部宏观结构见图 7–4。

（a）

（b）

图 7–4 塔吊倾覆过程中上部宏观结构

事故的直接原因如下：部分顶升人员违规饮酒后作业，未佩戴安全带；根据公安司法鉴定中心检验报告显示，经对死者血液中乙醇定性定量检验，龚某某等 5 人的血液中均有乙醇成分，含量分别是：64.5mg/100mL、34.9mg/100mL、5.1mg/100mL、

149.7mg/100mL、8.9mg/100mL；根据现场监控录像记录显示，事故部分伤亡人员坠落着地前已与塔吊分离，表明事故发生时有的顶升作业人员未佩戴安全带。上述行为违反了 JG/T 100—1999《塔式起重机操作使用规程》第 2 条、第 3.2.7 条的规定，不符合 ISO 45001:2018 条款 7.3“意识”的要求。

在塔吊右顶升销轴未插到正常工作位置，并处于非正常受力状态下时，顶升人员继续进行塔吊顶升作业，顶升过程中顶升摆梁内外腹板销轴孔发生严重的屈曲变形，右顶升爬梯首先从右顶升销轴端部滑落；右顶升销轴和右换步销轴同时失去对内塔身荷载的支承作用，塔身荷载连同冲击荷载全部由左爬梯与左顶升销轴和左换步销轴承担，最终导致内塔身滑落，塔臂发生翻转解体，塔吊倾覆坍塌。

事故间接原因（节选）如下：

（1）事故塔吊安装顶升单位甲公司安全生产管理不力，未能及时消除生产安全事故隐患。

甲公司安全技术交底落实不力；编制的塔吊顶升专项施工方案存在严重缺陷，不符合 ISO 45001:2018 条款 8.1“运行策划和控制”的要求；

安全生产培训教育不到位，不符合 ISO 45001:2018 条款 7.3“能力”的要求；

安全生产检查巡查不到位，未及时消除事故隐患，不符合 ISO 45001:2018 条款 9.1“监视、测量、分析和评价绩效”的要求；

塔吊安全使用提示警示不足等，不符合 ISO 45001:2018 条款 8.1.2“消除危险源和降低职业健康安全风险”的要求。

（2）事故塔吊承租使用单位乙公司下属分公司没有认真履行安全生产主体责任，对事故塔吊安装顶升单位监督管理不力。

乙公司下属分公司将该项目主体工程违法分包给丙公司；未健全和落实安全生产责任制和项目安全生产规章制度，放任备案项目经理长期不在岗，并任命不具备相应从业资格的人员担任项目负责人；未认真审核塔吊顶升专项施工方案等。上述行为不符合 ISO 45001:2018 条款 8.1.4.3“外包”的要求。

（3）工程监理方丁监理公司履行监理责任不严格，未按照法律法规实施监理。

丁监理公司旁站监理员无监理员岗位证书上岗旁站，且事发时不在顶升作业现场旁站；未认真审核塔吊顶升专项施工方案；未认真监督安全施工技术交底等。上述行为不符合 ISO 45001:2018 条款 8.1.2“消除风险源和降低职业健康安全风险”的要求。

（4）涉事企业不认真落实安全生产责任制，事故预防管控措施缺失。

乙公司下属分公司未履行建设单位监管职责，对下属单位安全生产工作监管不力；丙公司未严格执行安全生产法律法规，承接了事故项目主体工程的施工；塔吊技术服务单位未能有效指导塔吊顶升作业；事故塔吊制造单位未就同型号事故塔吊曾发生的事故原因以及所暴露出的操作问题发函，提醒、警示相关客户重点关注此类操作问题。上述行为不符合 ISO 45001:2018 条款 8.1.4.3“外包”的要求。

调查认定，该塔吊坍塌事故是一起较大的生产安全责任事故。该案例显示，在现场施工管理过程中有多个环节存在问题：

（1）塔吊顶升方案方面

事故塔吊顶升施工方案由甲公司广州分公司王某某编制，并经甲公司 2 人以及乙公司下属分公司 2 人依次审核、审批，最终审批时间为 2017 年 6 月 10 日。但甲公司编制的事故塔吊顶升施工方案不符合塔吊随机资料和作业场地的实际情况，缺乏针对性，无法用于指导作业人员进行顶升作业；不符合《建筑施工塔式起重机安装、使用、拆卸安全技术规程》（JGJ 196—2010）第 2.0.10 条的规定；不符合 ISO 45001:2018 条款 8.1“运行策划和控制”的要求。

（2）教育培训方面

塔吊安装顶升单位未对从事顶升作业的人员针对该型号塔吊顶升工作原理、重大操作风险、对策措施等方面开展操作技能与安全培训；顶升作业人员顶升前没有认真学习该塔吊的随机技术资料。据调查，顶升作业班长表示曾阅过塔吊《安装与拆卸手册》，但未明白塔吊的顶升原理与操作过程以及安全注意事项、应急处置方法。2017 年 7 月 20 日，顶升作业人员在工地项目部接受了安全技术交底后进行塔吊附着作业。2017 年 7 月 21 日，甲公司现场安全员对顶升作业人员在上塔作业前进行了安全技术交底，但交底内容与事故塔吊的机械性能要求不相符。2017 年 7 月 22 日，未对两名新增安拆工进行安全技术交底工作。上述行为不符合 ISO 45001:2018 条款 7.2“能力”的要求。

（3）塔吊安全隐患处置方面

当发现右顶升销轴难以插到位，塔吊顶升处于异常工作状态时，塔吊技术服务单位龚某某未能要求立即停止顶升作业，未及时联系塔吊制造单位排除异常，对继续顶升造成的危险后果认识不足、指导不力、处置不当。上述行为不符合 ISO 45001:2018 条款 8.1.2“消除危险源和降低职业安全风险”的要求。

（4）顶升作业组织方面

综合塔吊用户操作经验以及相关人员询问情况，顶升加节作业时，塔吊上通常需要 9 人（含司机）：在液压操作平台（中平台）上有 3 人，主要负责指挥、液压油泵的操作、左右两侧顶升销轴与换步销轴的插拔；1 人在内塔身平台上观察销轴插拔情况；4 人在顶升作业平台（大平台或外平台）四角，负责安装标准节等。

参与本次顶升作业的大部分人员未从事过同型号塔吊的顶升作业。同时，塔吊技术服务单位派出的技术人员是首次指导该班组的顶升作业，对各参与顶升作业人员的协同作业水平不了解。

上述行为不符合 ISO 45001:2018 条款 7.2“能力”的要求。

（5）顶升作业任务安排方面

日常使用该塔吊的司机陈某某等 3 人的工资均为塔吊技术服务单位垫付。

根据施工进度需要，2016 年 7 月 24 日，甲公司广州分公司安排人员进场进行该塔吊第 1 次顶升作业，并由塔吊技术服务单位安排邓某某提供现场技术指导。该次顶升作业共完成顶升 5 节标准节。

2017 年 4 月 30 日，甲公司广州分公司安排人员进场进行该塔吊第 2 次顶升作业，本次顶升作业塔吊技术服务单位未安排人员进行现场技术指导，技术指导工作由班长郭某某负责。该次顶升作业共完成顶升 2 节标准节。

2017 年 7 月 20 日，甲公司广州分公司安排人员进场进行塔吊附着作业，并于 21 日、22 日进行第 3 次顶升作业。其中，21 日的顶升作业人员为 5 名安拆工、1 名安全员、1 名地面挂钩人员、1 名塔吊司机、1 名技术人员（塔吊技术服务单位员工），当天共完成顶升 3 节标准节；22 日的顶升作业增加了 2 名安拆工，当天计划完成顶升 4 节标准节，在顶升第 4 节标准节时发生事故，塔身回转上部部件开始发生倾斜坠落，致使塔吊发生倾斜倒塌。

依据监控数据分析及相关人员问询可知，事发当天塔吊使用单位丙公司进行建筑材料吊装，上午约 10 时将塔吊移交给顶升班组，施工组织不合理。

上述行为不符合 ISO 45001:2018 条款 8.1“运行策划和控制”的要求。

（6）塔吊安全提示与标识方面

与本事故同型号塔吊在国内曾于 2013 年 10 月 3 日在某电厂、2014 年在某市发生过 2 起因顶升销无法完全插到位而继续顶升导致的生产安全事故。

据调查，塔吊制造单位未就上述两起事故的原因以及所暴露出的操作问题发函提醒并警示相关客户重点关注此类操作问题；未在危险性大、且易引发事故的关键销轴部位予以安全提示或标识；未组织相关设计人员针对销轴存在的无法正常插拔的根本原因、故障后果、处置措施等问题进行系统分析与评估。

上述行为不符合 ISO 45001:2018 条款 8.1“运行策划和控制”的要求。

（7）塔吊随机文件方面

塔吊制造单位提供的《安装与拆卸手册》中未见描述如何验证销轴插拔到位的方法；未见销轴无法顺利插拔的应对措施；未见描述是否需要锁定销轴及具体方法。

塔吊《安装与拆卸手册》未提及销轴操纵杆系统的详细安装方法；操纵杆系统的零部件仅在《备件手册》中提及，但该资料全篇为英文，未按规定为一线操作者提供中文版手册。

塔吊《安装与拆卸手册》在“顶升部件的识别”一章中对各个零部件的术语缺乏定义，在不同章节同一部位描述不一致，导致说明书难以理解。“顶升”一章中关于顶升的操作的描述不到位，其中的“拉出，推出”等描述与行业习惯理解的方向相反。

上述行为不符合 ISO 45001:2018 条款 7.5“文件化信息”的要求。

事故也暴露出相关单位安全管理存在问题：

（1）甲公司。作为项目事故塔吊产权、出租和安装顶升单位，未健全和落实安全生产责任制，施工现场安全生产管理保障不力；未经安全技术交底安排两名安拆人员进行顶升危险作业；在使用新设备（事故塔吊）前未对施工作业人员进行专门的安全生产教育培训；编制的《塔吊附着、顶升专项施工方案》不符合事故塔吊产品说明书的设备性能要求，安全施工技术交底部分内容不符合事故塔吊实际情况，未按照塔吊产品说明书查验塔吊顶升辅助确认装置；未安排本单位专业技术人员进行现场监督，未安排本单位技术负责人进行巡查；未及时排查制止在顶升安装作业时血液中均有乙醇成分的指挥人员、塔吊司机及部分安拆人员违规冒险作业；未能及时组织消除承重销轴无法插入正常工作位置的事故隐患。上述行为不符合 ISO 45001:2018 条款 8.1.4.3“外包”的要求。

（2）乙公司。作为项目建设及施工总承包单位。将该项目主体工程施工违法分包给丙公司；未履行建设单位监管职责，对下属单位安全生产工作监管不力，安全生产主体责任、安全生产责任制不落实，组织安全生产大检查落实不力。上述行为不符合 ISO 45001:2018 条款 8.1.4.3“外包”的要求。

（3）乙公司下属分公司。作为项目施工总承包实际施工单位，未健全和落实安全生产责任制和项目安全生产规章制度，放任备案项目经理长期不在岗，并任命不具备相应从业资格的人员担任项目负责人；未落实安全施工技术交底工作；未认真审核《塔吊附着、顶升专项施工方案》，造成专项施工方案的内容不符合事故塔吊产品说明书的设备性能要求；在塔吊顶升作业时没有组织专职安全生产管理人员进行现场监督检查。上述行为不符合 ISO 45001:2018 条款 8.1“运行策划和控制”的要求。

（4）丙公司。作为项目主体工程签约承建单位、具体施工上级单位，其与乙公司签订土建工程施工合同，未依法承接事故项目主体工程的施工，且对实际施工的下属单位安全生产监督检查以及执行安全生产法律法规督促不力。上述行为不符合 ISO 45001:2018 条款 8.1“运行策划和控制”的要求。

（5）丙公司佛山分公司。作为项目主体工程施工实施单位，任命不具备相应职业资格的人员担任项目负责人，对塔吊顶升作业现场协调管理不力，施工组织不合理，未能协调消除塔吊顶升作业事故隐患。上述行为不符合 ISO 45001:2018 条款 8.1“运行策划和控制”的要求。

（6）丁监理公司。作为项目监理单位，未健全和落实安全生产责任制和项目安全生产规章制度，施工现场安全生产保障不力；未能正确实施项目监理规划和细则，旁站监理员无监理员岗位证书上岗旁站，且事发时不在顶升作业现场旁站；未认真审核《塔吊附着、顶升专项施工方案》，造成专项施工方案的内容不符合事故塔吊产品说明书的设备性能要求，未能监督到安全施工技术交底部分内容不符合事故塔吊实际情况。未能依照法律法规实施监理，未能排查 2 名未经过安全技术交底的安拆人员进行顶升作业；对本公司塔吊设备的专业监理人员缺乏、旁站监理人员配备不足的隐患未采取措施。上述行为不符合 ISO 45001:2018 条款 8.1“运行策划和控制”的要求。

（7）塔吊技术服务单位。作为项目顶升作业技术服务单位。其安排事故塔吊顶升作业的技术指导人员未能有效指导安拆工人熟悉事故塔吊的性能及工作原理，未能有效指导塔吊顶升作业，导致安拆工人在业务不熟悉的情况下，在塔吊上进行冒险顶升作业。上述行为不符合 ISO 45001:2018 条款 8.1“运行策划和控制”的要求。

（8）事故塔吊制造单位。其未就同型号事故塔吊曾发生的事故原因以及所暴露出的操作问题，发函提醒警示相关客户重点关注此类操作问题；未在危险性大、且易引发事故的关键销轴部位予以安全提示或标识；未组织相关设计人员针对销轴存在的无法正常插拔的根本原因、故障后果、处置措施等问题进行系统分析与评估；塔吊随机文件缺失。上述行为不符合 ISO 45001:2018 条款 8.1"运行策划和控制"的要求，

事故发生后，根据事故原因调查和事故责任认定，依据有关法律法规和党纪政纪规定，对事故有关责任人员和责任单位问责，并依法追究刑事责任、行政责任、作出党纪政纪处理等。

该案例警示项目施工各相关单位应严格落实安全生产主体责任，实现风险预控，也提示审核员在现场审核时应关注细节，运用过程方法收集审核证据，规避审核风险。

二、某石化企业聚乙烯泄漏爆炸事故案例分析

甲公司隶属于国内一家大型石化公司，200× 年 × 月 23 日，从凌晨 3 时左右开始，该公司聚乙烯新生产线工艺参数不正常，降负荷生产，到早上 7 时负荷降到了 40%。7 时 20 分，当班班长发现悬浮液接受罐压力急速上升，反应速度下降，于是安排 3 名操作工到现场关阀门，进行停车处理。操作工到达现场后，发现现场有物料泄漏，立即打电话向装置主控室报告，在班长跑向现场不到 1min，新生产线就发生了剧烈爆炸。造成 8 人死亡、1 人重伤、18 人轻伤，直接经济损失 452. 78 万元。

事故调查组经过深入的事故调查取证分析认定：

1. 事故的直接原因

由于聚乙烯系统运行不正常，造成压力升高，致使劣质玻璃视镜（该视镜的公称压强为 2.5MPa，根据事后解读 DCS 记录，破裂时压强为 0.5MPa）破裂，导致大量的乙烯气体瞬间喷出，溢出的乙烯又被引风机吸入沸腾床干燥器内，与聚乙烯粉末、热空气形成的爆炸混合物达到爆炸极限，被聚乙烯粉末沸腾过程中产生的静电火花引爆，发生了爆炸。

2. 事故的间接原因

（1）采购环节存在严重问题。经调查发现，视镜采购单上的供应商是北京的一家阀门制造乙公司。但是乙公司根本不生产视镜，而是乙公司的一个代理商从温州某个经销点购买的。视镜是由上海郊区一个小厂生产的。通过对该厂进行调查，发现这个小厂没有任何质量检验手段，所以其产品是不是合格也就无法确定。事故发生后，代理商为了逃避责任，让上海另一个玻璃制造厂出具一个假产品合格证书。另外，调查发现运送到甲公司的视镜没有产品合格证而是一个检验单，检验的项目也有问题。物资采购人员、验货人员未严格履行职责，使不合格的视镜安装在装置上，埋下了事故隐患。

（2）工程施工管理混乱。一是总承包方管理不到位。聚乙烯新生产线建设是由丙工程公司总承包、安装公司施工建设的。安装打压试验是确保工程质量的一个重要环节，对易燃易爆的化工生产装置尤为重要。而这次事故发生后，打压单位未能向调查组提供原始打压记录。为了推卸责任，施工单位编造了一个打压记录欺骗调查组。二是工程监理和工程质量监督不到位。仅就打压这件事，监理公司也拿不出原始记录。三是甲方对

施工管理不到位。对总承包单位没有很好地履行监管的责任，尤其是施工过程中的一些隐蔽工程，工程质量监督也没有尽到责任。

（3）工艺、生产管理不严肃。这次事故的起因是聚合反应不正常，而且是老生产线、新生产线同时反应不好。新线的操作规程与实际工艺不符，操作规程上规定干燥系统采用氮气法，而实际上采用的是空气法，增加了氧含量。通过事故调查发现，从 22 日 9 时到 23 日 7 时，不到 24h 内，装置 3 次停电，新老线聚合停车 3 次、降负荷 4 次、其他系统停车 3 次，甲公司没有认真查找原因，就急于开车，盲目运行。

（4）工程设计和设计管理方面不规范。设计单位丁公司对新线工艺按老线工艺照搬过来，老生产线悬浮液接收罐的安全阀开启压力为 0.3MPa，而新生产线的却是 0.58MPa。原化学工业部发布的《压力容器视镜》标准规定：视镜最大直径为 150mm，最大公称压力为 0.8MPa。而设计部门选择直径为 200mm，公称压力为 2.5MPa 的非标视镜，这种视镜目前国内无法生产。另外，厂房是封闭的，这也不符合国家有关规范要求；沸腾床引风机的人口设置在聚合釜的上方，这在设计上也是错误的。同时，甲方对设计管理不到位。聚乙烯新生产线原设计的干燥系统是氮气干燥，并在此基础上进行了安全评价。干燥系统改为空气干燥后，并没有进行安全评价，也不符合现行国家职业安全卫生规范，没有认真执行“三同时”的规定。

（5）劳动纪律松散，员工责任心不强，用工管理不严，技术培训有差距。22 日至 23 日，装置几次停电，多次降负荷，就是在生产波动的情况下，装置值班长不请假，只是向当班班长电话通知一声就不上班了，事故发生时有的当班员工还在洗澡。聚乙烯新生产线的一名员工技术考核只得 38 分，在没有进行再培训考核的情况下就上岗操作。聚乙烯新生产线在开车前做了风险评价，也识别出聚合釜爆聚、沸腾床粉尘爆炸、工艺管线泄漏等风险因素，但对视镜的破碎、沸腾床引风机的人口吸入可燃气体等危险因素没有识别出来。

3. 不符合判定

依据 ISO 45001:2018 相应条款，判断存在以下主要不符合：

（1）工程设计和设计管理方面不规范，设计单位丁公司没有结合新生产线工艺要求调整应急装置安全阀的开启压力，视镜的选型、厂房的封闭设计、沸腾床引风机人孔设置均存在不符合国家、行业规范相应要求的问题。甲公司作为建设方，不符合 ISO 45001:2018 条款 8.1.4.2 的规定，组织应与承包方协调其采购过程，以辨识对组织造成影响的承包方的活动和运行方面所产生的危险源并评价和控制 OH&S 风险；且不符合 ISO 45001:2018 条款 8.1.4.3 的规定，同时甲公司作为项目甲方对设计管理不到位，针对新生产线干燥系统设计由氮气干燥改为空气干燥、氧含量增加后未进行安全评价，没有认真落实“三同时”的规定的事实，也不符合 ISO 45001:2018 条款 8.1.3“变更管理”、9.1.2“合规性评价”的相关要求。

（2）承包商采购环节存在严重问题。承包商是依据协议规范、期限和条件，向组织提供服务的外部组织。甲公司事先未确认乙公司是否具备提供满足要求的视镜的生产能力，就与其达成采购意向，导致乙公司后续采购行为失控。视镜到货后，物资采购人员、验货人员不能严格履行验收准则，导致不合格视镜安装在装置上，埋下事故隐患。以上事实不符合 ISO 45001:2018 条款 8.1.4.2“承包方”的要求。

（3）工程总承包方、专业承包商管理混乱。甲方、监理方施工对关键打压过程、隐蔽工程监控不到位，未严格履行监管责任。外包是指安排外部组织执行组织的部分职能或过程。ISO 45001:2018 条款 8.1.4.3 规定：“组织应确保外包的职能和过程得到控制。组织应确保其外包安排符合法律法规要求和其他要求，并与实现职业健康安全管理体系的预期结果相一致，组织应在职业健康安全管理体系内确定对这些职能和过程实施控制的类型和程度。”组织确定实施外包时，需要对外包的职能和过程进行控制以实现职业健康安全管理体系的预期结果。对外包的职能和过程，符合 ISO 45001 标准要求仍是组织的责任。ISO 45001:2018 条款 9.1.1 要求“组织应建立、实施和保持用于监视、测量、分析和评价绩效的过程”，因此对工程施工和安装过程的检验、试验、测试和测量工作应按照工程质量验评标准、规范等要求进行。具体的工作形式包括但不限于工序的隐蔽验收、管道打压、闭水试验、各类工程查证以及承包商实施的工序交接检验等。监视的具体工作主要有各类现场的工程质量、安全抽查活动。其中，监理方对工程施工的监视和测量活动包括：监理过程中对监理服务的各类检查；施工单位是否按工程设计文件、工程建设标准和批准的施工组织设计、（专项）施工方案施工；使用的工程材料、构配件和设备是否合格；施工现场管理人员，特别是施工质量管理人员是否到位；特种作业人员是否持证上岗等。

（4）工艺方法变更不严肃，消除可能产生有害影响的措施不到位。新线的干燥系统以空气法替代了规定的氮气法，与要求不符，造成新线聚合反应不正常，从 22 日 9 时到 23 日 7 时，不到 24h 内多次停电、停车、降负荷。以上事实不符合 ISO 45001:2018 条款 8.1.3“组织应建立用于实施和控制所策划的、影响职业健康安全绩效的临时性和永久性变更的过程……组织应评审非预期性变更的后果，必要时采取措施，以减轻任何不利影响”的相关规定。组织的新产品、服务和过程或现有产品、服务和过程变化，会给组织工作活动或工作场所带来变化的危险源和职业健康安全风险。组织变更活动过程的实施也存在着职业健康安全风险。因此，组织需要通过变更管理，控制变更给组织的工作活动或场所带来的职业健康安全风险以及控制实施变更的活动过程的职业健康安全风险。组织出现的非预期的变更。例如，正常生产节奏由于某种事件、因素变化引起工作条件变化，组织应评审非预期变更的后果，必要时，采取措施消除任何有害影响。

（5）甲公司在工作人员岗位能力评价措施的有效性方面存在不足，例如员工岗位意识差、新生产线员工技术考核不合格，在没有采取措施以获得和保持所必需的能力的情况下就上岗作业的事实，不符合 ISO 45001:2018 条款 7.2、7.3 的相关要求。

（6）甲方针对非常规的活动或状态（例如：视镜的破碎、沸腾床引风机入口吸入可燃气体等）产生的危险源识别不充分的事实也不符合 ISO 45001:2018 条款 6.1.2.1“危险源辨识”的相关要求。

三、某炼铁厂设备维修高处坠落事故案例分析

2008年10月31日15：30分接班后，某公司炼铁厂细粉处于待煤气停产状态，班长袁某组织召开班前会，宣讲了岗位操作规程及安全操作规程，并针对目前的停机状态强调了处理收粉器积灰的安全措施。

接班后全班人员协助维修人员田某制作检修活门，18：30分开始由王某带领高某、董某对收粉器箱体内浮料用压缩空气进行吹扫，吹扫完毕后，由袁某、王某、祝某、高某、董某五人根据箱体内部环境制定了轮流处理的方案。首先，由王某、高某、董某三人将脚手板放入箱体内三个横梁上稳固，然后进行轮流作业，每次一人进行作业，其余四人在人孔处监护。高某和王某第四批进入箱体作业，20：20分左右箱体积灰发生滑落，造成扬尘。

随后箱体内的作业人员王某从人孔跳出，高某随后也想跟着出来，但由于粉尘较大，看不清周围环境，慌乱中从脚手板上掉下去，仓外人员听到高某的呼喊。祝某、田某、董某3人立即进入箱体内施救，由于现场狭窄、环境恶劣，虽然祝某、田某每人拉住高某的手臂全力施救，但由于场地狭小、高某的1只脚卡在料仓下料嘴和救助人员不得用力等原因，未能将高某从仓底救出。随即王某拨打119、120请求救援，同时班长袁某通知安全生产处、作业长、安全员到场组织施救。公司炼铁厂、保卫处、安全生产处和市消防救援队组织了大量的人员和器材进行抢救，约21：15左右消防救援人员将高某救出，送往市人民医院救治，经市人民医院抢救无效后死亡。

1. 事故原因分析

（1）岗位“预知预控”分析不全面，安全措施针对性不强。虽然细粉作业区制定的处理收粉器安全措施中有在仓内搭设脚手架、佩戴防尘口罩等措施，但是未能辨识出有坠落的可能性，也就没有要求员工作业时必须佩戴安全带或安全绳，这是此次事故的主要原因。

（2）细粉岗位工安全意识淡薄、安全技能欠缺，未能充分确认现场环境是否安全。在距离下料口2.5m的相对高处作业，未按公司规定“相对基准面1.5m以上作业必须悬挂安全带”，是造成此次事故的直接原因。

（3）炼铁厂对职工虽进行转岗安全教育和安全考试，但培训效果较差，员工没有对新的作业环境充分熟悉，对新的作业程序理解不彻底。未能掌握应对粉尘飞扬的安全知识。员工自保、互保能力差，是造成此次事故的间接原因。

（4）应急救援体系建设不全面，细粉作业区编制的事故应急救援预案中没有类似事故的救援方法，是此次事故的次要原因。

2. 不符合判定

依据ISO 45001:2018相应条款，判断存在以下主要不符合：

（1）这起事故发生在设备检修期间，主要原因包括：岗位“预知预控”分析不全面，安全措施针对性不强。虽然细粉作业区制定的处理收粉器安全措施中有在仓内搭设脚手

架、佩戴防尘口罩等措施，但是未能辨识出作业人员有坠落的可能性，也就没有要求员工作业时必须佩戴安全带或安全绳的要求。针对设备检修工作这类非常规的活动的完成方式，作业人员在作业前没有充分予以辨识过程中存在坠落等潜在紧急情况发生的可能性。以上做法不符合 ISO 45001:2018 条款 6.1.2.1 要求。

（2）细粉岗位工安全意识淡薄、安全技能欠缺，作业前未能对现场环境充分地安全确认，在距离下料口 2.5m 的相对高处作业，与公司规定“相对基准面 1.5m 以上作业必须悬挂安全带”的要求不符；也与 ISO 45001:2018 条款 8.1.2 d）“采用管理措施，包括培训”和 e）“使用适当的个体防护装备”的规定不符。

（3）单位虽然对职工进行了转岗安全教育和安全考试，但培训效果较差，员工没有对新的作业环境充分熟悉，对新的作业程序理解不彻底。未能掌握应对粉尘飞扬的安全知识；员工自保、互保能力差。以上事实与 ISO 45001:2018 条款 7.2 c）“在适用时，采取措施以获得和保持所必需的能力，并评价所采取措施的有效性”和 7.3 c）“工作人员应知晓：不符合职业健康安全管理体系要求的影响和潜在后果”的规定不符。

（4）细粉作业区编制的事故应急救援预案中没有类似事故的救援方法，反映出组织应急救援体系建设不全面，与 ISO 45001:2018 条款 8.2 a）“针对紧急情况建立所策划的响应，包括提供急救”的要求不符。